从零到精通电工实战系列

用万用表检测维修电工电路、电子元器件、集成电路、芯片、电路板、家电

图说帮 编著

·北京·

内容提要

本书是一本专门讲解万用表使用、检测与综合应用技能的图书。

本书以国家职业资格标准为指导，结合行业培训规范，依托典型案例，全面、细致地介绍万用表的结构、特点、使用方法以及使用万用表检测各种电子元器件、电气部件、实用电路和电子产品的综合实操技能。

本书内容包括万用表种类特点、万用表使用方法、万用表检测电流、万用表检测电压、万用表检测电子元器件、万用表检测半导体器件、万用表检测电气部件、万用表检测电吹风机、万用表检测电热水壶、万用表检测榨汁机、万用表检测电风扇、万用表检测电话机、万用表检测吸尘器、万用表检测电饭煲、万用表检测电磁炉、万用表检测微波炉和万用表检测洗衣机等。

本书采用全彩图解的方式，讲解全面详细，理论和实践操作相结合，内容由浅入深，语言通俗易懂，非常方便读者学习。

另外，为了方便阅读，提升学习体验，本书采用微视频讲解互动的全新教学模式，在重要知识点相关图文的旁边附印了二维码。读者只要**用手机扫描书中相关知识点的二维码**，即可在手机上实时观看对应的教学视频，帮助读者轻松领会。这不仅进一步方便了学习，而且大大提升了本书内容的学习效率。

本书可供电工电子初学者及专业技术人员学习使用，也可供职业院校、培训学校相关专业的师生和电子爱好者阅读。

图书在版编目（CIP）数据

万用表测量、应用、维修从零基础到实战 ：图解·视频·案例/ 图说帮编著. -- 北京 ：中国水利水电出版社，2024.4（2024.7 重印）.

ISBN 978-7-5226-2431-0

Ⅰ. ①万… Ⅱ. ①图… Ⅲ. ①复用电表-基本知识 Ⅳ. ①TM938.1

中国版本图书馆CIP数据核字（2024）第079023号

书　名	万用表测量、应用、维修从零基础到实战（图解·视频·案例） WANYONGBIAO CELIANG、YINGYONG、WEIXIU CONG LING JICHU DAO SHIZHAN（TUJIE·SHIPIN·ANLI）
作　者	图说帮 编著
出版发行	中国水利水电出版社 （北京市海淀区玉渊潭南路1号D座　100038） 网址：www.waterpub.com.cn E-mail：zhiboshangshu@163.com 电话：（010）62572966-2205/2266/2201（营销中心）
经　售	北京科水图书销售有限公司 电话：（010）68545874、63202643 全国各地新华书店和相关出版物销售网点
排　版	北京智博尚书文化传媒有限公司
印　刷	三河市龙大印装有限公司
规　格	185mm×260mm　16开本　16.5印张　370千字
版　次	2024年5月第1版　2024年7月第2次印刷
印　数	3001-13000册
定　价	79.80元

凡购买我社图书，如有缺页、倒页、脱页的，本社营销中心负责调换

前言

万用表检测、应用、维修 是电工必须掌握的专业基础技能。

本书从零基础开始，通过实战案例，全面、系统地讲解万用表的使用特点，介绍使用万用表检测电子元器件、电气部件、实用电路、家电产品等的各项专业知识和综合实操技能。

全新的知识技能体系

本书的编写目的是让读者能够在短时间内领会并掌握万用表的使用方法及使用万用表检测元器件、电路、电子产品等的专业知识和操作技能。为此，编者根据国家职业资格标准和行业培训规范，从零基础开始，通过大量的实例，全面系统地讲解万用表使用和应用的专业知识。通过大量实战案例，生动演示专业技能。真正让本书成为一本从理论学习逐步上升为实战应用的专业技能指导图书。

全新的内容诠释

本书在内容诠释方面极具“视觉冲击力”。整本图书采用彩色印刷，突出重点。内容由浅入深，循序渐进。按照行业培训特色将各知识技能整合成若干“项目模块”输出。知识技能的讲授充分发挥“图说”的特色。大量的结构原理图、效果图、实物照片图和操作演示拆解图相互补充。依托实战案例，通过以“图”代“解”，以“解”说“图”的形式向读者最直观地传授元器件的专业知识和综合技能，让读者能够轻松、快速、准确地领会和掌握。

全新的学习体验

本书开创了全新的学习体验模式。“模块化教学”+“多媒体图解”+“二维码微视频”构成了本书独有的学习特色。首先，在内容选取上，“图说帮”进行了大量的市场调研和资料汇总。根据知识内容的专业特点和行业岗位需求，将学习内容模块化分解。然后依托多媒体图解的方式输出给读者，让读者以“看”代“读”，以“练”代“学”。最后，为了获得更好的学习效果，本书充分考虑读者的学习习惯，在图书中增设了“二维码”学习方式。读者可以在书中很多知识技能旁边找到“二维码”，然后通过手机扫描二维码即可打开相关的“微视频”。微视频中有对图书相应内容的有声讲解，有对关键知识技能点的演示操作。全新的学习手段进一步增强了自主学习的互动性，不仅提升了学习效率，同时也增强了学习的趣味性和效果。

当然，对专业的知识和技能我们也一直在学习和探索，由于水平有限，编写时间仓促，书中难免会出现一些疏漏，欢迎读者指正，也期待与您的技术交流。

图说帮
网址：http://www.taoo.cn
联系电话：022-83715667/13114807267
E-mail:chinadse@126.com
地址：天津市南开区榕苑路4号天发科技园8-1-401
邮编：300384

【全书视频】

全新体系开启全新“学”&“练”模式

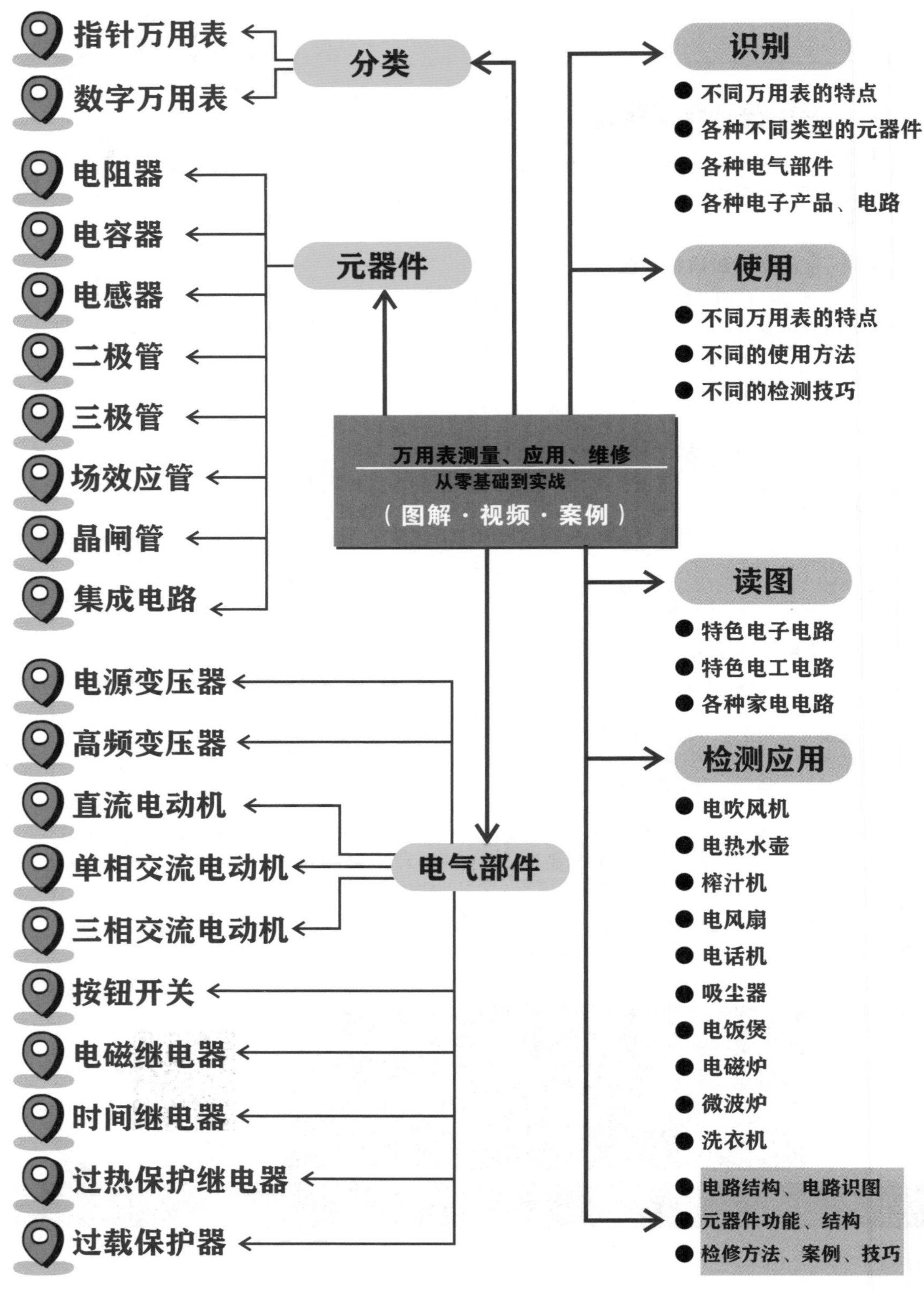

目录

第3章　万用表检测电流(P38)

第4章　万用表检测电压(P50)

第5章　万用表检测电子元器件(P63)

第6章 万用表检测半导体器件(P95)

第7章 万用表检测电气部件(P120)

第8章　万用表检测电吹风机(P150)

第9章　万用表检测电热水壶(P156)

第10章 万用表检测榨汁机(P161)

第11章 万用表检测电风扇(P165)

第12章 万用表检测电话机(P174)

第13章　万用表检测吸尘器(P190)

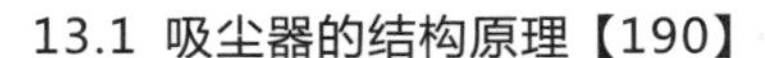

第14章　万用表检测电饭煲(P196)

第15章　万用表检测电磁炉(P206)

第16章 万用表检测微波炉(P219)

第17章 万用表检测洗衣机(P237)

第1章 万用表的种类特点

1.1 指针万用表的结构

1.1.1 指针万用表的特点

指针万用表可通过表盘下面的功能旋钮设置不同的测量项目和挡位，并根据表盘指针指示的方式显示测量的结果，其最大的特点就是能够直观地检测出电流、电压等参数的变化过程和变化方向。

图1-1所示为典型指针万用表的基本结构图。

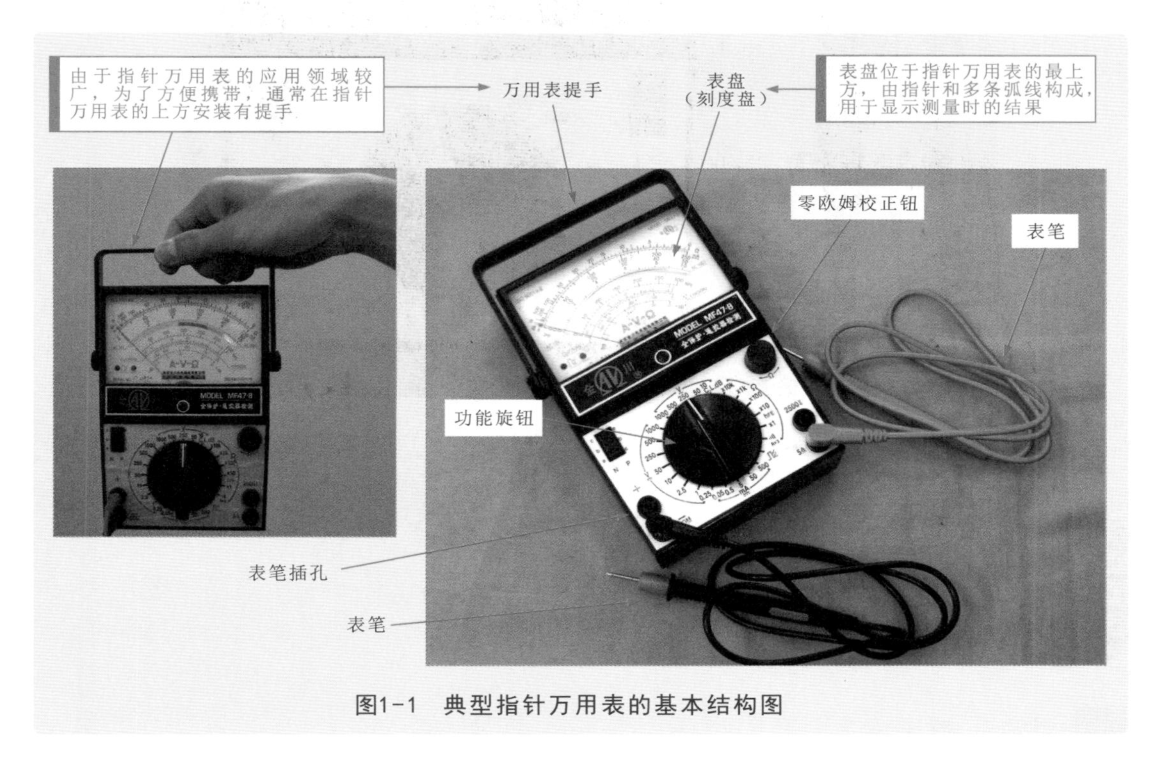

图1-1　典型指针万用表的基本结构图

指针万用表主要由刻度盘、功能旋钮、零欧姆校正钮、表笔插孔和表笔等构成。其中刻度盘用于显示测量的结果；功能旋钮用于选择测量项目以及测量挡位；零欧姆校正钮用于调节阻值检测精度；表笔插孔用于插接表笔进行测量；表笔用于连接被测器件或电路。

1.1.2 指针万用表的键钮功能

图1-2所示为典型指针万用表的键钮分布。指针万用表的功能很多，在检测中主要通过调节不同的功能挡位来实现。

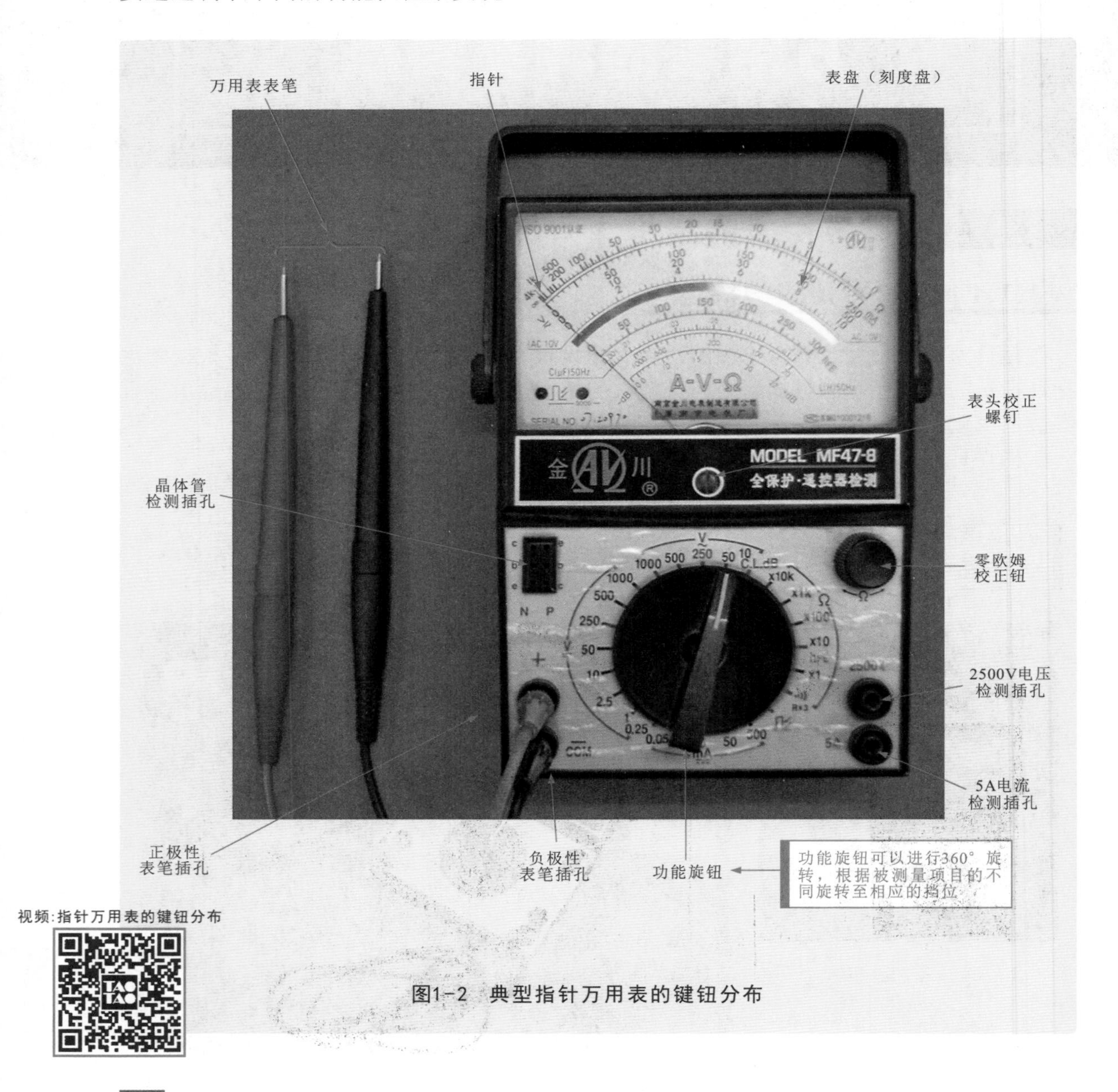

图1-2 典型指针万用表的键钮分布

1 表盘（刻度盘）

如图1-3所示，指针万用表的功能很多，表盘上通常有许多刻度线和刻度值。

指针万用表的表盘上面一般是由5条同心的弧线构成的，每一条刻度线上还标识出了与量程选择旋钮相对应的刻度值。

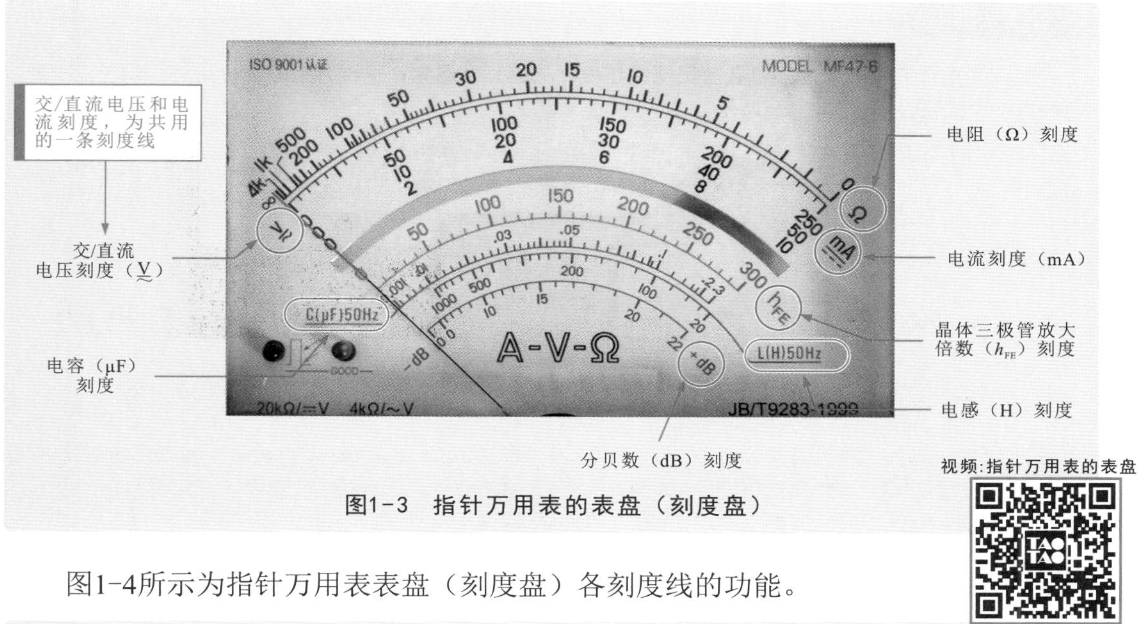

图1-3 指针万用表的表盘（刻度盘）

视频:指针万用表的表盘

图1-4所示为指针万用表表盘（刻度盘）各刻度线的功能。

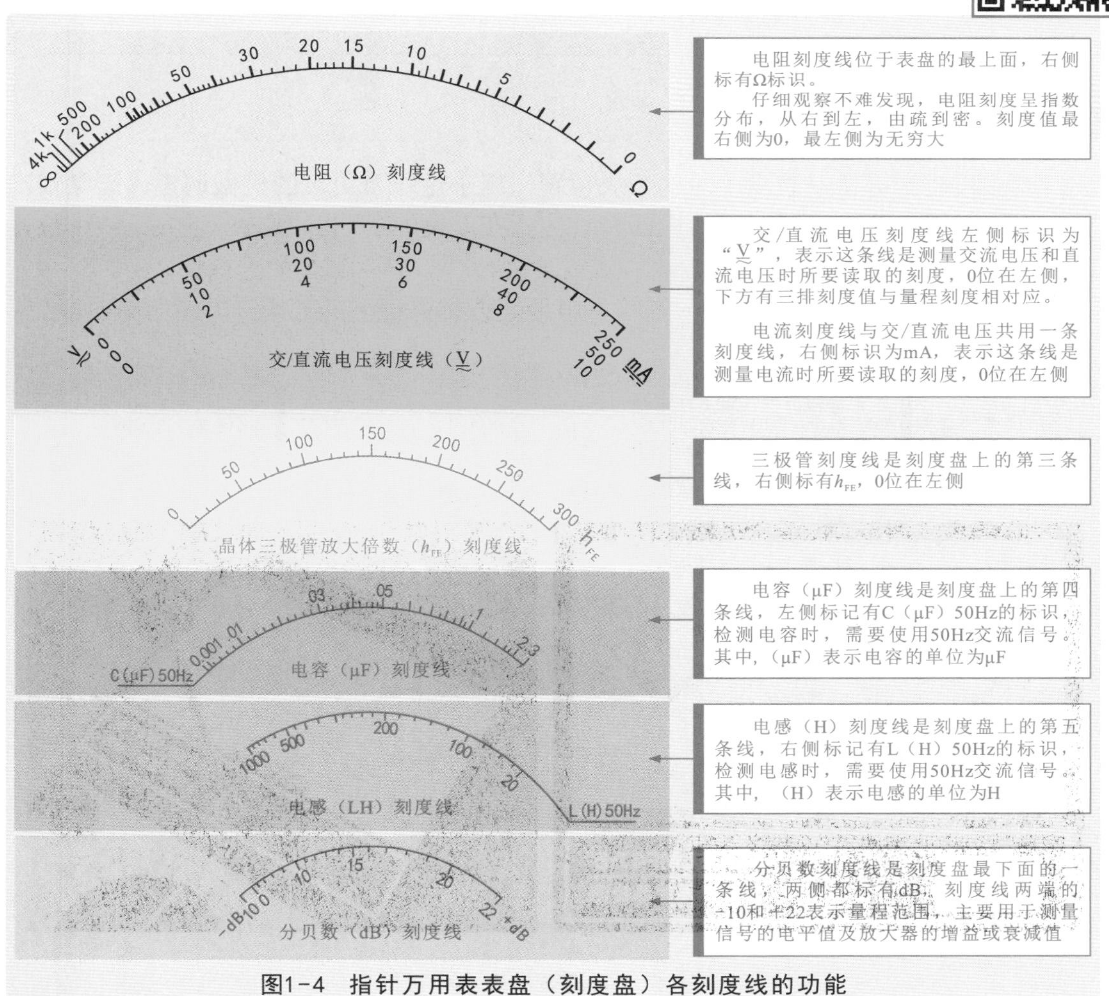

图1-4 指针万用表表盘（刻度盘）各刻度线的功能

补充说明

有一些指针万用表未专门设置分贝测量挡位（dB挡）。通常，这种万用表将分贝挡位与交流电压挡共用一个挡位设置，如图1-5所示。

交流电压测量挡位	附加dB数
AC 10V挡	0
AC 50V挡	14
AC 250V挡	28
AC 1000V挡	40

附加dB数说明

交流电压测量挡位与分贝测量挡位共用

交流电压测量挡位

图1-5　分贝挡位与交流电压挡共用

通常，遵照国际标准，0dB（电平）的标准为在600Ω负载上加1mW的功率。若采用这种标准的指针万用表，则0dB对应交流10V挡刻度线上的0.775V，-10dB对应交流10V挡刻度线上的0.45V，20dB对应交流10V挡刻度线上的7.75V，而10V这一点则对应+22dB（还有一些指针万用表采用500Ω负载加6mW功率作为0dB的标准，则这种指针万用表的0dB对应交流10V挡刻度线上的1.732V刻度）。若测量的电平值大于+22dB，就需要将功能旋钮设置在高量程交流电压挡。一般来说，在指针万用表的刻度盘上都会有一个附加分贝关系对应表。

2 表头校正螺钉

表头校正螺钉位于表盘下方的中央位置，用于进行万用表的机械调零，正常情况下，指针万用表的表笔开路时，表的指针应指在左侧0刻度线的位置。如果不在0位，就必须进行机械调零，使万用表指针准确指在0位，以确保测量的准确性。

如图1-6所示，用一字螺丝刀调整万用表的表头校正钮，进行万用表机械调零。

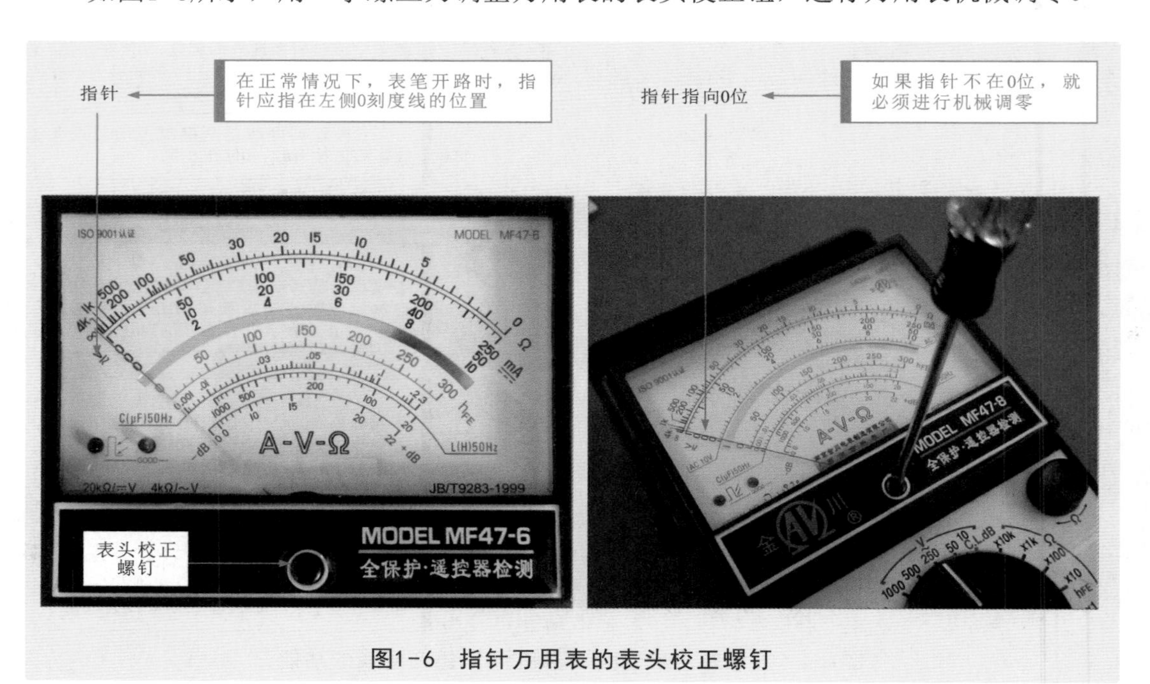

图1-6　指针万用表的表头校正螺钉

3 功能旋钮

功能旋钮位于指针万用表的主体位置（面板），在其四周标有测量功能及测量范围，通过旋转功能旋钮可选择不同的测量项目以及测量挡位，如图1-7所示。

在功能旋钮的圆周有量程刻度盘，每一个测量项目中都标识出该项目测量量程。

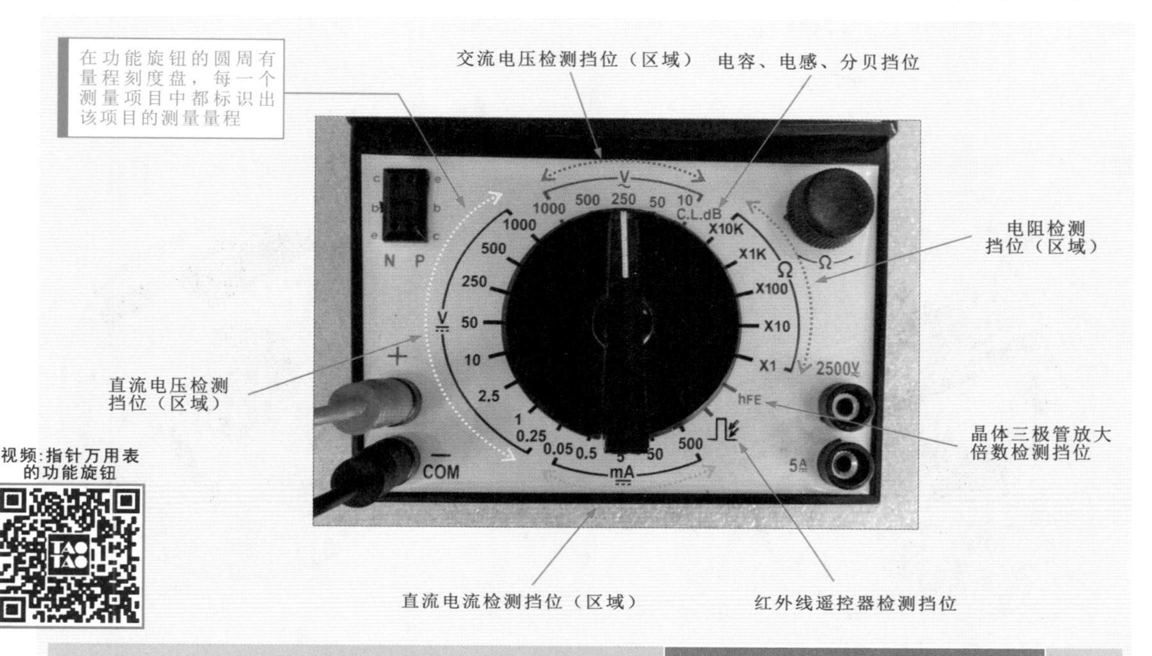

交流电压检测挡位（区域）（V~）

测量交流电压时选择该挡，根据被测的电压值，可调整的量程范围为10V、50V、250V、500V、1000V

电容、电感、分贝检测区域

测量电容器的电容量、电感器的电感量及分贝值时选择该挡位

电阻检测挡位（区域）（Ω）

测量电阻值时选择该挡，根据被测的电阻值，可调整的量程范围为×1、×10、×100、×1k、×10k。
有些指针万用表的电阻检测区域中还有一挡位的标识为“·))”（蜂鸣挡），主要是用于检测二极管及线路的通、断

晶体三极管放大倍数检测挡位（区域）

在指针万用表的电阻检测区域中可以看到有一个h_{FE}挡位，该挡位主要用于测量晶体三极管的放大倍数

红外线遥控器检测挡位（⎍↯）

该挡位主要用于检测红外线发射器，当功能旋钮转至该挡位时，使用红外线发射器的发射头垂直对准表盘中的红外线遥控器检测挡位，并按下遥控器的功能按键，如果红色发光二极管（GOOD）闪亮，则表示该红外线发射器工作正常

直流电流检测挡位（区域）（mA）

测量直流电流时选择该挡，根据被测的电流值，可调整的量程范围为0.05mA、0.5mA、5mA、50mA、500mA、5A

直流电压检测挡位（区域）（V）

测量直流电压时选择该挡，根据被测的电压值，可调整的量程范围为0.25V、1V、2.5V、10V、50V、250V、500V、1000V

图1-7 指针万用表的功能旋钮

4 零欧姆校正钮

零欧姆校正钮位于表盘下方，主要是用于调整万用表测量电阻时的准确度，在使用指针万用表测量电阻前要进行零欧姆调整。如图1-8所示，将万用表的两只表笔短接，观察万用表指针是否指向0Ω，若指针不能指向0Ω，用手旋转零欧姆校正钮，直至指针精确指向0Ω刻度线。

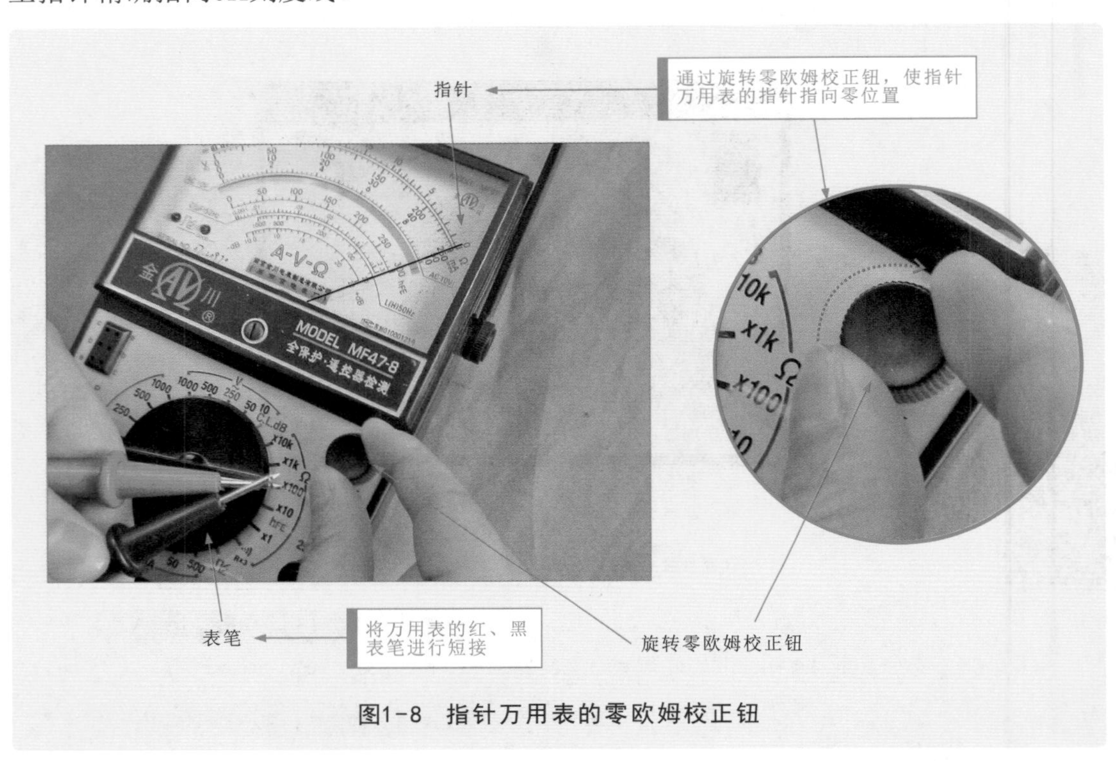

图1-8 指针万用表的零欧姆校正钮

5 晶体三极管检测插孔

晶体三极管检测插孔位于操作面板的右侧，它是专门用来对晶体三极管的放大倍数h_{FE}进行检测的，其外形如图1-9所示，通常在晶体三极管检测插孔的上方标记有N和P的文字标识。

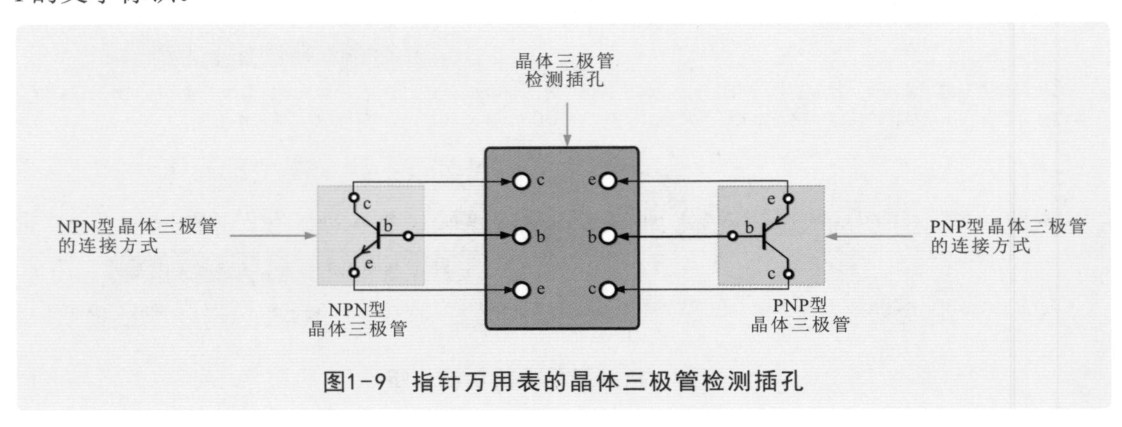

图1-9 指针万用表的晶体三极管检测插孔

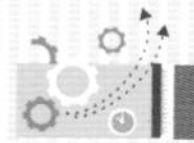

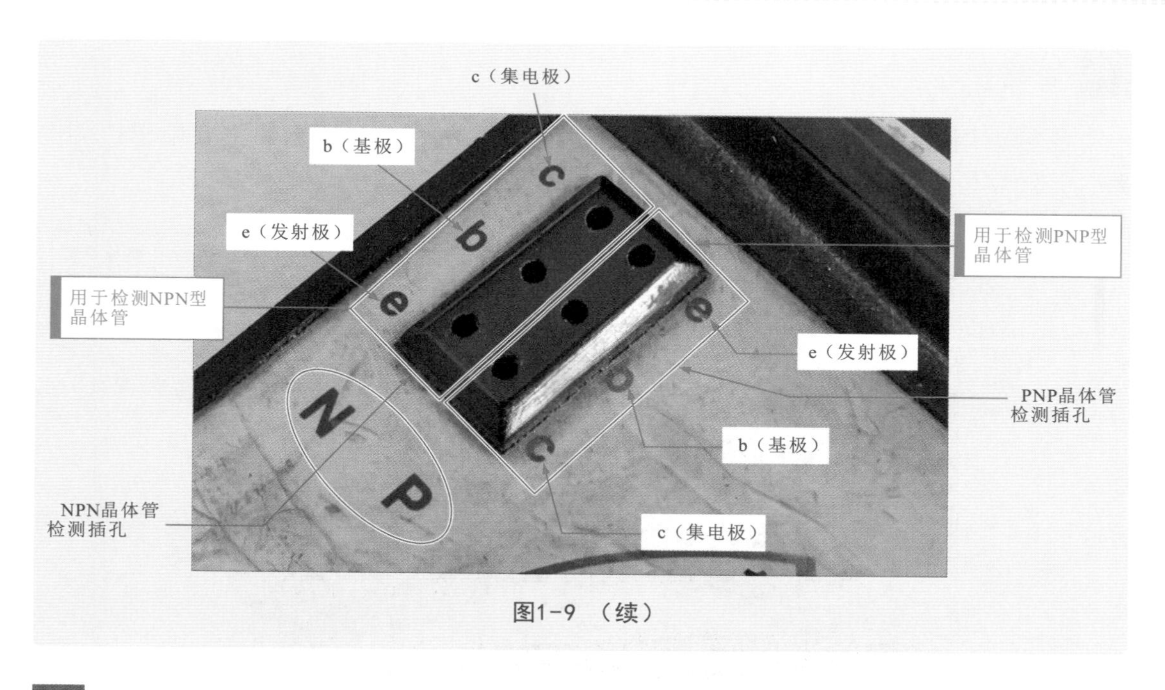

图1-9 （续）

6 表笔插孔

通常在指针万用表的操作面板下面有2～4个插孔，用来与表笔相连（根据万用表型号的不同，表笔插孔的数量及位置都不尽相同）。万用表的每个插孔都用文字或符号进行标识，如图1-10所示。

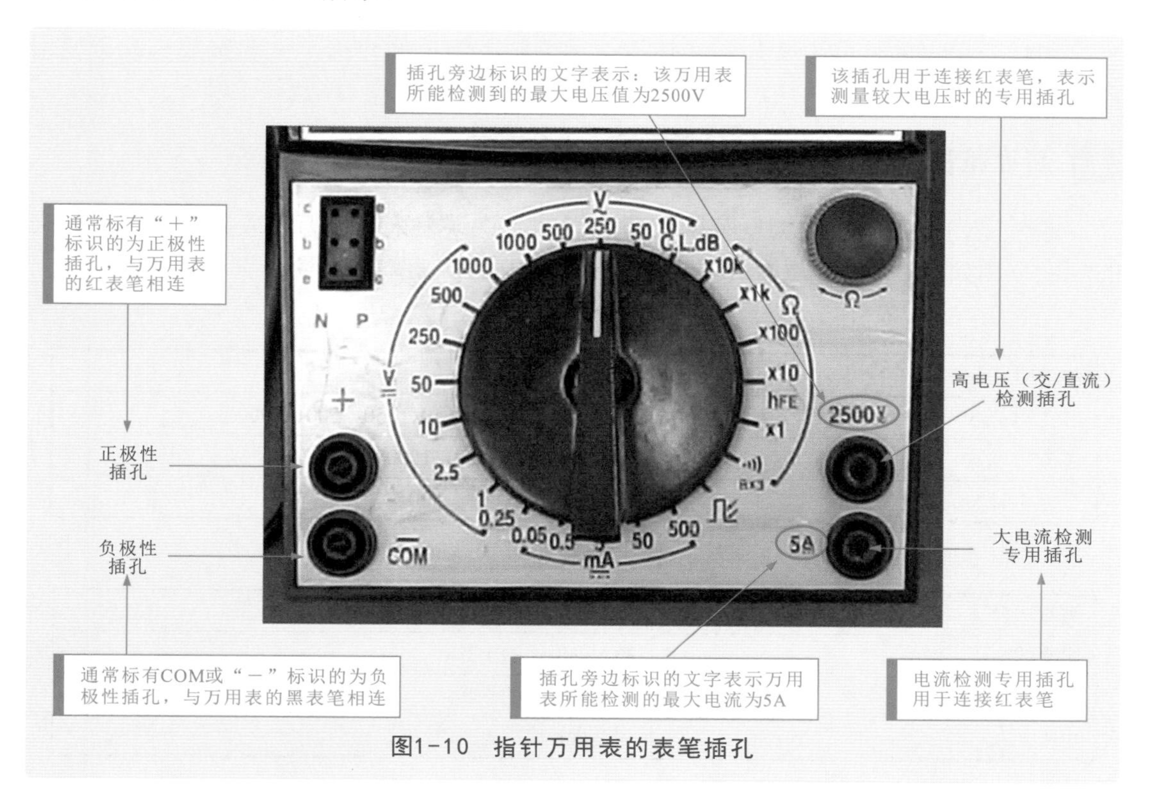

图1-10 指针万用表的表笔插孔

7 表笔

指针万用表的表笔分别使用红色和黑色标识，如图1-11所示，主要用于待测电路、元器件与万用表之间的连接。

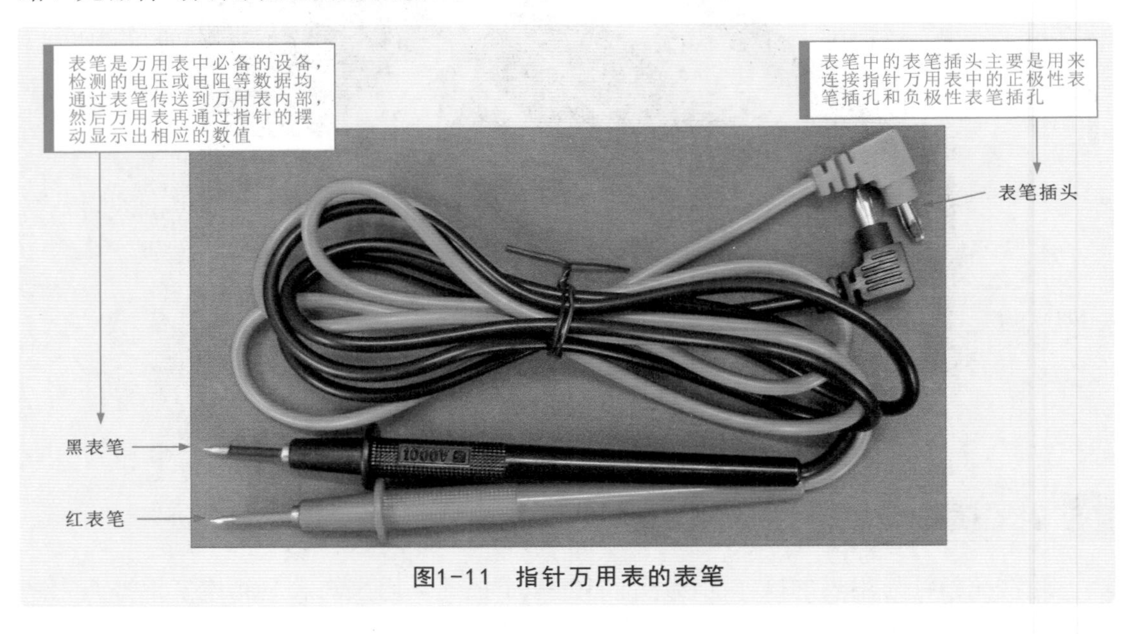

图1-11 指针万用表的表笔

1.1.3 指针万用表的性能参数

指针万用表的性能参数通常在使用说明书中有简单的介绍，性能参数有助于使用者了解该指针万用表的性能，从而根据测量需要选择和使用万用表。

1 刻度范围和误差

通常以指针万用表的刻度范围和万用表的允许误差来表示万用表的性能。万用表的刻度范围如表1-1所列。万用表的误差如表1-2所列。

表1-1 指针万用表的刻度范围

测量项目	刻度范围
直流电压/V	0.25、1、2.5、10、50、250、500、1000
交流电压/V	10、50、250、500、1000
交流电流/mA	0.05、0.5、5、50、500

表1-2 指针万用表的误差

测量项目	允许误差值
直流的电压、电流	最大刻度值的±3%
交流电压	最大刻度值的±4%
电阻	刻度盘长度的±3%

2 准确度

准确度一般称为精度，表示测量结果的准确程度，即指针万用表的指示值与实际值之差。基本误差以刻度盘上量程的百分数表示。万用表的准确度等级是用基本误差来表示的。万用表的准确度越高，其基本误差就越小。准确度和基本误差如表1-3所列。

表1-3 指针万用表的准确度和基本误差

万用表的准确度等级	1.0	1.5	2.5	5.0
基本误差/%	±1.0	±1.5	±2.5	±5.0

1.1.4 指针万用表的工作原理

指针万用表的表头其实是一个直流电流表，测量的电阻、电压和电流都要通过指针万用表的内部电路转换成驱动表头指针摆动的电流，内部结构如图1-12所示。

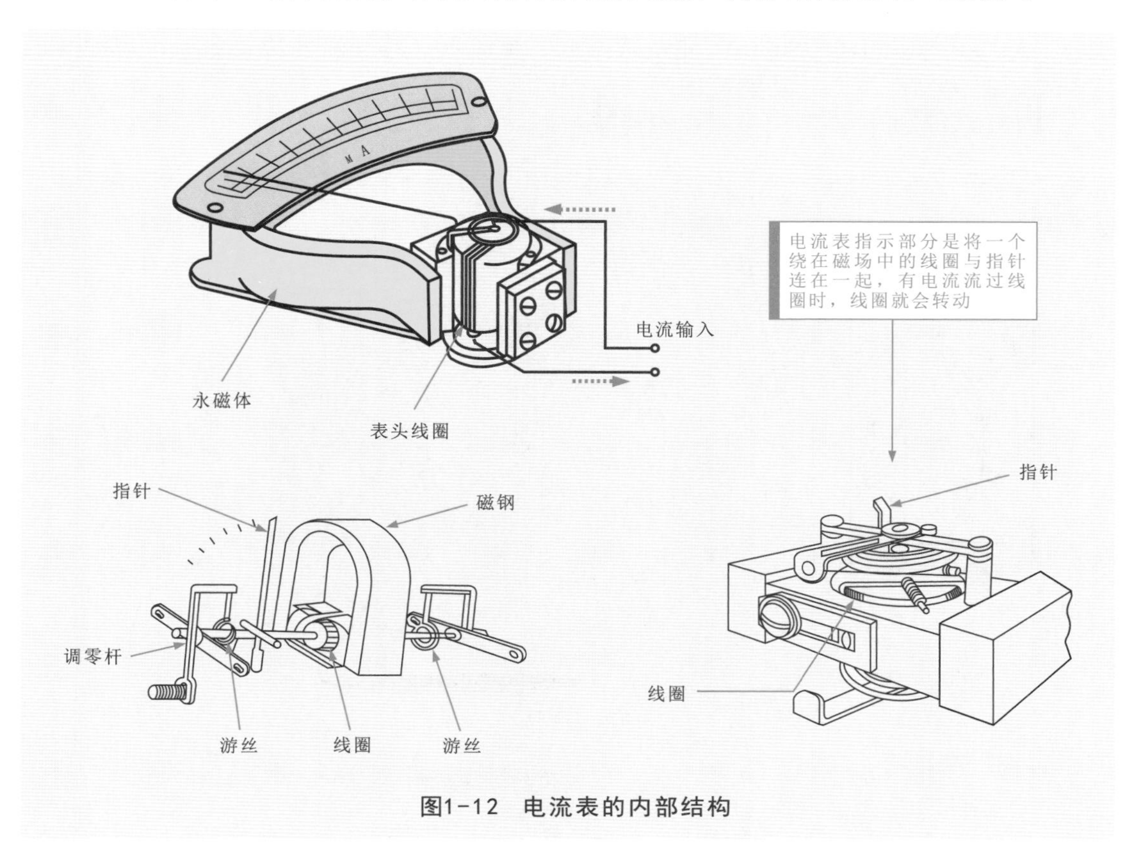

图1-12 电流表的内部结构

当电流流过线圈使其转动时，转动的角度与电流的大小成正比，根据电磁感应左手定则，当有电流流过位于磁场中的导体时，导体会受到电磁力的作用而运动，电流表就是根据这个原理制作的。电磁感应定律如图1-13所示。

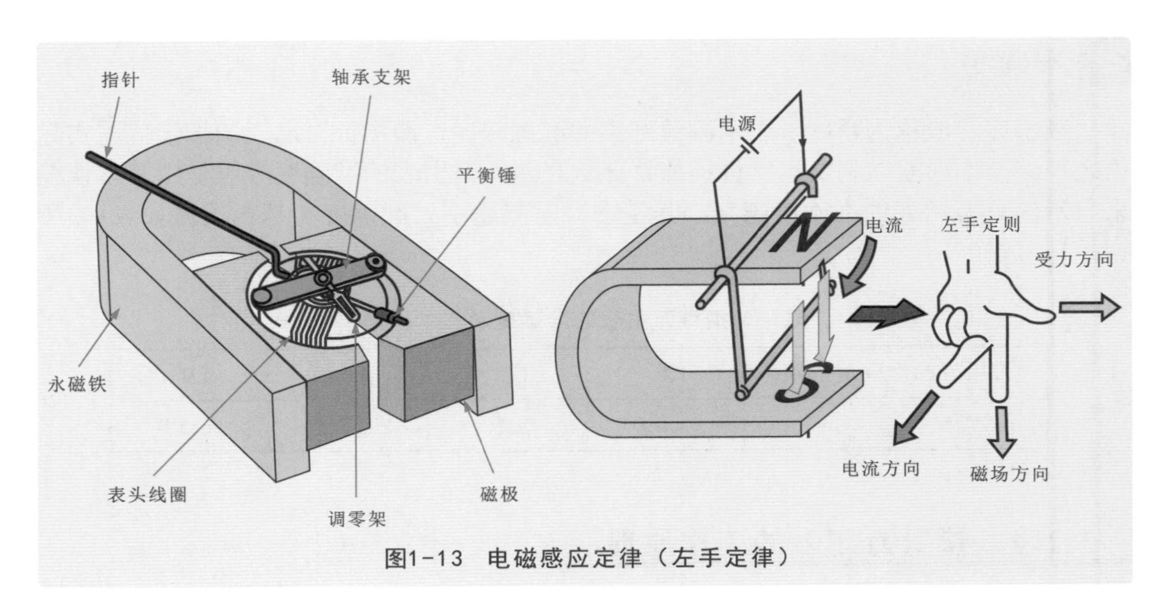

图1-13 电磁感应定律（左手定律）

指针万用表的表头是一只灵敏的磁电式直流电流表（微安表），当微小电流通过表头时，就会有电流指示。此外，在万用表中还设有分流器（用于扩大电流的测量范围）、倍率器（用于扩大电压的测量范围）、整流器（将交流变成直流）、电池（为测量电阻时提供电源）、功能旋钮等部分。

图1-14所示为指针万用表电路组成示意图。

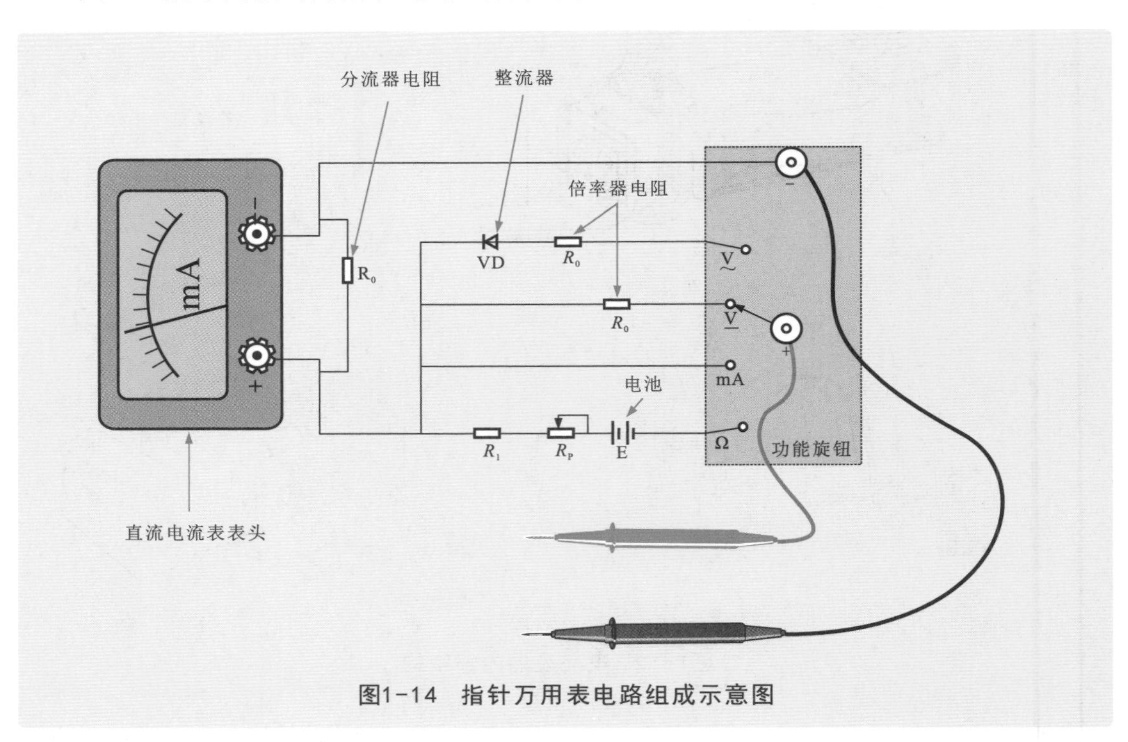

图1-14 指针万用表电路组成示意图

使用指针万用表测量电阻、电流、电压时，其内部电路结构会有相应的变化。图1-15所示为使用指针万用表检测电阻时的内部电路状态。

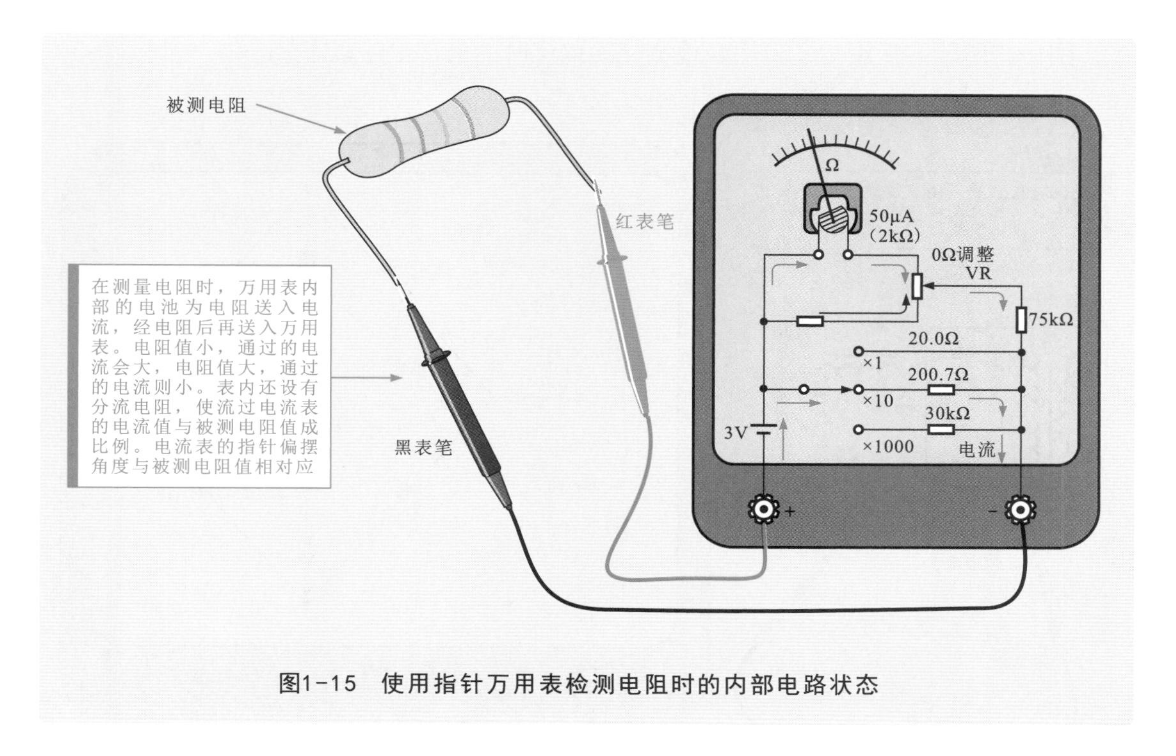

图1-15 使用指针万用表检测电阻时的内部电路状态

图1-16所示为使用指针万用表检测直流电压时的内部电路状态。

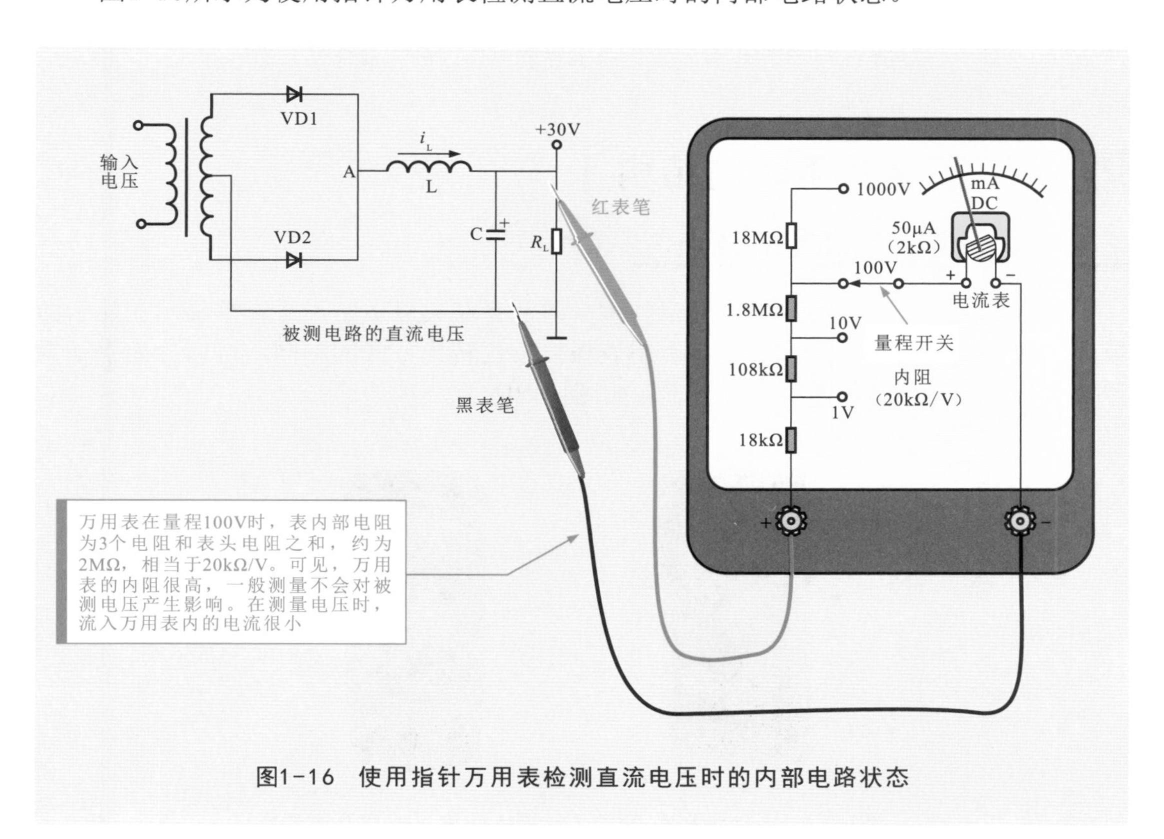

图1-16 使用指针万用表检测直流电压时的内部电路状态

图1-17所示为使用指针万用表检测交流电压时的内部电路状态。

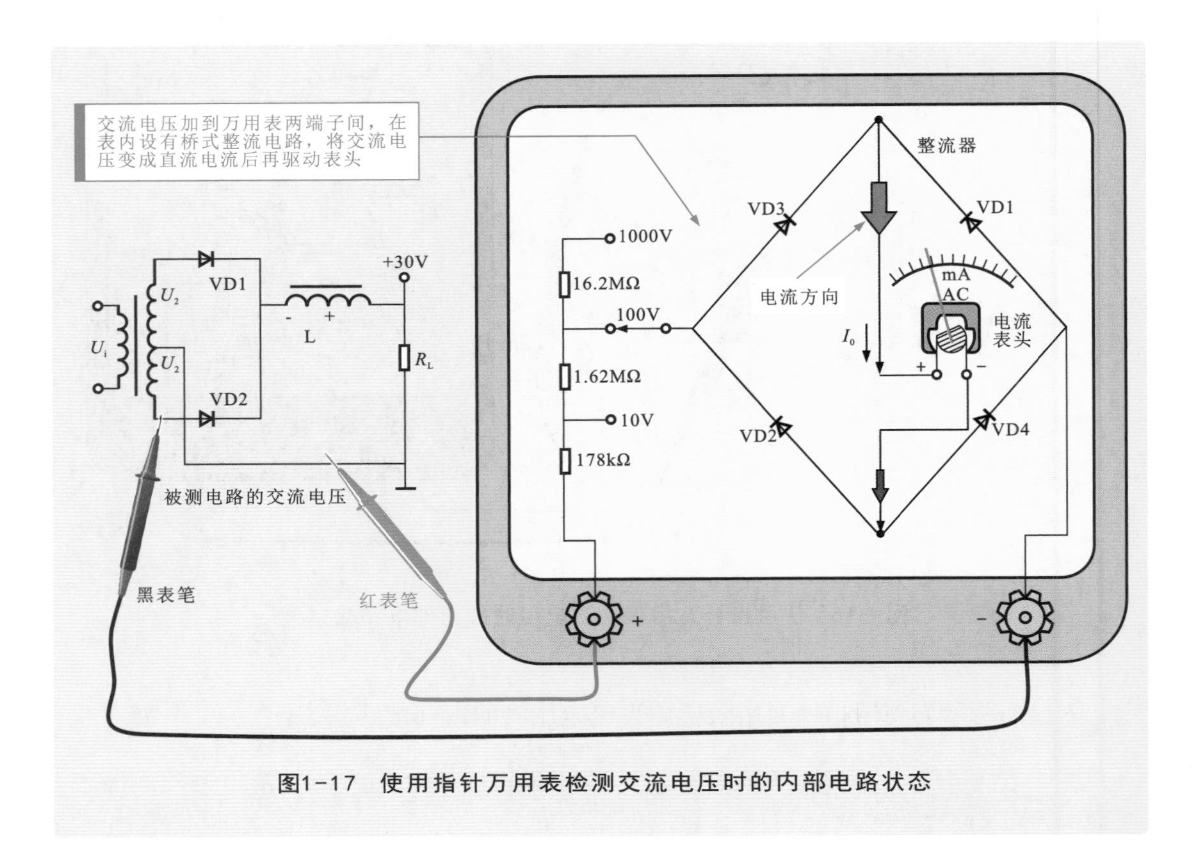

图1-17　使用指针万用表检测交流电压时的内部电路状态

1.2 数字万用表的结构

1.2.1 数字万用表的特点

数字万用表采用先进的数字显示技术，将测量结果以数字形式直接显示在显示面板上，显示效果清晰、准确。数字万用表根据量程转换方式的不同，可以分为手动量程数字万用表和自动量程数字万用表，如图1-18所示。

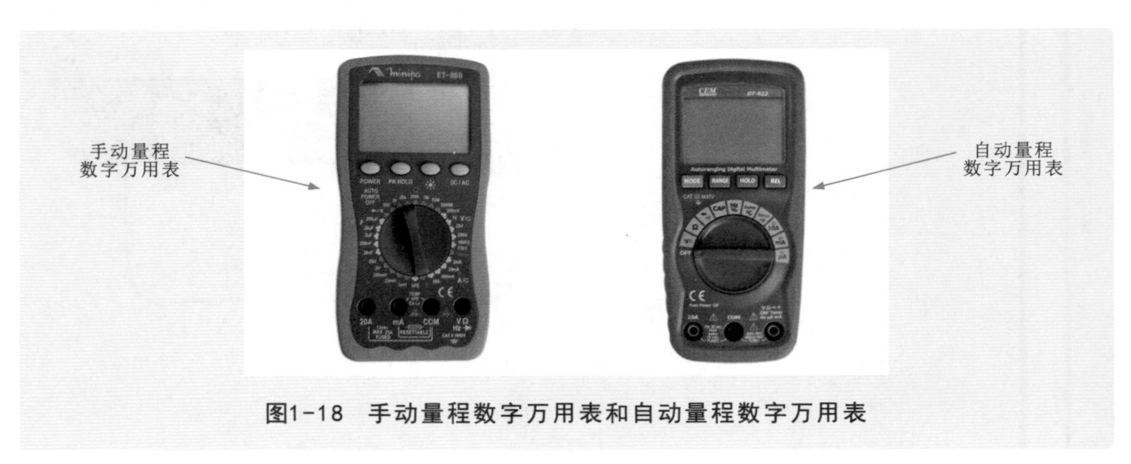

图1-18　手动量程数字万用表和自动量程数字万用表

图1-19所示为典型数字万用表的基本结构。

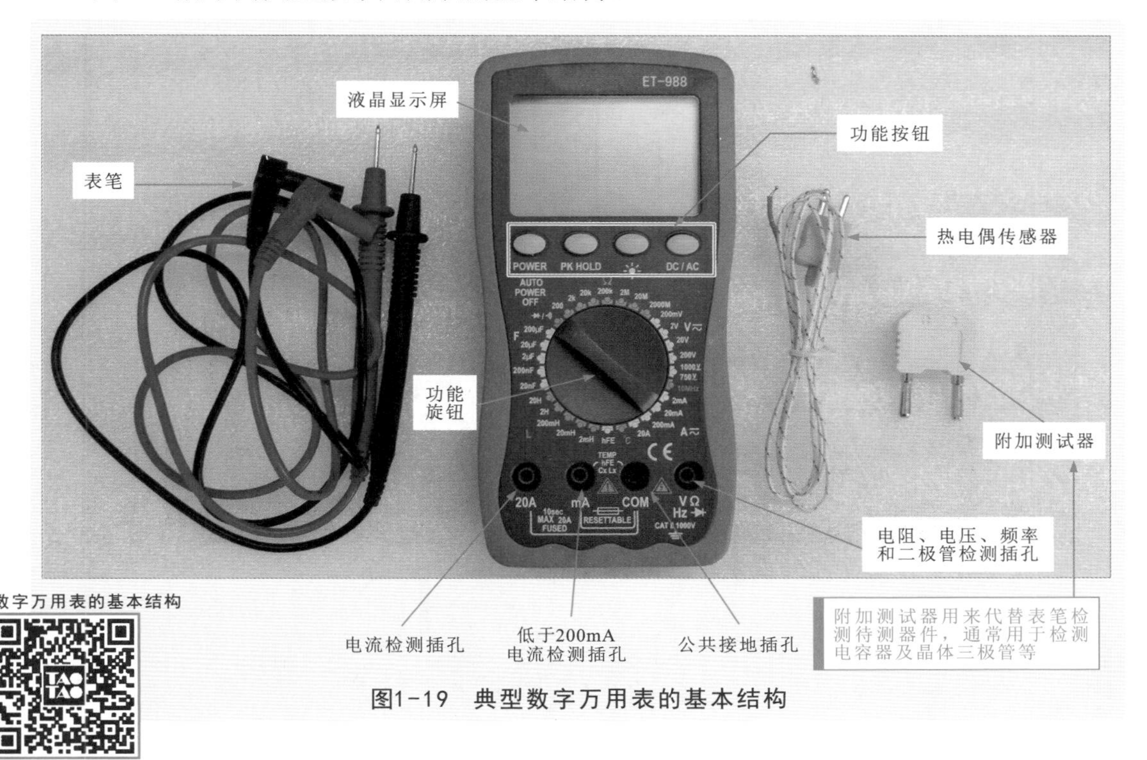

图1-19 典型数字万用表的基本结构

视频:数字万用表的基本结构

1.2.2 数字万用表的键钮功能

数字万用表主要是由液晶显示屏、功能旋钮、功能按钮、表笔插孔、热电偶传感器和附加测试器等构成的。

1 液晶显示屏

图1-20所示为典型数字万用表的液晶显示屏。

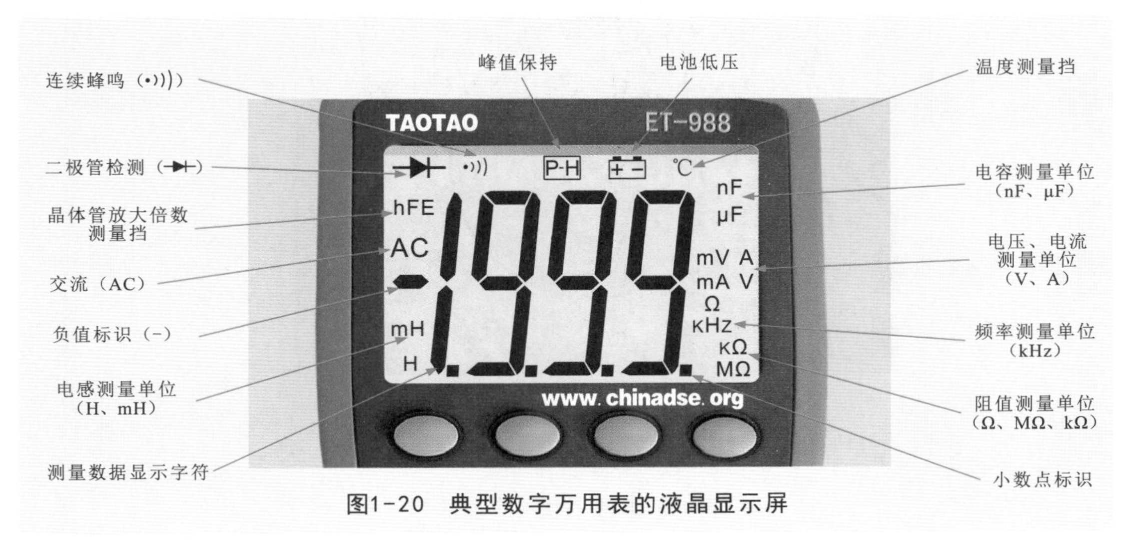

图1-20 典型数字万用表的液晶显示屏

补充说明

有些数字万用表中的液晶显示屏还可以显示出表笔连接的插孔信息，当数字万用表的表笔插入表笔插孔后，会在液晶显示屏的下端显示出相应的连接标识，如图1-21所示。

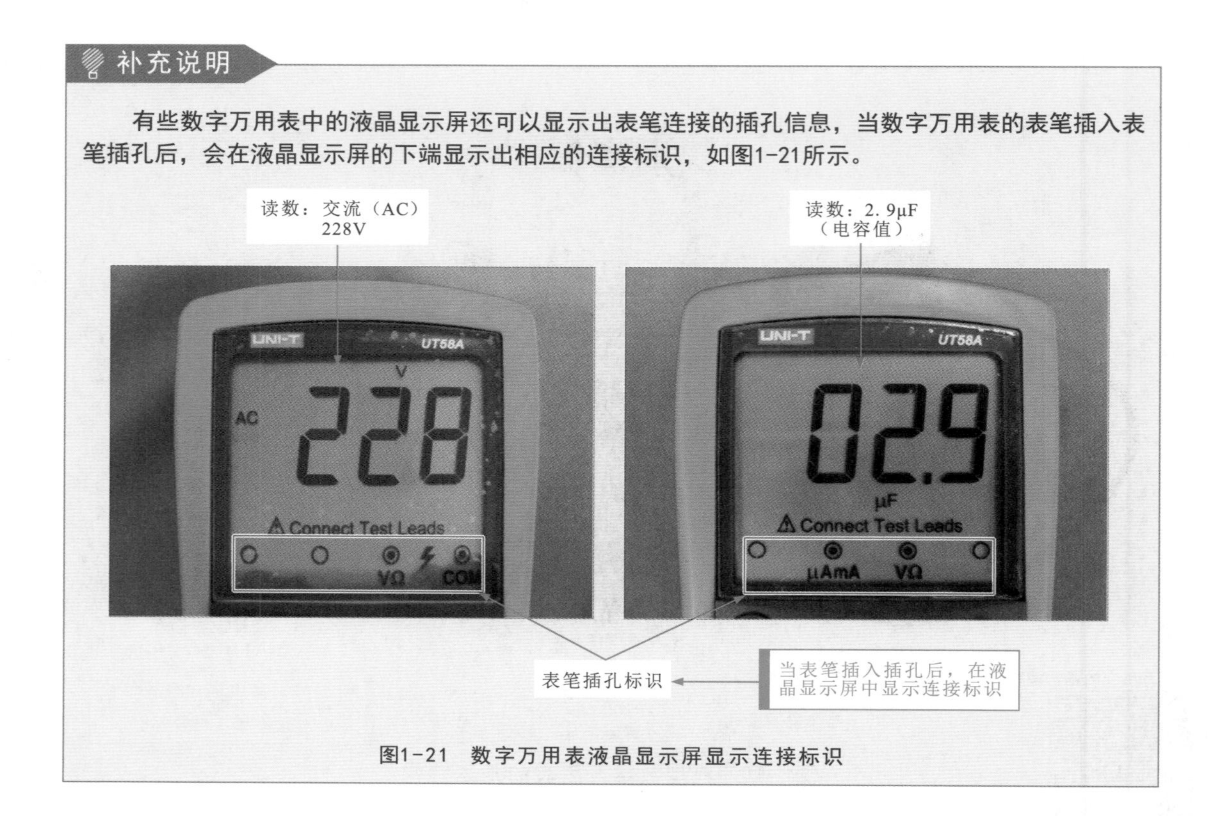

图1-21　数字万用表液晶显示屏显示连接标识

2 功能旋钮

图1-22所示为典型数字万用表的功能旋钮。

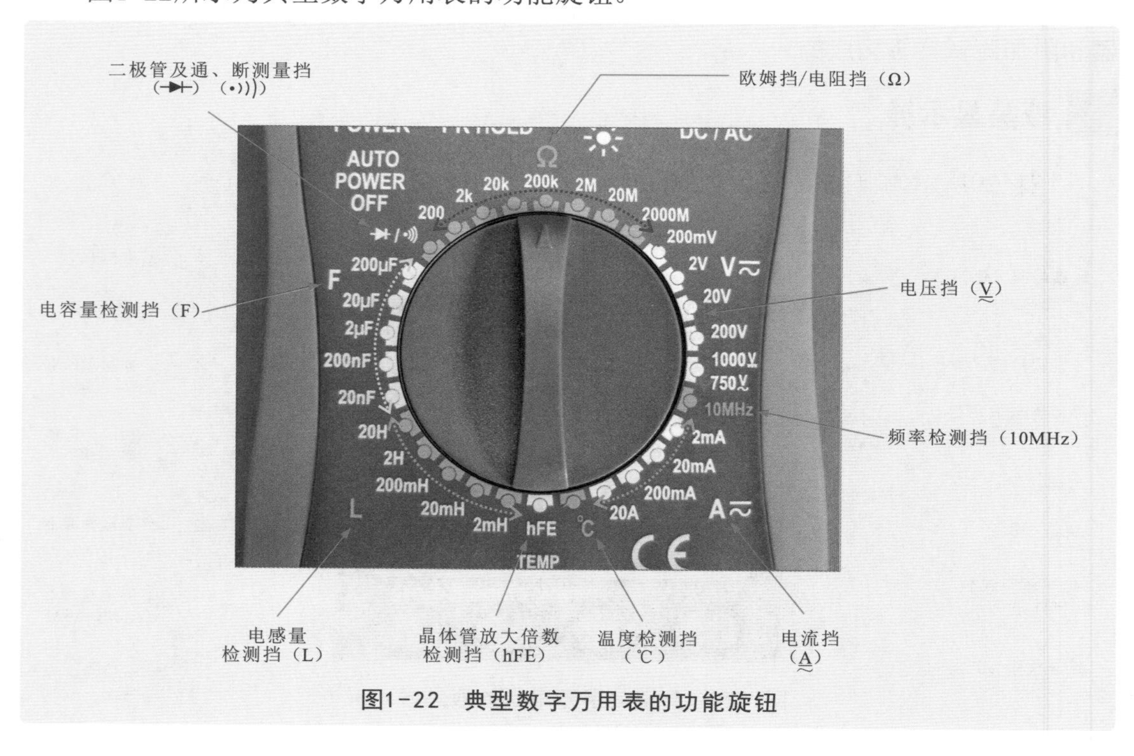

图1-22　典型数字万用表的功能旋钮

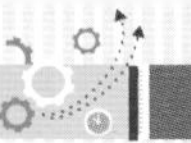

自动量程数字万用表的功能旋钮周围仅标识有挡位（测量项目）选项，没有明确的量程标识，如图1-23所示。

因此，使用自动量程数字万用表测量时，只需将功能旋钮调整到对应的挡位，数字万用表便会根据实际测量情况自动实现测量功能，省去了根据测量对象（环境）预先设定量程的环节，非常智能、方便。

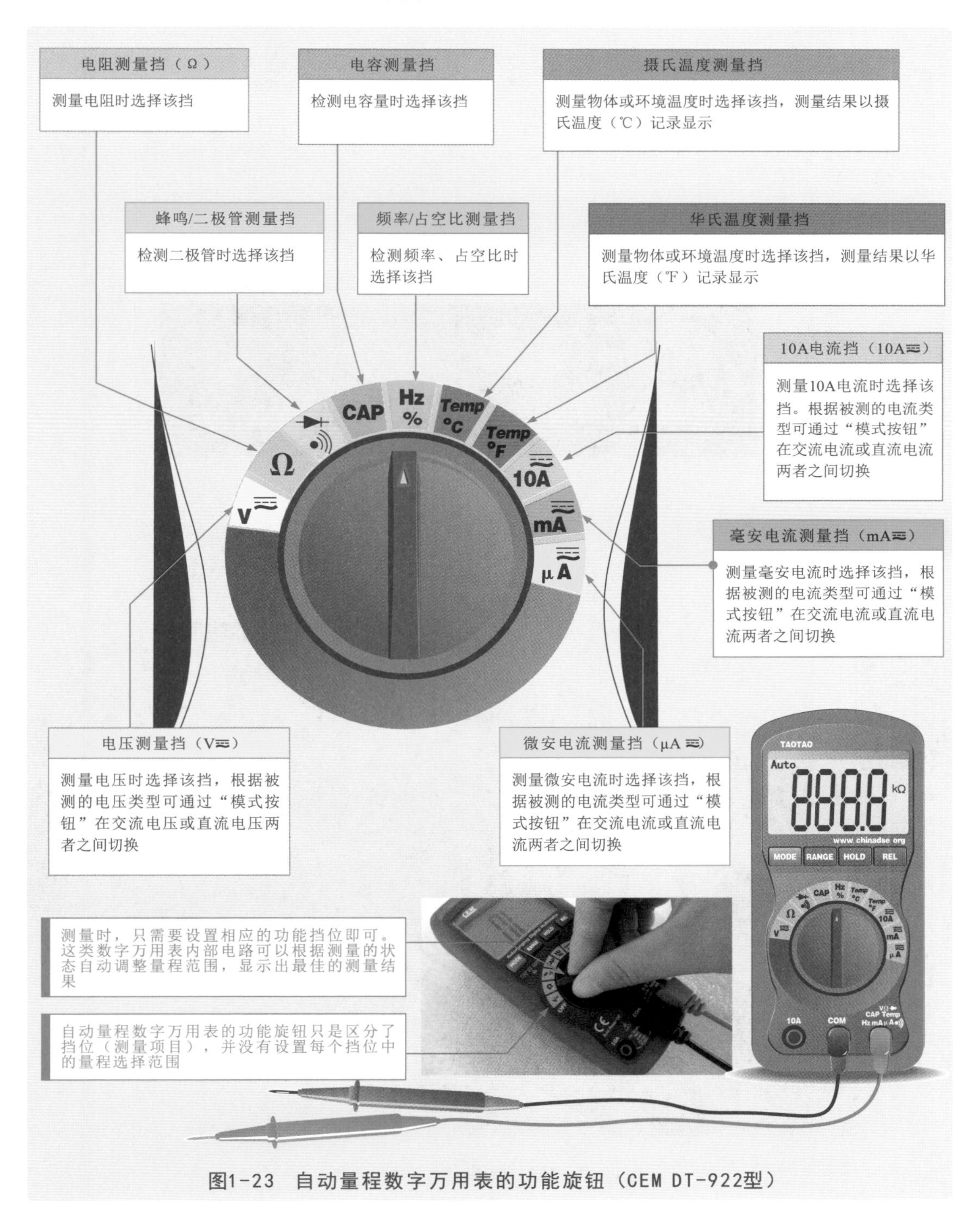

图1-23 自动量程数字万用表的功能旋钮（CEM DT-922型）

3 功能按钮

数字万用表的功能按钮位于数字万用表液晶显示屏与功能旋钮之间，测量时，只需按动功能按钮，即可完成相关测量功能的切换及控制，如图1-24所示。数字万用表的功能按钮主要包括电源按钮、峰值保持按钮、背光灯按钮及交/直流切换按钮。

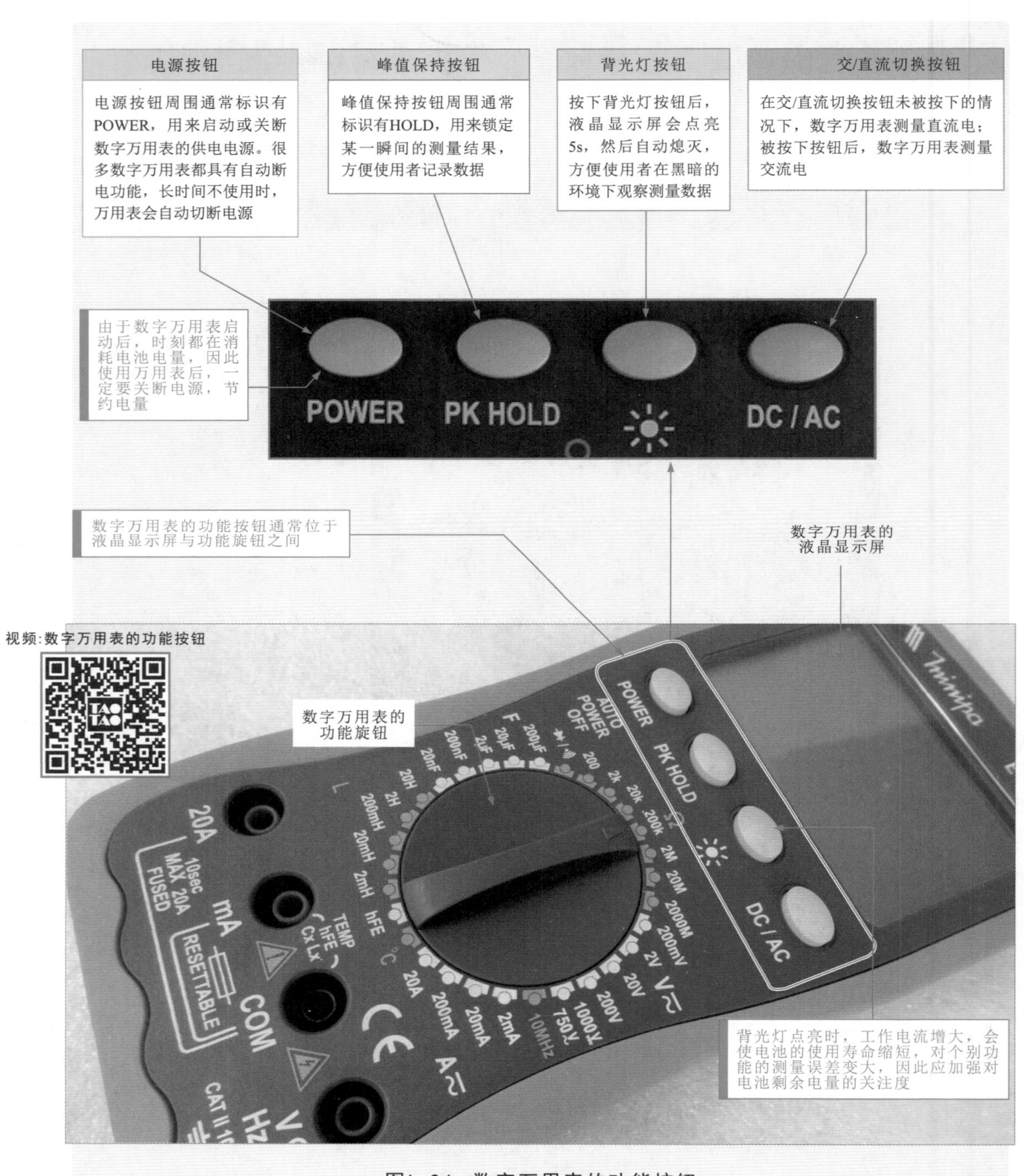

图1-24　数字万用表的功能按钮

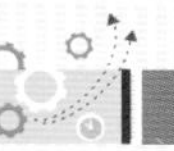

4 表笔插孔

图1-25所示为数字万用表的表笔插孔。其中，标有20A的表笔插孔用于测量大电流（200mA～20A）；标有mA的表笔插孔为低于200mA的电流检测插孔，也是附加测试器和热电偶传感器的负极输入端；标有COM的表笔插孔为公共接地插孔，用来连接黑表笔，也是附加测试器和热电偶传感器的正极输入端；标有VΩHz 的表笔插孔为电阻、电压、频率和二极管检测插孔，用来连接红表笔。

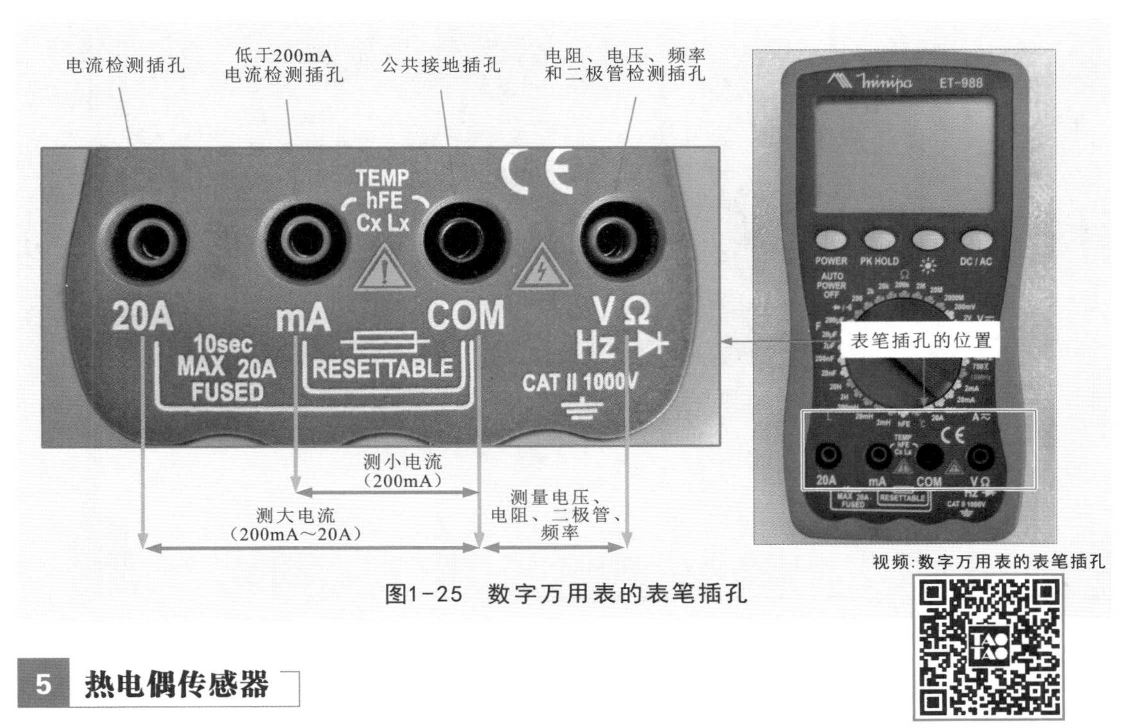

图1-25 数字万用表的表笔插孔

5 热电偶传感器

如图1-26所示，数字万用表的热电偶传感器主要用来测量物体或环境的温度。检测时，通过万用表表笔或附加测试器进行连接，实现对温度的测量。

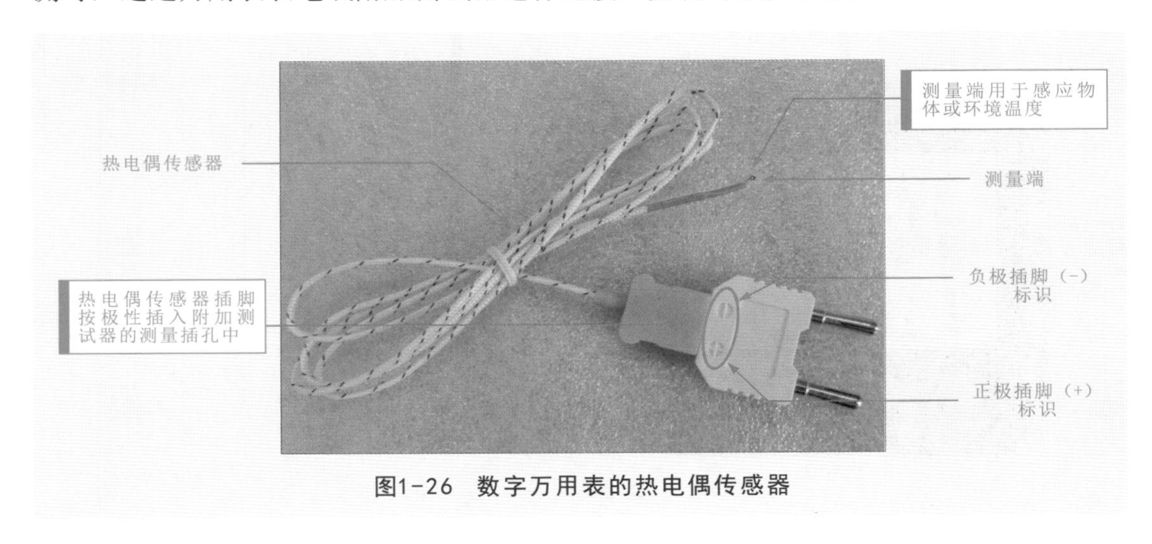

图1-26 数字万用表的热电偶传感器

6 附加测试器

数字万用表几乎都会配有一个附加测试器，附加测试器的正、负极插头可插入表笔插孔中，将电感、电容或晶体三极管的引脚插入附加测试器上方插孔中，调整挡位后，就可对相应的数据进行测量。图1-27所示为数字式万用表的附加测试器。

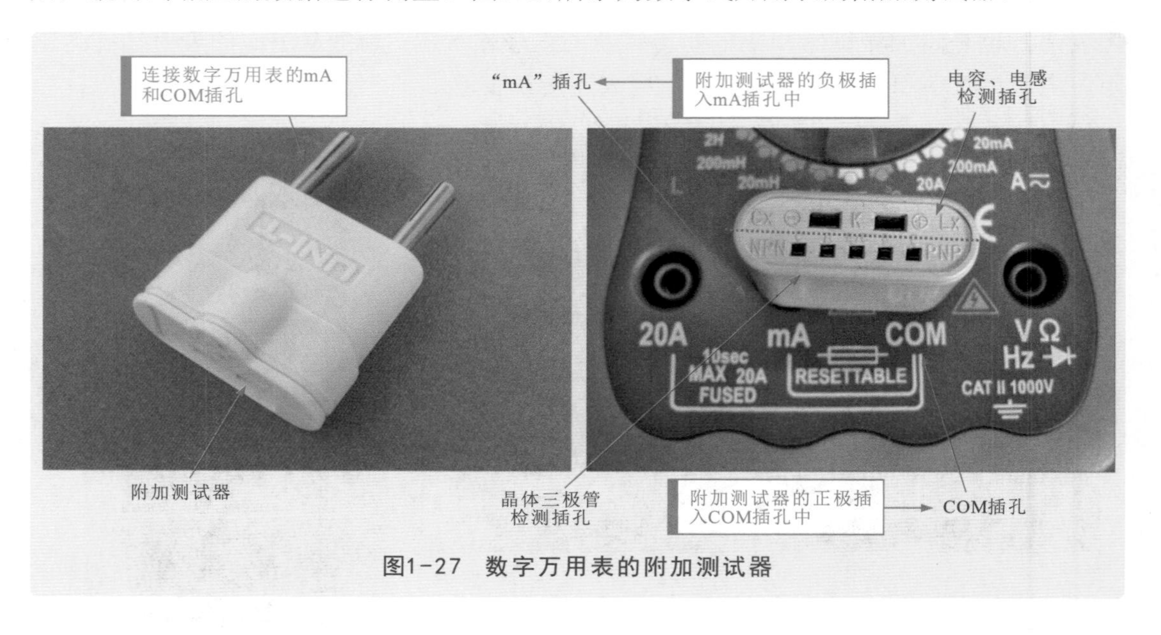

图1-27 数字万用表的附加测试器

1.2.3 数字万用表的性能参数

显示特性是数字万用表非常重要的参数，包括显示方式和最大显示数，如图1-28所示。目前最常见的是采用液晶显示屏显示数据。这种显示方式还可以显示很多辅助信息，如直流/交流、电压、电流或电阻的单位。

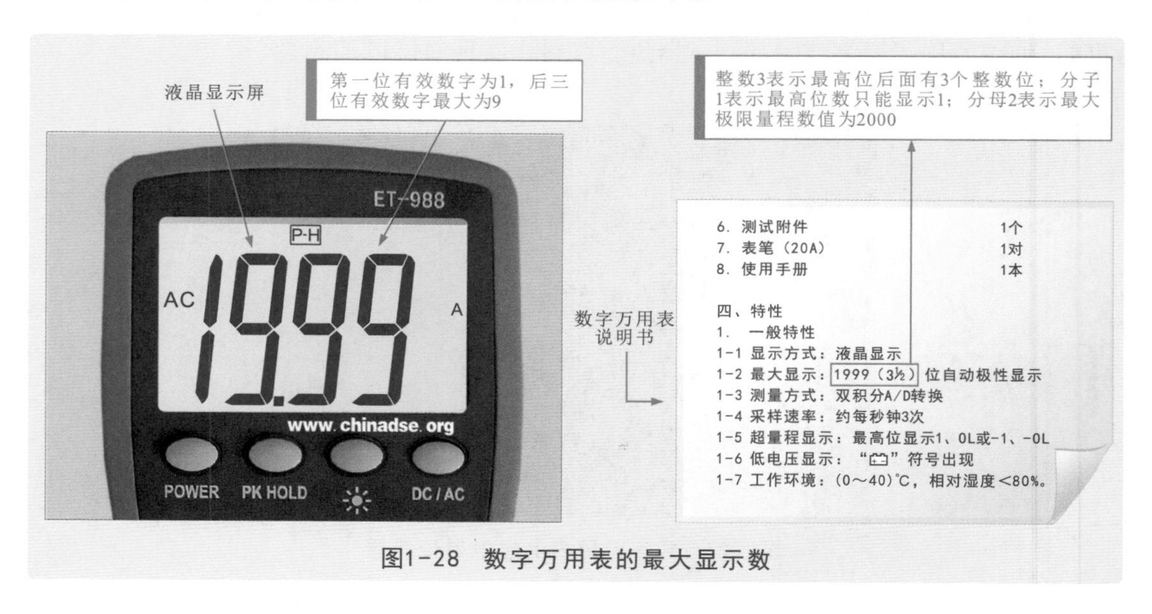

图1-28 数字万用表的最大显示数

补充说明

由图1-28可知，Minipa ET-988型数字万用表的最大显示数为“1999（$3^1/_2$）”，即三又二分之一，表示液晶屏可显示4位数字，第一位数字最大可显示0～1，后三位最大显示0～9（满位），最大显示数为2000（无法显示），可显示最高数为1999。

数字万用表的显示特性有$3\frac{1}{2}$位、$3\frac{2}{3}$位、$3\frac{3}{4}$位、$4\frac{1}{2}$位、$5\frac{1}{2}$位、$6\frac{1}{2}$位、$7\frac{1}{2}$位和$8\frac{1}{2}$位，共8种。

显示特性确定了数字万用表的最大显示量程，是数字万用表非常重要的参数。

数字万用表的显示位数都是由1个整数和1个分数组合而成的。其中，分数中的分子表示数字万用表最高位所能显示的数字范围；分母是最大极限量程时的最高数字，分数前面的整数表示最高位后面的显示数位，如$3\frac{2}{3}$位（读作三又三分之二位），$\frac{2}{3}$中的分子2表示数字万用表只能显示从0～2的数字，因为整数是3，所以可以确定在最高位之后有3个整数位，故最大显示值为±2999；分母3表示数字万用表的最大极限量程数值为3000。其他的显示位数可以根据计算得出。

1.2.4 数字万用表的工作原理

数字万用表是将被测量的电压、电流或电阻值等模拟量变成数字量，直接用数字显示所测量的结果。图1-29所示为数字万用表的工作原理。

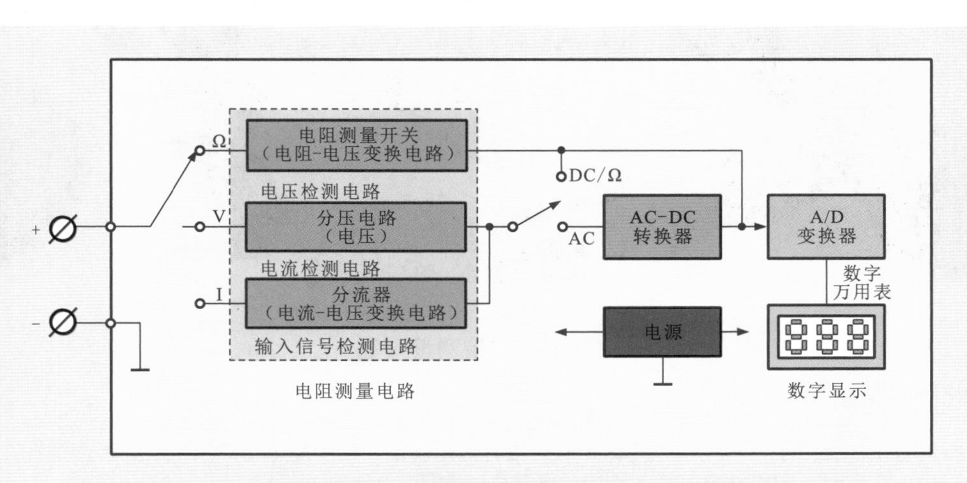

图1-29 数字万用表的工作原理

补充说明

数字万用表的输入检测电路、交流/直流转换电路等都与指针万用表的结构和功能相同。区别是，数字万用表就是将测量的结果数字化，使用A/D变换器将测量值变成数字值，通过计数显示驱动电路，将测量结果以数字的形式由液晶显示屏显示出来。

第2章 万用表的使用方法

2.1 指针万用表的使用方法

2.1.1 指针万用表使用前的准备

1 连接测量表笔

指针万用表有两支表笔，分别为红色和黑色，使用时，将其中红色的表笔插到正极性插孔中，黑色的表笔插到负极性插孔中，如图2-1所示。

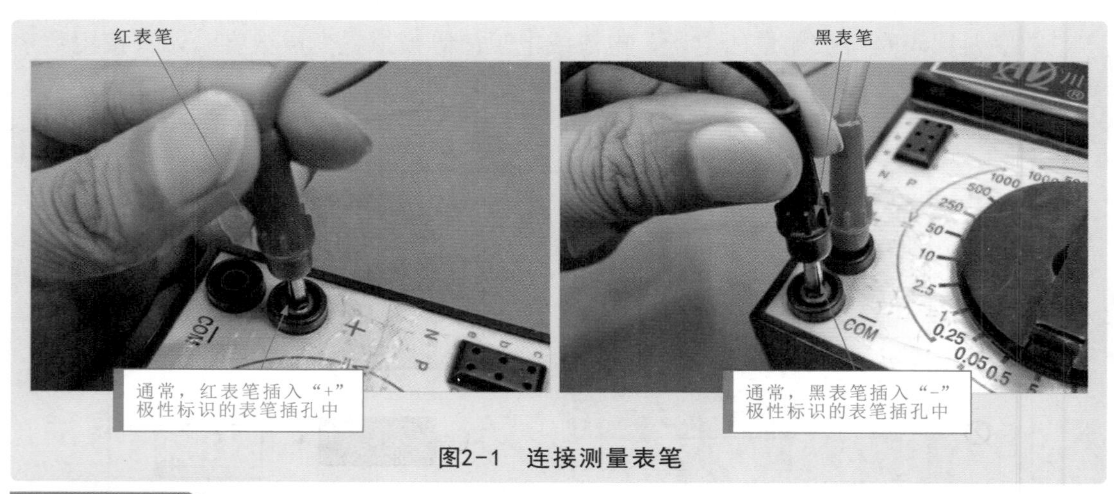

图2-1 连接测量表笔

补充说明

指针万用表上除了“+”插孔外，在有些指针万用表上还带有高电压和大电流的检测插孔，检测高电压或大电流时，需将红表笔插入相应的插孔内，如图2-2所示。

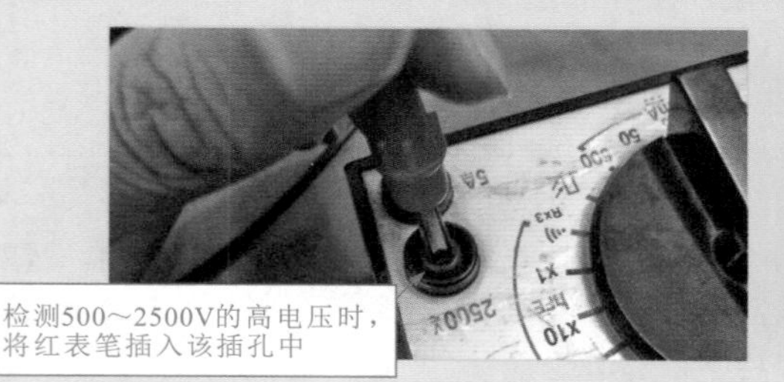

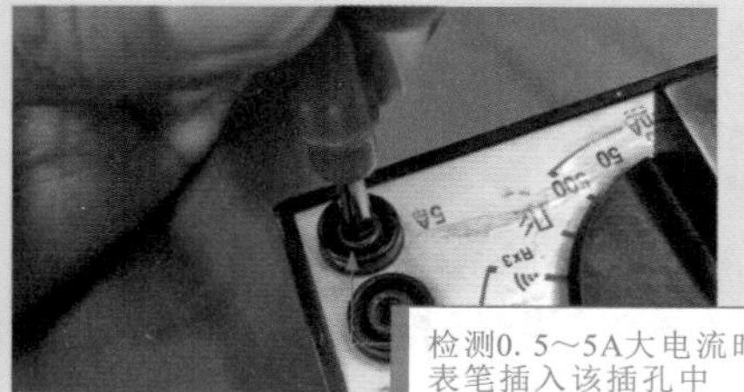

图2-2 高电压和大电流环境下的表笔连接

2 表头校正

指针万用表的表笔开路时，指针应指在0的位置，如果指针没有指到0的位置，可用螺丝刀微调校正螺钉使指针处于0位，完成对指针万用表的零位调整。这就是使用指针万用表测量前进行的表头校正，又称零位调整，如图2-3所示。

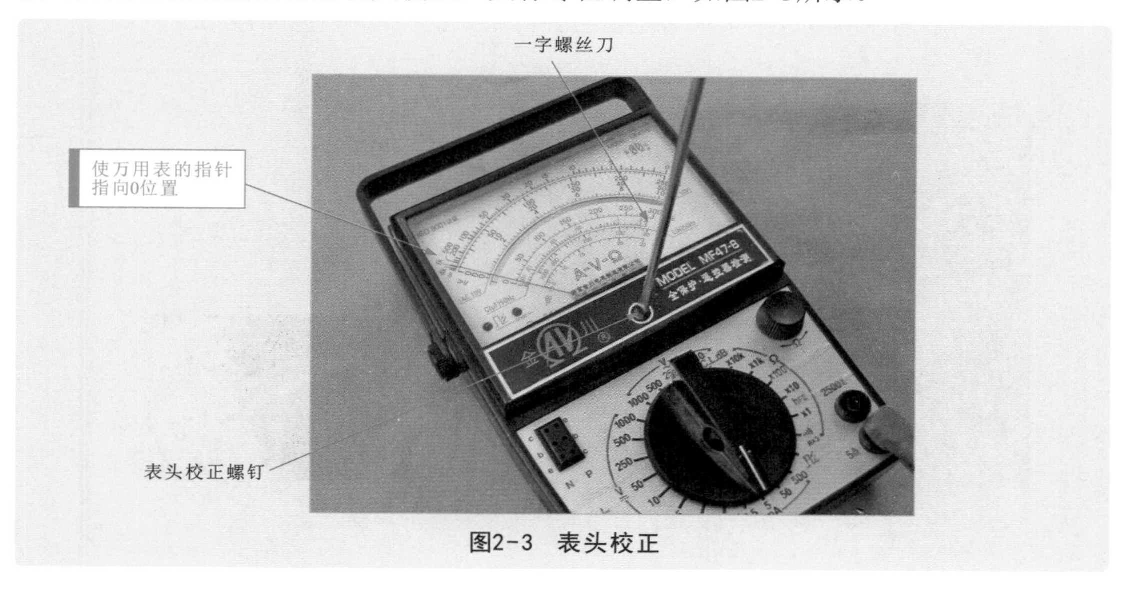

图2-3 表头校正

3 调整测量功能和量程

根据测量的需要，无论是测量电流、电压还是电阻，均需要对量程范围进行设置，调整指针万用表的功能旋钮，将功能旋钮调整到相应的测量状态，这样无论是测量电流、电压还是电阻都可以通过功能旋钮轻松地切换，如图2-4所示。

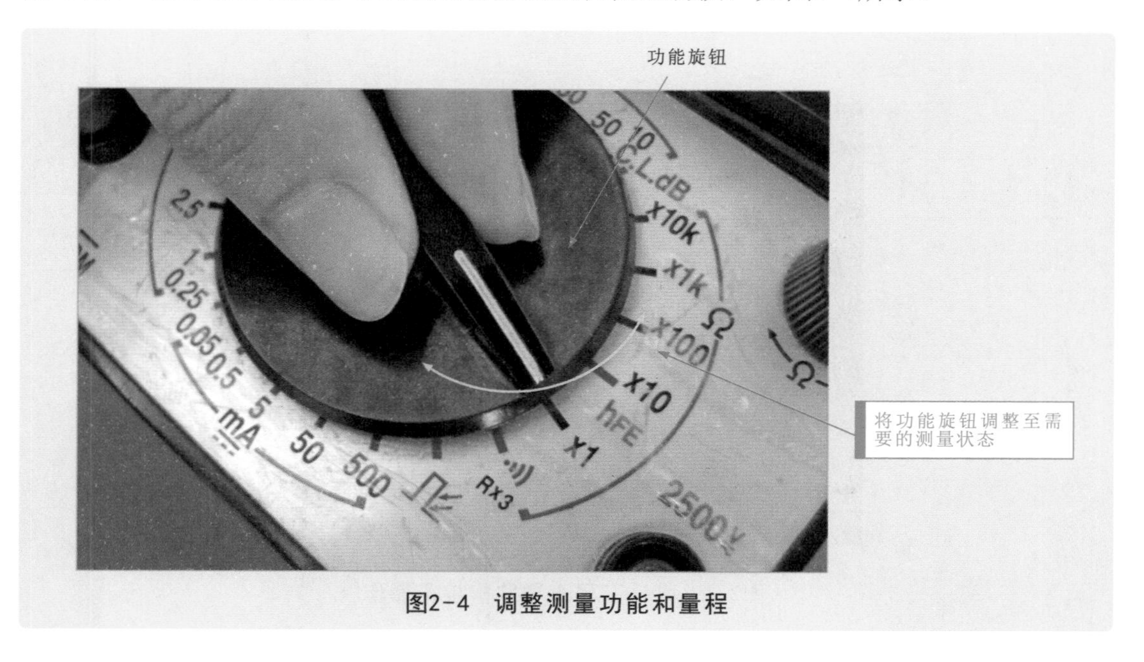

图2-4 调整测量功能和量程

2.1.2 指针万用表测量电阻值

使用指针万用表检测电阻值是非常实用的一项测量技能，它不仅可以用于判别电阻器的好坏，晶体二极管、晶体三极管以及开关按键等器件的性能也都可以通过检测电阻值的方法来进行判断。

图2-5所示为在测量电阻前调整当前指针万用表的挡位和量程的方法。

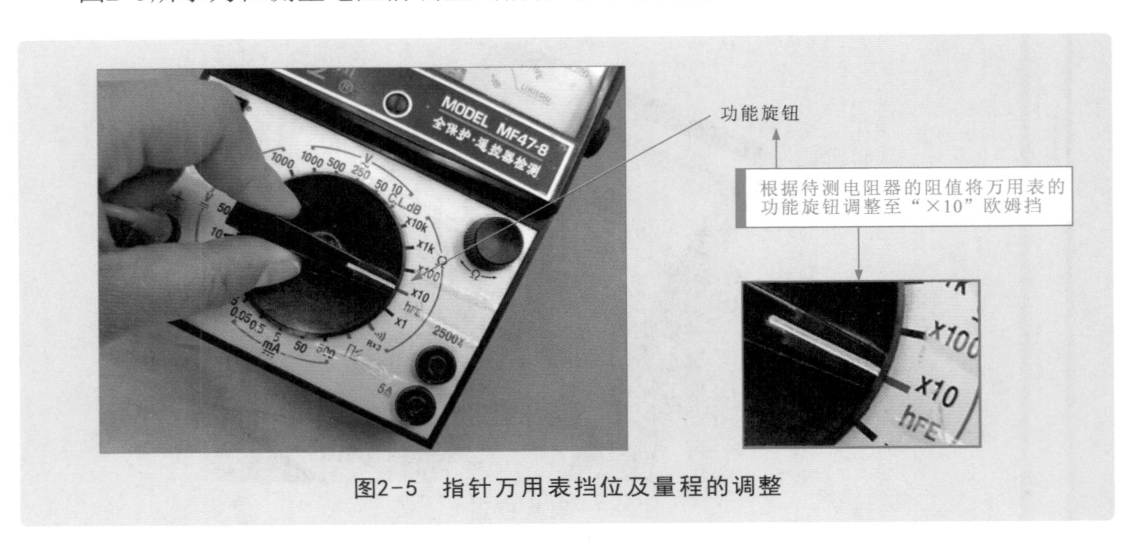

图2-5 指针万用表挡位及量程的调整

补充说明

在对指针万用表的量程进行调整前，应先估算被测值的大小，调整适当的量程范围。

如图2-6所示，设置好挡位和量程后，为了保证测量结果的准确性，要对指针万用表进行零欧姆校正操作。

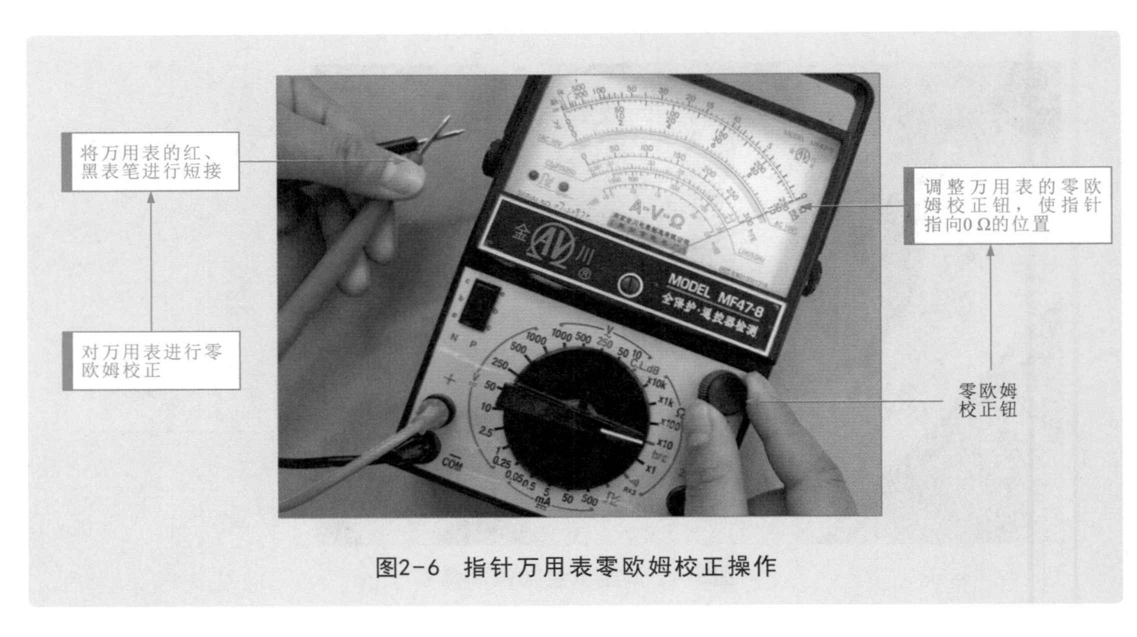

图2-6 指针万用表零欧姆校正操作

补充说明

使用指针万用表进行阻值测量时，每变换一次欧姆挡位或量程，就需要重新通过零欧姆校正钮进行零欧姆调整，这样才可以确保测量电阻值的准确性。

接下来，将指针万用表红、黑两表笔搭在待测元器件测量端，即可实现阻值的测量。图2-7所示为电阻器的测量实例。

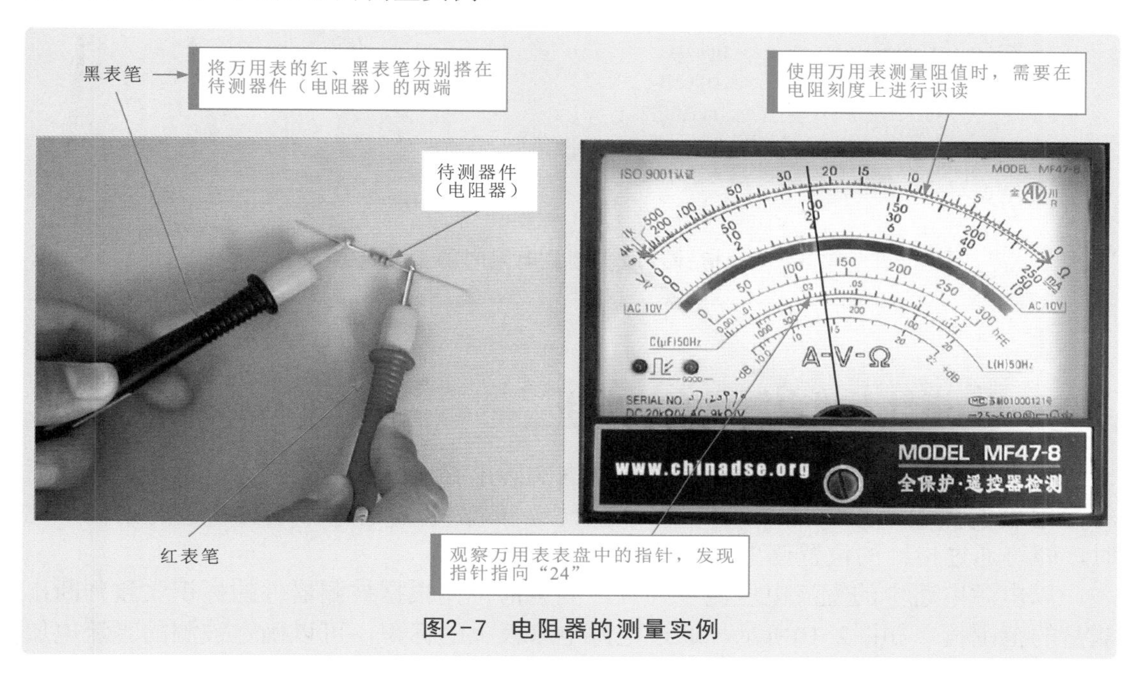

图2-7 电阻器的测量实例

如图2-8所示，根据指针万用表表盘的指针指示，结合功能量程，读取电阻值测量结果。

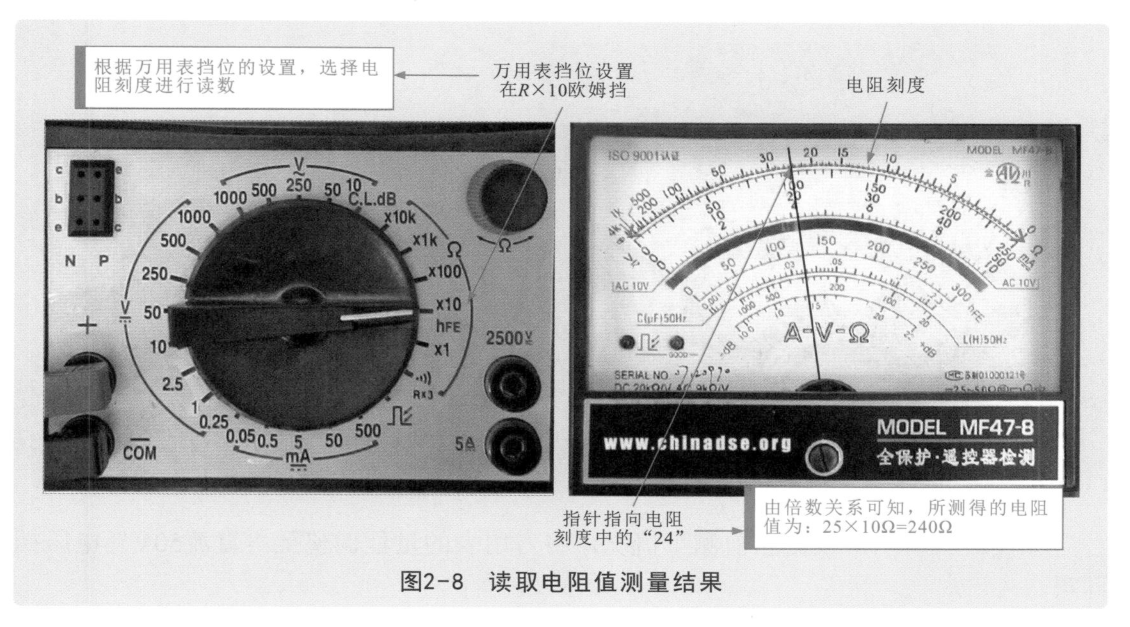

图2-8 读取电阻值测量结果

补充说明

由于指针万用表靠指针的偏摆角度与刻度盘对应读取测量数值，因此在测量时选择正确的量程对于测量的准确度非常重要。通常，在指针偏摆角度很小的情况下，读数的误差较大。

图2-9所示为指针万用表测量电阻时的量程选择。

① 测量小于200Ω的电阻时，应选$R\times1\Omega$挡。

② 测量200～400Ω的电阻时，应选$R\times10\Omega$挡。

③ 测量400～5kΩ的电阻时，应选$R\times100\Omega$挡。

④ 测量5～50kΩ的电阻时，应选$R\times1k\Omega$挡。

⑤ 测量大于50kΩ的电阻时，应选$R\times10k\Omega$挡。

⑥ 测量二极管或三极管时，通常选$R\times1k\Omega$挡，也可选$R\times10k\Omega$挡。

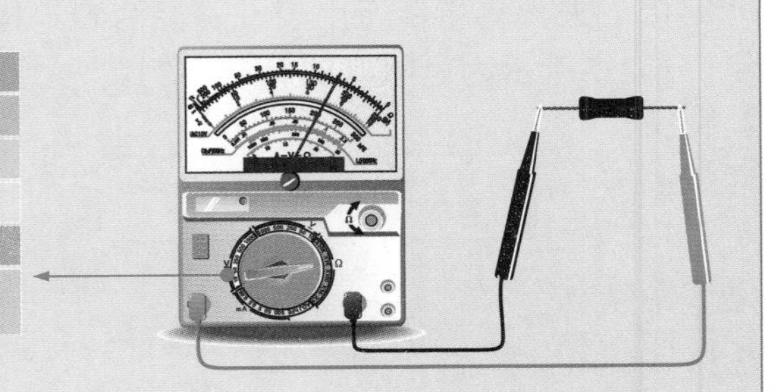

图2-9 指针万用表测量电阻时的量程选择

2.1.3 指针万用表测量直流电压

用指针万用表检测直流电压前，需根据实际电路选择合适的直流电压量程，然后将万用表的黑表笔接电源（或负载）的负极，红表笔接电源（或负载）的正极，此时，即可通过指针的位置读出测量的直流电压值。

以电源电路中的直流电压测量为例，测量前可先根据被测器件的标识大致判断出测量的范围值。如图2-10所示，通过电源电路板上的标识，可以确定被测的直流电压值在3.3～18V之间。

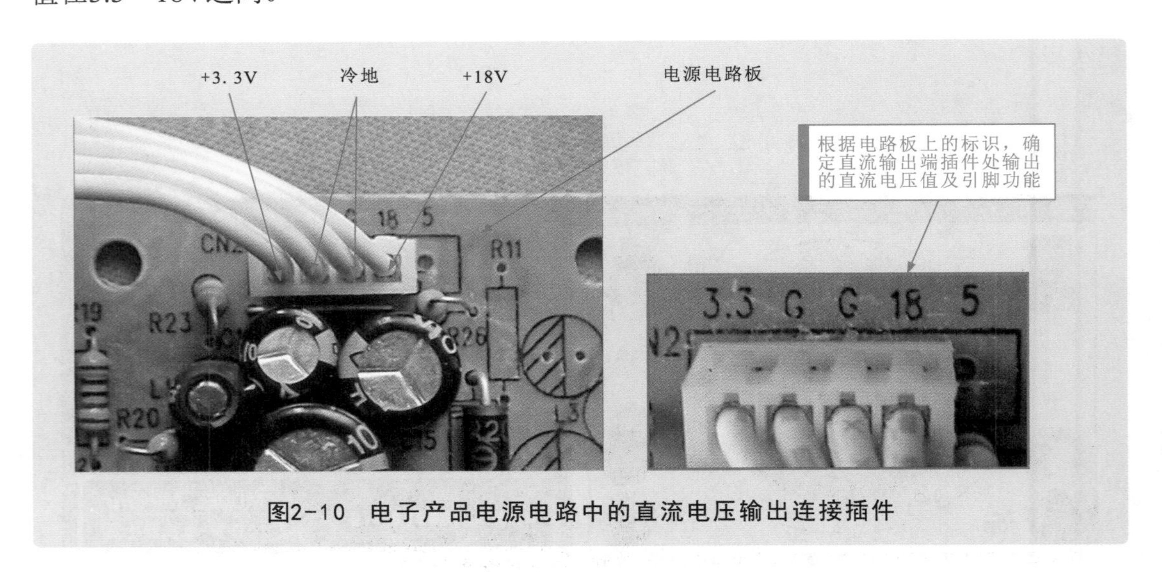

图2-10 电子产品电源电路中的直流电压输出连接插件

如图2-11所示，根据当前测量情况，将万用表的量程调整至“直流50V”电压挡即可。

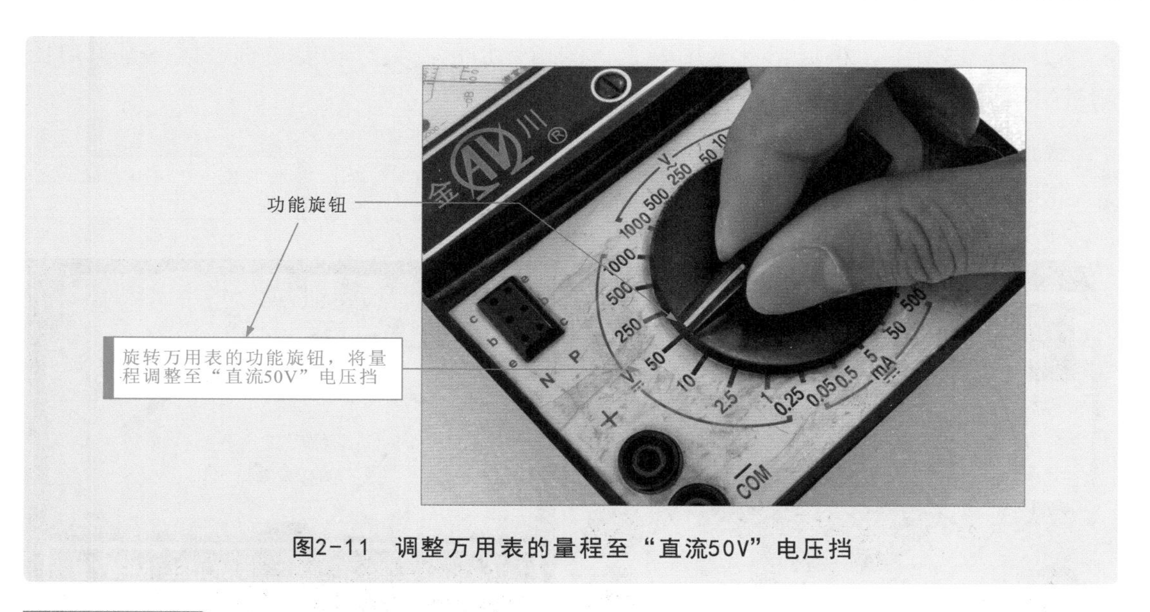

图2-11 调整万用表的量程至“直流50V”电压挡

补充说明

检测直流电压前，若不能预测大致的量程范围，须将万用表的量程调到最大值，先粗略测量一个值，然后再切换到相应的测量范围进行准确测量。这样既能避免损坏万用表，又可减少测量误差。

图2-12所示为使用指针万用表检测直流电压的操作。

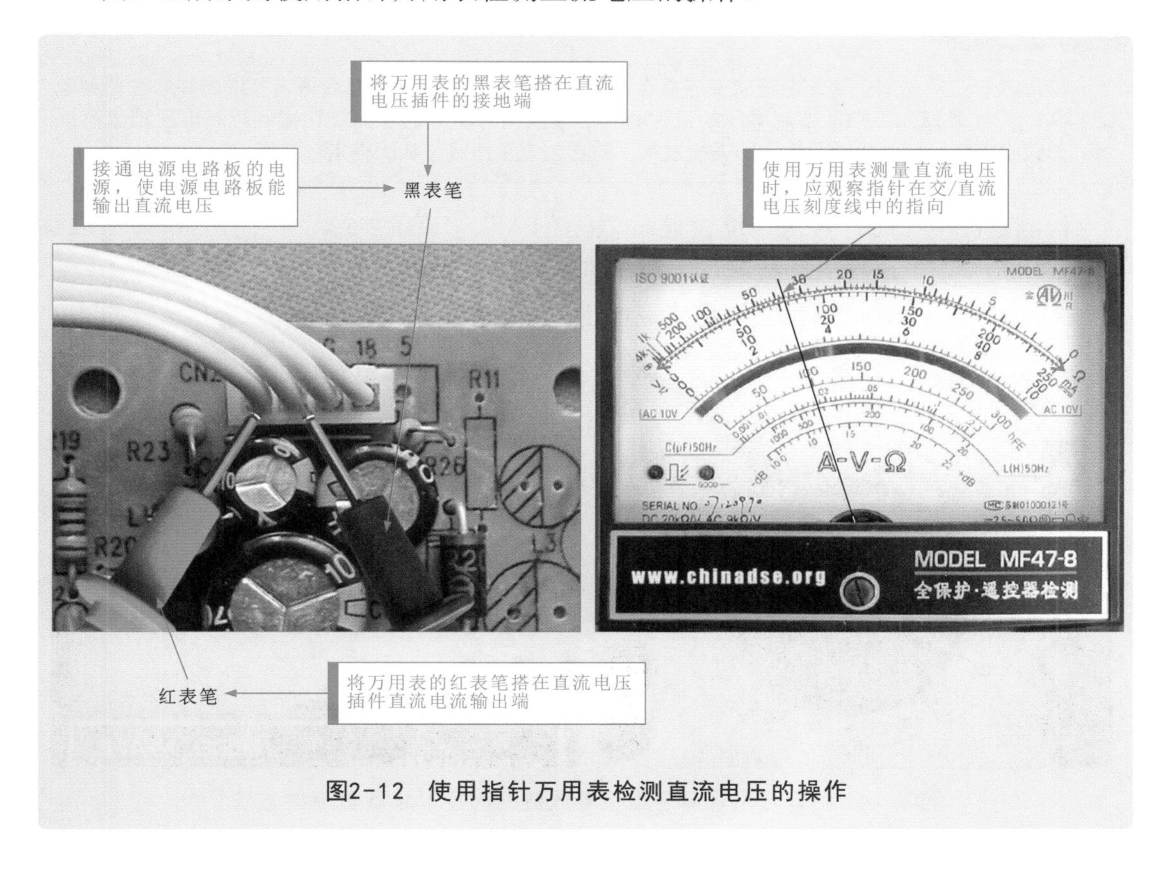

图2-12 使用指针万用表检测直流电压的操作

如图2-13所示，根据指针万用表表盘的指针指示，结合功能量程，读取直流电压测量结果。

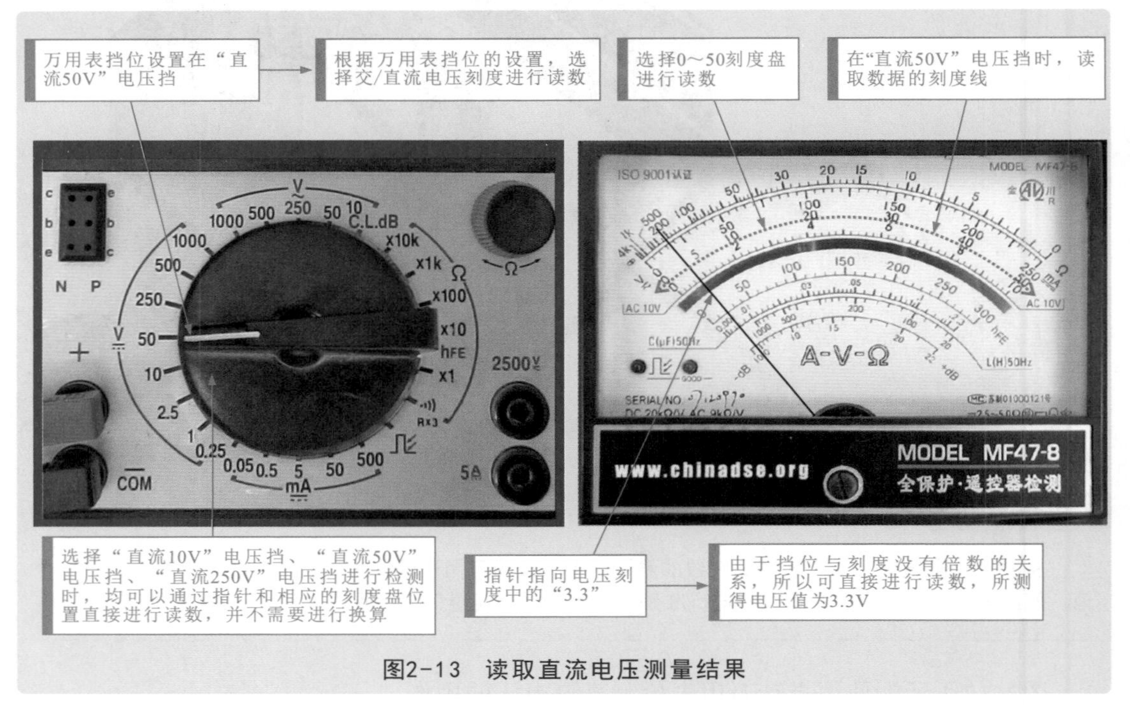

图2-13　读取直流电压测量结果

补充说明

使用指针万用表测量直流电压时，应重点注意正、负极性的区分，然后再将万用表并联在被测电路的两端。如果预先不知道被测电压的极性时，应该先将万用表的功能旋钮拨到较高电压挡进行试测，如果出现指针反摆的情况应立即调换表笔，防止因表头严重过载而将指针打弯。

检测直流电压时，若将挡位设置在“直流1 V”“直流2.5 V”“直流500 V”以及“直流1000 V”电压挡进行检测，需根据刻度线的位置相应换算。

图2-14所示为指针万用表测量直流电压数据时换算读取数值的方法。

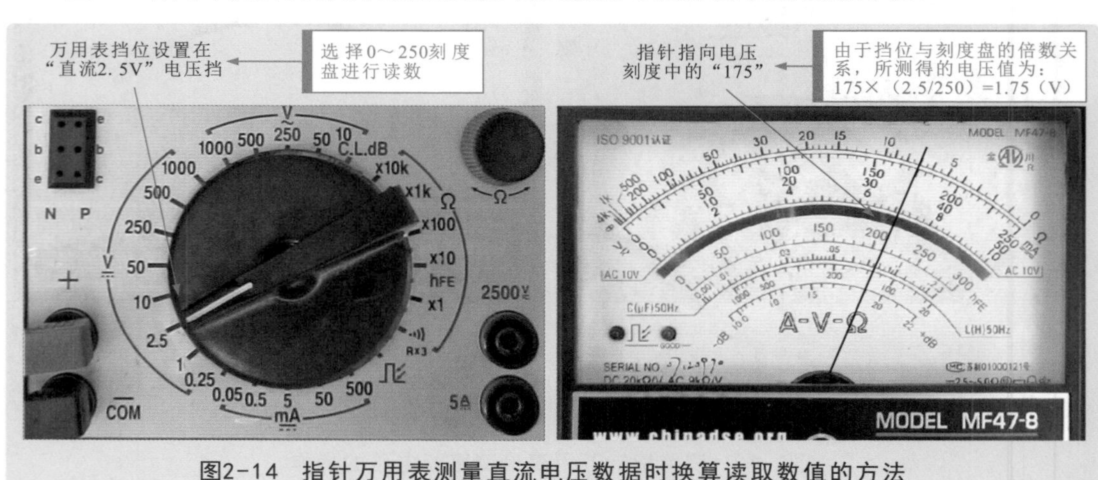

图2-14　指针万用表测量直流电压数据时换算读取数值的方法

2.1.4 指针万用表测量直流电流

指针万用表具有安培表的功能，因此指针万用表拥有与安培表一样可测量电路中的电流的功能，电流的单位为安培，用字母A标示。

使用指针万用表检测直流电流时，应先根据实际电路选择合适的直流电流量程，然后断开被测电路，将指针万用表的红表笔（正极）接电路正极，黑表笔（负极）接电路负极，串入被测电路中，此时，即可通过指针的位置读出测量的直流电流值。

图2-15所示为使用指针万用表检测直流电流的案例。

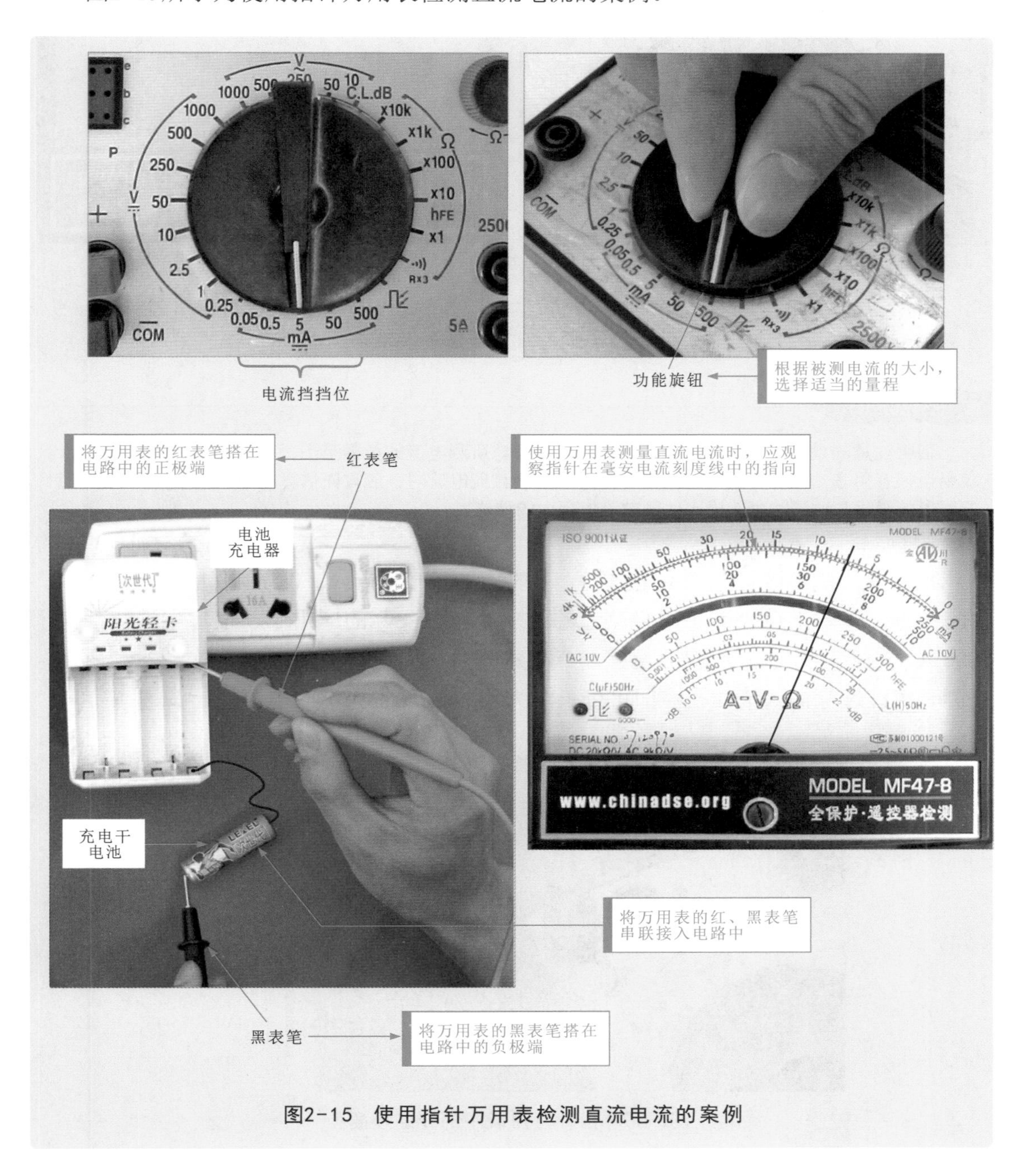

图2-15 使用指针万用表检测直流电流的案例

如图2-16所示，根据指针万用表表盘的指针指示，结合功能量程，读取直流电流测量结果。

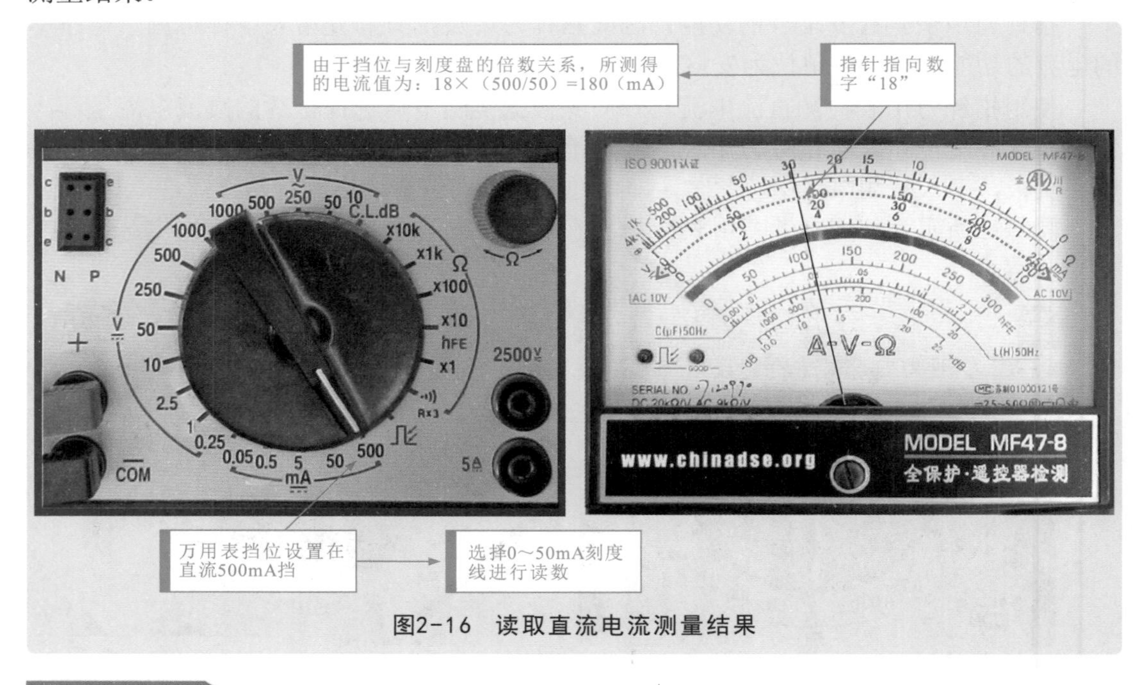

图2-16　读取直流电流测量结果

补充说明

值得注意的是，在进行电流测量时，一定要考虑所测电流的量程范围，若电流过大或测量不当，极易烧损万用表，因此，通常使用指针万用表检测直流电流时，应首先估算电流的大小，再调整指针万用表的量程，调整时可选择比估算电流值稍大的挡位。

指针万用表中电流挡位的量程一般可以分0.05mA、0.5mA、5mA、50mA、500mA等，基本上可以满足用户测量的要求。但在实际的应用中，很多电流值都大于500mA，因此一般在万用表上设有一个特殊的插孔，其标识多为5A，如图2-17所示，检测时将红表笔插入该插孔，即可以检测大于500mA小于5A的电流值。

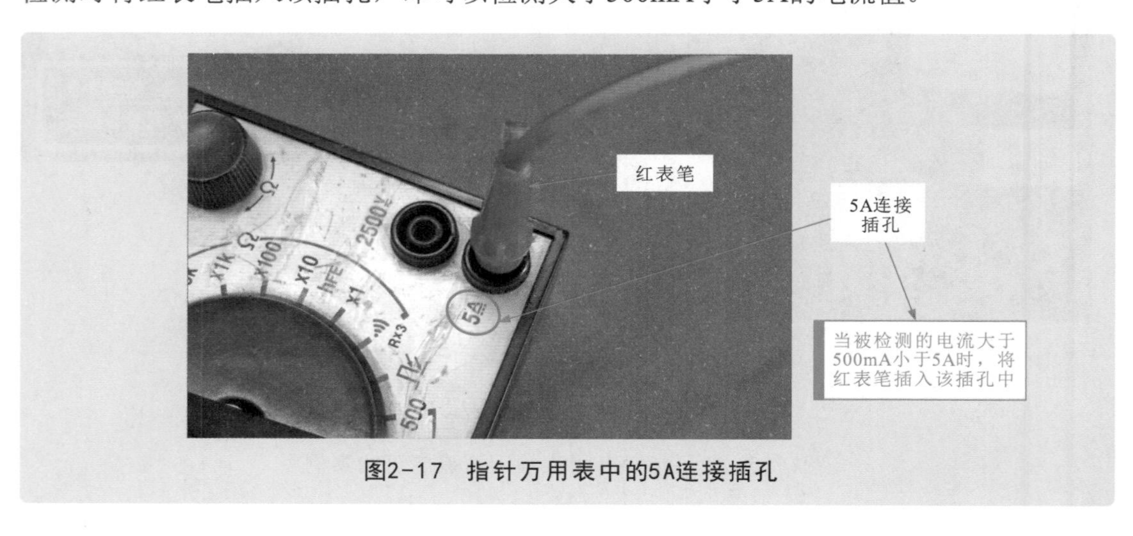

图2-17　指针万用表中的5A连接插孔

2.1.5 指针万用表测量交流电压

指针万用表检测交流电压时，应根据实际电路选择合适的交流电压量程，然后将万用表的红、黑表笔分别并联接入被测电路中，此时，即可通过指针的位置读出测量的交流电压值。

以检测交流市电电压为例，调整指针万用表挡位及量程，如果2-18所示。

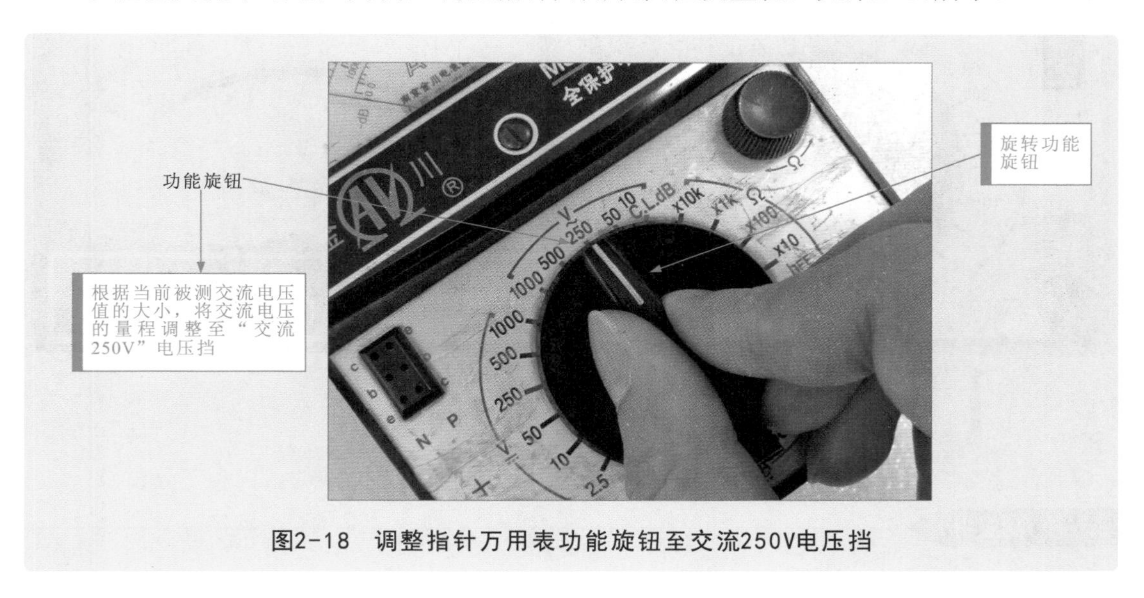

图2-18 调整指针万用表功能旋钮至交流250V电压挡

图2-19所示为使用指针万用表检测交流电压的案例。

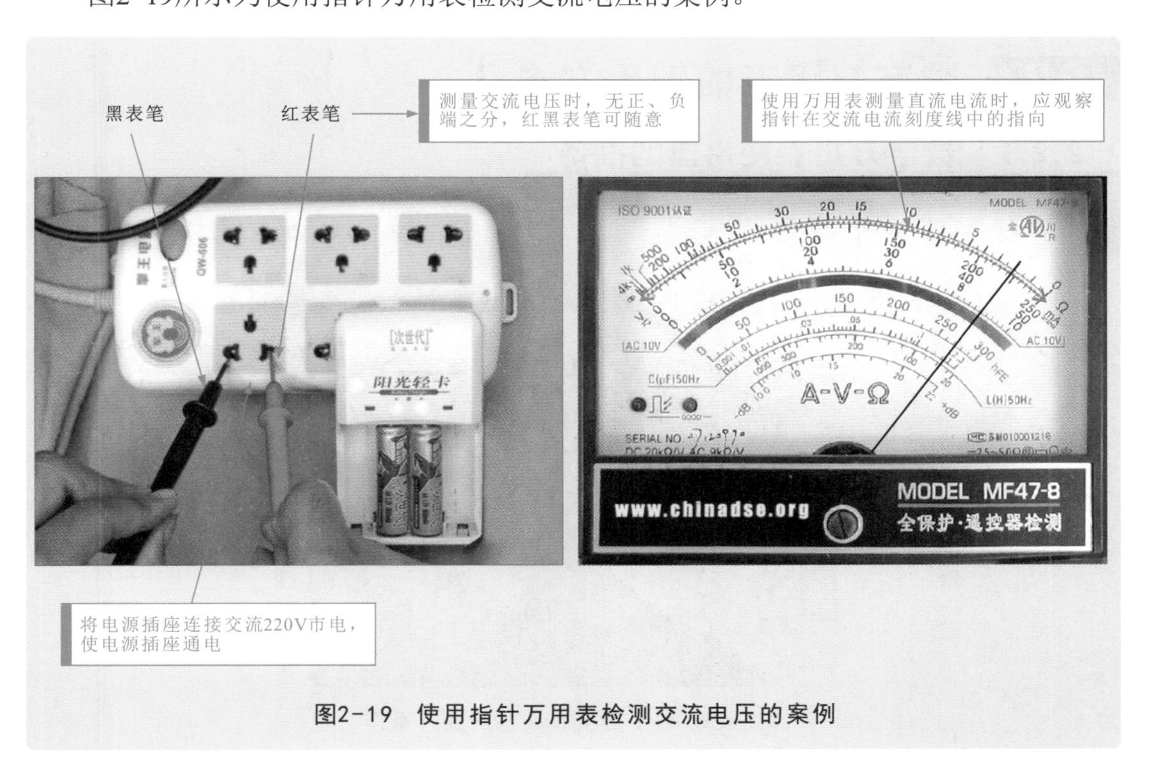

图2-19 使用指针万用表检测交流电压的案例

如图2-20所示，根据指针万用表表盘的指针指示，结合功能量程，读取交流电压测量结果。

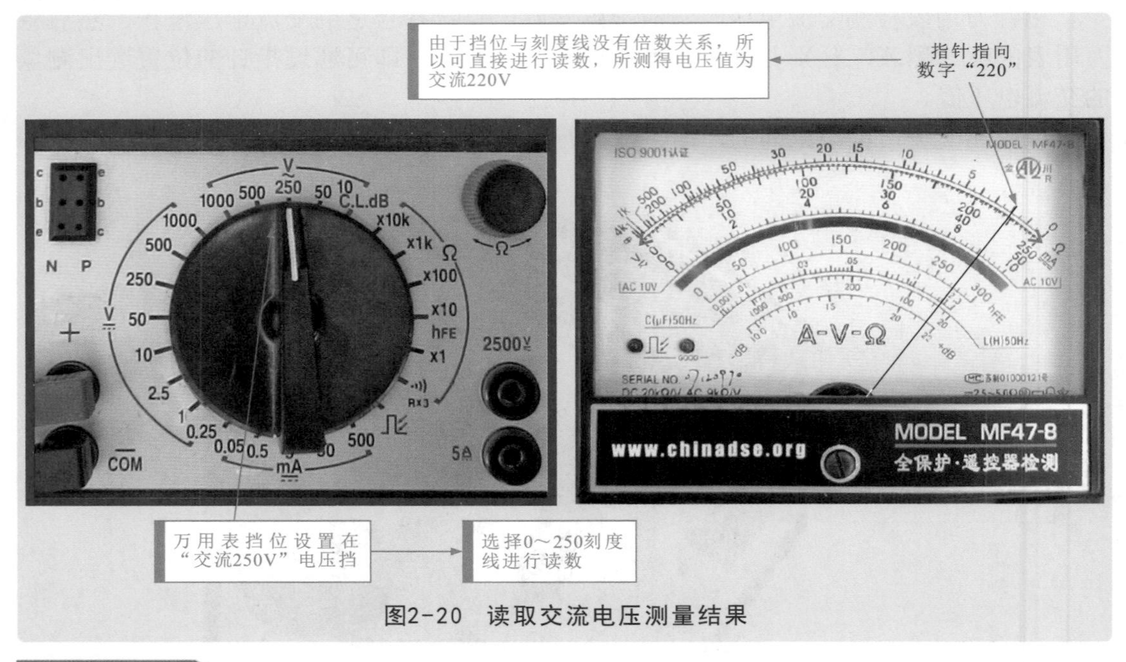

图2-20 读取交流电压测量结果

补充说明

使用指针万用表检测交流电压值时，不需要区分电路中的正、负极，可以将指针万用表的红、黑表笔分别搭入被测电路或元器件的引脚端。

2.2 数字万用表的使用方法

2.2.1 数字万用表使用前的准备

1 连接测量表笔

图2-21所示为数字万用表表笔的连接操作。

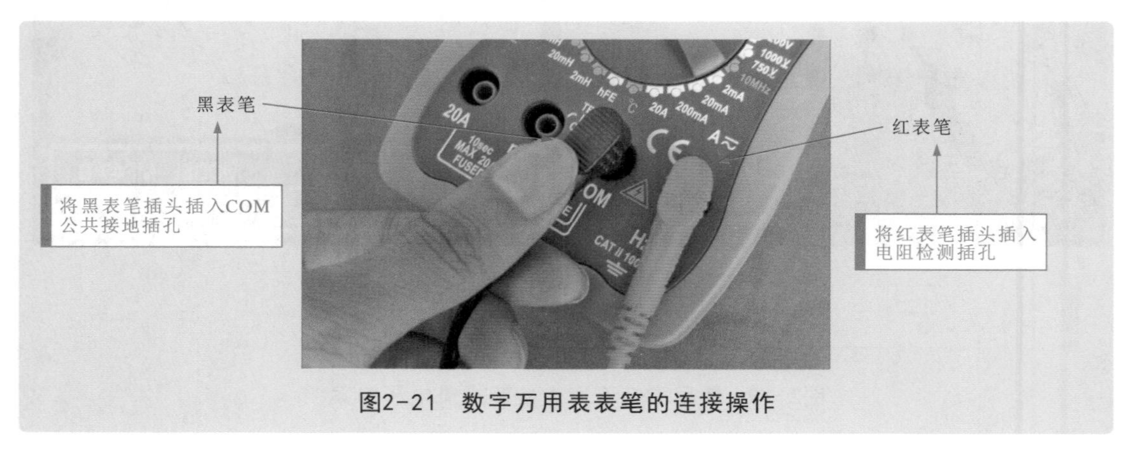

图2-21 数字万用表表笔的连接操作

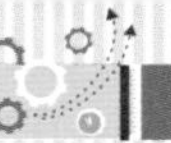

2 调整测量功能和量程

根据测量的需要，无论是测量电流、电压还是电阻，均需要对量程范围进行设置，调整数字万用表的功能旋钮，将功能旋钮调整到相应的测量状态，这样无论是测量电流、电压、电阻都可以通过功能旋钮轻松地切换，如图2-22所示。

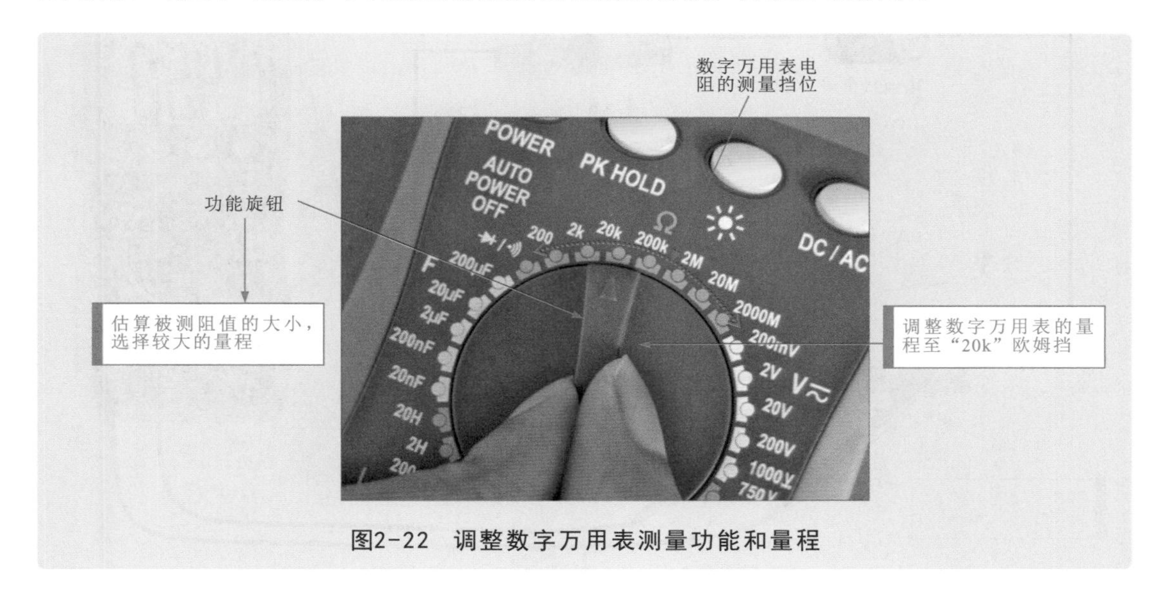

图2-22 调整数字万用表测量功能和量程

2.2.2 数字万用表测量直流电压

测量直流电压是数字万用表的基本功能之一，通过对直流电压的测量可以迅速对直流供电的情况进行判断。在对直流电压进行测量时，应将数字万用表的黑表笔搭在待测部位的负极（或接地），红表笔搭在待测部位的正极，然后根据液晶显示屏的显示读取数据。

如图2-23所示，在测量前先调整数字万用表的挡位量程。

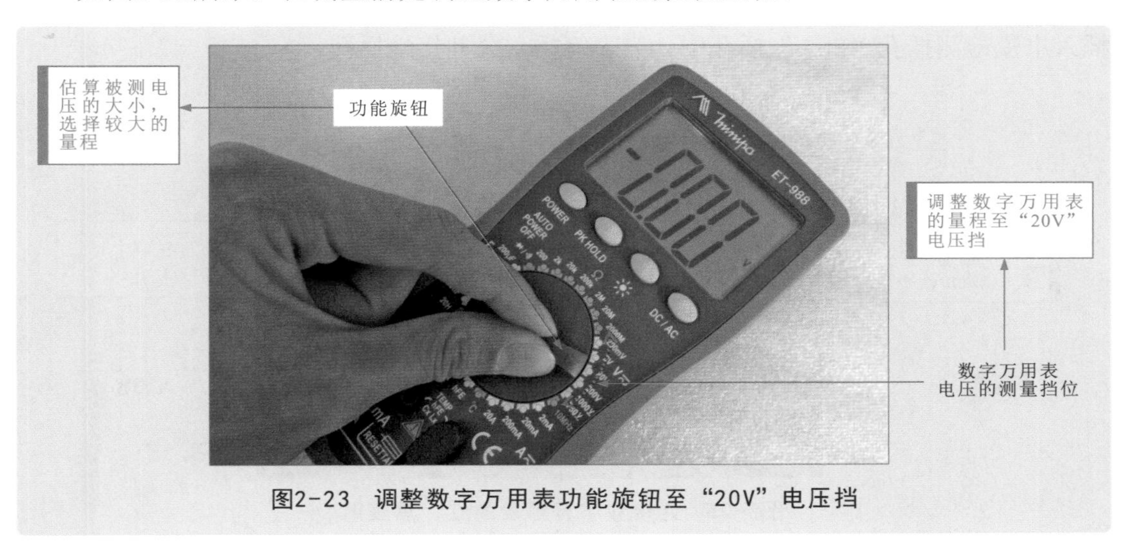

图2-23 调整数字万用表功能旋钮至“20V”电压挡

如图2-24所示，使用数字万用表检测直流电压及数据读取的案例。

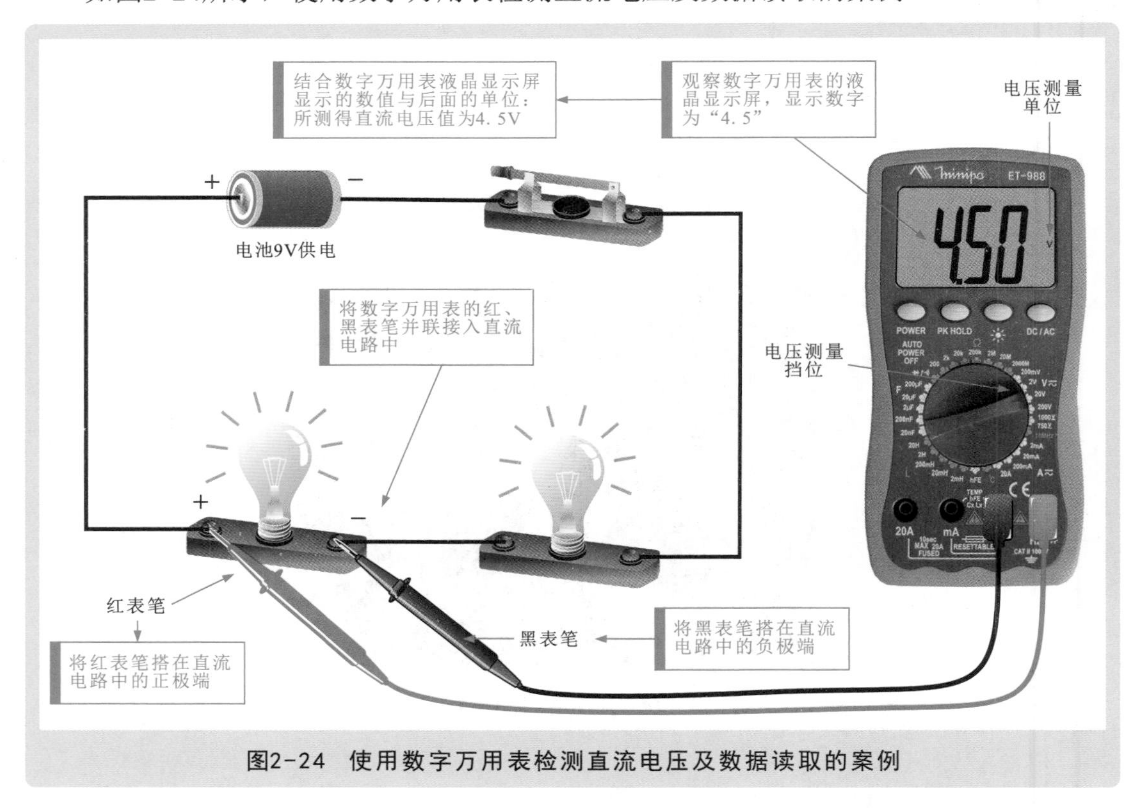

图2-24 使用数字万用表检测直流电压及数据读取的案例

2.2.3 数字万用表测量直流电流

使用数字万用表对直流电流进行测量时，应将数字万用表串联到电路中，对经过的电流大小进行测量，然后根据液晶显示屏的显示读取数据。

如图2-25所示，使用数字万用表检测小于200mA的直流电流时，应将红表笔插到万用表标记“mA”的插口中，检测200mA～20A的电流时，应将数字万用表的红表笔插入电流检测插孔“20A”插孔中；黑表笔插入公共接地插孔。

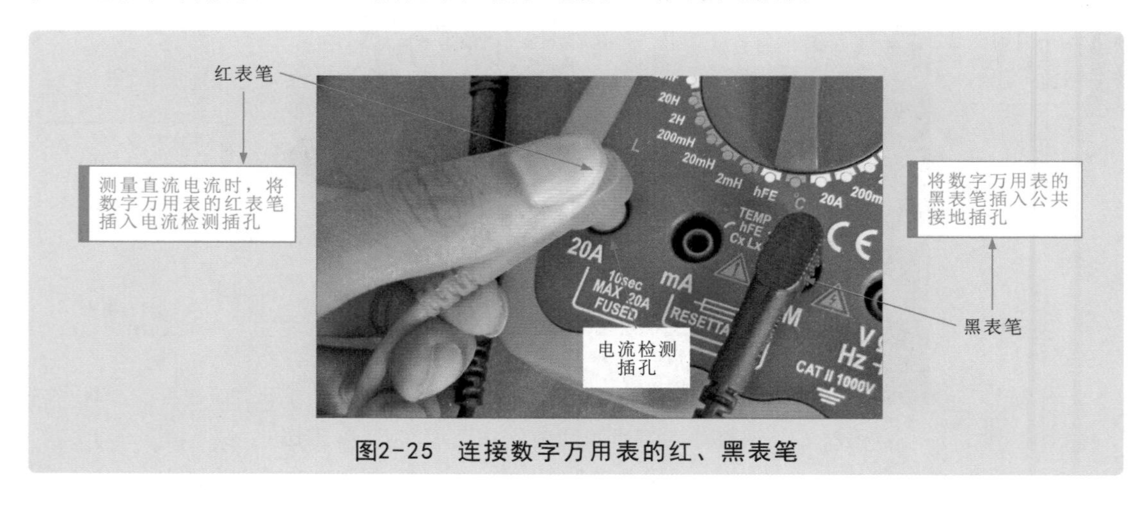

图2-25 连接数字万用表的红、黑表笔

如图2-26所示，根据测量环境调整数字万用表测量挡位和量程。

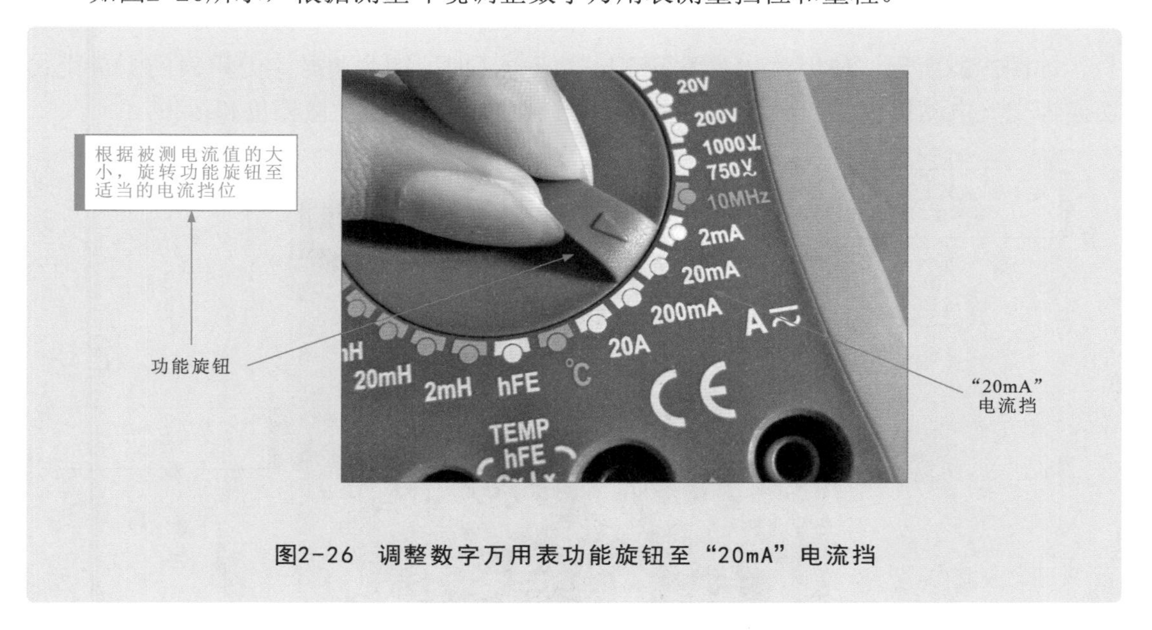

图2-26 调整数字万用表功能旋钮至"20mA"电流挡

图2-27所示为使用数字万用表检测直流电流及数据读取的案例。

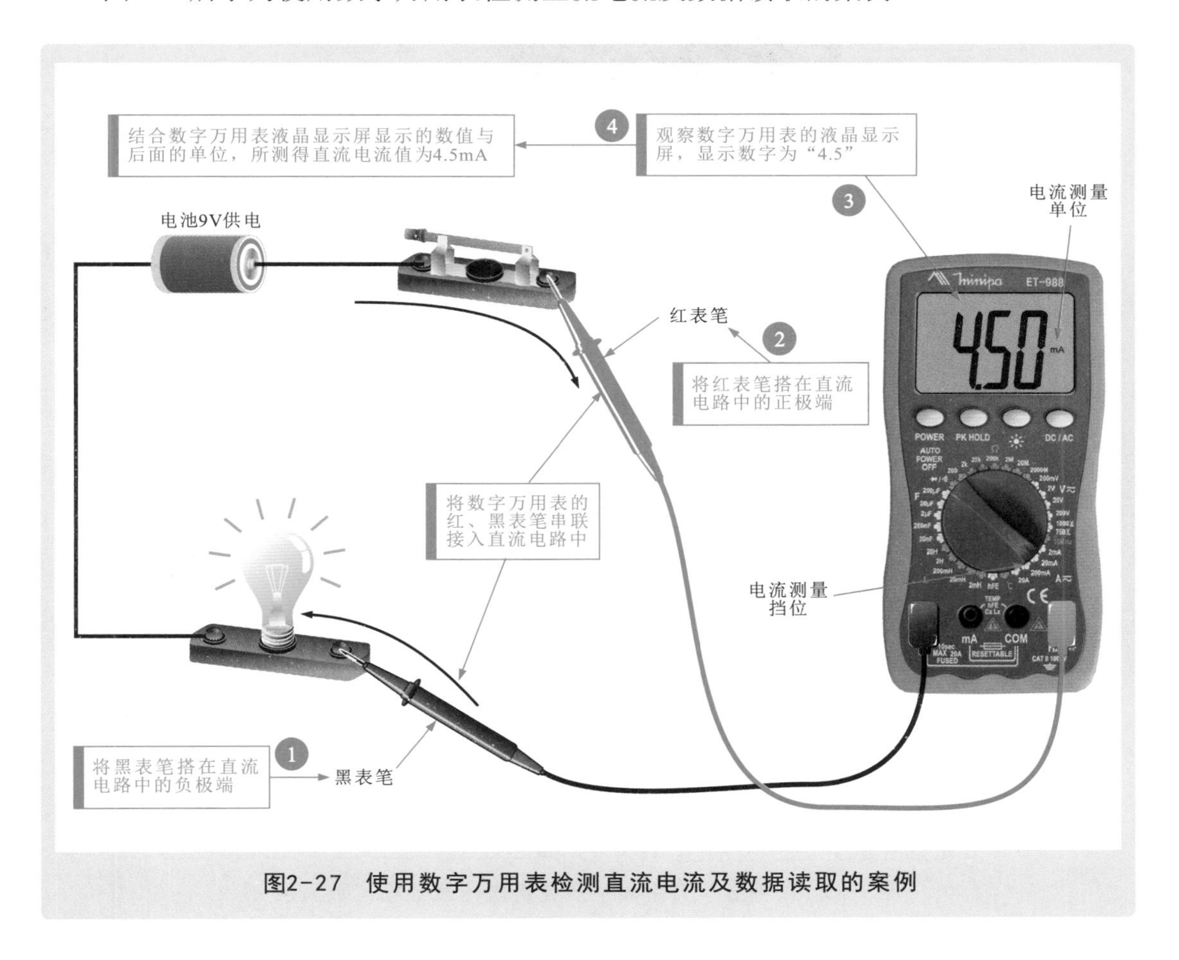

图2-27 使用数字万用表检测直流电流及数据读取的案例

2.2.4 数字万用表测量交流电压

如图2-28所示，使用数字万用表测量交流电压时，应先将数字万用表的测量模式切换为交流电测量模式，然后根据测量环境调整数字万用表测量挡位和量程。

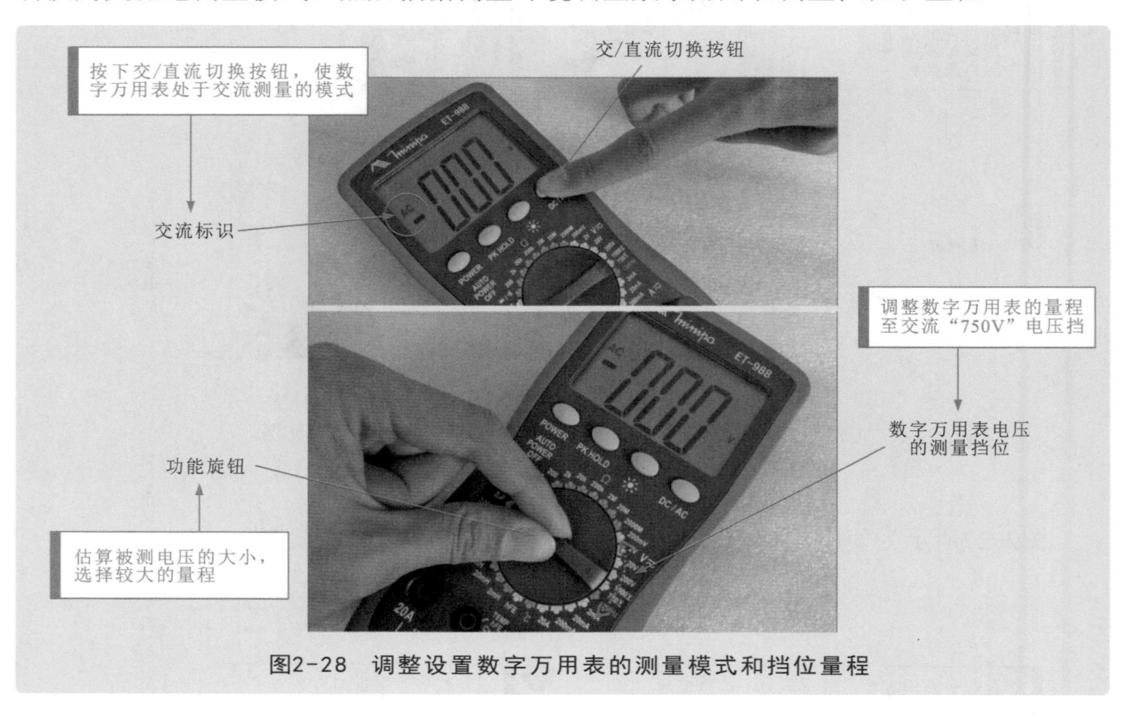

图2-28 调整设置数字万用表的测量模式和挡位量程

图2-29所示为使用数字万用表检测交流电压及数据读取的案例。

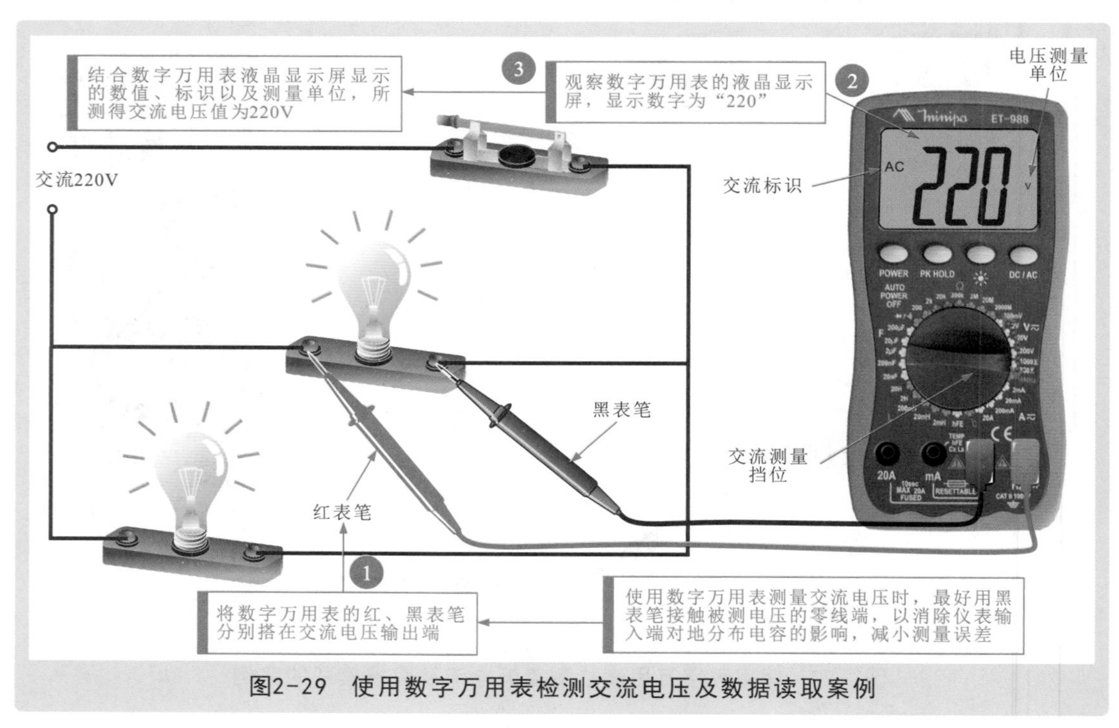

图2-29 使用数字万用表检测交流电压及数据读取案例

2.2.5 数字万用表测量温度

使用数字万用表测量温度时，主要是通过附加测试器和热电偶传感器结合温度检测挡位进行检测。图2-30所示为热电偶传感器与数字万用表的连接方法。

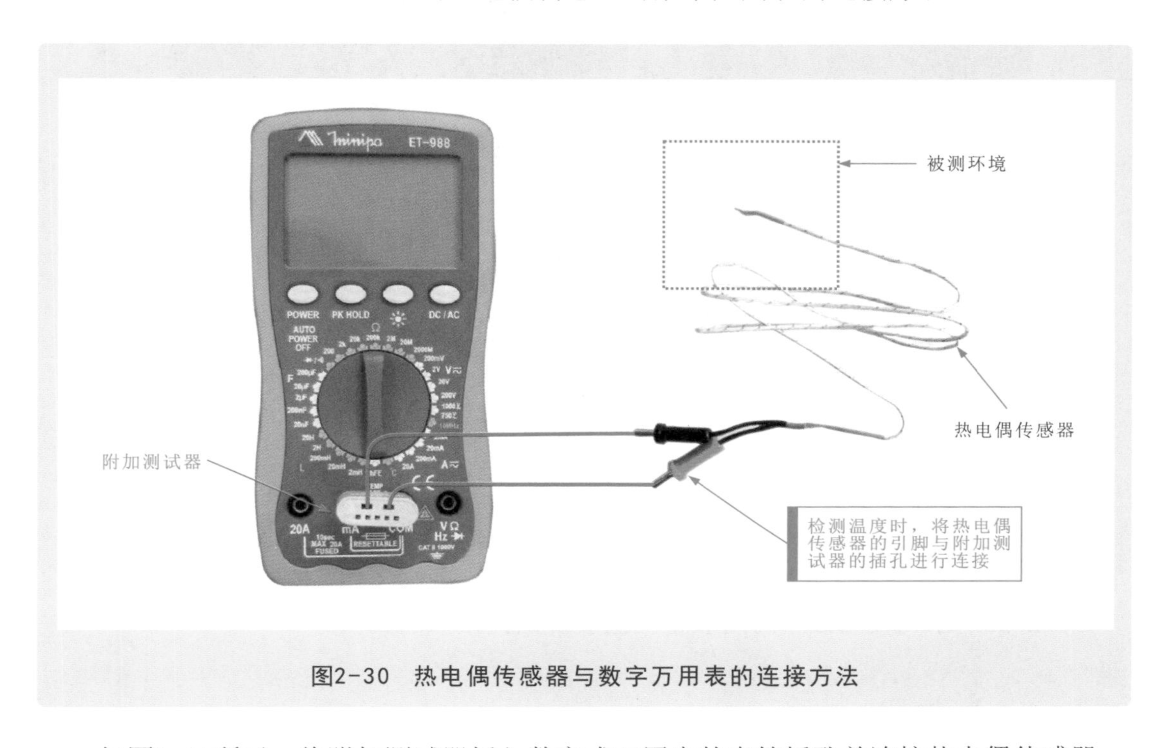

图2-30 热电偶传感器与数字万用表的连接方法

如图2-31所示，将附加测试器插入数字式万用表的表笔插孔并连接热电偶传感器。

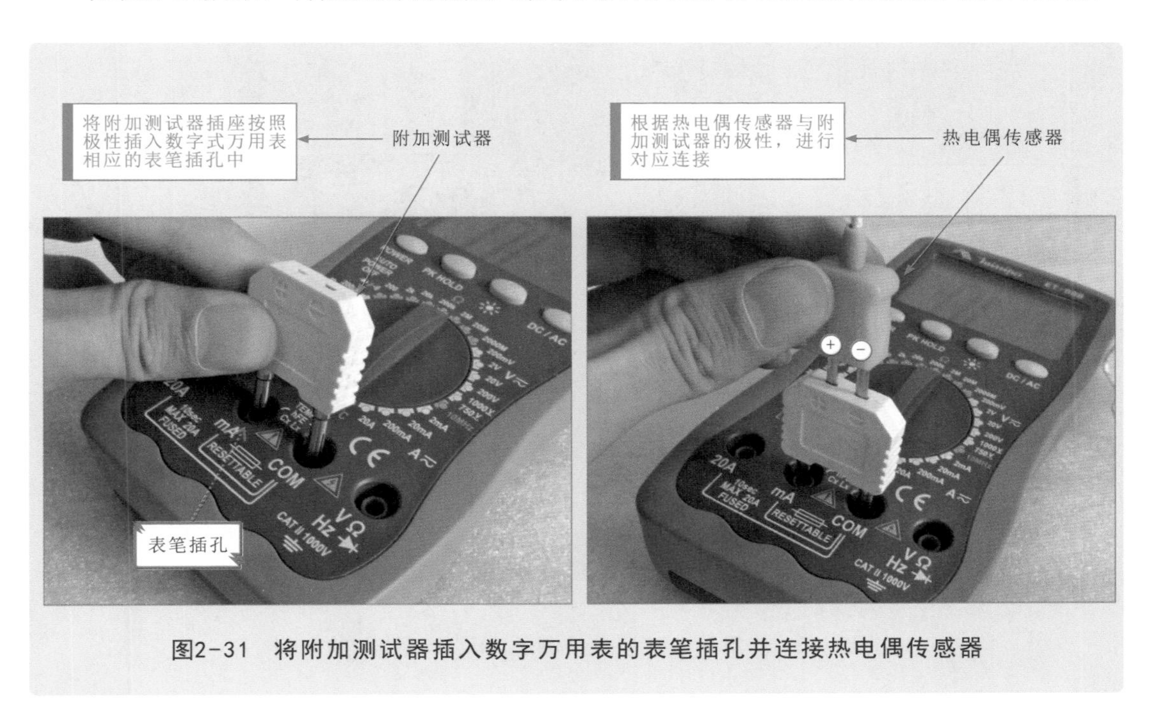

图2-31 将附加测试器插入数字万用表的表笔插孔并连接热电偶传感器

如图2-32所示，在测量之前对数字万用表的量程进行调整。

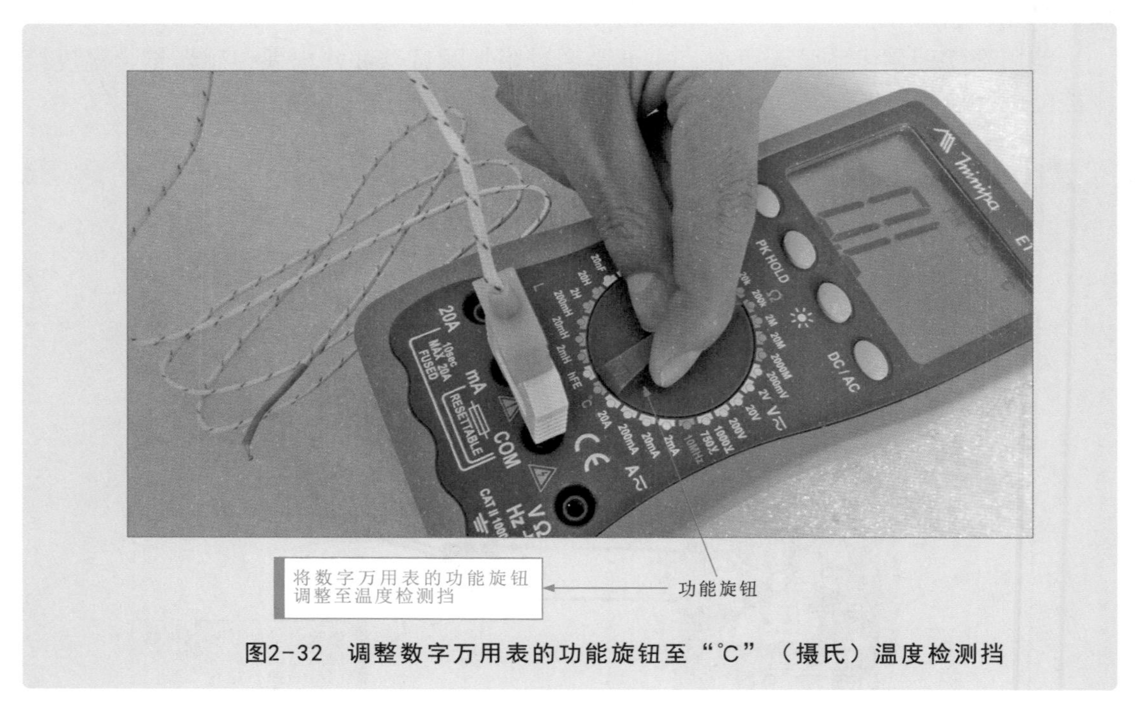

图2-32　调整数字万用表的功能旋钮至“℃”（摄氏）温度检测挡

图2-33所示为使用数字万用表检测温度及数据读取的案例。

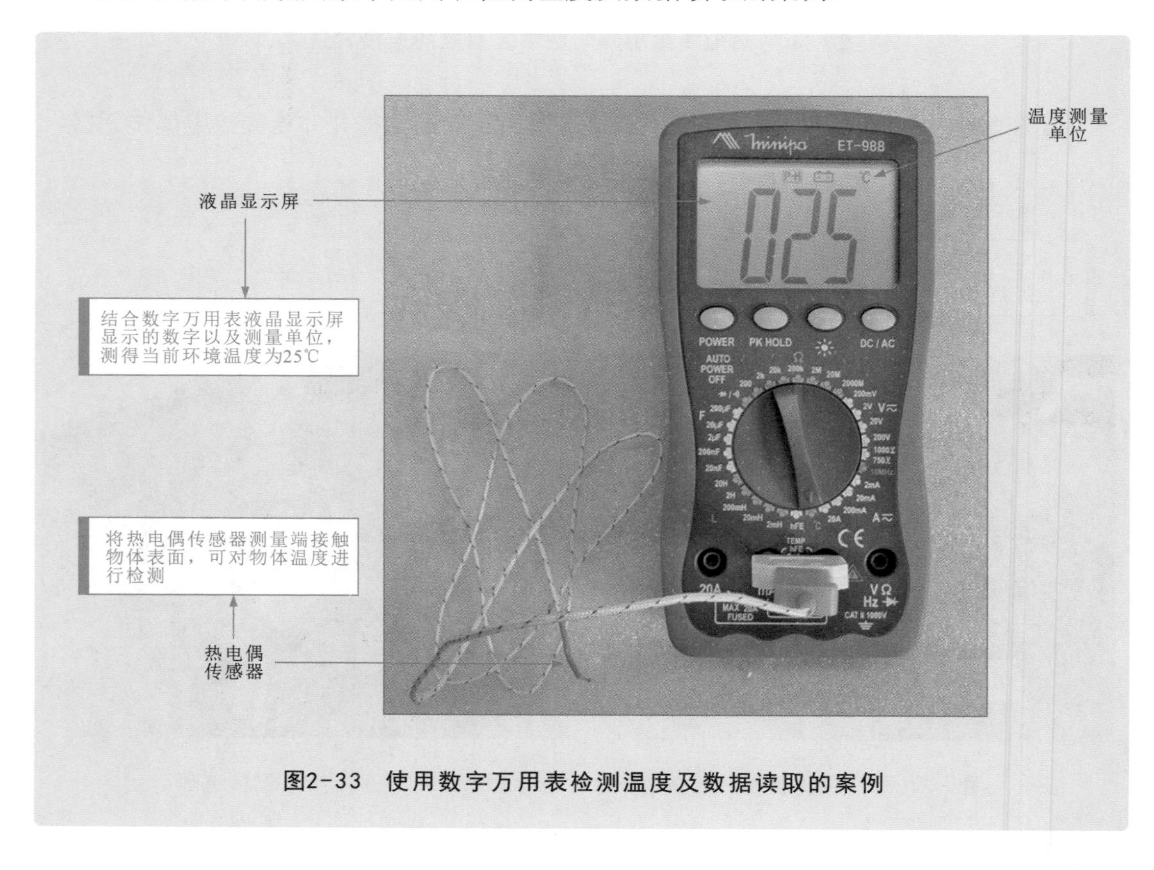

图2-33　使用数字万用表检测温度及数据读取的案例

2.2.6 数字万用表测量通断

数字万用表还有检测通断的功能，在实际应用中，常用来检测二极管或电路的好坏。如图2-34所示，将数字万用表的挡位调整至二极管及通断测量挡。

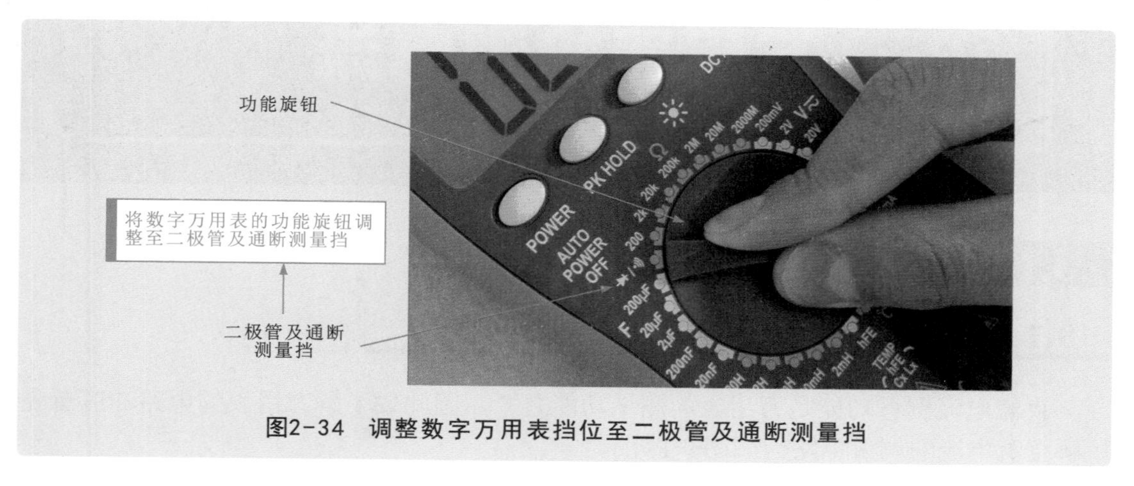

图2-34 调整数字万用表挡位至二极管及通断测量挡

图2-35所示为使用数字万用表检测通断及数据读取的案例。

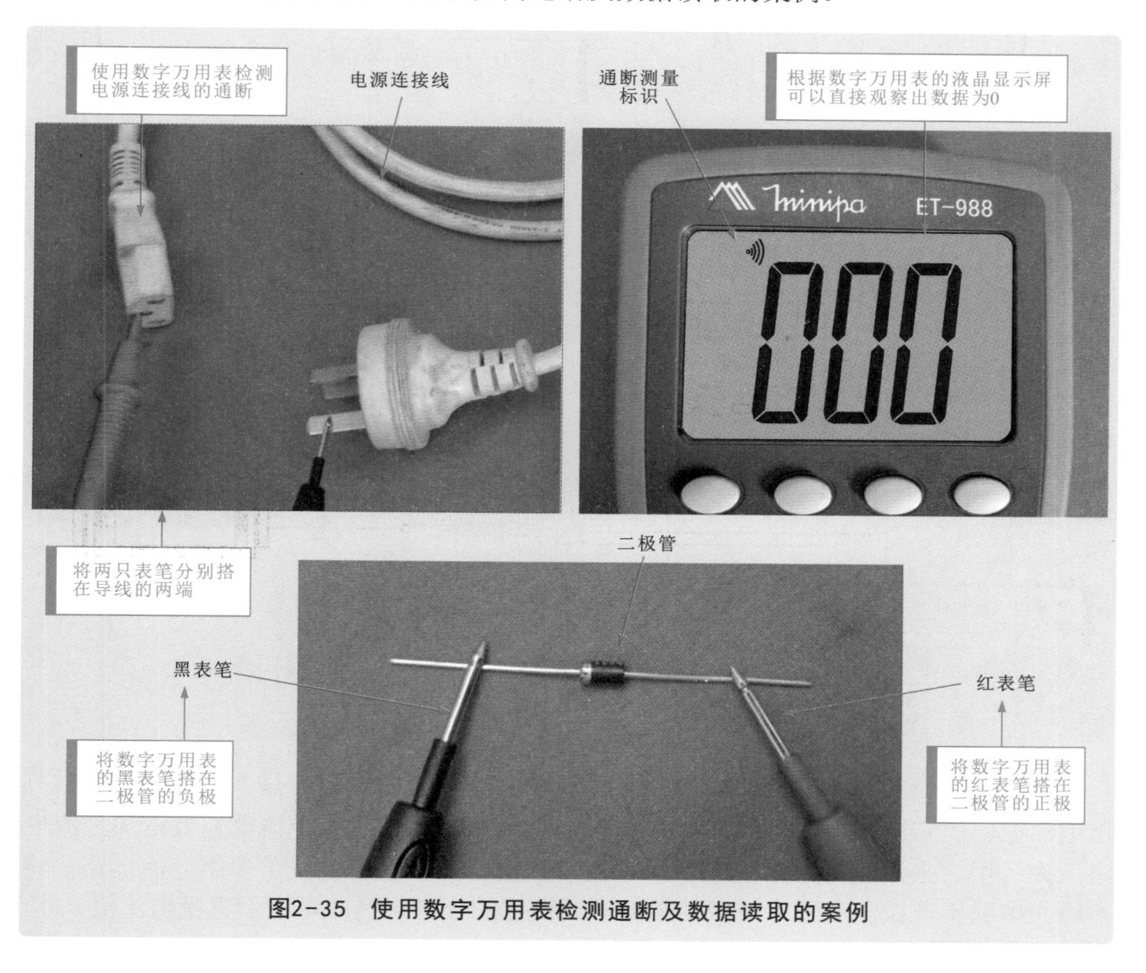

图2-35 使用数字万用表检测通断及数据读取的案例

第3章 万用表检测电流

3.1 万用表检测直流电流

3.1.1 指针万用表检测直流电流的原理

直流电流测量功能是万用表的测量功能之一，因此要了解万用表的电路，应首先了解直流电流的测量电路，如图3-1所示。

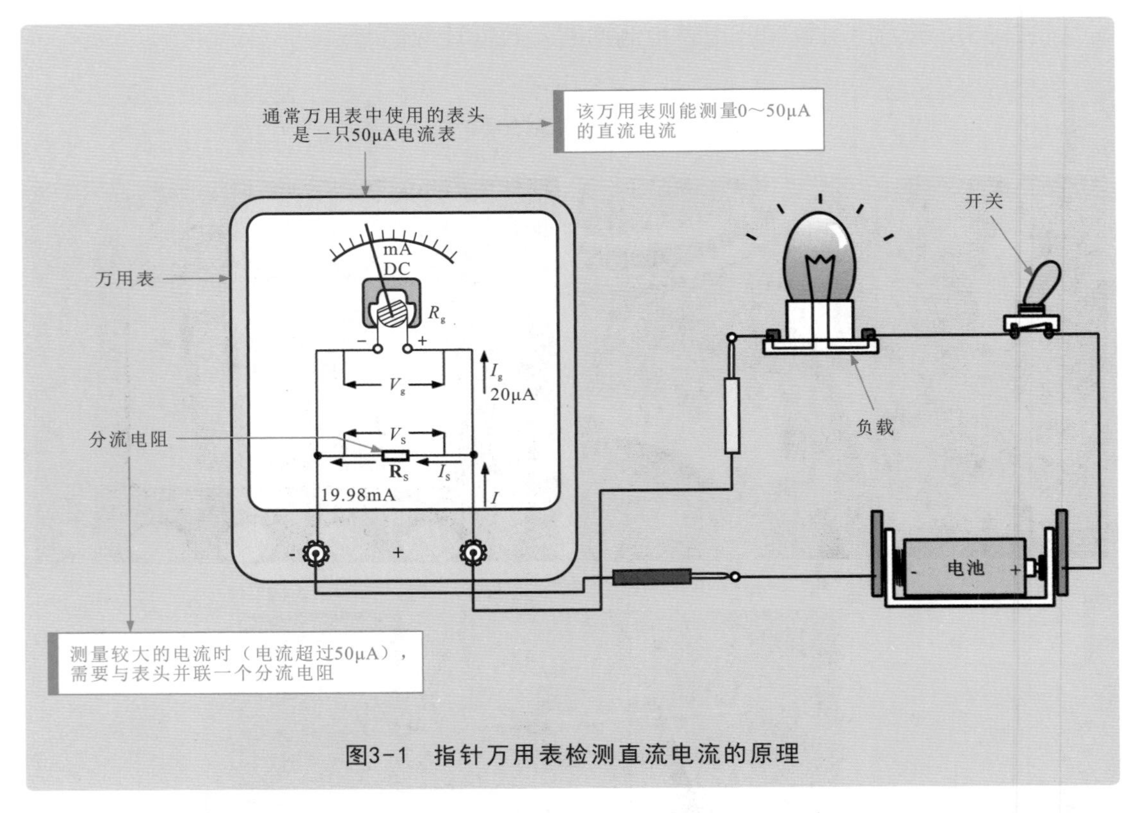

图3-1 指针万用表检测直流电流的原理

指针万用表的表头是一个比较灵敏的50μA电流表，将它串联接入电路中就可检测出电流值，但它所能承受的最大电流是50μA，若要测量更大的电流就需要附加分流电路。为了用它来测量更大范围的直流电流，在指针万用表中设置了多组分流电路，将万用表串联接入被测电路中，指针根据不同挡位的分流比例即可指示直流电流值。

补充说明

分流电阻的阻值大小决定流过表头的电流大小，由于分流电阻R_S与表头并联，R_S两端的电压降V_S等于表头两端的电压降V_g，即$V_S=V_g$。

根据欧姆定律 $V_S=I_SR_S$，$V_g=I_gR_g$。

由于$V_S=V_g$，得$I_SR_S=I_gR_g$，故$R_S=\frac{I_g \cdot R_g}{I_S}$。

其中$I_S=I-I_g$，则$R_S=\frac{I_g \cdot R_g}{I-I_g}$。

如图3-2所示，为了适应不同电流值的精确测量，需要借助切换开关设置多个并联的分流电路，该电路可分为开路单个转换式分流电路和闭路抽头转换式分流电路两种。表头中增加分流电阻，电流量程可以扩大。

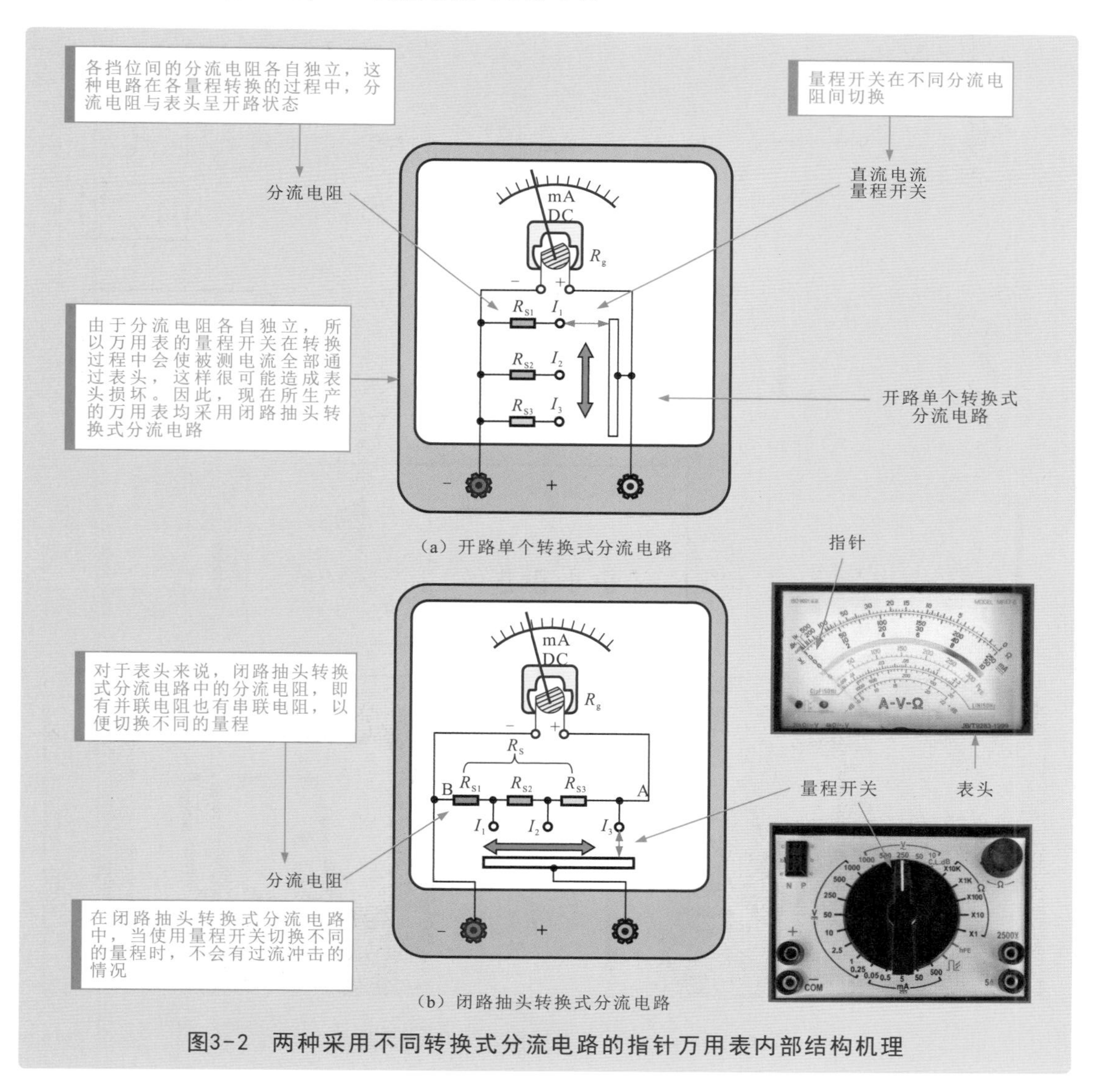

（a）开路单个转换式分流电路

（b）闭路抽头转换式分流电路

图3-2 两种采用不同转换式分流电路的指针万用表内部结构机理

3.1.2 数字万用表检测直流电流的原理

数字万用表在检测直流电流时，需要在闭合电路中将数字万用表串接在电路中，直流电流在数字万用表中经检测电路将电流值转换成电压值后，再经模拟-数字转换器变成数字信号，最后驱动液晶显示器以数字的形式将所测得的电流值直接显现出来，如图3-3所示。

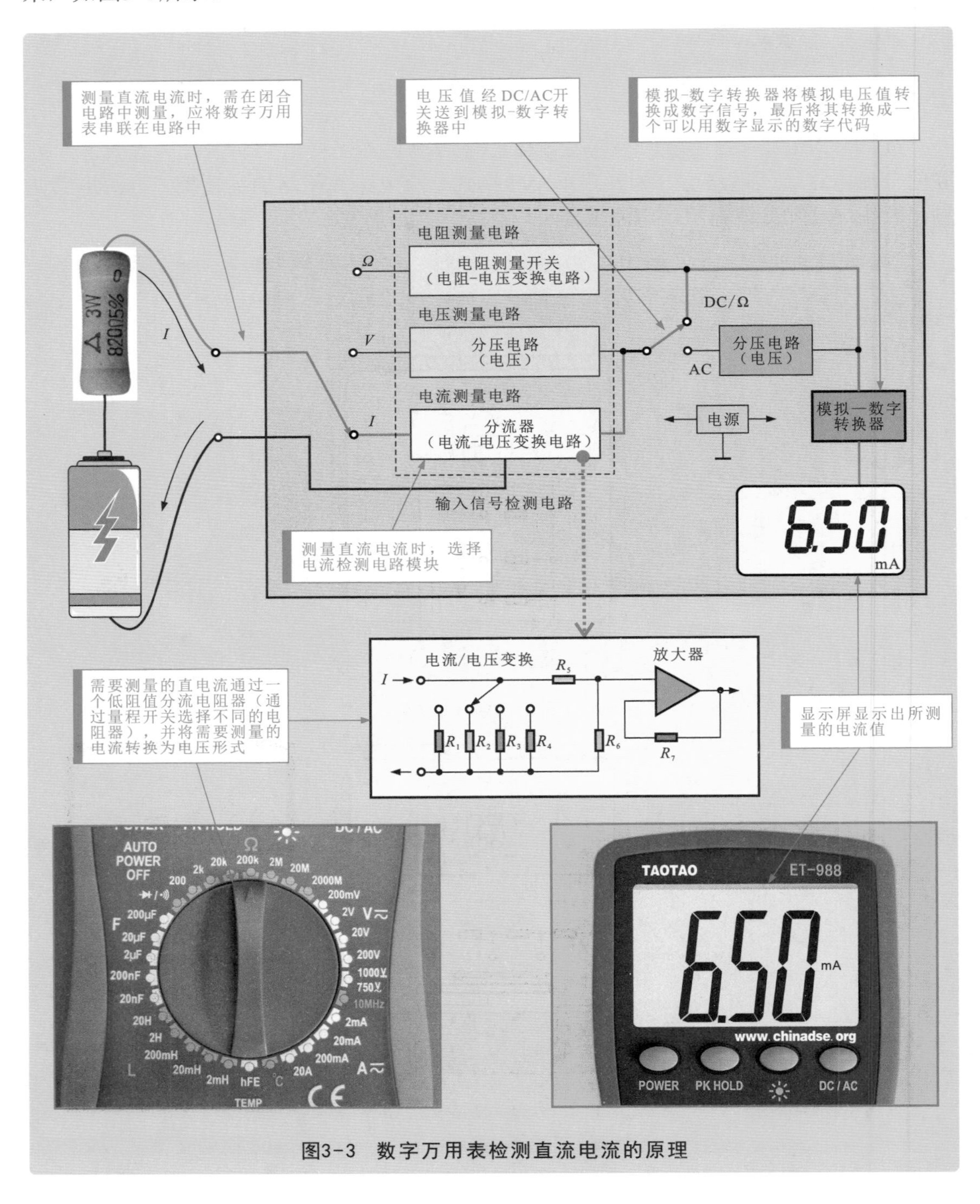

图3-3 数字万用表检测直流电流的原理

3.1.3 指针万用表检测直流电流的方法

指针万用表检测直流电流时，根据实际电路选择合适的直流电流量程后，断开被测电路，将万用表的红表笔（正极）接电路正极，黑表笔（负极）接电路负极，串入被测电路中，此时即可通过万用表指针指示的位置读出测量的直流电流值。

图3-4所示为指针万用表检测直流电流的方法。

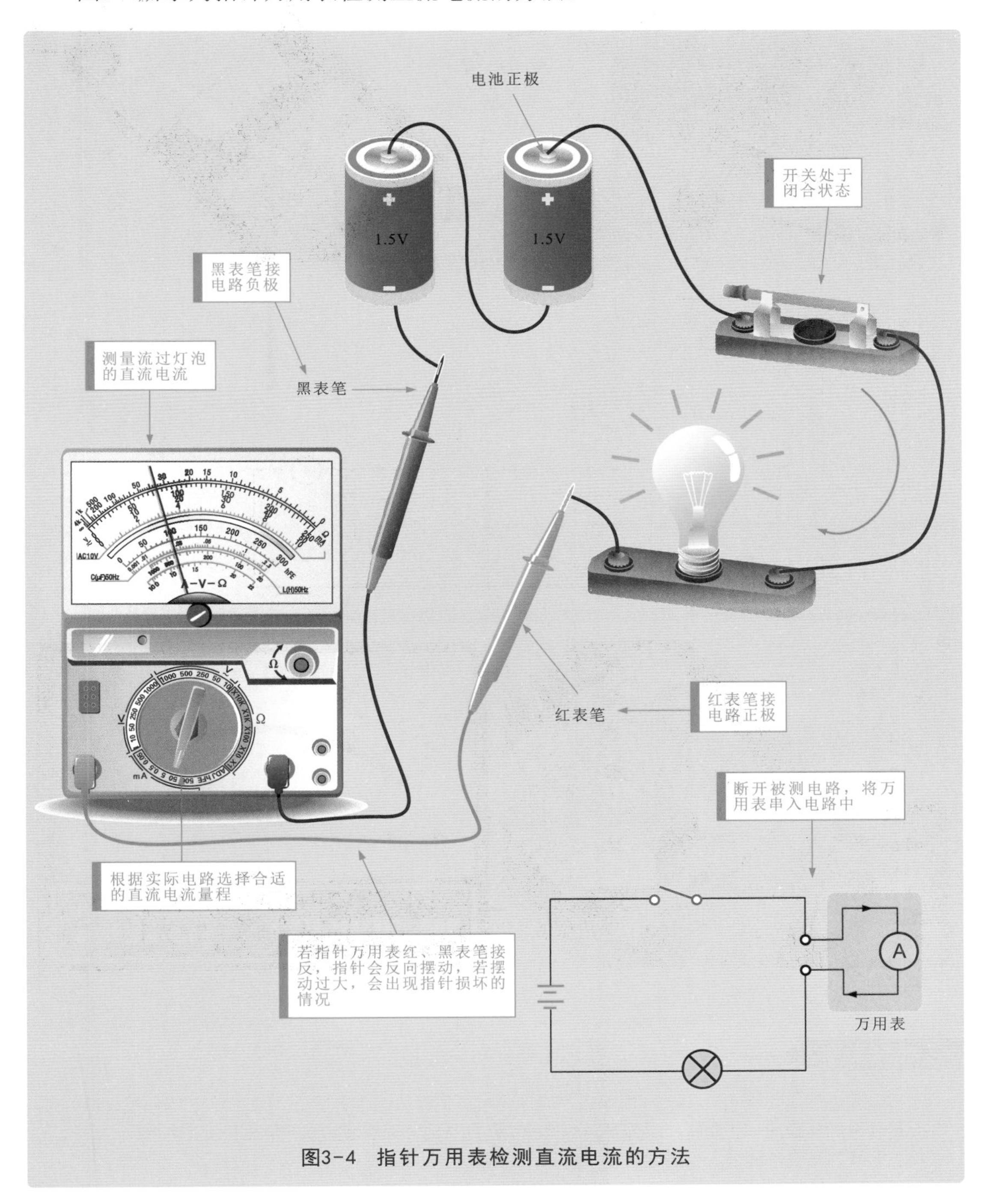

图3-4 指针万用表检测直流电流的方法

图3-5所示为指针万用表检测电源适配器直流电流的案例，电源适配器驱动一个风扇电动机，想要检测风扇电动机的工作电流，需要将万用表串接到风扇电动机的供电电路中。

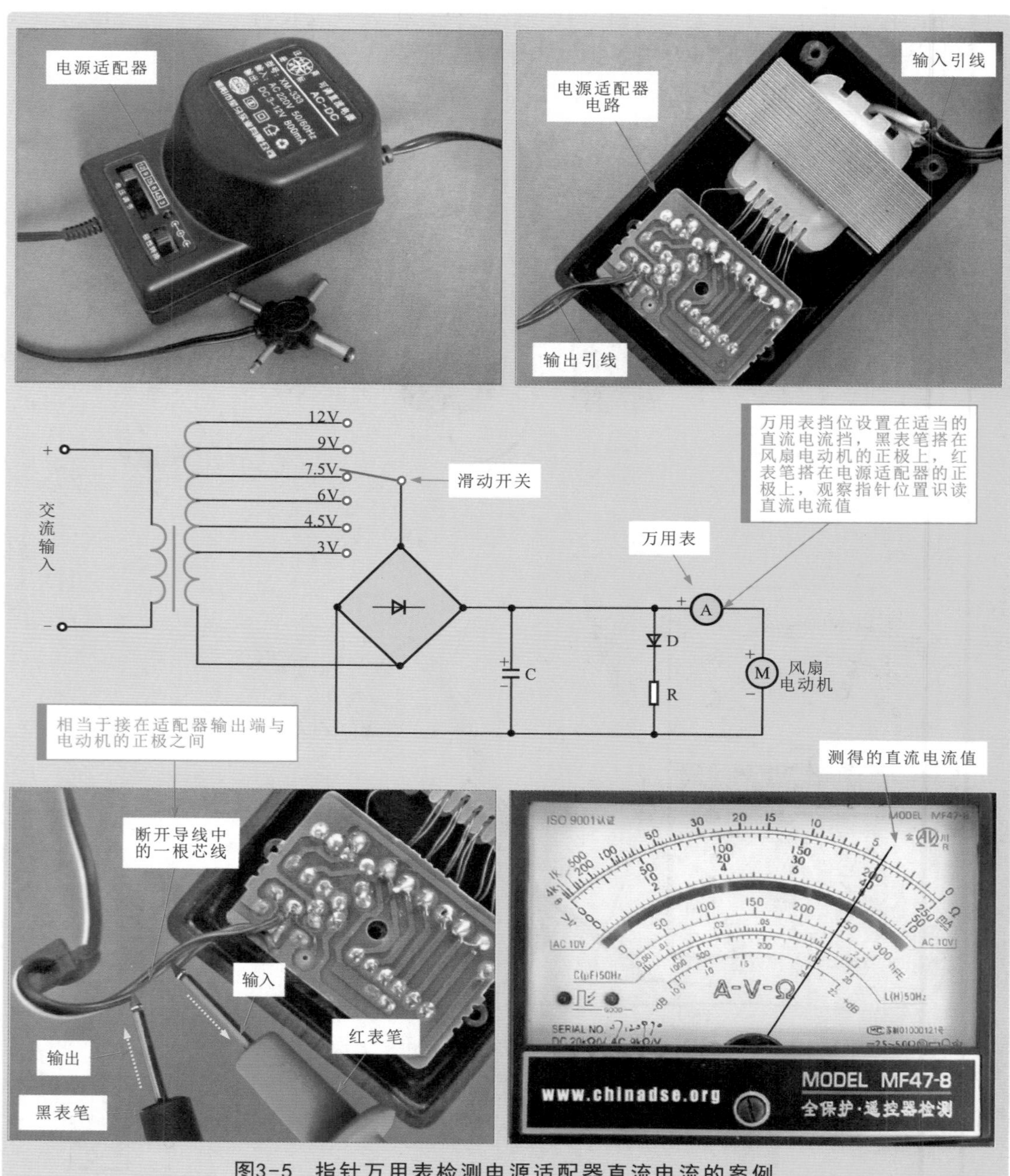

图3-5 指针万用表检测电源适配器直流电流的案例

补充说明

把电源适配器输出引线中的一根剪断并剥掉导线外的绝缘层后，将万用表的红表笔和黑表笔分别串接到剪开的导线两端上，即红表笔接电流输入端（正极），黑表笔接电流输出端（负极），此时万用表的读数为直流电源适配器送给电动机的直流电流。

3.1.4 数字万用表检测直流电流的方法

数字万用表测量直流电流时，根据实际电路选择合适的直流电流量程，然后断开被测电路，将红表笔（正极）接电路正极，黑表笔（负极）接电路负极，串入被测电路中，此时即可通过显示屏读出测量的直流电流值。

以检测三极管放大性能和电动自行车电流为例进行介绍，图3-6所示为使用数字万用表直流电流测量功能检测三极管的方法。

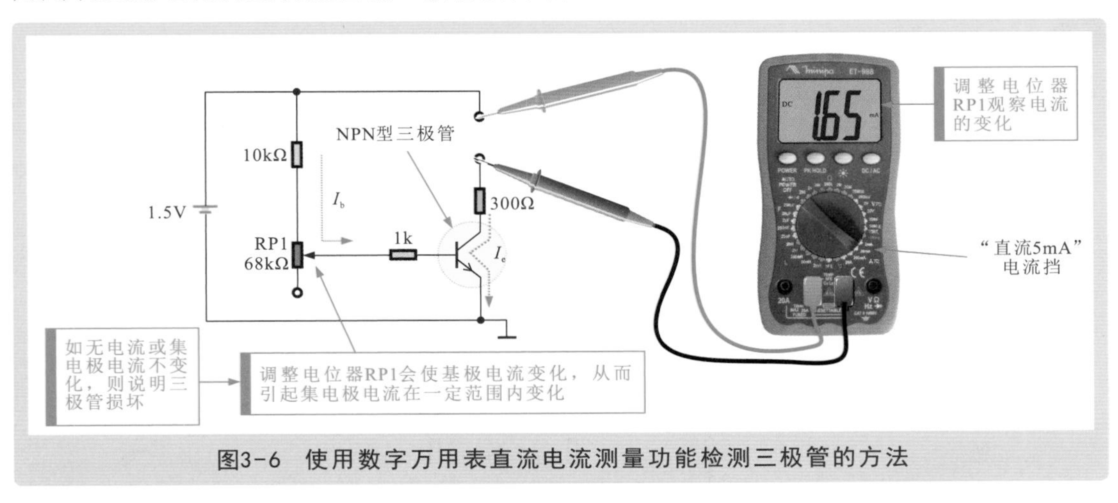

图3-6 使用数字万用表直流电流测量功能检测三极管的方法

电动自行车的空载电流是指车轮空转状态下的电流。通过万用表直流电流测量功能对电池输出电流进行检测，可以判断空载电流是否正常，如图3-7所示。

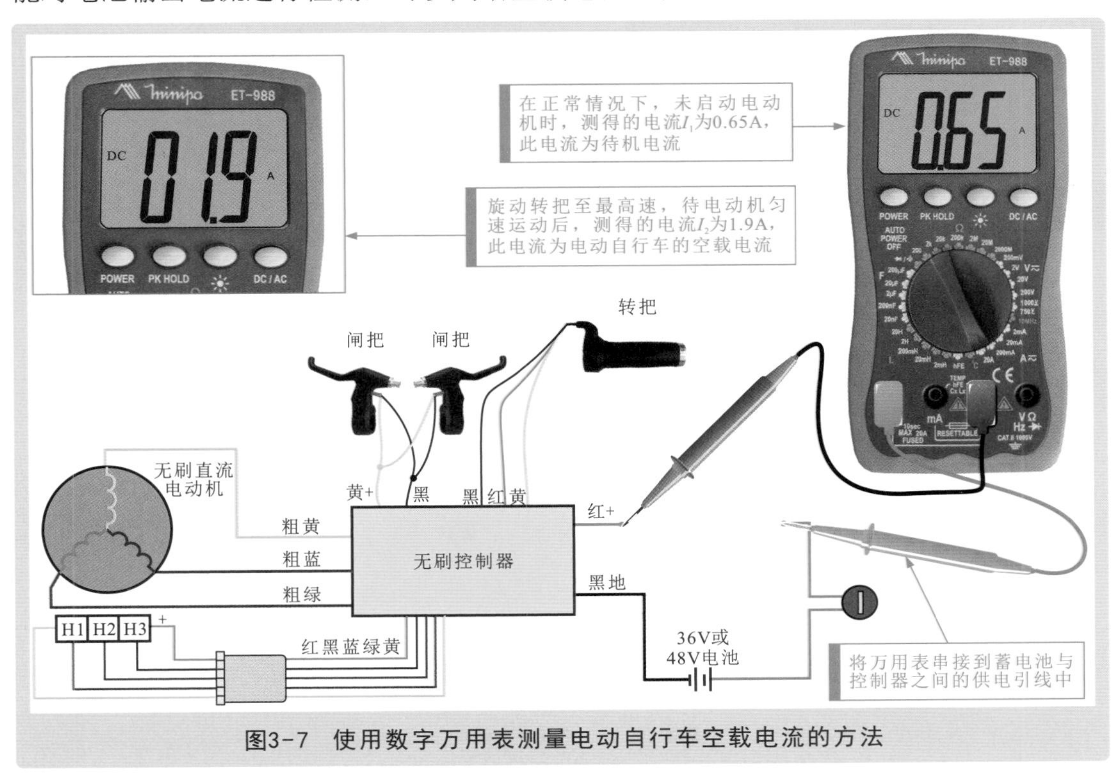

图3-7 使用数字万用表测量电动自行车空载电流的方法

3.1.5 万用表检测直流电流的注意事项

1 避开强磁场

指针万用表的表头是动圈式电流表，表针摆动由线圈的磁场驱动，因而测量时要避开强磁场环境，以免造成测量的误差。

2 避免极性接反

测量电流时，应将万用表串联到被测电路中，必须注意电路的正、负极性和电流的方向，若指针万用表的表笔接反了，则指针就会反打，很容易被碰弯，此时需要改变表笔的极性后重测。图3-8所示为测量电路中电流时万用表的连接状态。

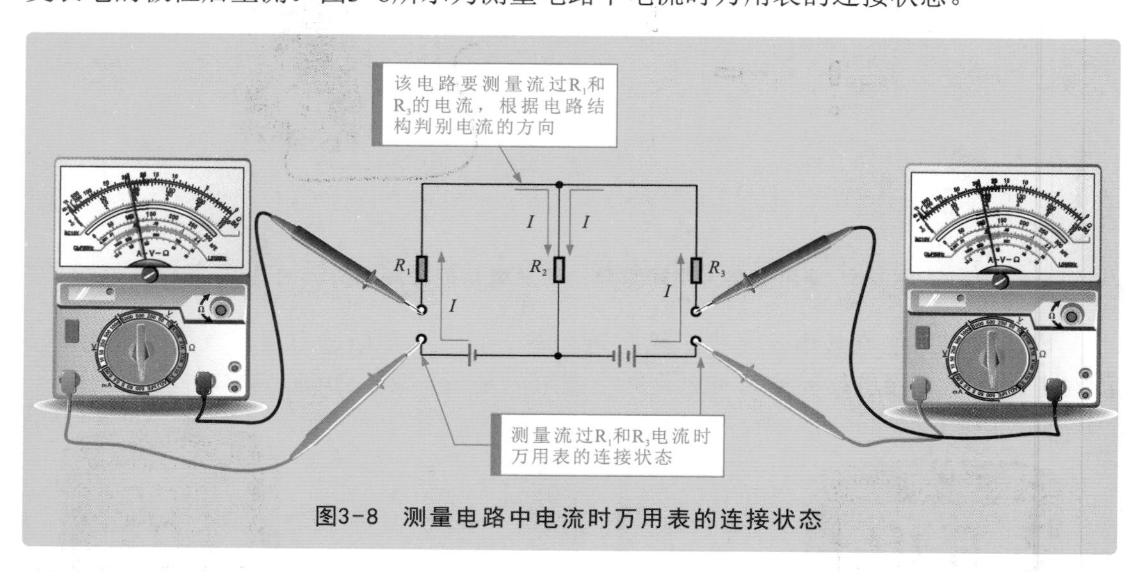

图3-8 测量电路中电流时万用表的连接状态

3 断开电路测量

在使用万用表测量直流电流时，必须断开电路后，将万用表串联接入直流电路中测量，如图3-9所示。

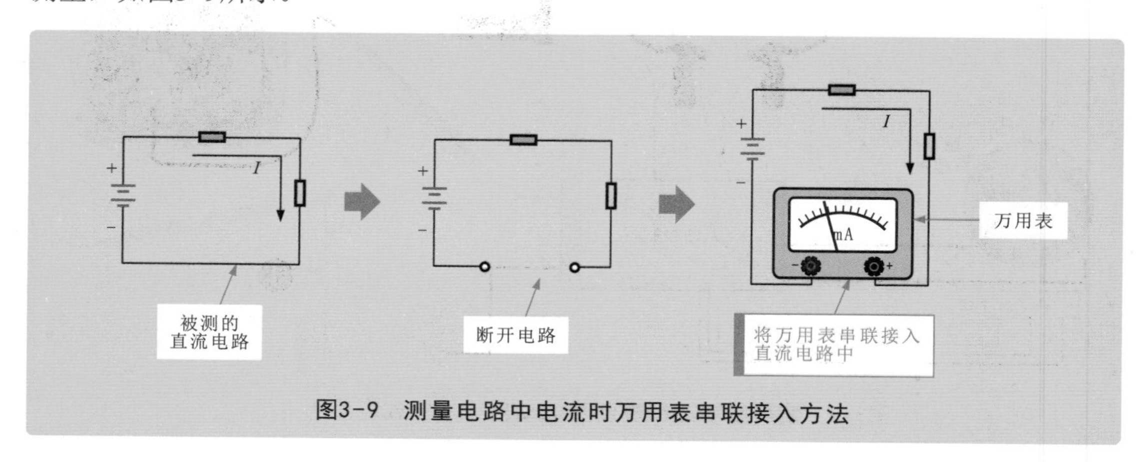

图3-9 测量电路中电流时万用表串联接入方法

3.2 万用表检测交流电流

3.2.1 指针万用表检测交流电流的原理

如图3-10所示，指针万用表测量交流电流须先经过整流电路将交流变成直流再测量和指示。

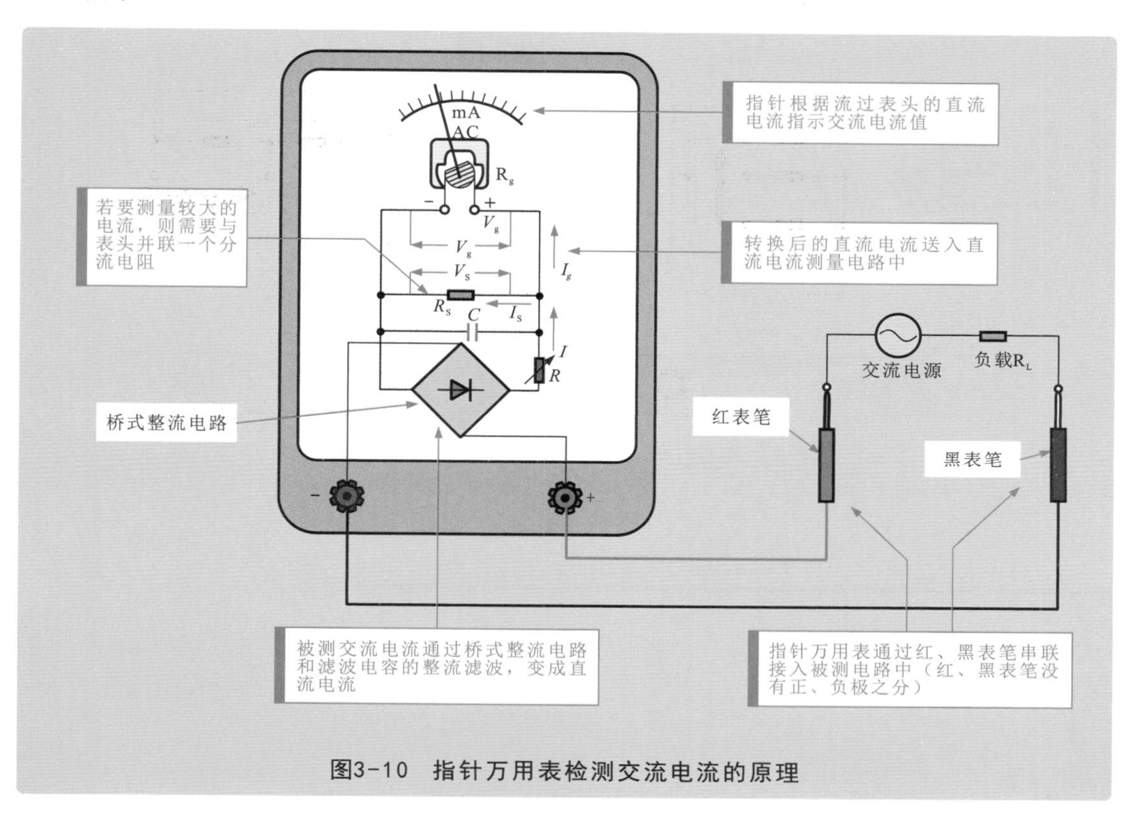

图3-10 指针万用表检测交流电流的原理

补充说明

如图3-11所示，测量交流电流时，尤其是220V的电压电路，为了确保人身安全，一般不再使用串联万用表的方法，通常可以使用钳形万用表测量交流电流。当测量整机总电流时，如果没有钳形万用表，可以利用闸刀开关在断开电路的情况下测量。

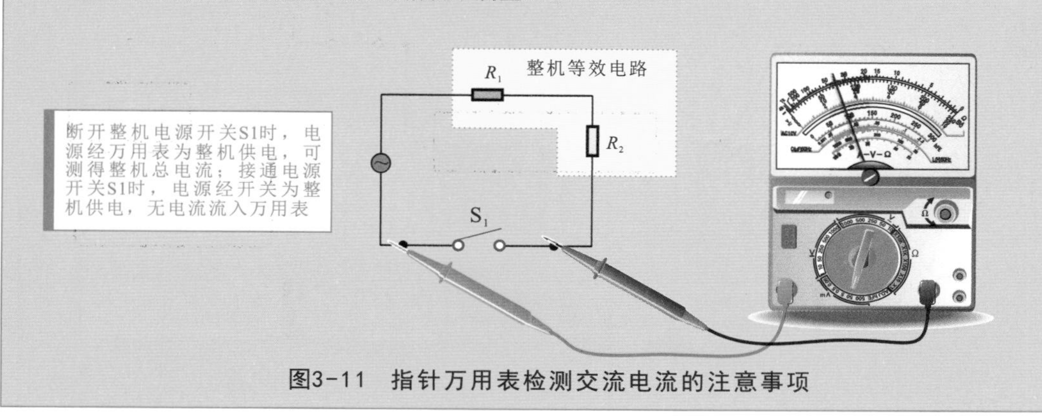

图3-11 指针万用表检测交流电流的注意事项

如图3-12所示，交流电流多量程测量电路可分为开路单个转换式分流电路和闭路抽头转换式分流电路，利用桥式整流电路先将交流变成直流，再经分流电路分流和指示。

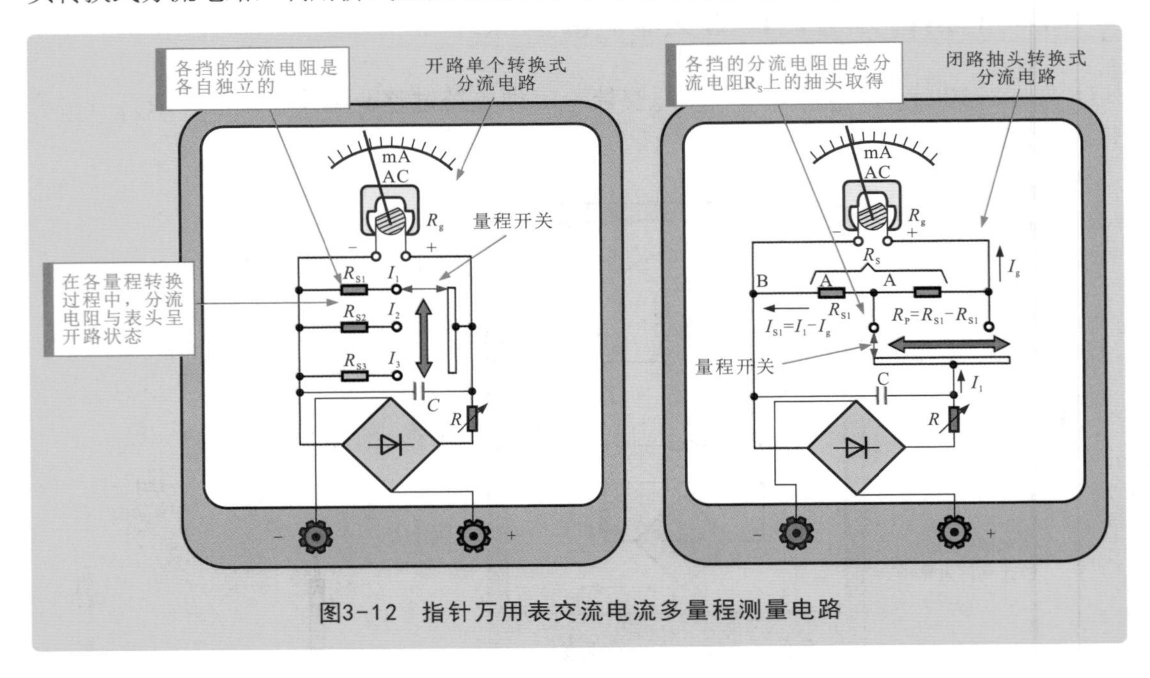

图3-12　指针万用表交流电流多量程测量电路

3.2.2 数字万用表检测交流电流的原理

数字万用表测量交流电流时，将万用表串接在电路中，万用表中的测量电路将测量出的交流电流转换为交流电压，该电压经整流电路变成直流电压，再经模拟—数字转换器后变为数字信号，驱动液晶显示屏将测得的值直接显示出来，如图3-13所示。

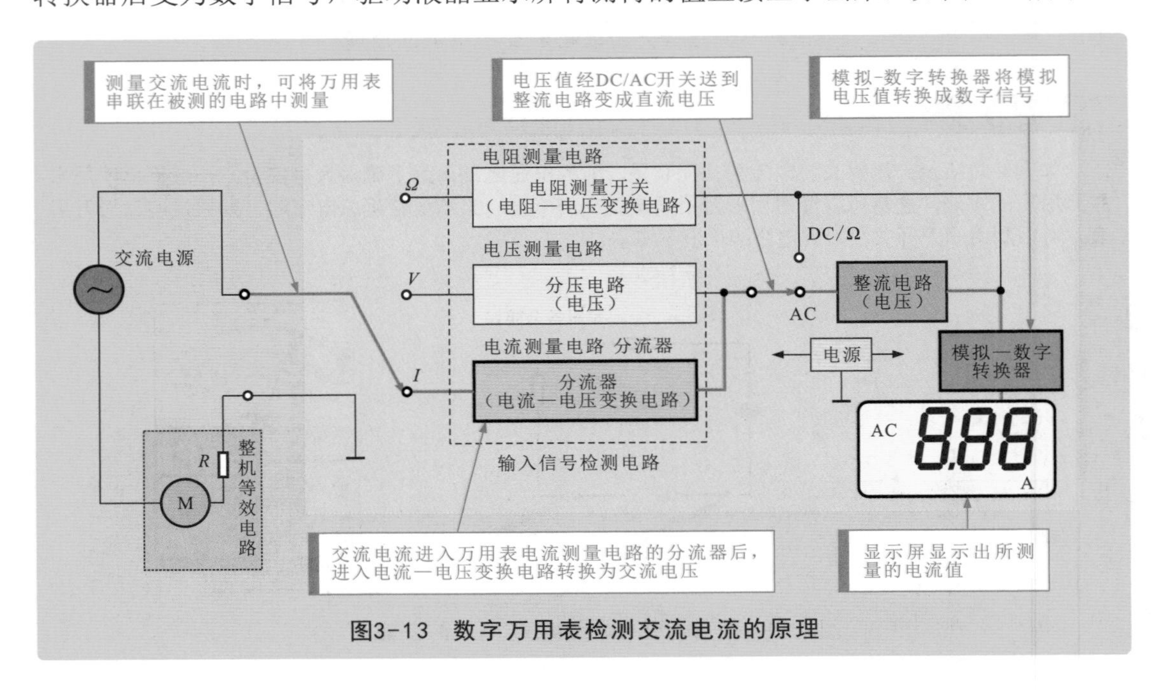

图3-13　数字万用表检测交流电流的原理

3.2.3 指针万用表检测交流电流的方法

指针万用表测量交流电流时，根据实际电路选择合适的交流电流量程后，断开被测电路，将红、黑表笔随意串联到被测电路中，即可通过指针的位置读出测量的交流电流值。图3-14所示为指针万用表检测电风扇摇头电动机回路中交流电流的案例。

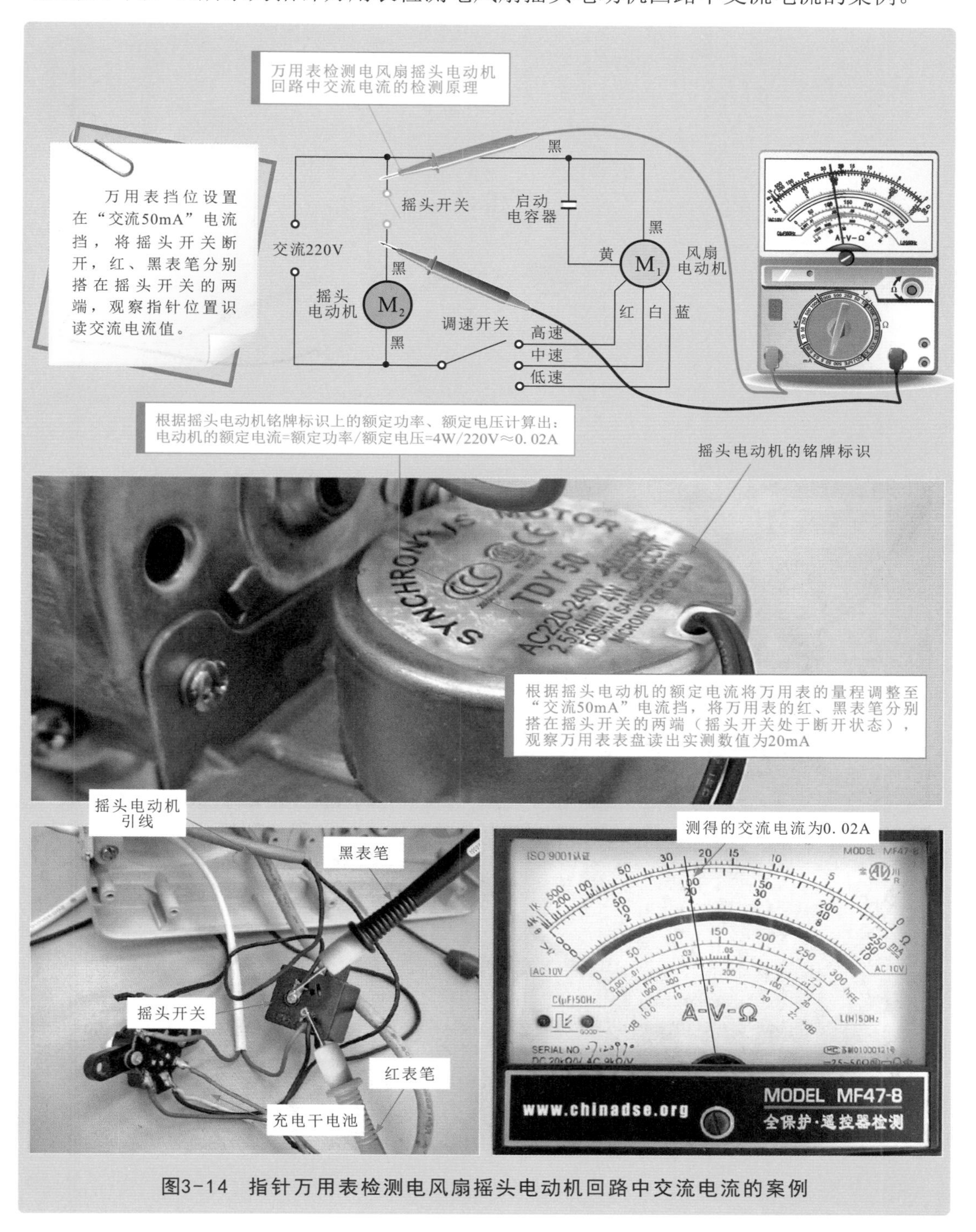

图3-14 指针万用表检测电风扇摇头电动机回路中交流电流的案例

3.2.4 数字万用表检测交流电流的方法

图3-15所示为数字万用表检测吸尘器驱动电路中交流电流的案例。

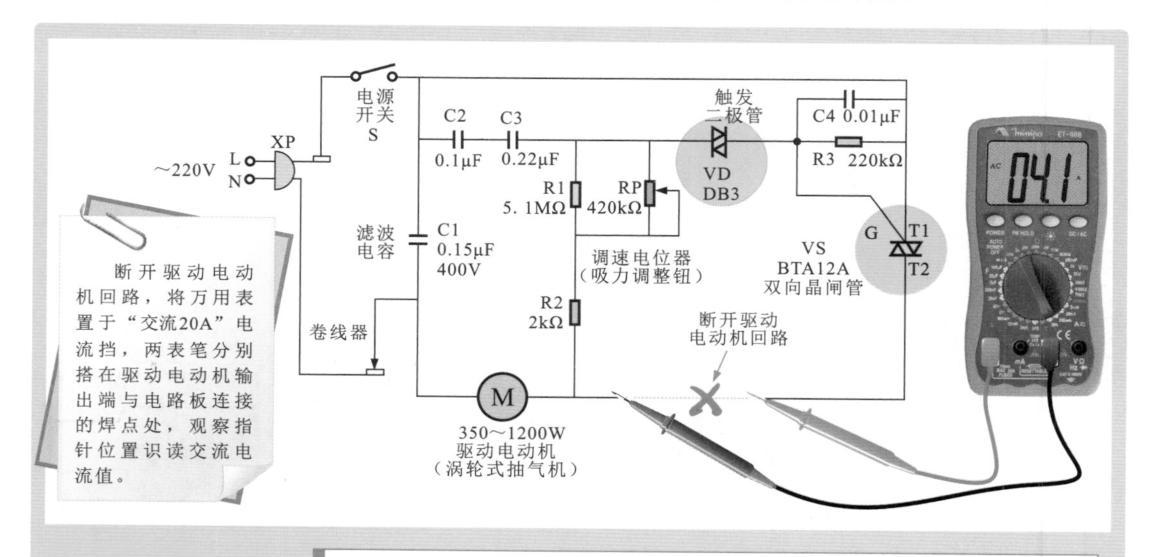

使用电烙铁将驱动电动机引线与电路板连接端焊开，根据驱动电动机的额定电流，将万用表的量程调整至“交流20A”电流挡，万用表的红、黑表笔分别搭在驱动电动机引线端和与电路板连接端的焊点处，观察万用表表盘读出实测数值为4.1A

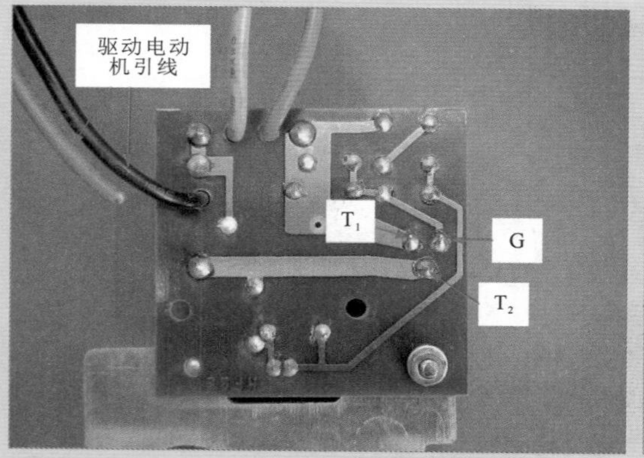

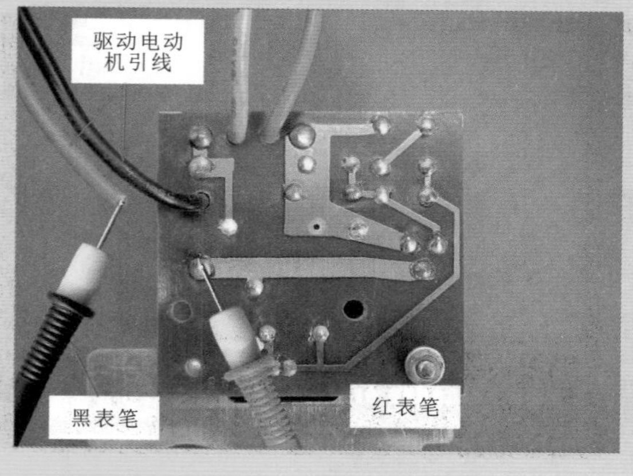

图3-15　数字万用表检测吸尘器驱动电路中交流电流的案例

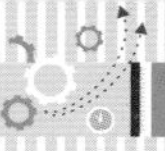

3.2.5 万用表检测交流电流的注意事项

1 选择正确的量程

若不能预测电流大小时，可将万用表量程调到最大范围，先测出大约值，再切换到相应的测量范围进行准确测量。这样既能避免损坏万用表，也可减小测量误差。

2 定期校正

为了使万用表测量准确，应定期使用精密仪器校正万用表，使万用表的读数与基准值相同，误差在允许的范围之内。

3 有些指针万用表没有交流电流挡

在使用指针万用表测量交流电流时，应注意万用表的测量项目，因为目前很多指针万用表没有测量交流电流的挡位。在这种情况下，设法通过检测负载上的交流电压，再通过换算求出交流电流，如图3-16所示。

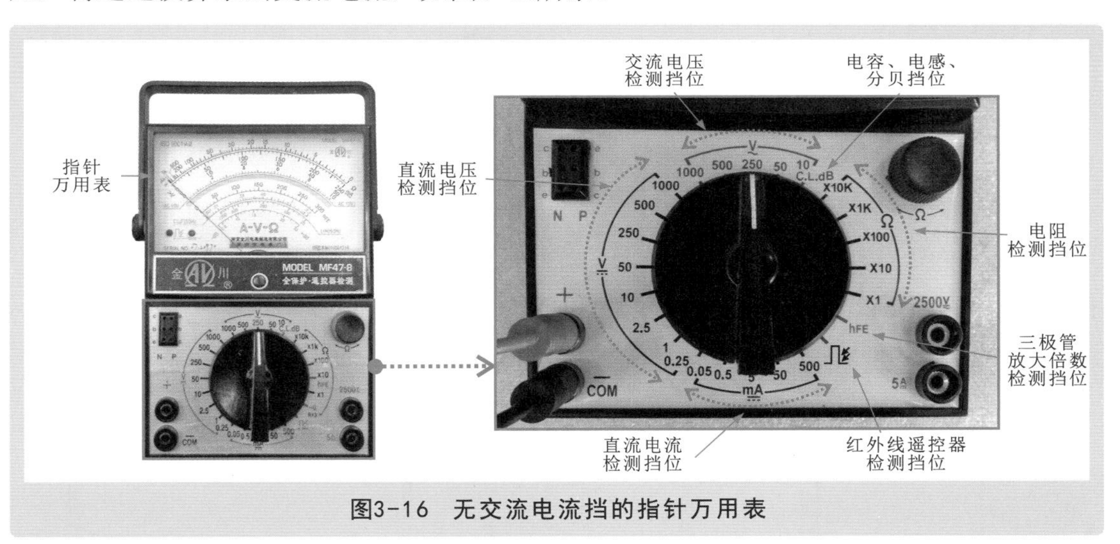

图3-16 无交流电流挡的指针万用表

补充说明

如图3-17所示，在实际测量过程中，在测量交流高压大电流时，通常使用钳型表测量。

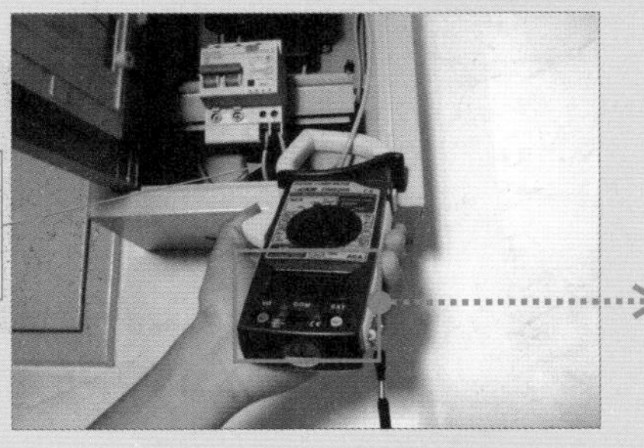

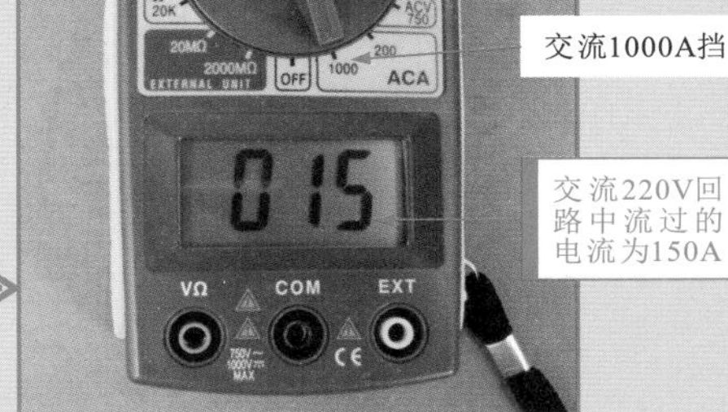

图3-17 使用钳形表检测交流高压大电流

第4章 万用表检测电压

4.1 万用表检测直流电压

4.1.1 指针万用表检测直流电压的原理

指针万用表的表头是一个比较灵敏的电流表，测量电压需要将被测电压转换成直流电流，由于流过指针万用表的电流值与输入电压成正比，故指针万用表的摆动幅度即可对应被测电压值。

如图4-1所示，在指针万用表内部测量端设有分压电路，这样可适应不同电压范围的测量。

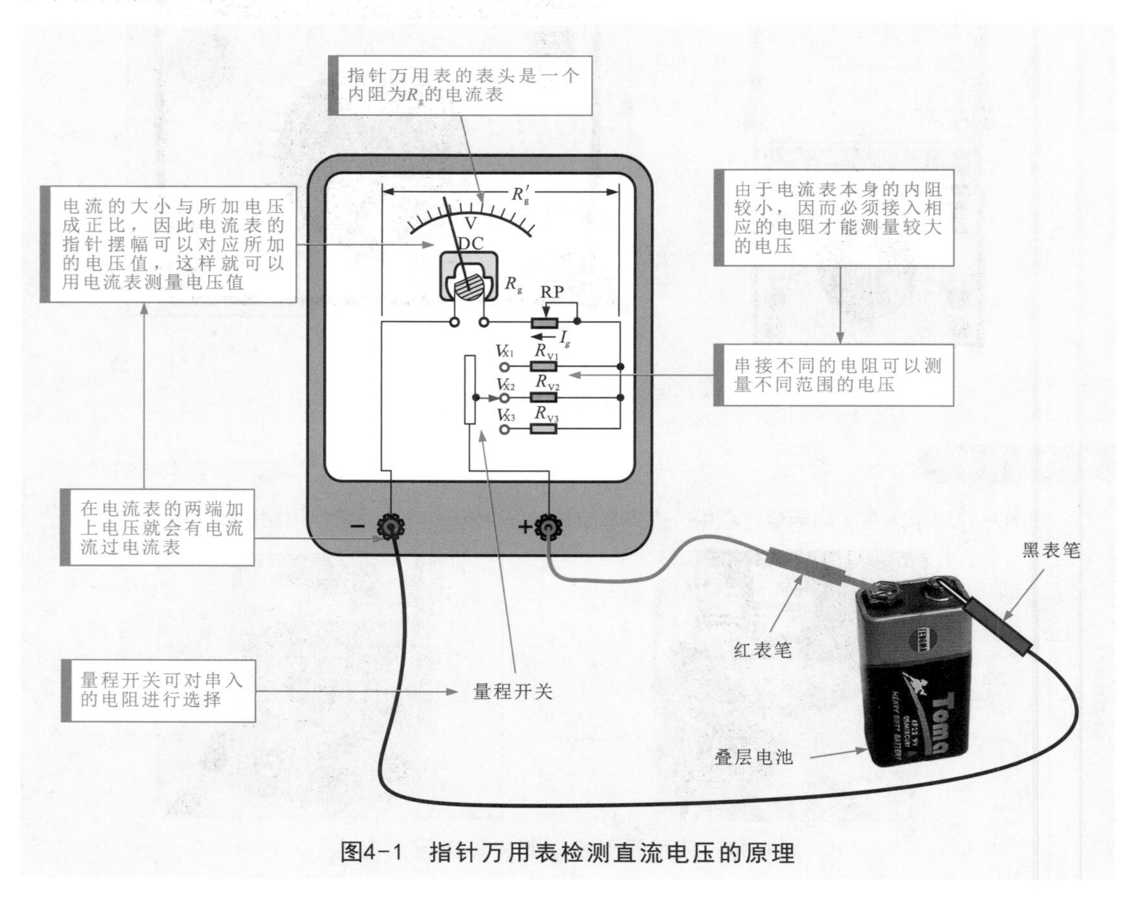

图4-1 指针万用表检测直流电压的原理

4.1.2 数字万用表检测直流电压的原理

如图4-2所示，数字万用表的输入信号检测电路包含电阻检测电路、电压检测电路和电流检测电路三个选择模块。测量电压时，选择电压检测电路模块，此时输入信号检测电路（分压电路）对电压信号进行衰减或放大，使信号减小或放大到一个测量电路可以处理的幅度值。

由于测量的电压信号为直流电压，交/直流切换开关位于直流（DC）挡，直流电压直接经A/D转换电路变成数字信号，并由液晶屏显示电压的数值。

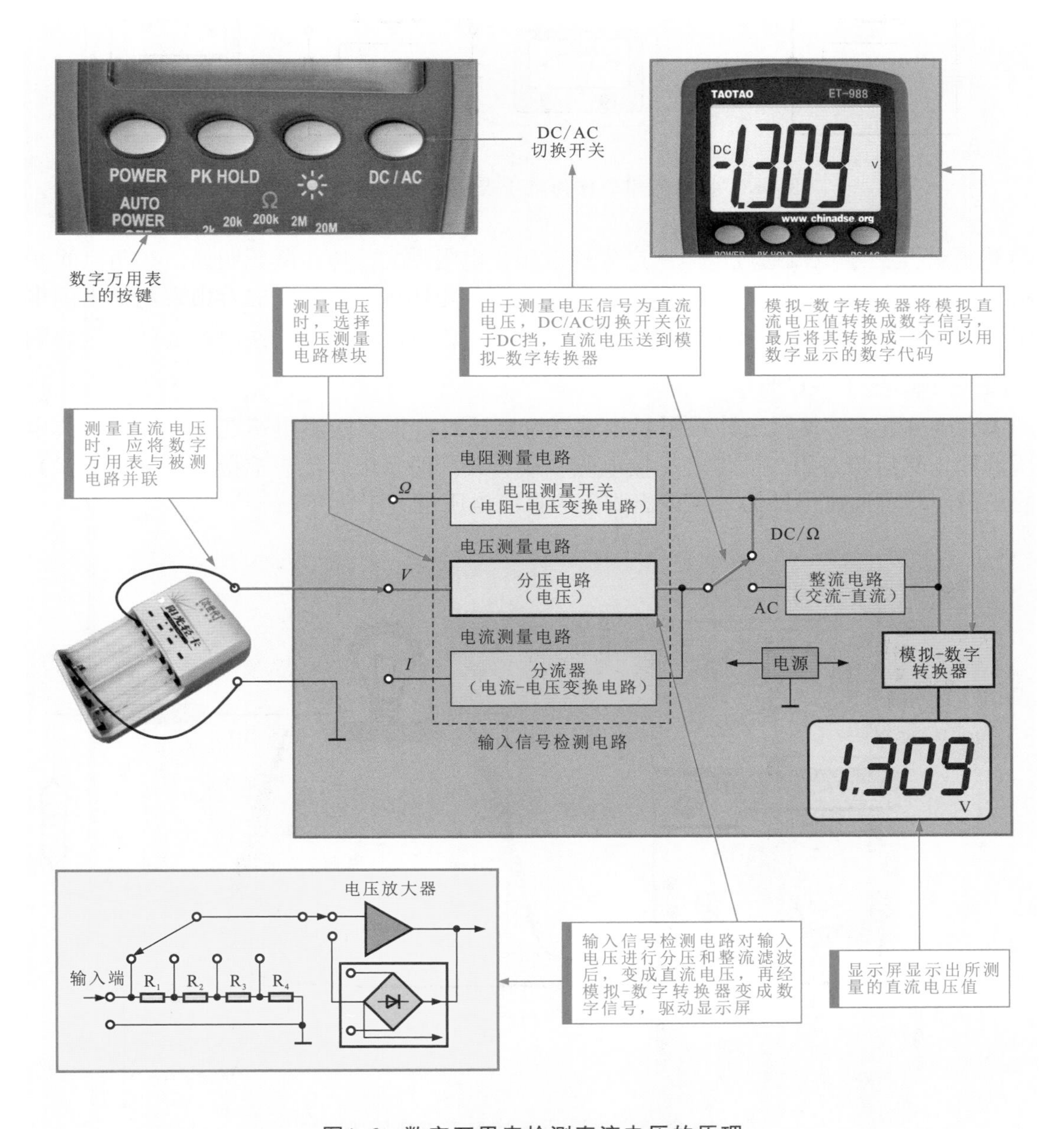

图4-2 数字万用表检测直流电压的原理

4.1.3 指针万用表检测直流电压的方法

使用指针万用表测量电路中电源供电电压或负载上直流电压的测量部位如图4-3所示。指针万用表作为电压表使用时，实际上是将指针万用表与被测电路并联，由于表内的电阻较大，不会影响被测电路的工作状态。

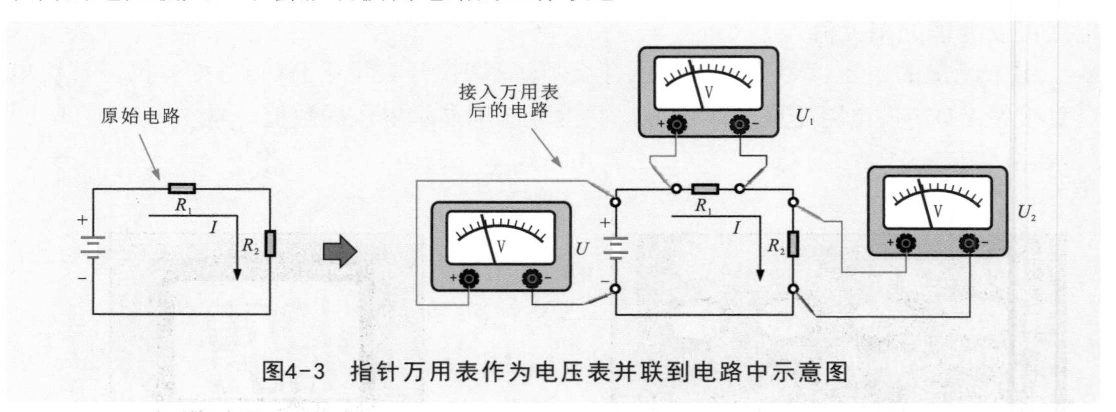

图4-3 指针万用表作为电压表并联到电路中示意图

电压降是由于电流通过电阻所产生的电压，电阻越大，电压降越明显，在两点间并联一个万用表就可以测量出电压值，图中分别与电阻R_1和R_2并联的万用表测量出的电压值为U_1和U_2，它们的和就是电源提供给电路的总电压，即并联在电源处的万用表测量出的电压U：$U=U_1+U_2$。

如图4-4所示，使用指针万用表测量直流电压时，根据实际电路选择合适的直流电压量程，然后将万用表的黑表笔接电源（或负载）的负极，红表笔接电源（或负载）的正极，即可通过指针的位置读出测量的直流电压值。

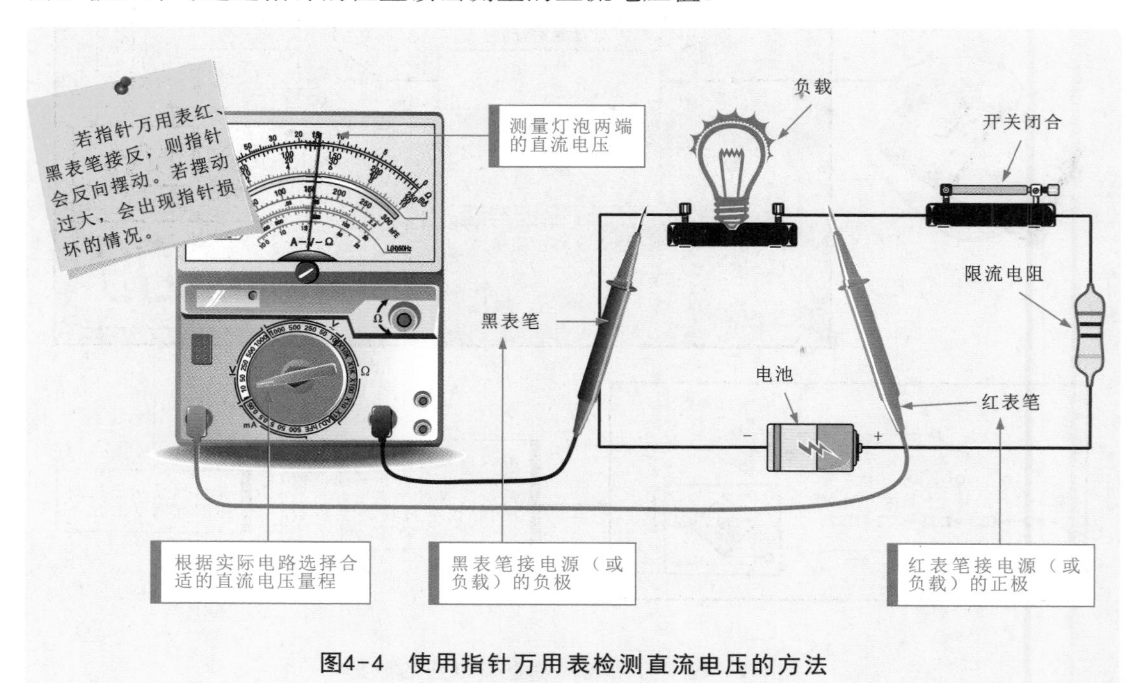

图4-4 使用指针万用表检测直流电压的方法

图4-5所示为指针万用表检测开关电源电路次级直流输出电压的案例。

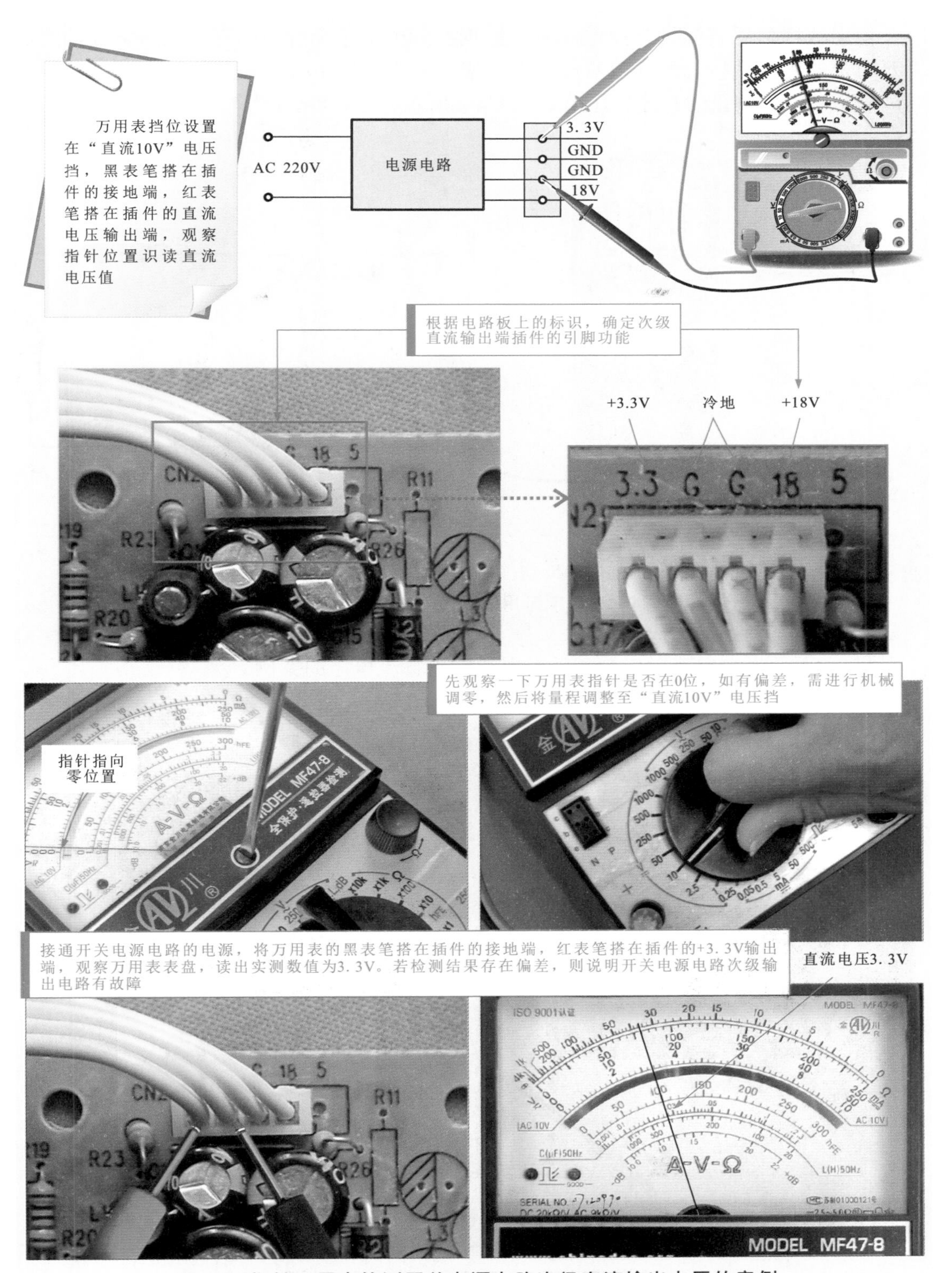

图4-5 指针万用表检测开关电源电路次级直流输出电压的案例

4.1.4 数字万用表检测直流电压的方法

使用数字万用表测量直流电压时，根据实际电路选择合适的直流电压量程，然后将万用表的黑表笔接电源（或负载）的负极，红表笔接电源（或负载）的正极，即可通过显示屏读出测量的直流电压值，如图4-6所示。

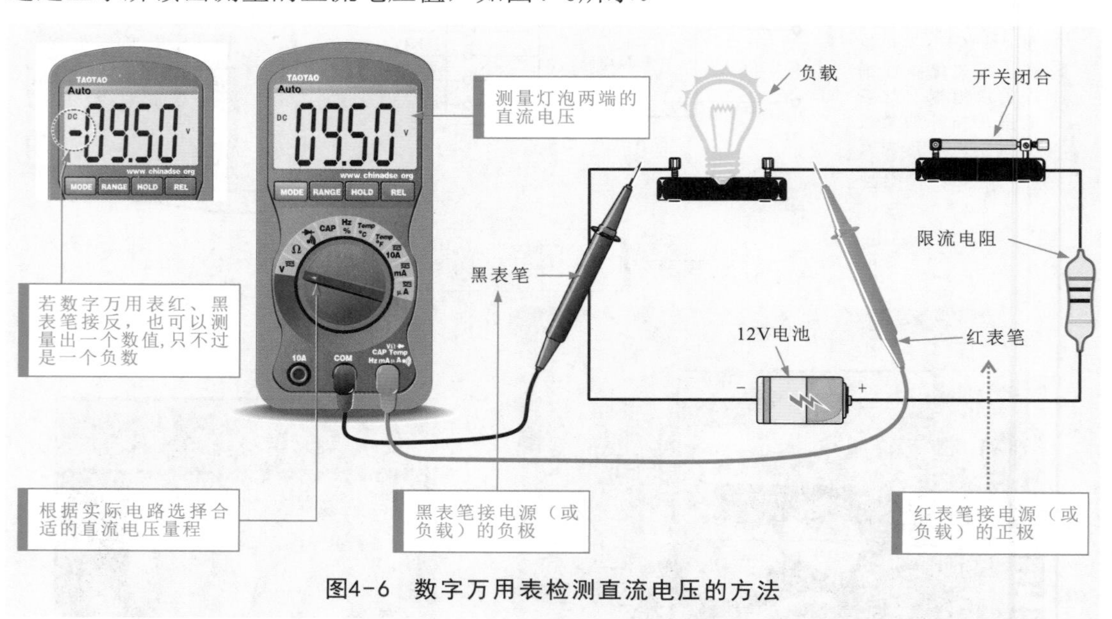

图4-6　数字万用表检测直流电压的方法

图4-7所示为数字万用表检测手机电池输出直流电压的案例。

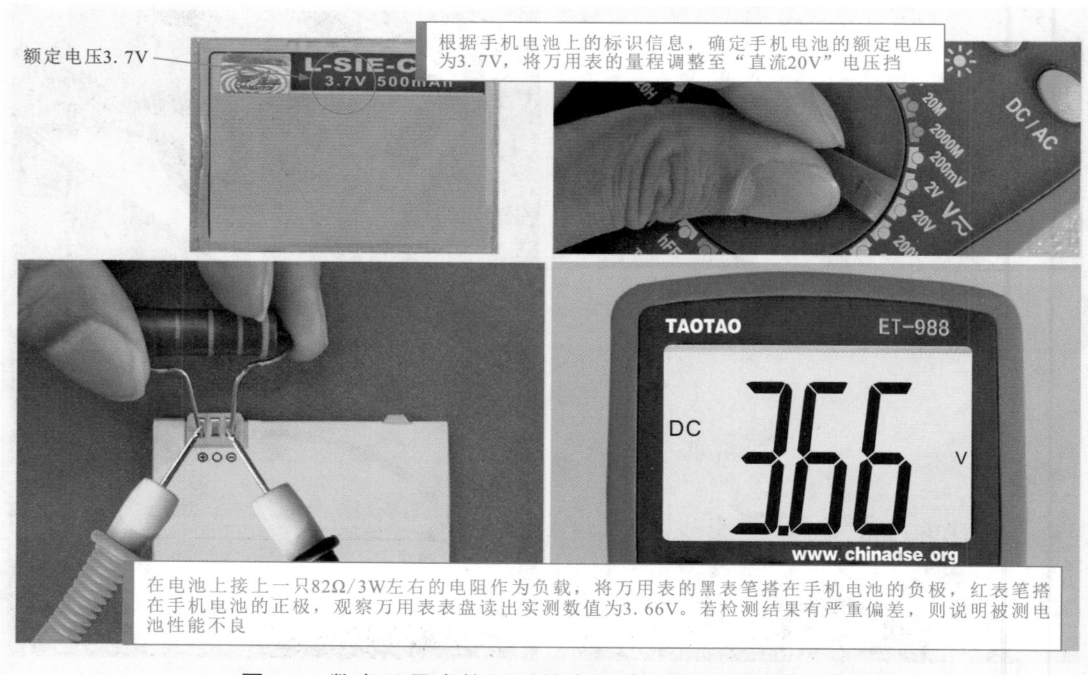

图4-7　数字万用表检测手机电池输出直流电压的案例

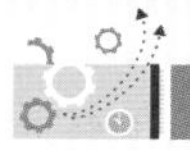

4.1.5 万用表检测直流电压的注意事项

1 避免极性接反

使用指针万用表测量直流电压时，一定要注意检测表笔的接入极性，若接反，则指针万用表表针会反向摆动，出现这种情况要马上调整或停止测量；否则，严重时，会因指针摆动过大造成表盘指针损坏。

2 注意量程调节

当测量未知的直流电压时，为防止万用表损坏，需先将量程调至最大，然后根据每一次的测量结果相应地调小量程，直到符合准确的电压值为止，如图4-8所示。

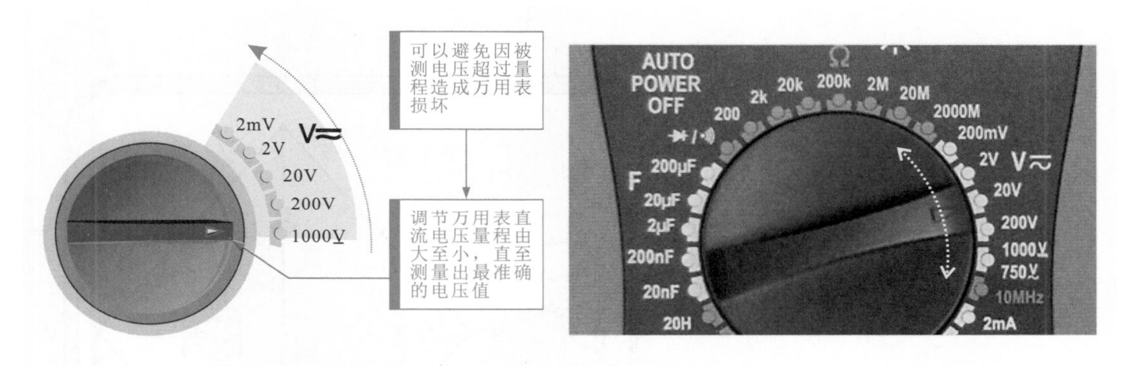

图4-8 调节万用表挡位至最大量程

3 测量电源电压时应并联负载

应在正常负载的情况下测量电池的电压。电池在使用过程中电量会下降，输出电流的能力会减弱，空载检测电池的电压不能反映电流的输出能力，因而必须在加负载的条件下测量电池的电压值才体现其电量，如图4-9所示。

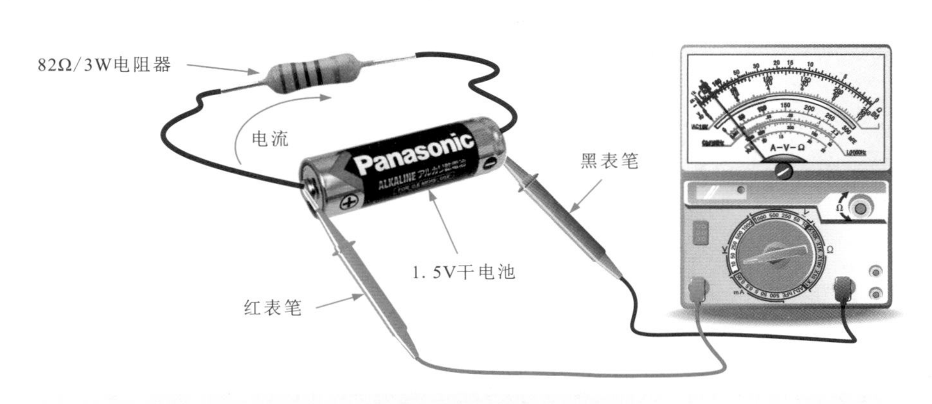

图4-9 并联负载测量电源电压

4.2 万用表检测交流电压

4.2.1 指针万用表检测交流电压的原理

交流电压测量功能是万用表的测量功能之一。常用的指针万用表和数字万用表测量交流电压的机理基本相同，只是需要将交流电压变成直流电压。

如图4-10所示，指针万用表测量交流电压实际上就是在直流电压测量电路的基础上增加一个整流电路，将交流电压变成直流电压后再测量。

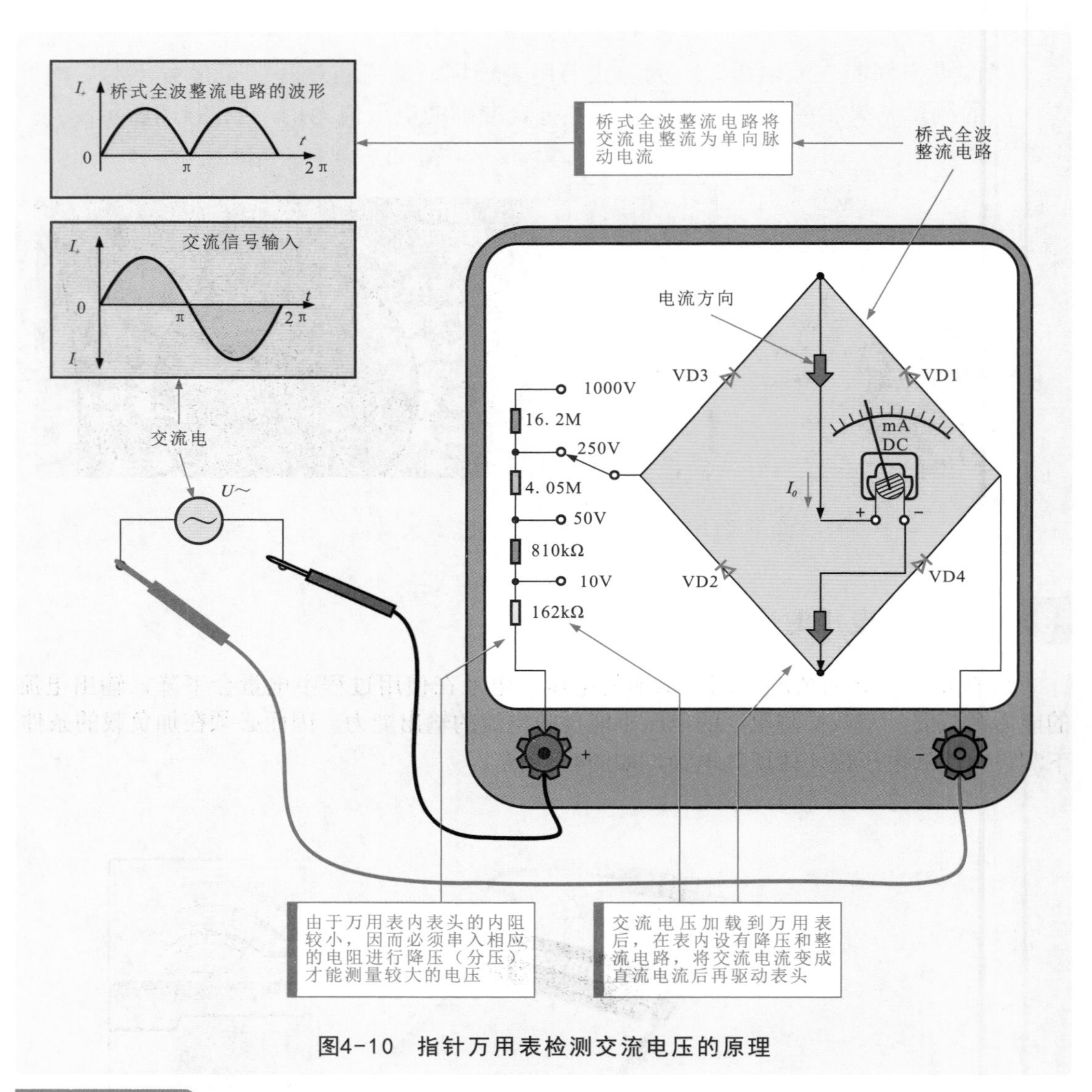

图4-10 指针万用表检测交流电压的原理

补充说明

整流后的电流是单向脉动电流，其幅度仍然随时间的变化而变化。由于表头可动线圈的惯性，其偏转角（也是指针的偏转角）只能与流经可动线圈的电流平均值I_0成正比。

除桥式全波整流电路外，有些万用表中还使用了半波整流电路，如图4-11所示。

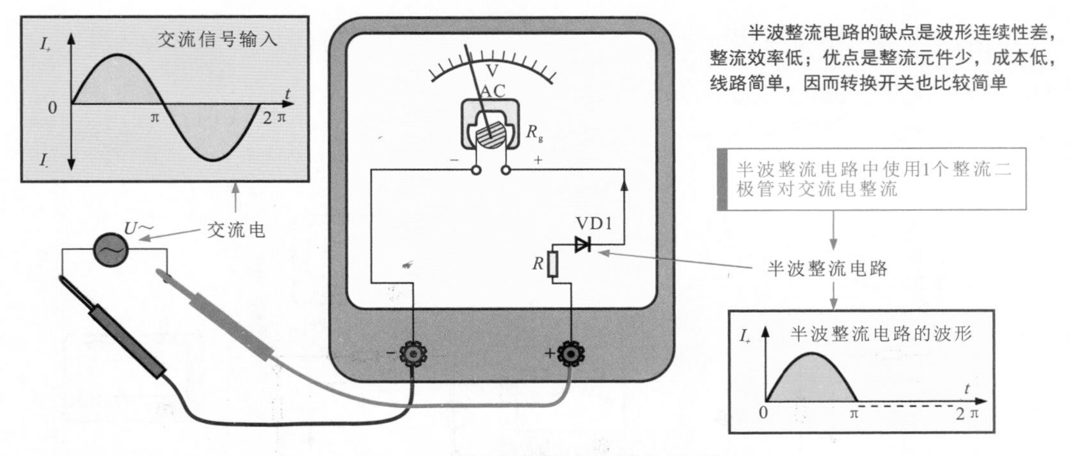

图4-11 半波式整流电路和波形

4.2.2 数字万用表检测交流电压的原理

数字万用表测量交流电压时，选择电压检测电路，此时对电压信号进行衰减或放大，由于测量的电压信号为交流电压，因此交流电压信号通过DC/AC切换开关和整流电路，将交流电压转换成直流电压信号，再经模拟-数字转换器转化成表示电压值的数字代码，由显示屏显示出当前测量的交流电压值，如图4-12所示。

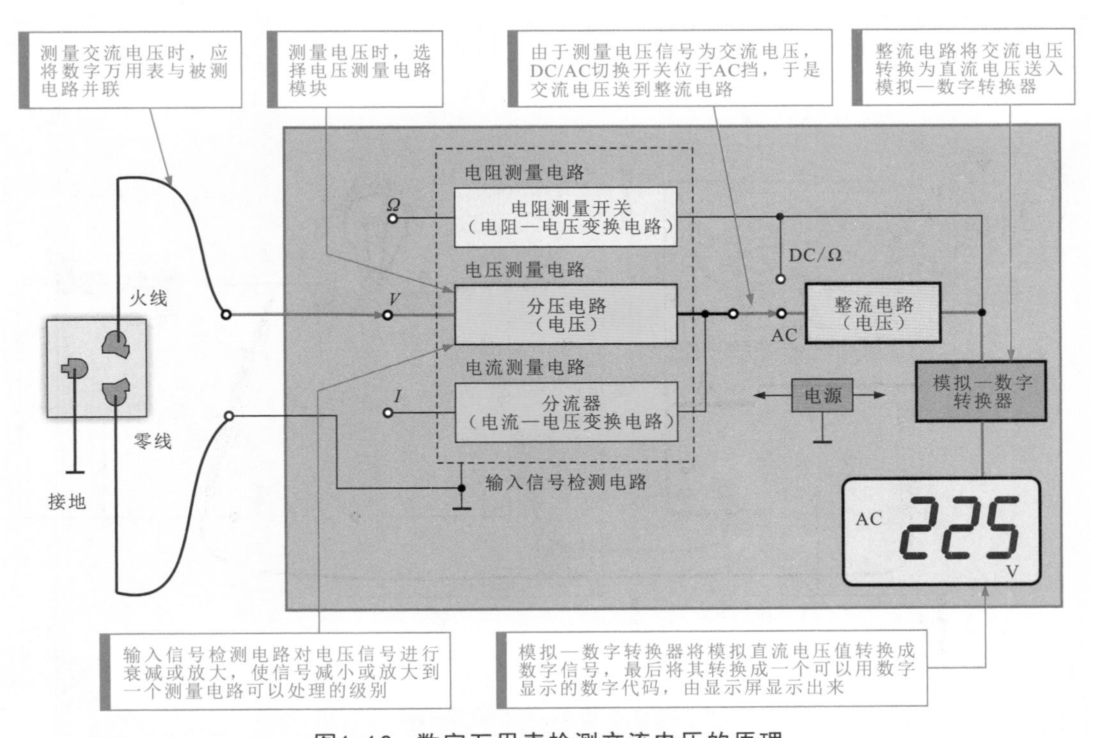

图4-12 数字万用表检测交流电压的原理

4.2.3 指针万用表检测交流电压的方法

使用指针万用表测量电路中电源供电电压或负载上的交流电压如图4-13所示。与指针万用表测量直流电压的方法相同，也是将指针万用表与被测电路并联，只是测量时不需要区分正、负极。

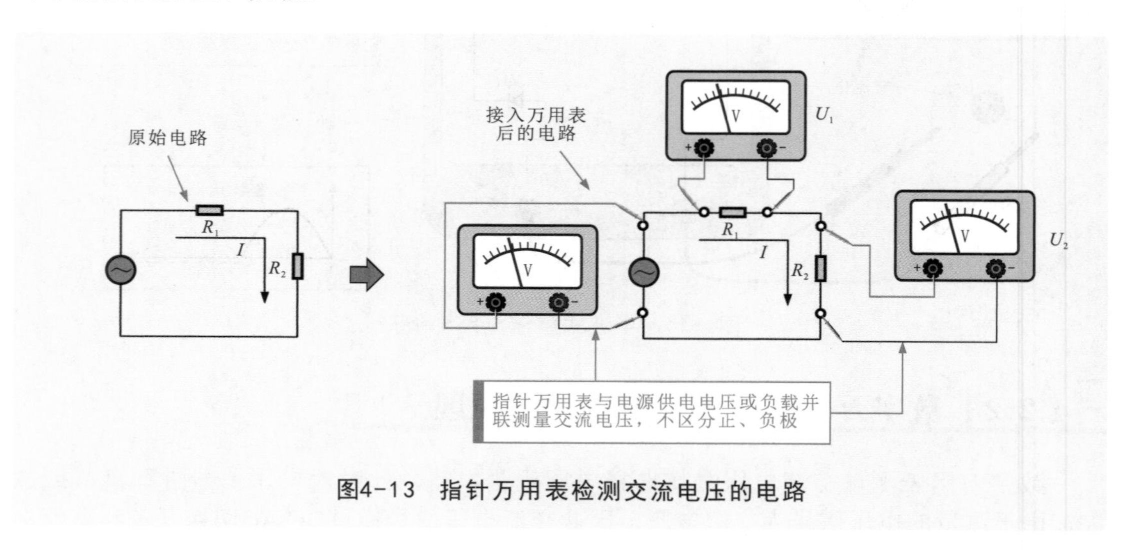

图4-13 指针万用表检测交流电压的电路

如图4-14所示，指针万用表测量交流电压时，根据实际电路选择合适的交流电压量程，将红、黑表笔接电源（或负载）的两端，即可通过指针的位置读出测量的交流电压值。

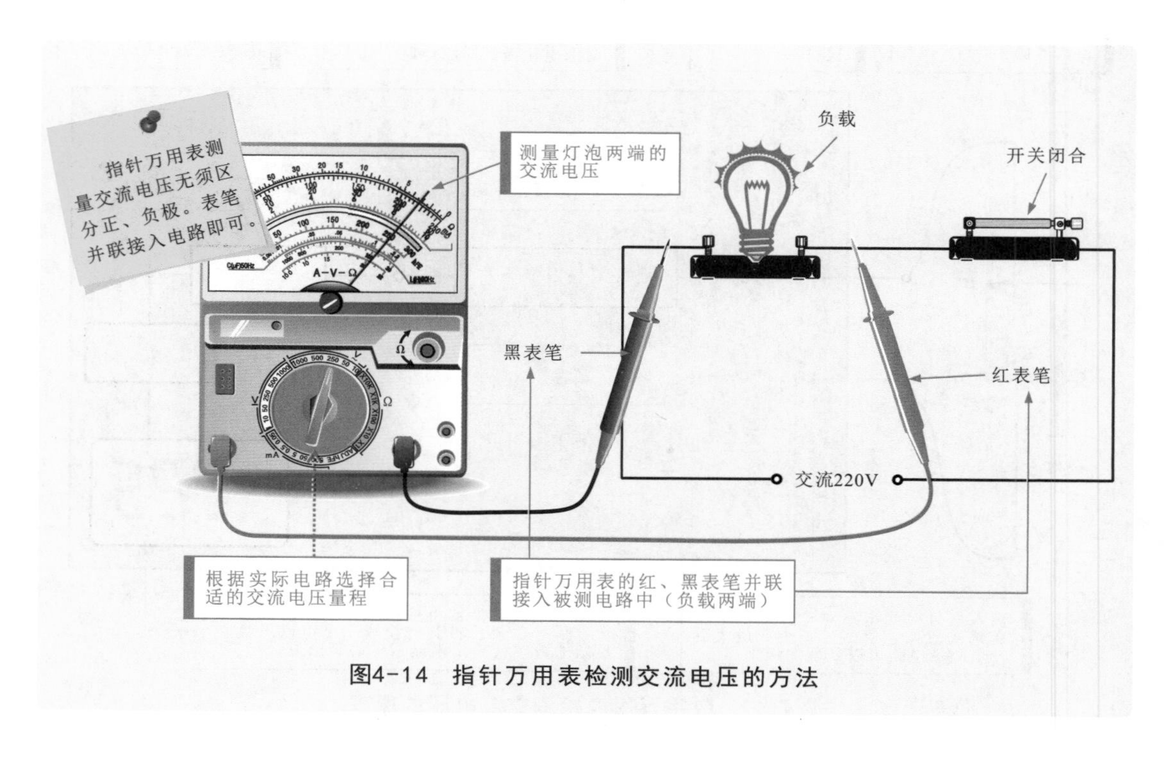

图4-14 指针万用表检测交流电压的方法

图4-15所示为指针万用表检测可调电源适配器输出交流电压的案例。

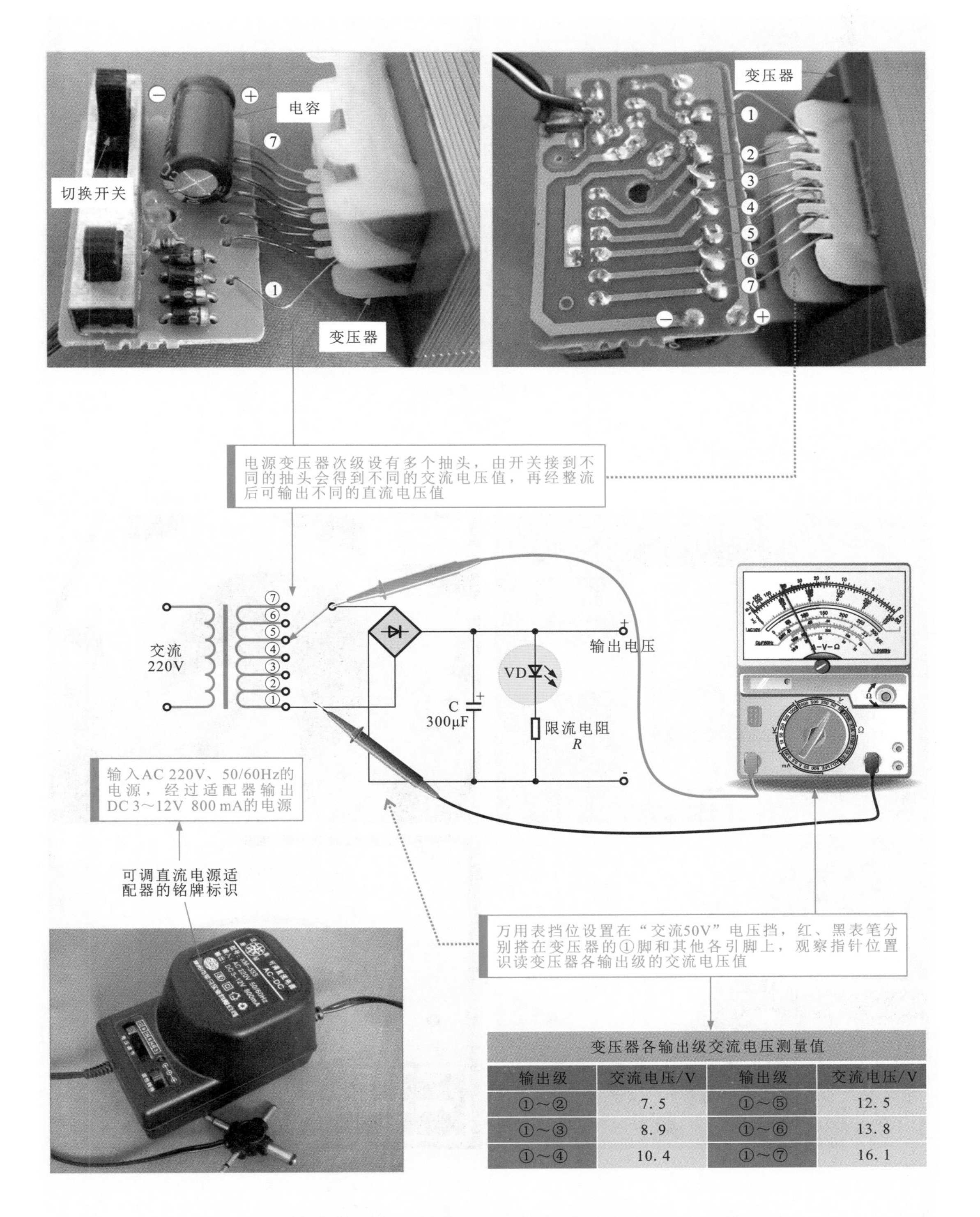

变压器各输出级交流电压测量值

输出级	交流电压/V	输出级	交流电压/V
①～②	7.5	①～⑤	12.5
①～③	8.9	①～⑥	13.8
①～④	10.4	①～⑦	16.1

图4-15 指针万用表检测可调电源适配器输出交流电压的案例

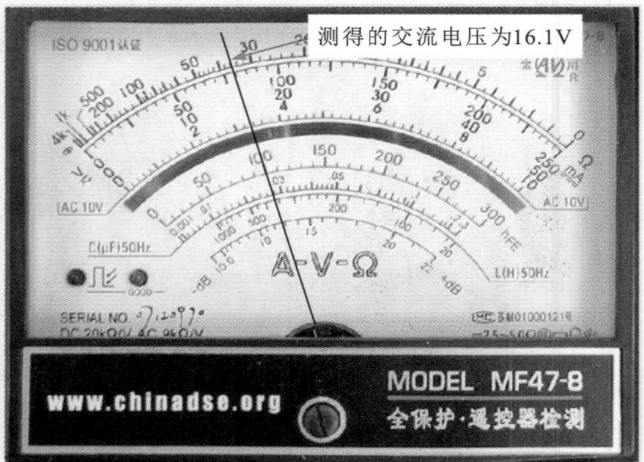

将万用表挡位设置在“交流50V”电压挡，接通电源适配器电源，将切换开关切换到变压器抽头⑦上，万用表的红、黑表笔分别搭在变压器的①脚和⑦脚上，观察万用表表盘读出实测数值为16. 1V

图4-15 （续）

图4-16所示为指针万用表测量电源转换器输出交流电压的案例。

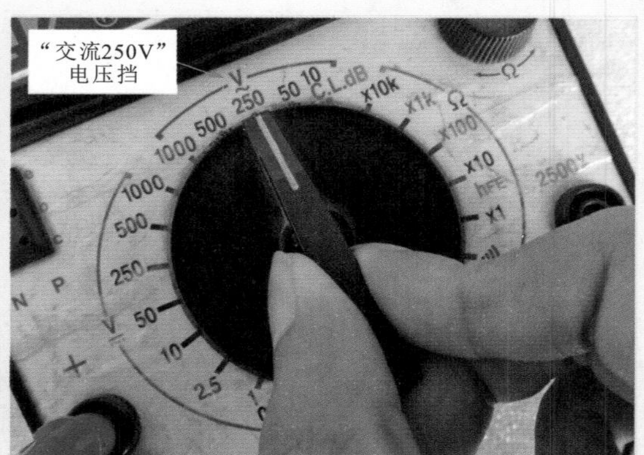

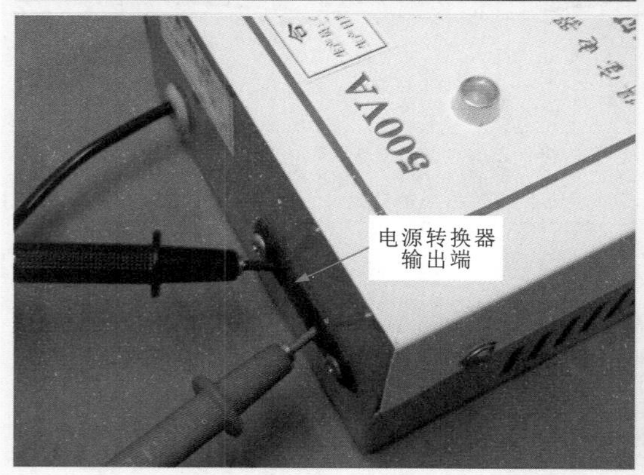

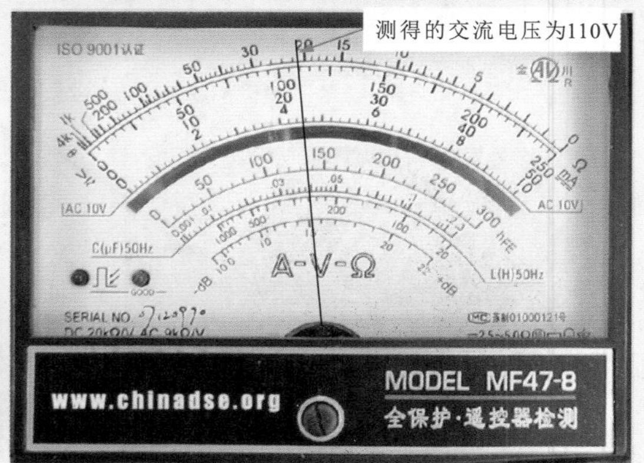

根据电源转换器的标识，确定该电源转换器输出电压为交流110V，将万用表的量程调整至“交流250V”电压挡，将转换器接在市电（交流220V）接线板上，万用表的红、黑表笔分别搭在电源转换器的输出端，观察万用表表盘读出实测数值为110V

图4-16 指针万用表检测电源转换器输出交流电压的案例

4.2.4 数字万用表检测交流电压的方法

数字万用表测量交流电压时，根据实际电路选择合适的交流电压量程，将红、黑表笔并联接入被测电路中，即可通过显示屏读出测量的交流电压值，如图4-17所示。

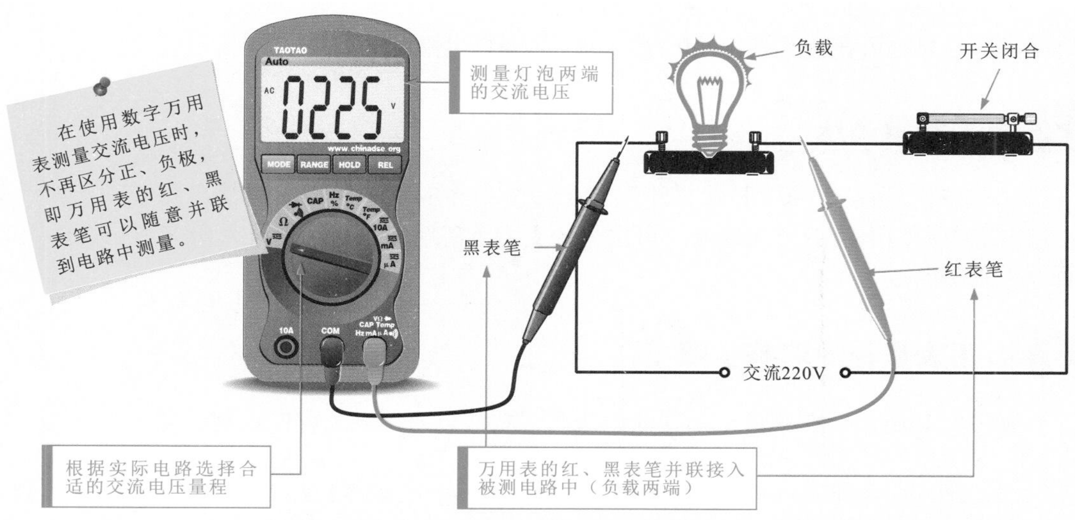

图4-17 数字万用表检测交流电压的方法

图4-18所示为数字万用表检测市电插座输出交流电压的案例。

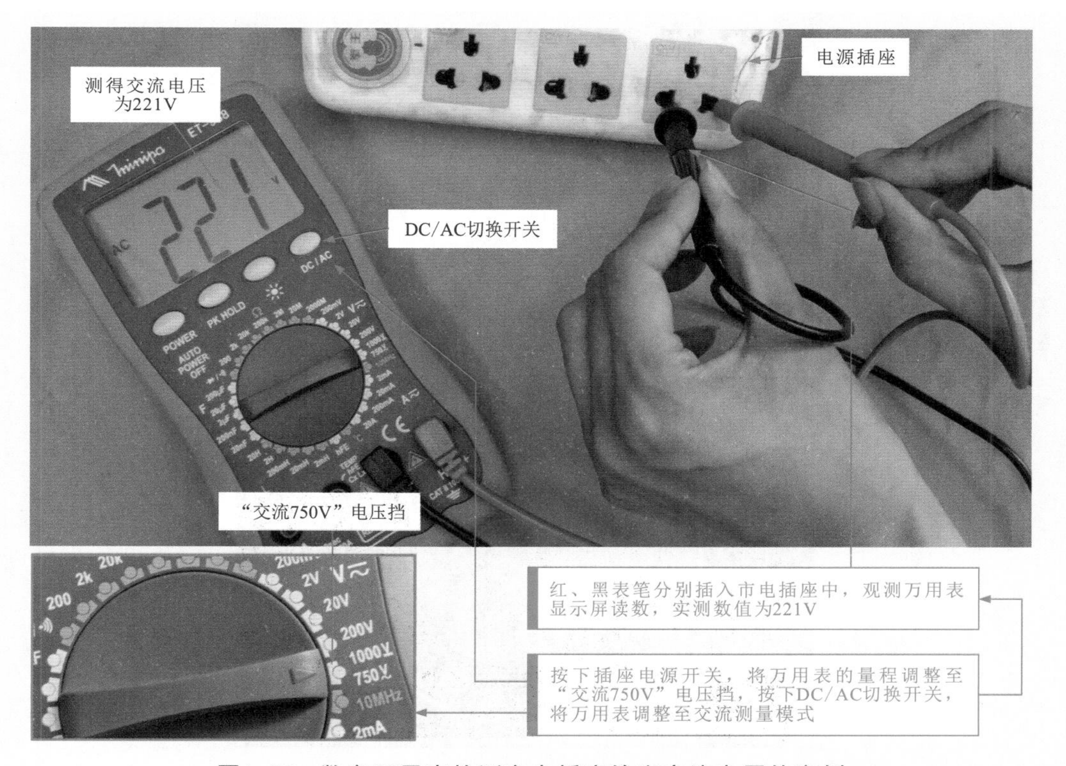

图4-18 数字万用表检测市电插座输出交流电压的案例

4.2.5 万用表检测交流电压的注意事项

1 隔直电容的使用

当被测交流电压上叠加有直流电压时，交、直流电压之和不得超过量程选择开关的耐压值，必要时可在输入端串接0.1μF/450V的隔直电容。

2 单手测量高压

当被测电压高于100V时就要注意安全，应当养成单手操作的习惯，可以预先把一支表笔固定在被测电路的公共地端，再拿另一支表笔碰触测试点，这样可以避免因看读数时而不小心触电。

3 万用表量程的调整步骤

如图4-19所示，在测量未知交流电压时，要注意万用表量程的调整步骤。

电压挡的基本误差均以满量程的百分比来表示，因此测量值越接近满刻度值，误差越小。一般情况下，选择量程应尽量使指针偏转在表头面板1/3～1/2以上。

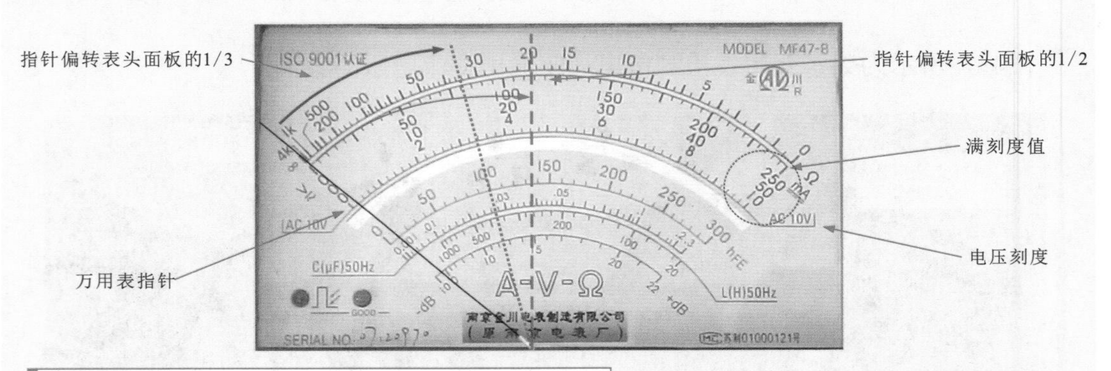

图4-19 调节适当的测量量程减小测量误差

第5章 万用表检测电子元器件

5.1 万用表检测电阻器

5.1.1 认识常用电阻器

电阻器是利用物体对所通过的电流产生阻碍作用制成的电子元器件，在电子产品中得到了广泛的应用。

电阻器是由具有一定阻值的材料构成的，外部有绝缘层包裹。电阻器两端的引线用来与电路板进行焊接，如图5-1所示，电阻器的种类很多，根据功能和应用领域的不同，主要可以分为固定电阻器和可变电阻器两大类。

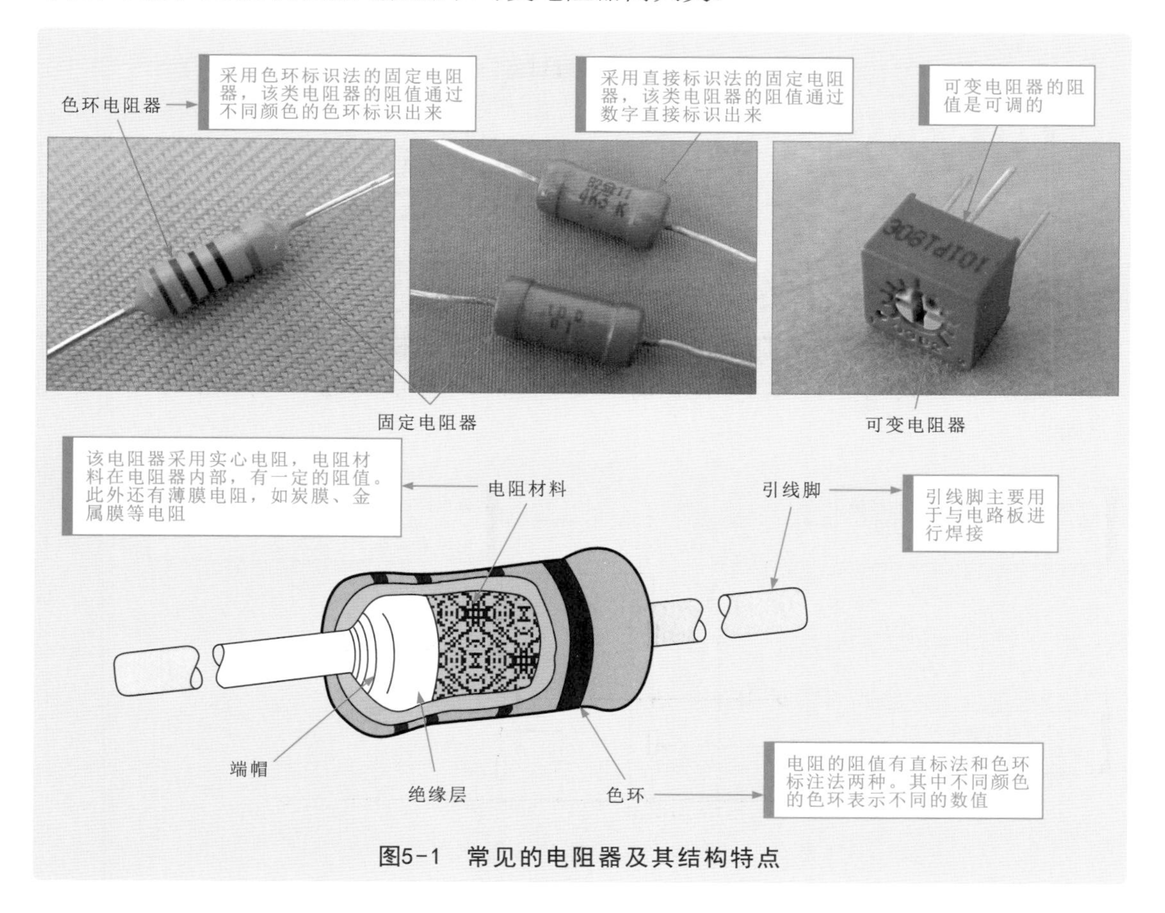

图5-1 常见的电阻器及其结构特点

电阻器利用其自身对电流的阻碍作用，具有限流和分压功能，可为其他电子元器件提供所需的电流或电压，多个电阻器可以组成分压电路为其他电子元器件提供所需的电压。此外，电阻器也可以与电容器组合构成滤波电路。

1 电阻器的限流作用

如图5-2所示，限制电流的流动是电阻器的基本功能，根据欧姆定律，当电阻器两端的电压固定时，电阻值越大，流过的电流量越小。因而电阻器常用作限流元件。

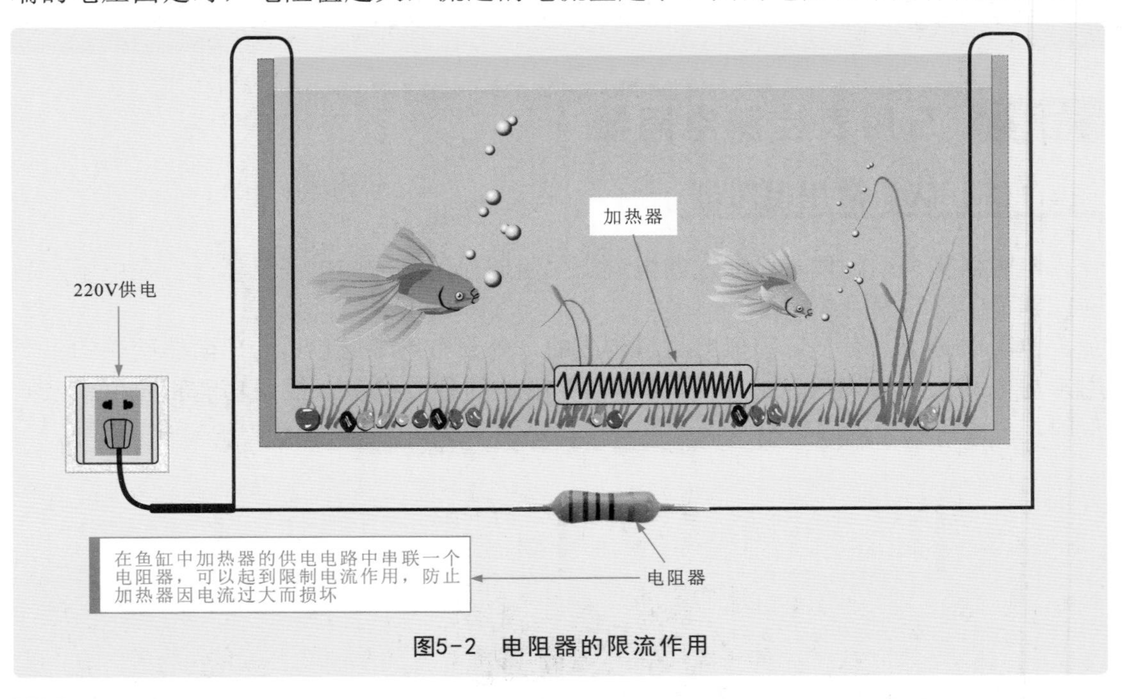

图5-2 电阻器的限流作用

2 电阻器的分压作用

电流流过电阻时，在电阻器上会有压降，将电阻器串联起来接在电路中就可以组成分压电路，为其他电子元器件提供所需要的电压，电阻器起到了分压的作用，如图5-3所示。

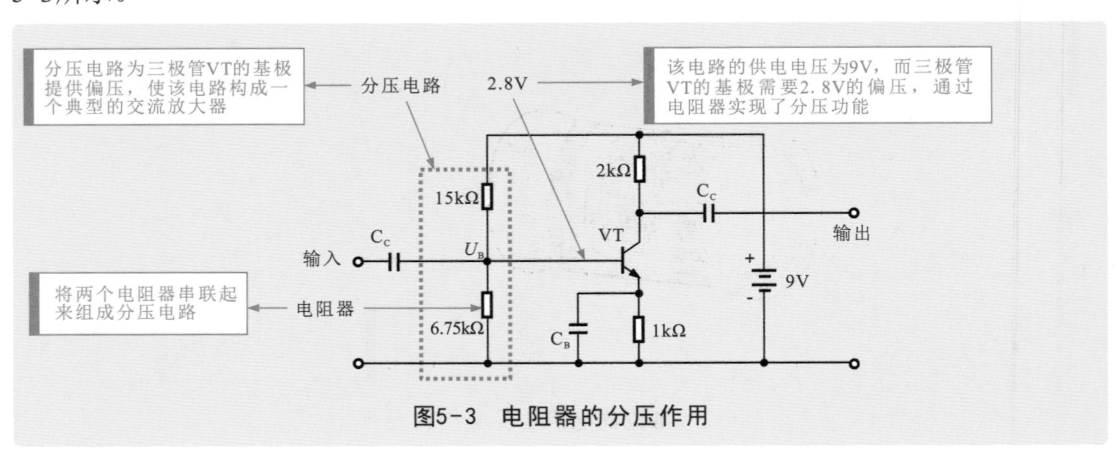

图5-3 电阻器的分压作用

5.1.2 万用表检测固定电阻器

1 常见的固定电阻器

固定电阻器即为阻值固定的一类电阻器，根据结构和外形的不同，固定电阻器主要包括碳膜电阻器、金属膜电阻器、金属氧化膜电阻器、合成碳膜电阻器、玻璃釉膜电阻器、水泥电阻器、熔断电阻器等，如图5-4所示。

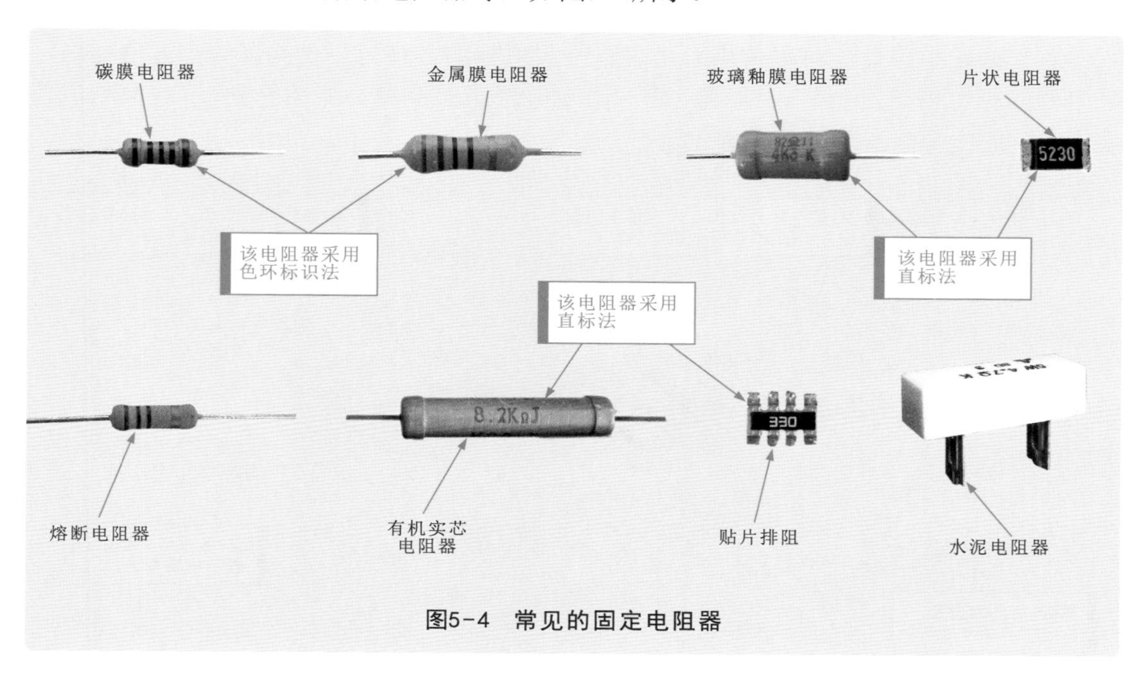

图5-4 常见的固定电阻器

（1）碳膜电阻器是将碳在真空高温的条件下分解的结晶碳蒸镀沉积在陶瓷骨架上制成的，这种电阻器的电压稳定性好，造价低，在普通电子产品中应用非常广泛。碳膜电阻器通常采用色环标注方法标注阻值。色环的颜色不同、位数不同所代表的阻值也不同。

（2）金属膜电阻器是将金属或合金材料在真空高温的条件下加热蒸发沉积在陶瓷骨架上制成的（不过合金材料也可以采用化学沉积和高温分解等工艺方法制作，但采用最多的方法还是蒸镀法）。这种电阻器的阻值采用色环标注法标注，具有较高的耐高温性能、温度系数小、热稳定性好、噪声小等优点。与碳膜电阻相比，体积更小，但价格也较高。

（3）玻璃釉膜电阻器是将银、铑、钌等金属氧化物和玻璃釉黏合剂调配成浆料，喷涂在绝缘骨架上，再进行高温聚合而成的。这种电阻具有耐高温、耐潮湿、稳定、噪声小、阻值范围大等特点。这种电阻器的阻值采用直接标注法标注。

（4）水泥电阻器的电阻丝同焊脚引线之间采用压接方式，外部采用陶瓷、矿物质材料包封，具有良好的绝缘性能。通常，电路中的大功率电阻多为水泥电阻，当负载短路时，水泥电阻的电阻丝与焊脚间的压接处会迅速熔断，对整个电路起限流保护的作用。这种电阻器的阻值通常采用直接标注法标注。

（5）排电阻器，简称排阻。这种电阻器是将多个分立的电阻器按照一定规律排列集成为一个组合型电阻器，也称为集成电阻器电阻阵列或电阻器网络。

（6）熔断电阻器，又称为保险丝电阻器，它是一种具有过流保护（熔断丝）功能的电阻器。熔断电阻器的阻值采用色环标注法标注，正常情况下，熔断电阻器具有普通电阻器的电气功能，当电流过大时，熔断电阻器就会熔断从而对电路起保护作用。

2 万用表检测固定电阻器的案例

对于固定电阻器，可以使用万用表进行阻值检测。将万用表测量的实测值与固定电阻器的标称值进行比较，即可完成对固定电阻器的检测。如图5-5所示，检测前首先对待测固定电阻器的阻值进行识读。

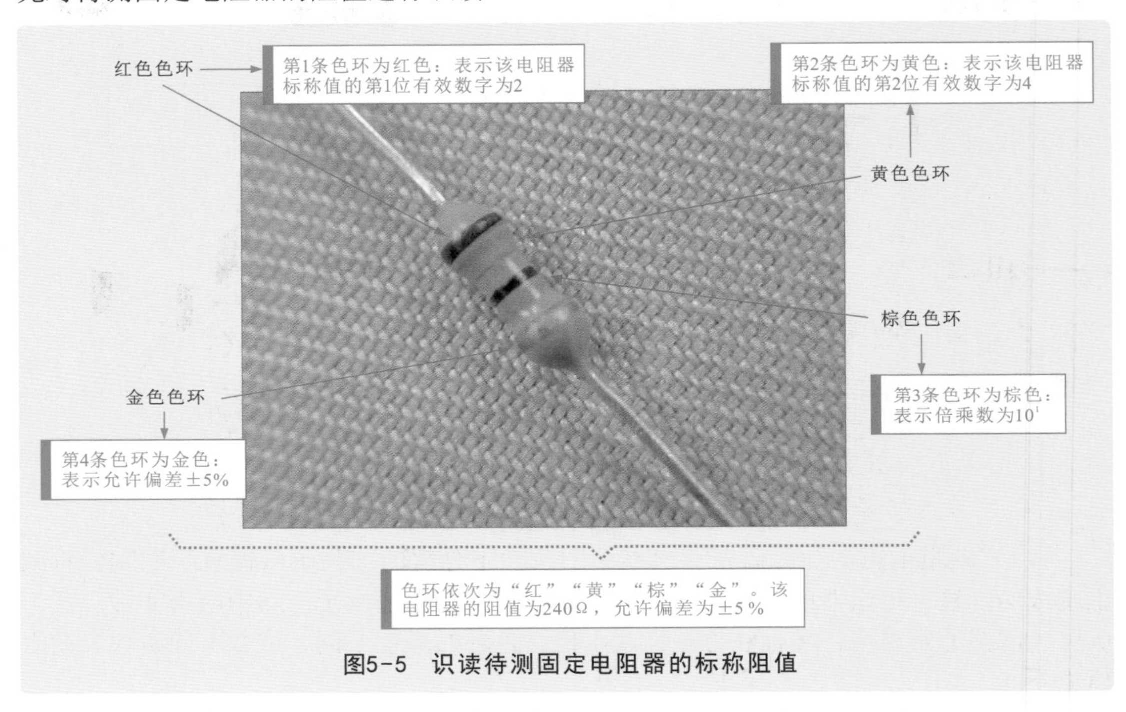

图5-5 识读待测固定电阻器的标称阻值

如图5-6所示，将指针万用表的量程调整至“×10”欧姆挡，并进行调零校正。

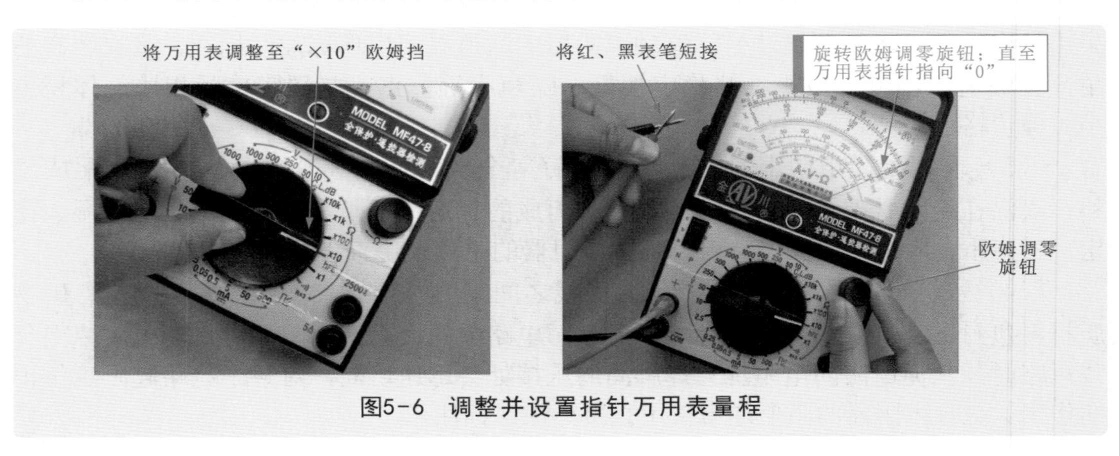

图5-6 调整并设置指针万用表量程

如图5-7所示，使用万用表对当前固定电阻器进行测量。

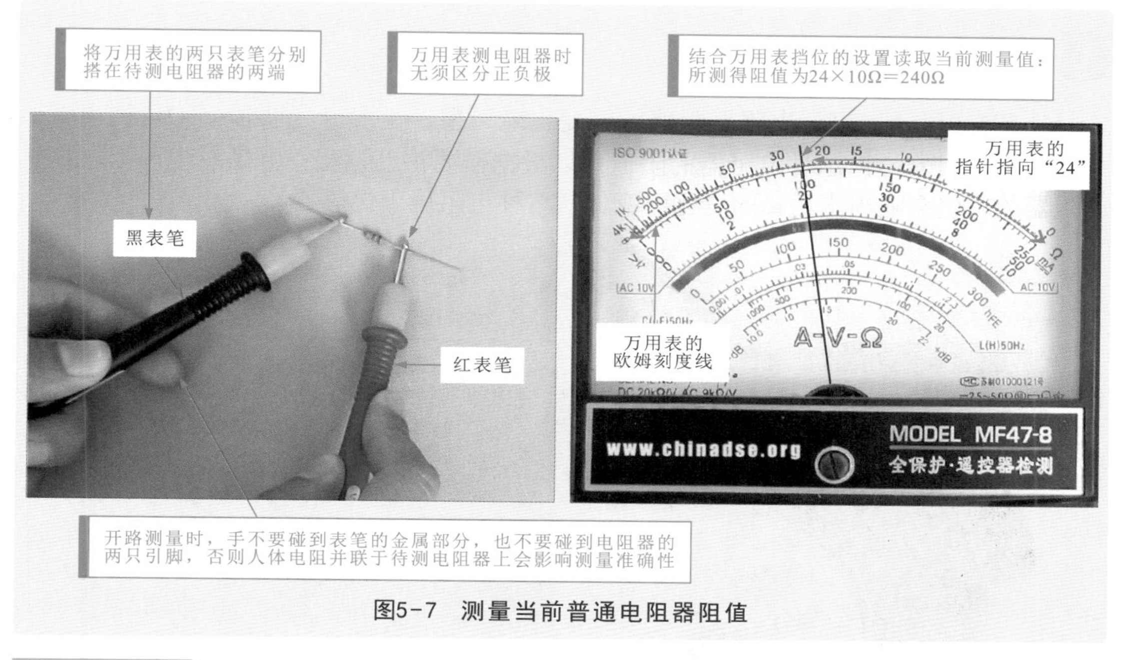

图5-7 测量当前普通电阻器阻值

补充说明

正常情况下，将实测数值与电阻器自身的标称阻值进行对照。如果二者相近（在允许误差范围内），则表明电阻器正常；如果所测得的阻值与标称阻值的差距较大，则说明电阻器不良。

图5-8所示为使用数字万用表检测固定电阻器的操作。可以看到，数字万用表可以精确测量电阻值。

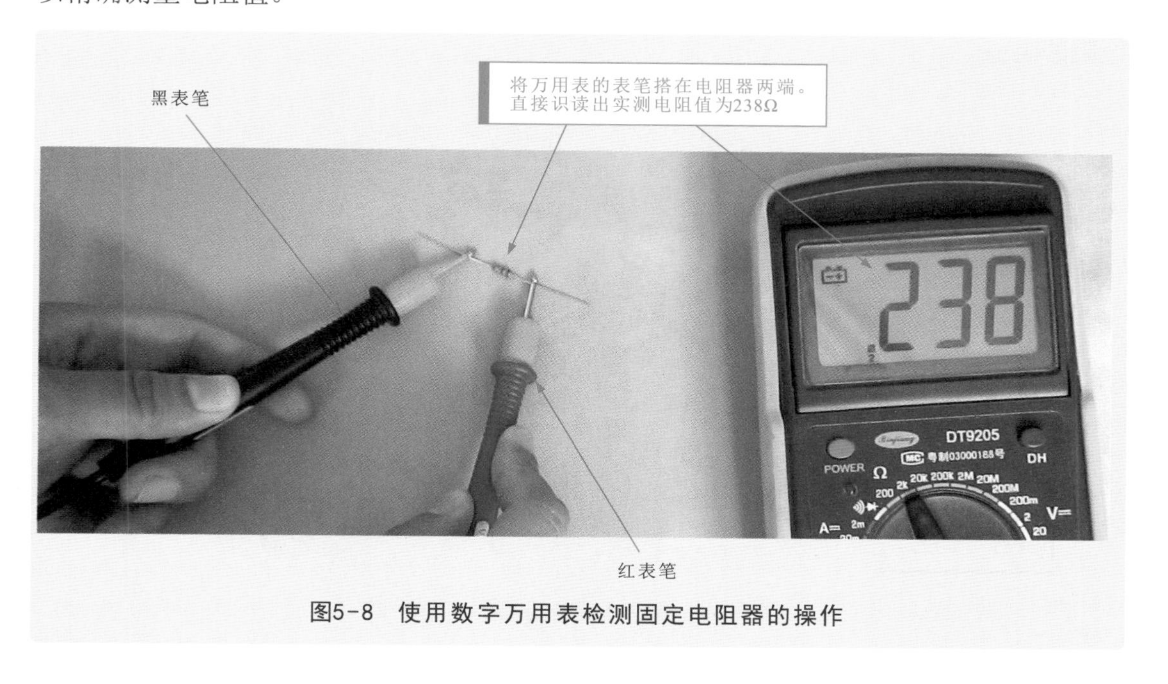

图5-8 使用数字万用表检测固定电阻器的操作

5.1.3 万用表检测可变电阻器

1 常见的可变电阻器

如图5-9所示，可变电阻器阻值可以变化或调整。主要分为两种：①可调电阻器（即可变电阻器），这种电阻器的阻值可以根据需要手动调整；②敏感电阻器，这种电阻器的阻值会随周围环境的变化而变化（这种电阻属于传感器）。

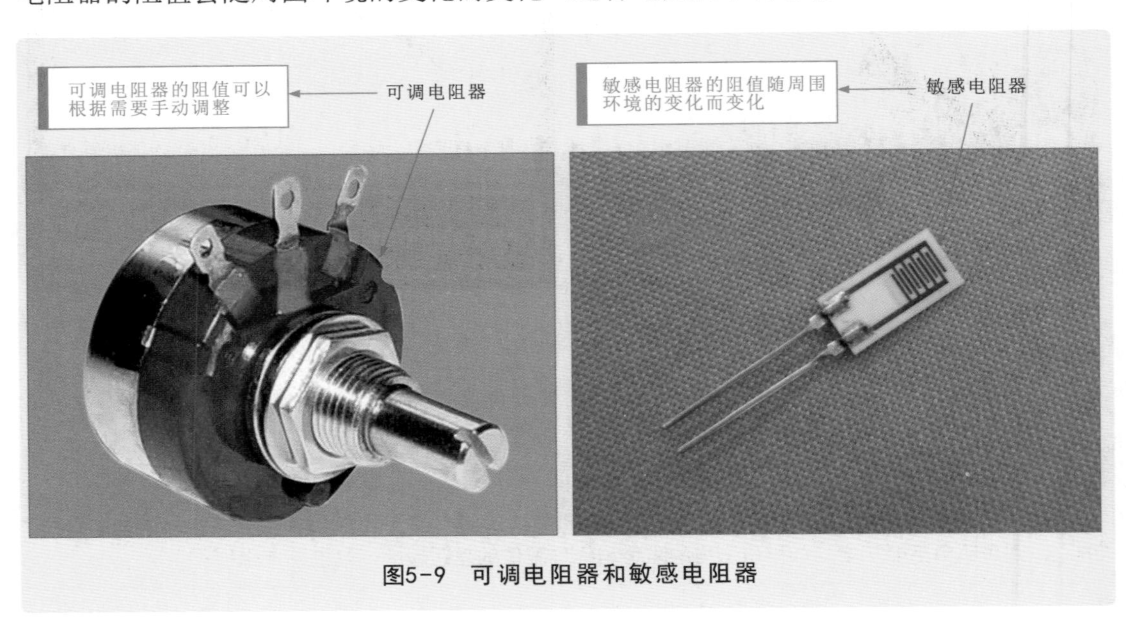

图5-9 可调电阻器和敏感电阻器

图5-10所示为典型可变电阻器的实物外形。可变电阻器有3个引脚，其中有两个定片引脚和一个动片引脚，还有一个调整旋钮，可以通过它改变动片，从而改变可变电阻的阻值。

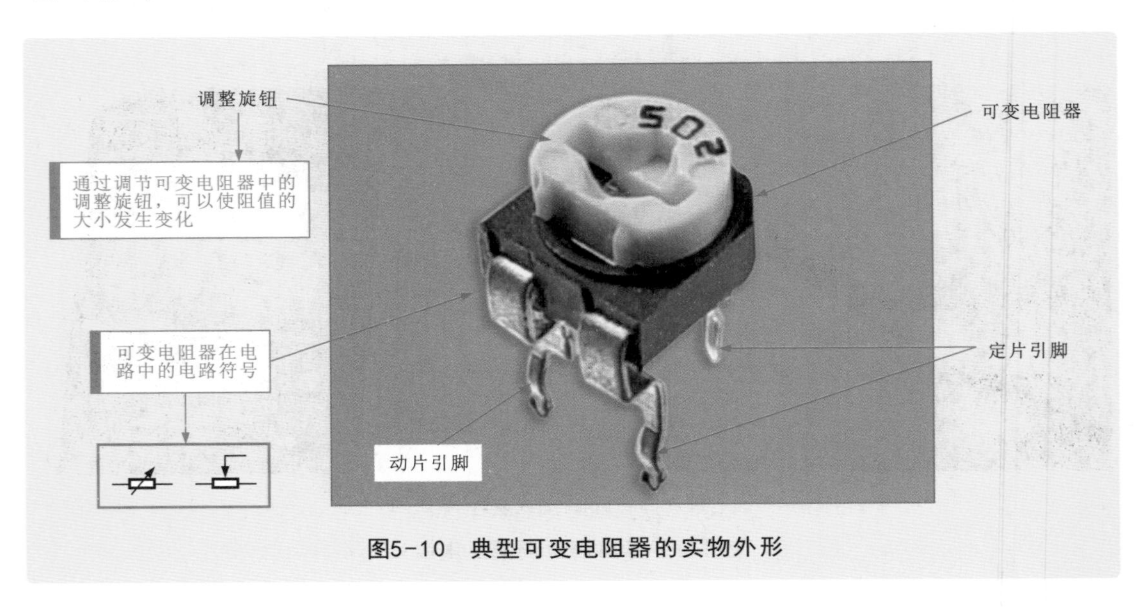

图5-10 典型可变电阻器的实物外形

可变电阻器的阻值是可以调整的，通常包括最大阻值、最小阻值和可变阻值三个阻值参数。最大阻值和最小阻值都是可变电阻器的调整旋钮旋转到极端时的阻值。最大阻值与可变电阻器的标称阻值十分相近的阻值；最小阻值就是该可变电阻的最小阻值，一般为0Ω，也有的可变电阻的最小阻值不是0Ω；可变阻值是对可变电阻的调整旋钮进行随意的调整，然后测得的阻值，该阻值在最小阻值与最大阻值之间随调整旋钮的变化而变化。

补充说明

需要经常调整的可变电阻器又称为电位器，适用于阻值经常调整且要求阻值稳定可靠的场合。在电子设备中，电位器也是使用较多的元件之一，多用在收音机、影音设备操作面板上，图5-11所示为影音设备操作电路板上的电位器（用以调整音量的大小）。

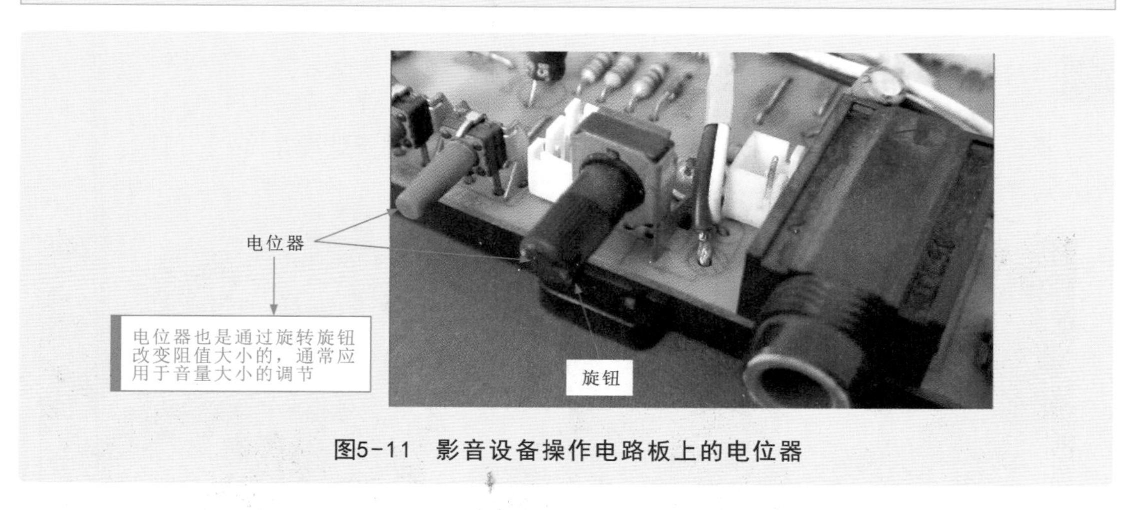

图5-11 影音设备操作电路板上的电位器

敏感电阻器可以通过外界环境的变化（例如温度、湿度、光亮、电压等），改变自身的阻值的大小，因此常用于一些传感器中，常用的敏感电阻器主要有热敏电阻器、湿敏电阻器、光敏电阻器、压敏电阻器等，如图5-12所示。

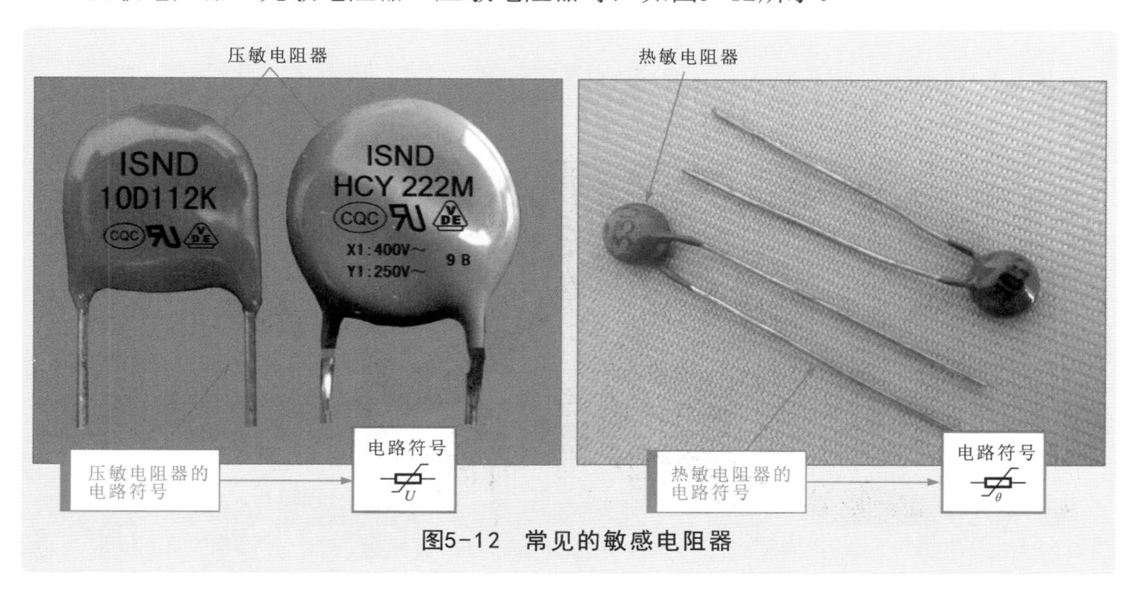

图5-12 常见的敏感电阻器

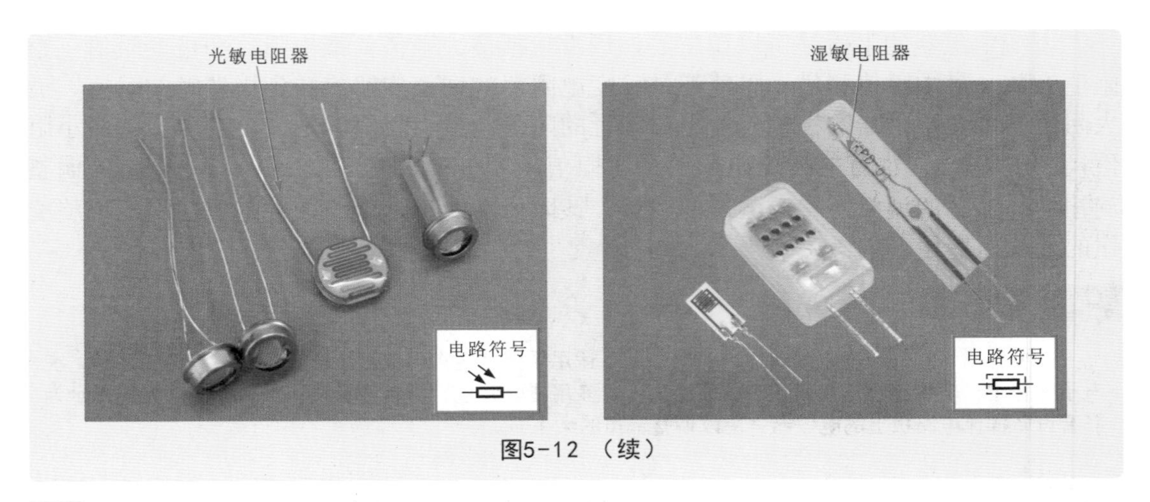

图5-12 （续）

2 万用表检测可变电阻器

图5-13为待测可变电阻器，在检测之前首先识别待测可变电阻器的引脚。

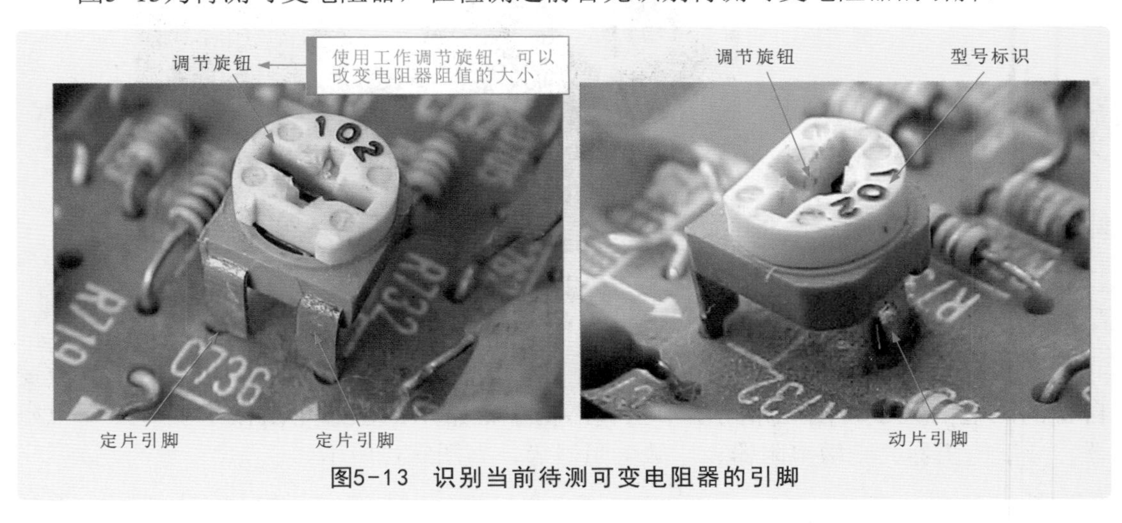

图5-13 识别当前待测可变电阻器的引脚

如图5-14所示，将指针万用表的量程调整至“×100”欧姆挡，并进行调零校正。

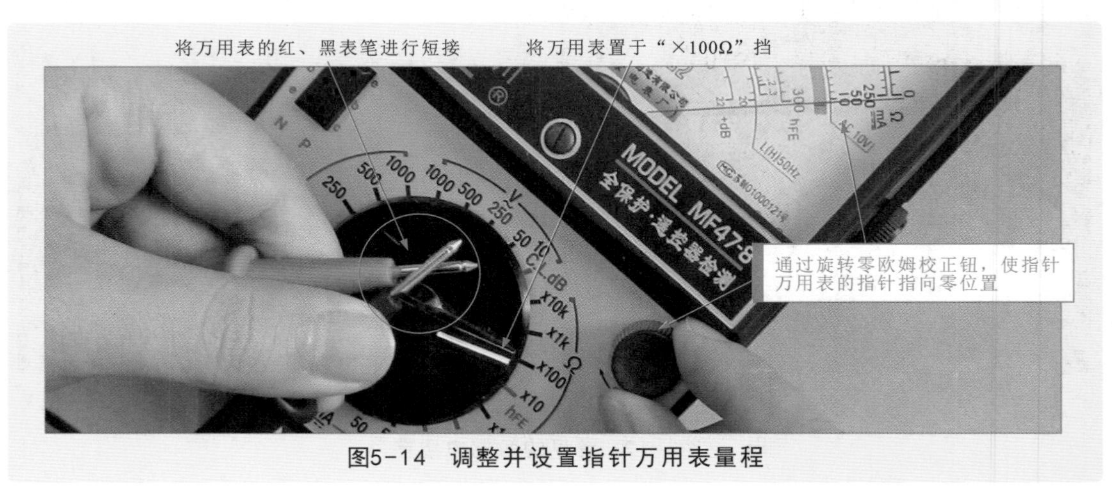

图5-14 调整并设置指针万用表量程

如图5-15所示，对可变电阻器两定片之间的阻值进行检测。

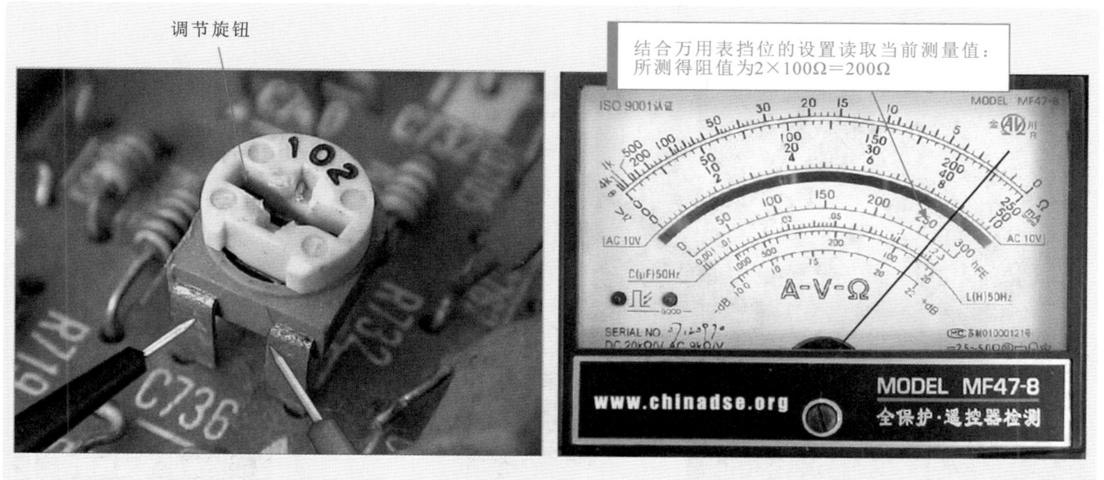

图5-15 检测可变电阻器两定片之间的阻值

补充说明

将万用表的红、黑表笔搭在可变电阻器的两定片引脚上，并把检测两定片之间的阻值记为R_1。

如图5-16所示，将万用表量程调整至“×10”欧姆挡，并进行调零校正后，将万用表的红表笔搭在可变电阻器的某一定片引脚上，黑表笔搭在动片引脚上，检测定片与动片之间的阻值。

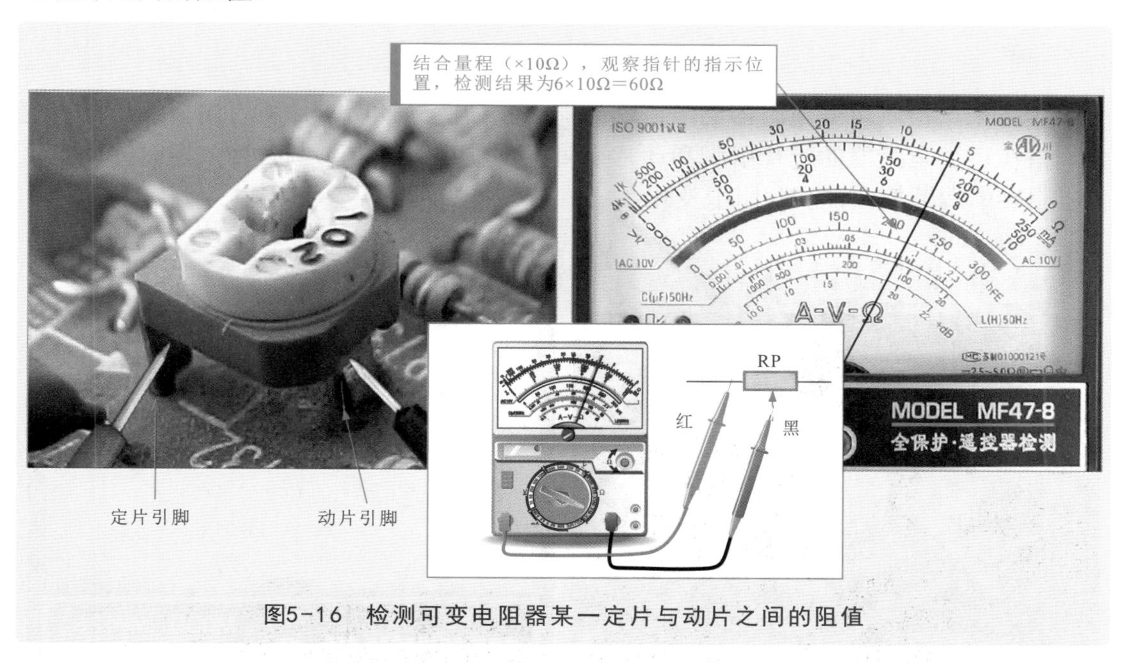

图5-16 检测可变电阻器某一定片与动片之间的阻值

补充说明

万用表的红、黑表笔分别接可变电阻器某一定片引脚和动片引脚，并把测量的阻值记为R_2。

如图5-17所示，保持万用表黑表笔不动，将红表笔搭在另一个定片引脚上，测量另一个定片引脚与动片引脚之间的阻值。

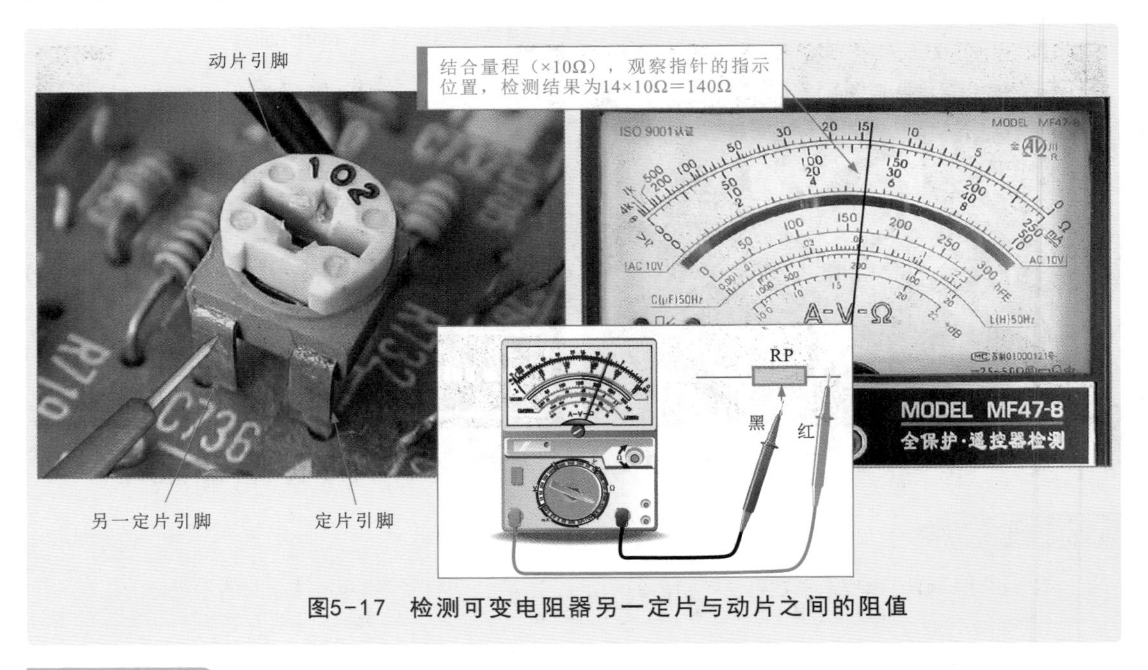

图5-17　检测可变电阻器另一定片与动片之间的阻值

补充说明

万用表的红、黑表笔分别接可变电阻器另一定片引脚和动片引脚，并把测量的阻值记为R_3。

正常情况下，三个阻值测量结果中，R_2+R_3应基本等于R_1。若阻值相差很大，则说明可变电阻器存在故障。

接下来，检测可变电阻器的阻值调节能力。如图5-18所示，将万用表红、黑表笔分别搭在可变电阻器的定片引脚和动片引脚上，使用螺钉旋具顺时针或逆时针调节可变电阻器的调节旋钮，观察阻值变化。

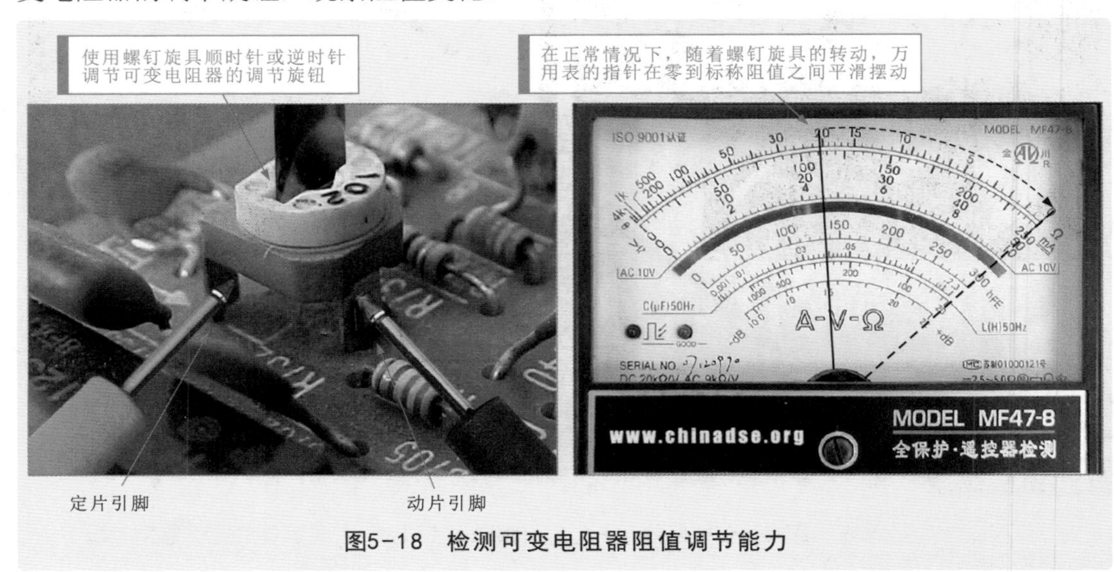

图5-18　检测可变电阻器阻值调节能力

补充说明

在正常情况下，定片引脚与动片引脚之间的阻值应小于标称阻值；使用螺钉旋具扭动调节旋钮时，所测得的定片与动片之间的阻值应发生变化。若调节过程中，定片引脚与动片引脚之间的最大阻值和定片引脚与动片引脚之间的最小阻值十分接近，则表明可调电阻器失去调节功能。

3 万用表检测热敏电阻器

对于热敏电阻器，可使用万用表测量其在不同温度下的阻值，然后将万用表测量到的不同阻值与性能良好的热敏电阻器阻值进行比较，即可完成对热敏电阻器的检测。图5-19所示为待测热敏电阻器。根据其表面标识识读其标称阻值。

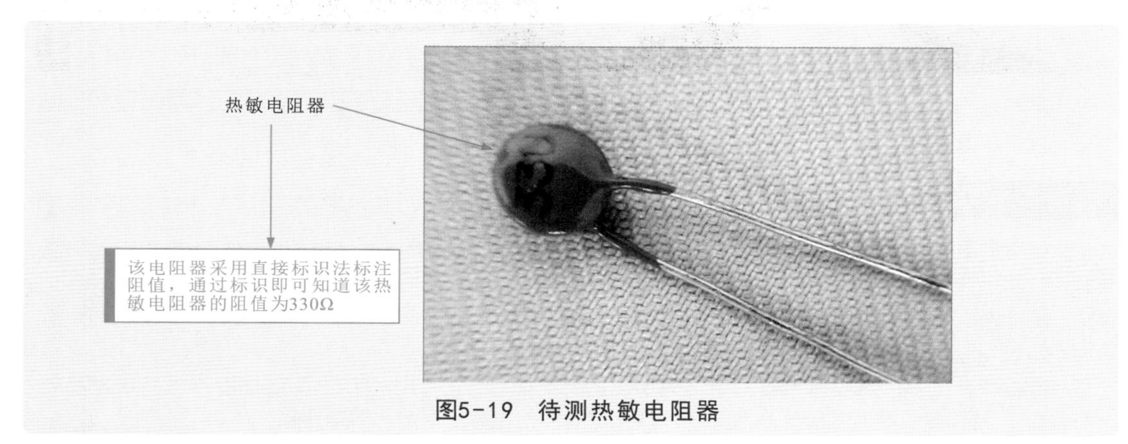

图5-19 待测热敏电阻器

补充说明

根据电阻器上的色环标注或直接标注，便能读出该电阻器的阻值。可以看到，该电阻器是采用直接标注法标注阻值。根据前面所学的知识可以识读出该热敏电阻器的阻值为330Ω。

如图5-20所示，将指针万用表的量程调整至“×100”欧姆挡，并调零校正后，在常温下对热敏电阻器进行检测。

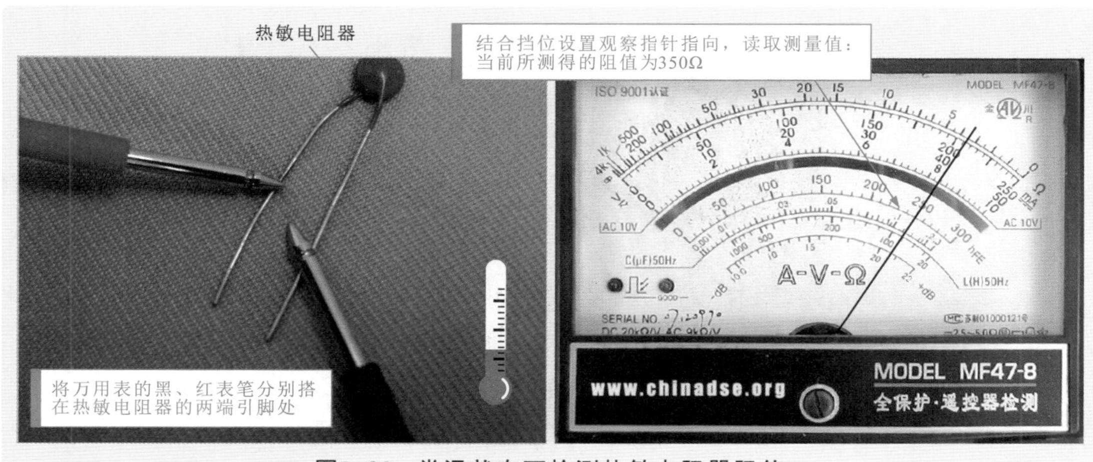

图5-20 常温状态下检测热敏电阻器阻值

如图5-21所示，在加热状态下对热敏电阻器进行检测。

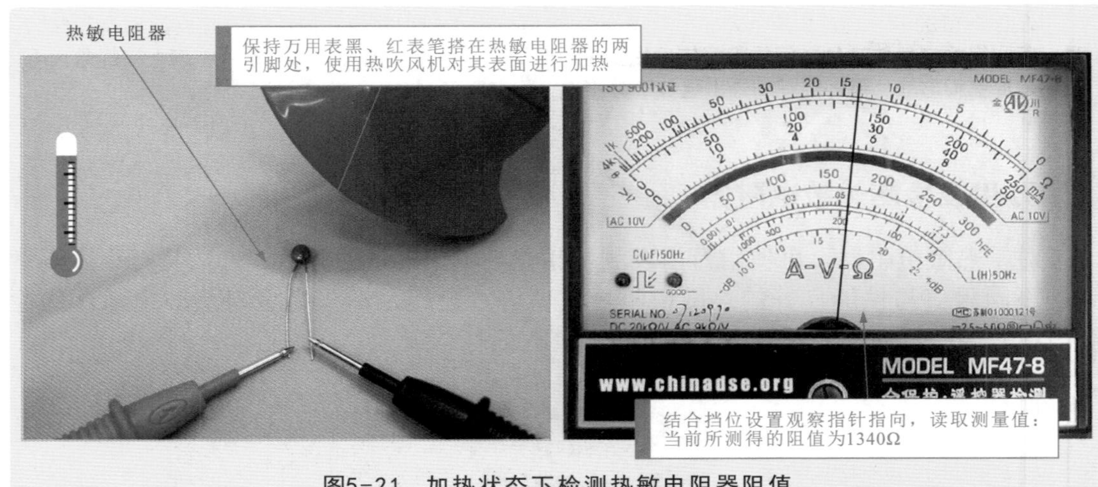

图5-21 加热状态下检测热敏电阻器阻值

补充说明

实测室温下，热敏电阻器的阻值R_1若为350Ω，接近标称值或与标称值相同，表明该热敏电阻常温下正常。

在对热敏电阻器进行加热时，若万用表指针随温度的变化而摆动，表明热敏电阻器基本正常；若温度变化，R_2值不变，则说明该热敏电阻器性能不良。

若测试过程中，热敏电阻器的阻值随温度的升高而增大，则该电阻器为正温度系数热敏电阻器（PTC）；若其阻值随温度的升高而降低，则该电阻器为负温度系数热敏电阻器（NTC）。

4 万用表检测光敏电阻器

图5-22所示为待测光敏电阻器。对于光敏电阻器，可使用万用表测量其在不同光线下的阻值，然后将万用表测量到的不同阻值与性能良好的光敏电阻器阻值进行比较，即可完成对光敏电阻器的检测。

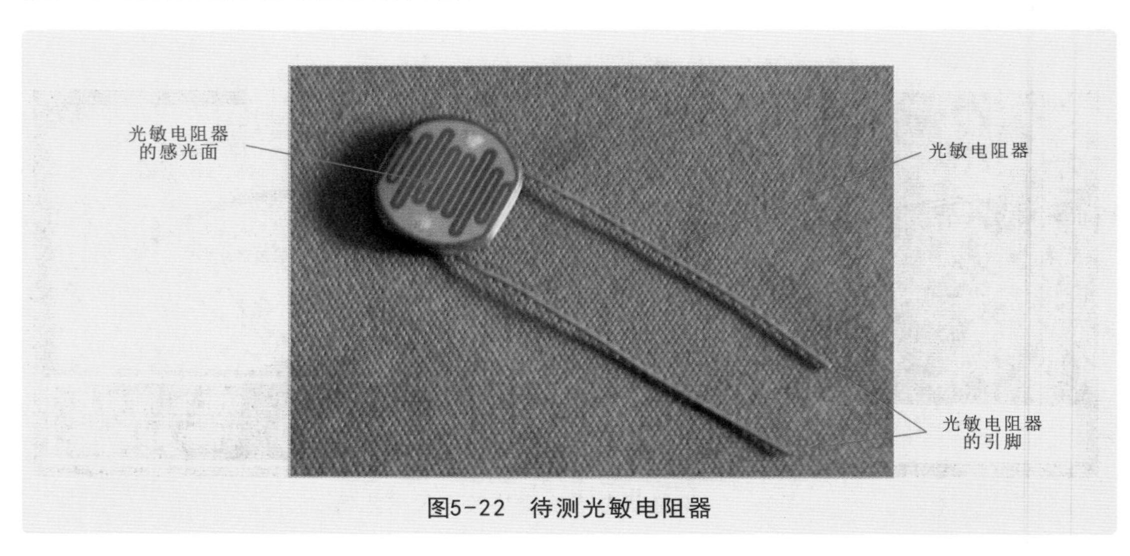

图5-22 待测光敏电阻器

如图5-23所示，正常光照下对光敏电阻器进行检测。

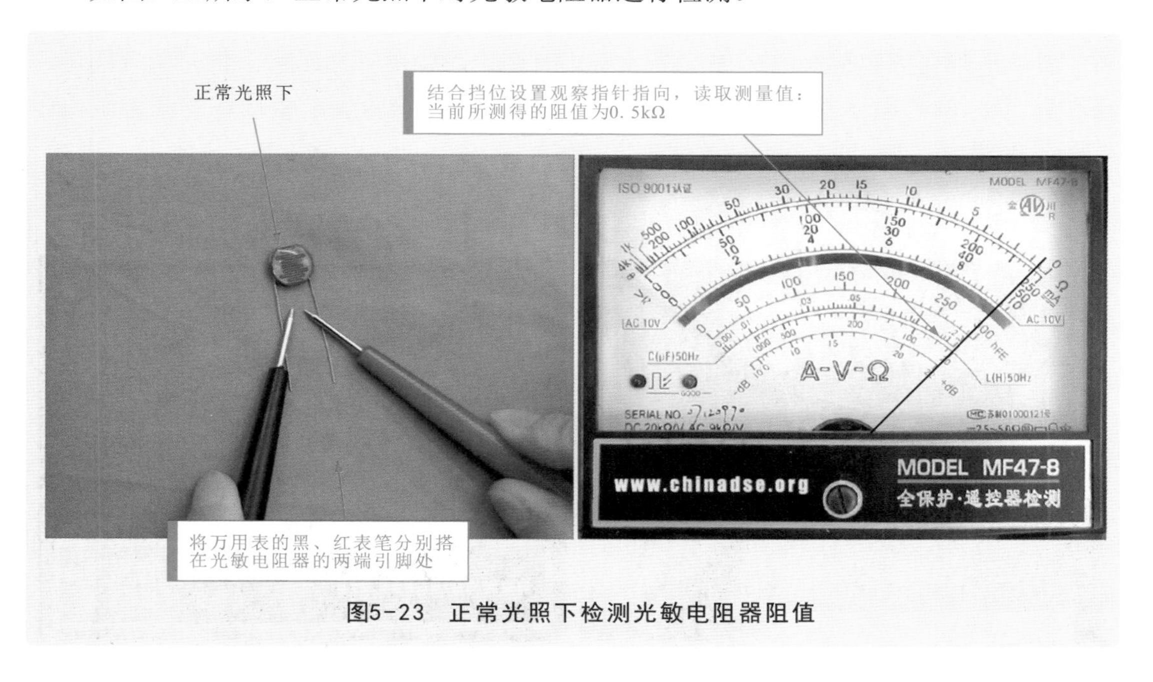

图5-23 正常光照下检测光敏电阻器阻值

如图5-24所示，使用纸板将待测光敏电阻器的感光面遮住，在光敏电阻器光照不足时对其阻值进行检测。

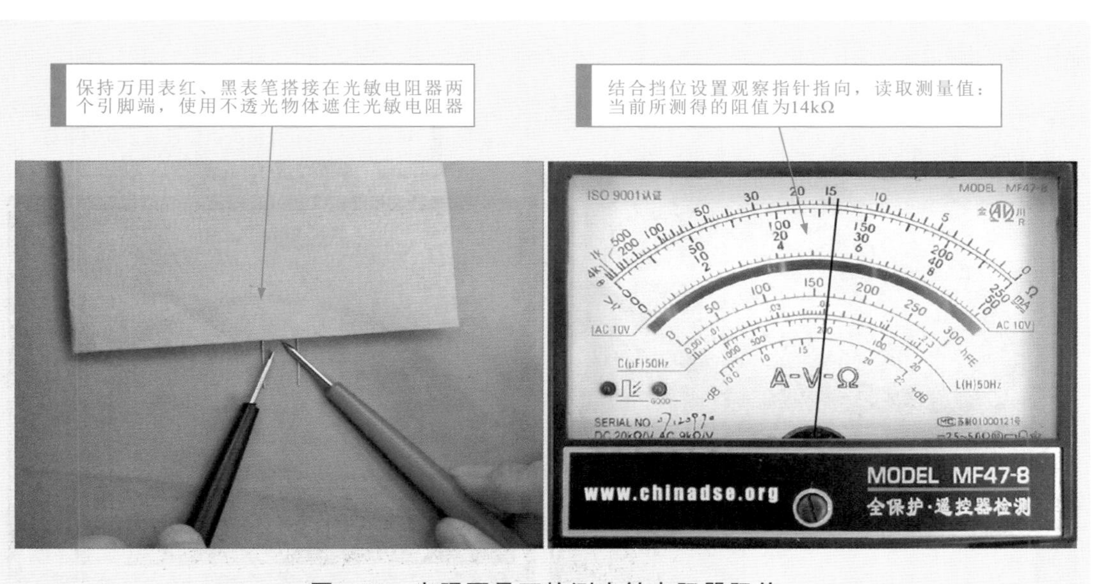

图5-24 光照不足下检测光敏电阻器阻值

补充说明

正常情况下，光敏电阻器的阻值会随光线强度的不同发生相应变化。一般来说，光线强度越高，光敏电阻器阻值越小。

5 万用表检测湿敏电阻器

湿敏电阻器的阻值会随环境湿度的变化而变化。如图5-25所示，将万用表的量程调整至“×10k”欧姆挡，并进行调零校正后，将万用表两表笔搭接在待测湿敏电阻器两引脚端。

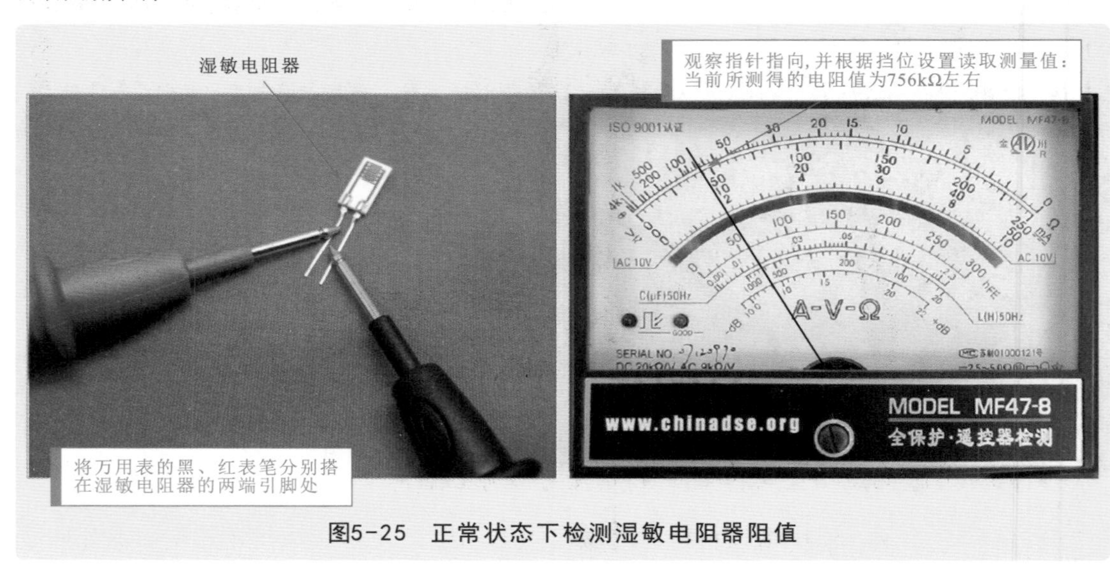

图5-25　正常状态下检测湿敏电阻器阻值

如图5-26所示，使用蘸水的棉签擦拭湿敏电阻器表面，模拟潮湿状态下检测湿敏电阻器的阻值。

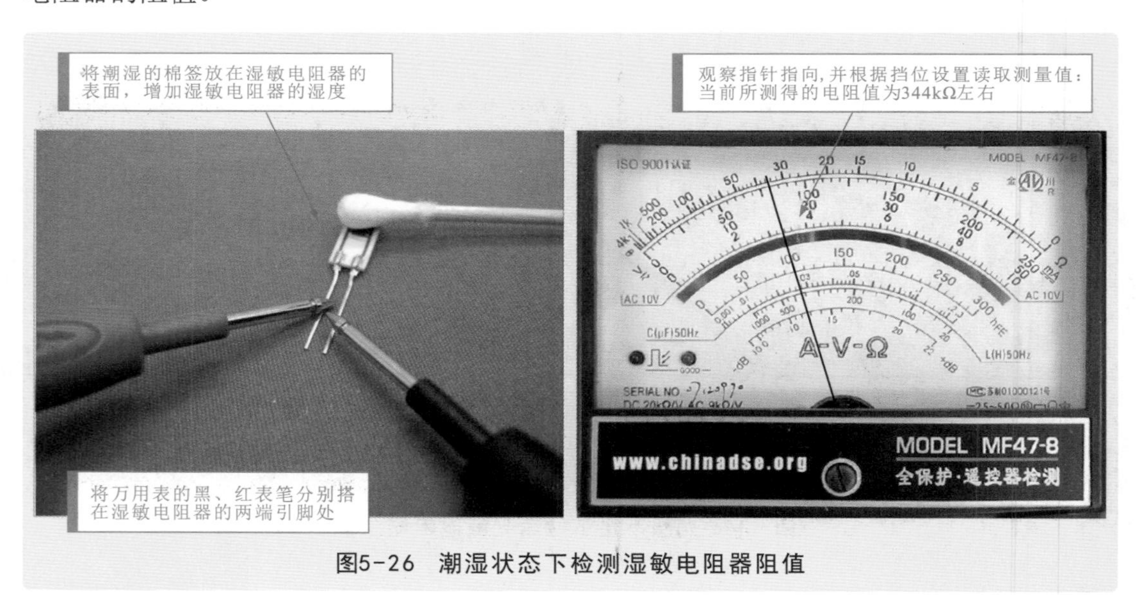

图5-26　潮湿状态下检测湿敏电阻器阻值

补充说明

在正常湿度和湿度增大的情况下，湿敏电阻器都有一固定值，表明湿敏电阻器基本正常。若湿度变化，阻值不变，则说明该湿敏电阻器性能不良。

5.2 万用表检测电容器

5.2.1 认识常用电容器

如图5-27所示，电容器是一种可储存电能的元件（储能元件）。它与电阻器一样，几乎在每种电子产品中都有应用，是十分常见的电子元器件。

图5-27 常见的电容器

电容器具有隔直流通交流的特点，因为构成电容器的两块不相接触的平行金属板是绝缘的，直流电流不能通过电容，而交流电流则可以通过电容器。

图5-28所示为电容器的充电原理。

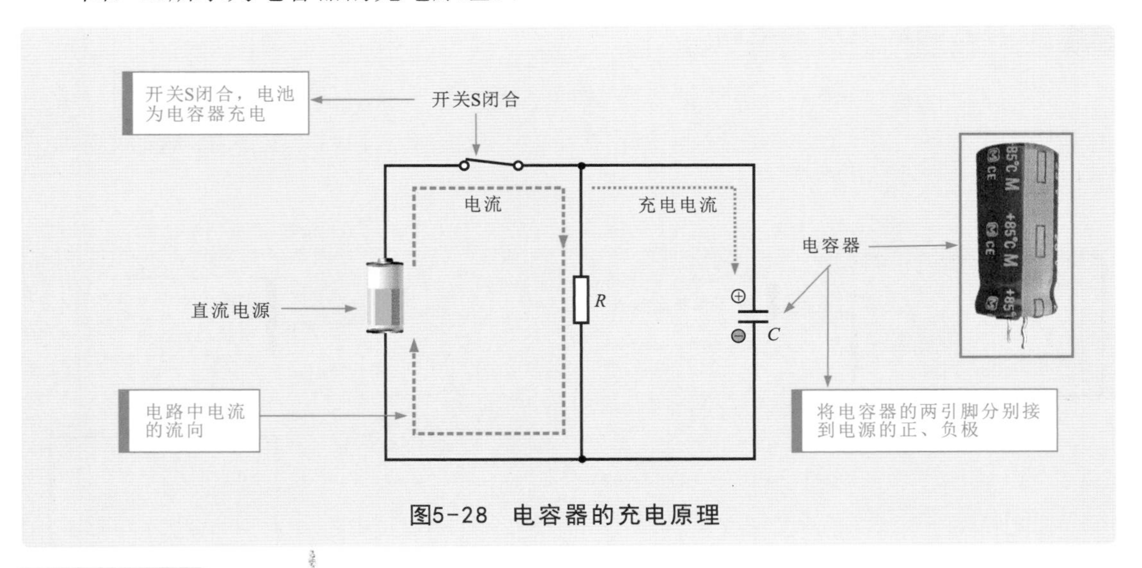

图5-28 电容器的充电原理

补充说明

电路中，把电容器的两端分别接到电源的正、负极，电源的电流就会对电容器充电，电容有电荷后就产生电压，当电容所充的电压与电源的电压相等时，充电就停止。电路中就不再有电流流动，相当于开路。

图5-29所示为电容器的放电原理。

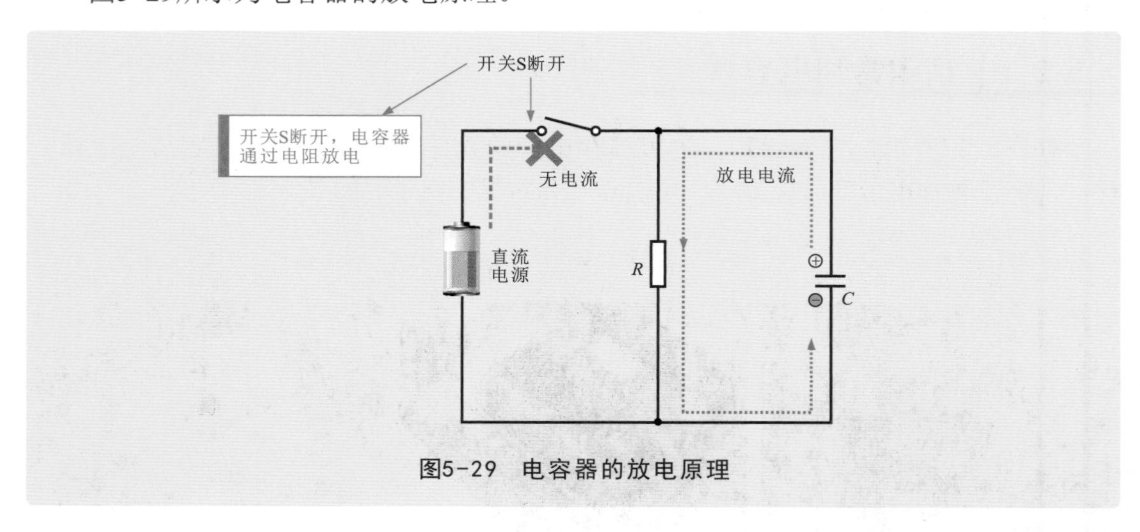

图5-29　电容器的放电原理

补充说明

将接在电路中的开关S断开，则在电源断开的一瞬间，电路中便有电流流通，电流的方向与原充电时的电流方向相反。随着电流的流动，两极之间的电压也逐渐降低。直到两极上的正、负电荷完全消失，这种现象叫作“放电”。

根据电容器充、放电的原理，其在电路中通常可以起到滤波、谐振或耦合作用等。

1 电容器构成的滤波电路

电容器的滤波功能是指能够滤除杂波或干扰波的功能，是电容器最基本、最突出的功能。如图5-30所示，若在电源电路中没有平滑滤波电容器，交流电压变成直流后电压很不稳定，波动很大。

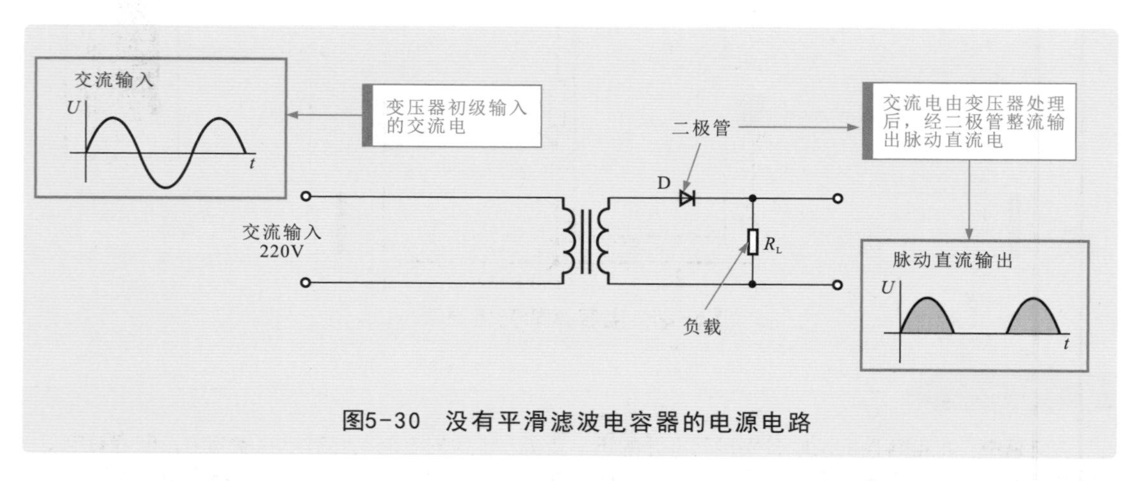

图5-30　没有平滑滤波电容器的电源电路

若在输出电路中加入电容器，由于电容器的充放电作用，原本不稳定、波动比较大的直流电压变得比较稳定、平滑，如图5-31所示。

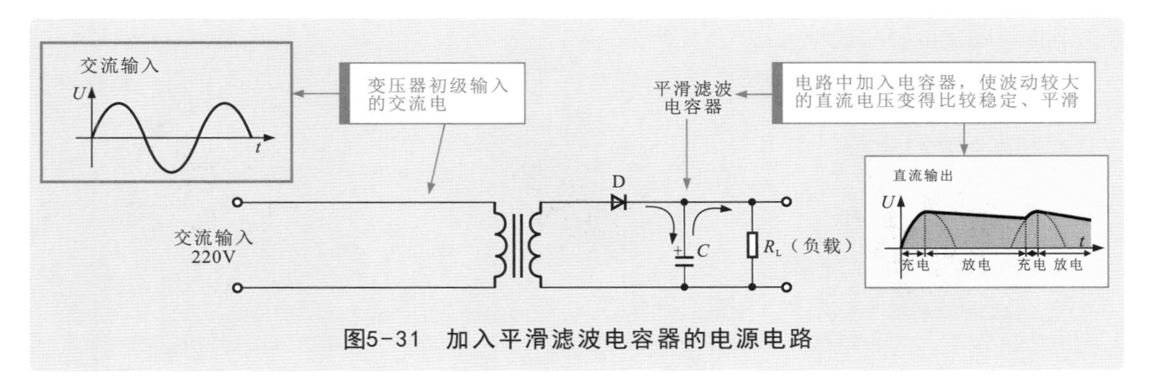

图5-31 加入平滑滤波电容器的电源电路

2 电容器构成的耦合电路

电容器对交流信号阻抗较小，可视为通路，而对直流信号阻抗很大，可视为断路。在放大器中，电容器常作为交流信号的输入和输出耦合电路器件。图5-32所示为电容器构成的耦合电路。

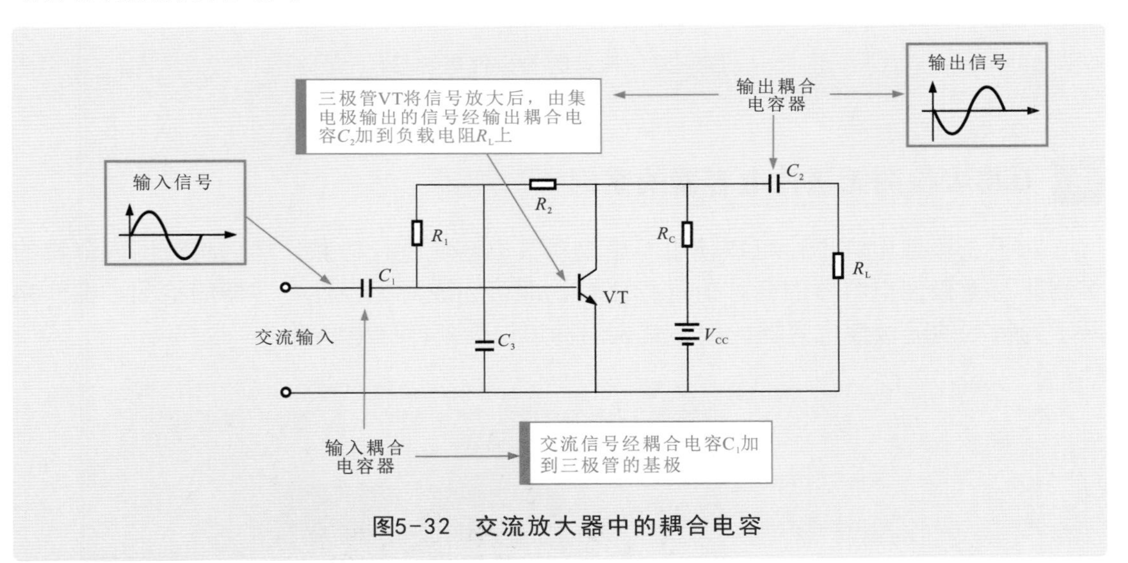

图5-32 交流放大器中的耦合电容

补充说明

此外，从该电路中可以看到，由于电容器具有隔直流的作用，因此，放大器的交流输出信号可以经耦合电容器C_2送到负载R_L上，而电源的直流电压不会加到负载R_L上。也就是说从负载上得到的只是交流信号。电容器这种能够将交流信号传递过去的能力称为它的耦合功能。

5.2.2 万用表检测无极性电容器

1 常见的无极性电容器

如图5-33所示，无极性电容器的两引脚无极性之分，这种电容器主要有纸介电容器、瓷介电容器、云母电容器、涤纶电容器、玻璃釉电容器、聚苯乙烯电容器、色环电容器等。

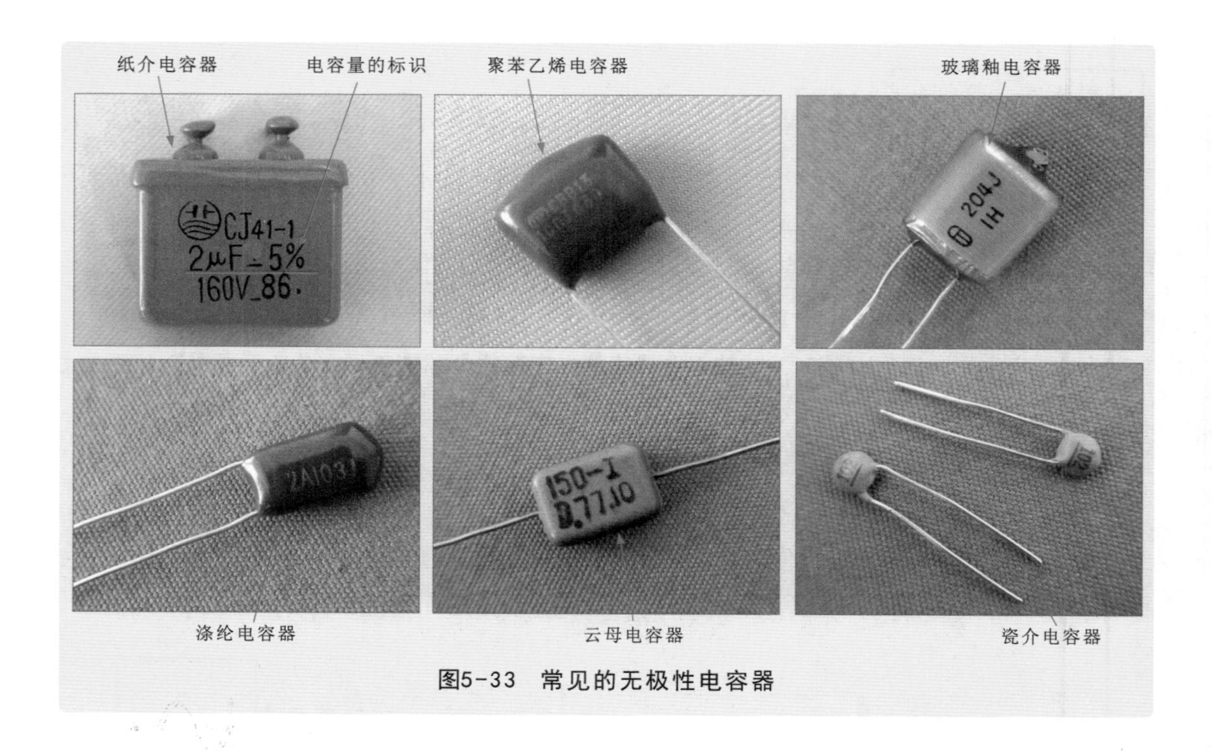

图5-33　常见的无极性电容器

2 万用表检测无极性电容器的案例

对于无极性电容器，可以使用万用表对其电容量进行检测，然后将万用表测量的实测值与无极性电容器的标称值进行比较，即可完成对无极性电容器的检测。图5-34所示为待测的无极性电容器。根据其表面标识识读其标称电容量。

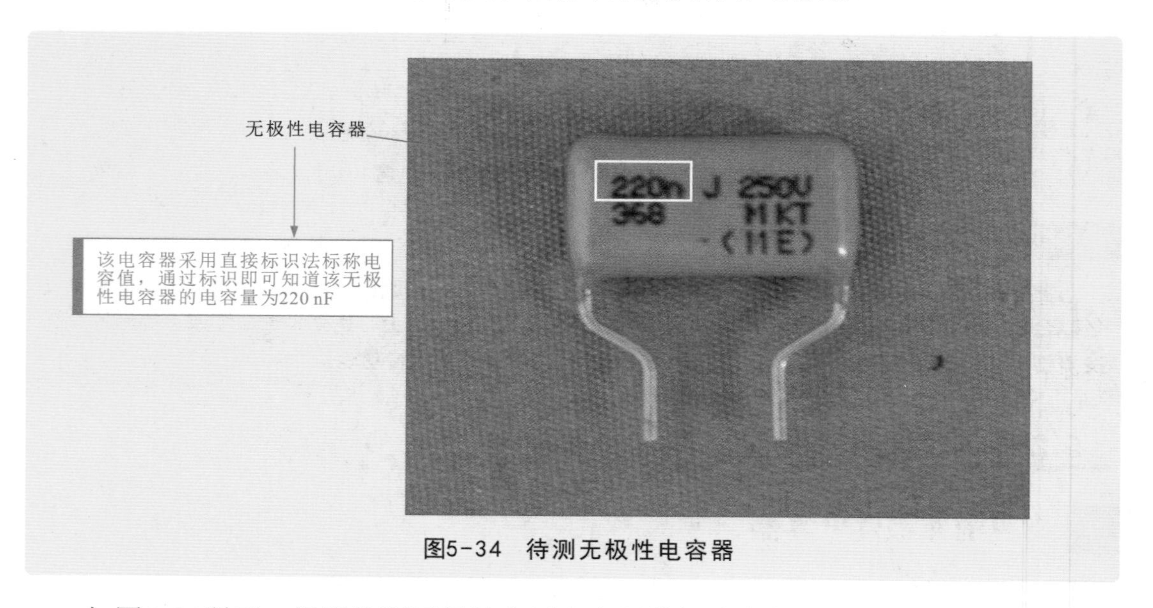

图5-34　待测无极性电容器

如图5-35所示，根据待测无极性电解电容器的标称电容量，将数字万用表的量程调整至“2μF”挡，并安装附加测试器。

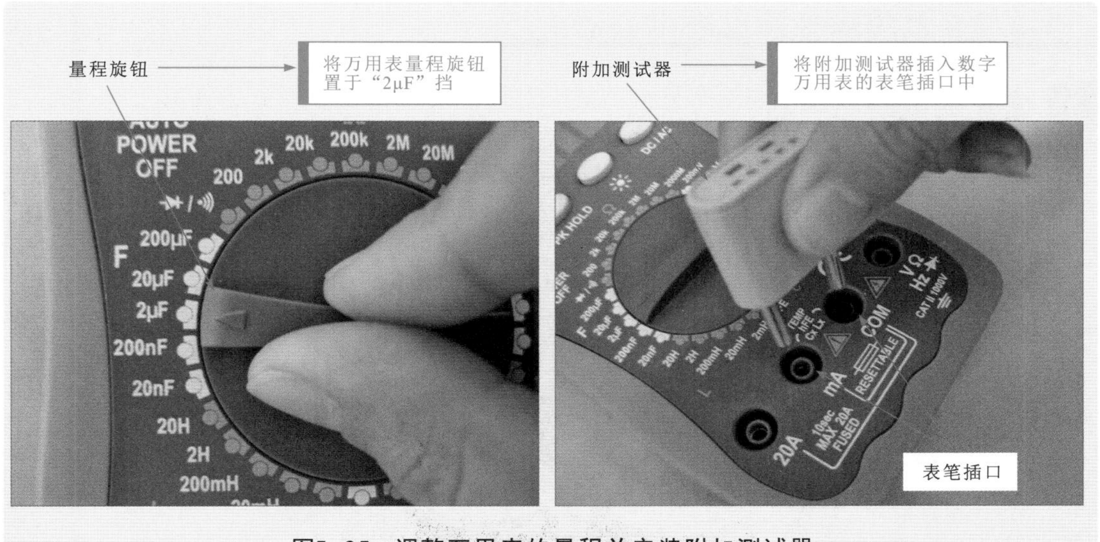

图5-35 调整万用表的量程并安装附加测试器

补充说明

在设置万用表的量程时，要选择尽量与测量值相近的量程以保证测量值准确。如果设置的量程范围与待测值之间相差过大，则不容易测出准确值，这在测量时要特别注意。

如图5-36所示，对当前无极性电容器的电容量进行检测。

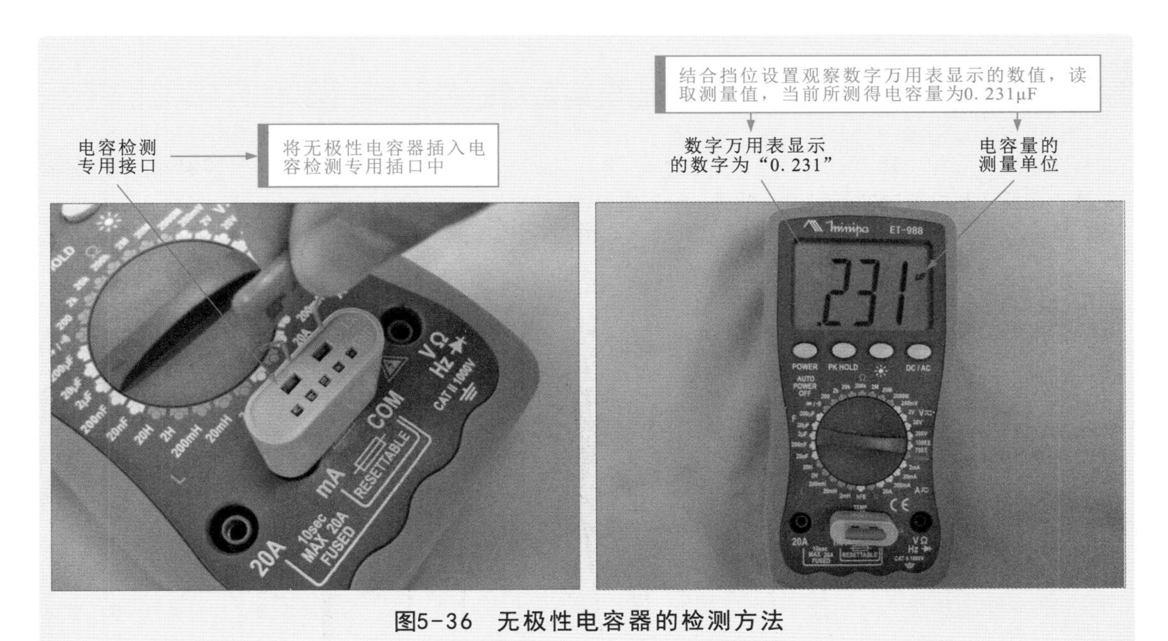

图5-36 无极性电容器的检测方法

补充说明

正常情况下，检测电容器得到的电容量为“0.231μF”，即$0.231\times10^{3}=231$（nF），实测值与标称值相近，表明该电容器正常。若测得的电容量与标称值相差过大，则该电容器可能已损坏。

5.2.3 万用表检测电解电容器

1 常见的电解电容器

电解电容器也是固定电容器的一种，但它与上述几种普通固定电容器不同，这种电容器的引脚有明确的正、负极之分，在安装、使用、检测、代换时，应注意引脚的极性。

常见的电解电容器按电极材料的不同，主要分为铝电解电容器和钽电解电容器两种。图5-37所示为典型的铝电解电容器。

图5-37 典型的铝电解电容器

补充说明

铝电解电容器是一种液体电解质电容器，它的负极为铝圆筒。铝电解电容器体积小，容量大，电容量和损耗会随周围环境和时间的变化而变化，特别是在温度过低或过高的情况下，长时间不用还会失效。因此，铝电解电容器仅用于低频、低压电路中。

图5-38所示为典型的钽电解电容器。

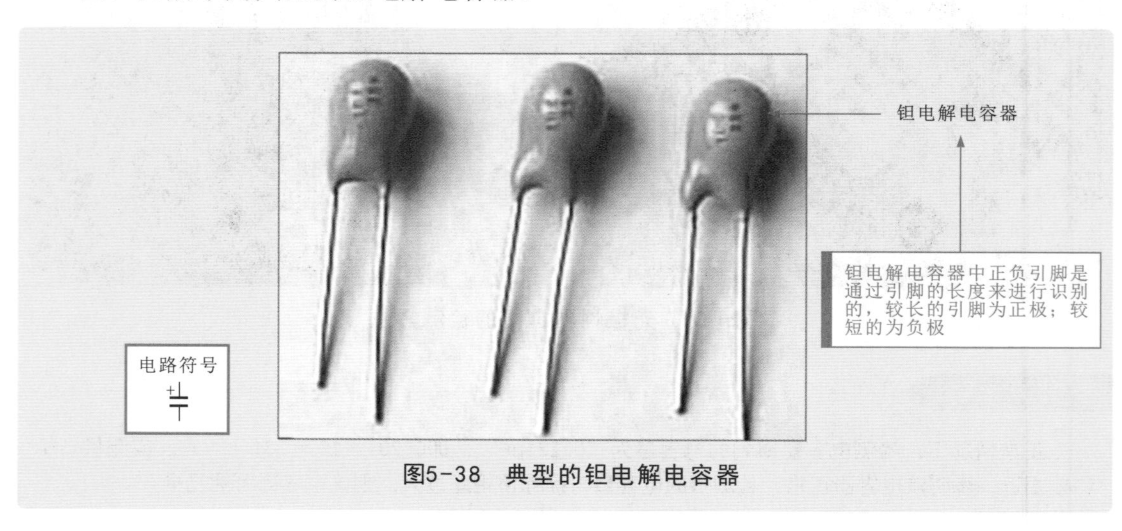

图5-38 典型的钽电解电容器

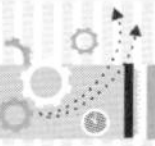

2 万用表检测电解电容器的案例

对于电解电容器，可以使用万用表对其电容量进行检测，然后将万用表测量的实测值与该电解电容器的标称值进行比较，即可完成对电解电容器的检测。图5-39所示为待测的电解电容器。检测前应先根据其表面标识识读其标称电容量及引脚极性。

图5-39 识读待测电解电容器的标称电容量及引脚极性

补充说明

大容量电解电容器在工作中可能会有很多电荷，如短路会产生很强的电流，为防止损坏万用表或引发电击事故，应先用电阻对其放电，然后再进行检测。如图5-40所示，对大容量电解电容器放电可选用阻值较小的电阻，将电阻的引脚与电解电容器的引脚相连即可。

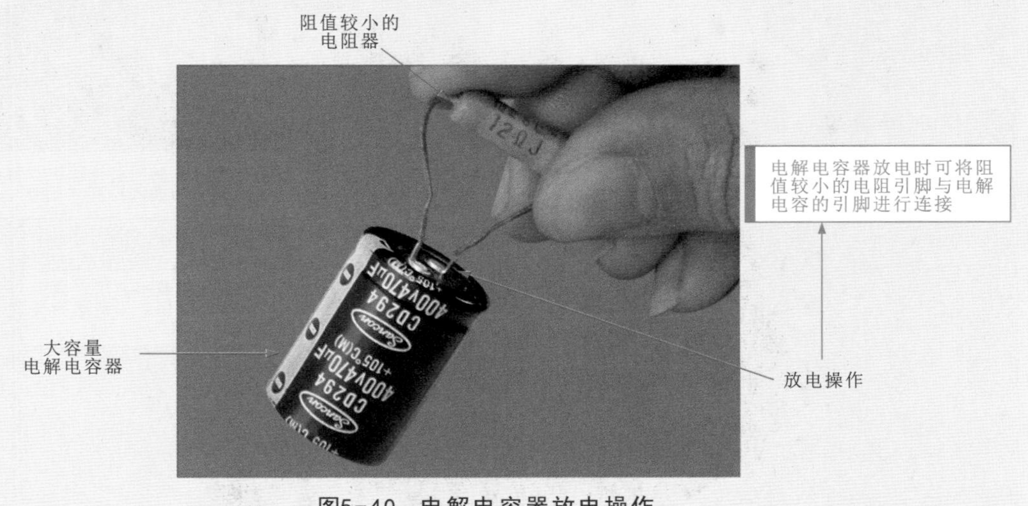

图5-40 电解电容器放电操作

通常，电解电容器工作电压在200V以上，即使电容量比较小也需要放电，如60μF/200V的电容器；若工作电压较低，但其电容量高于300μF的电容器也属于大容量电容器，如300μF/50V的电容器。实际应用中常见的1000μF/50V、60μF/400V、300μF/50V、60μF/200V等电容器均为大容量电容。

如图5-41所示，根据标称电容量，将数字万用表的量程调整至“200μF”挡，并安装附加测试器。

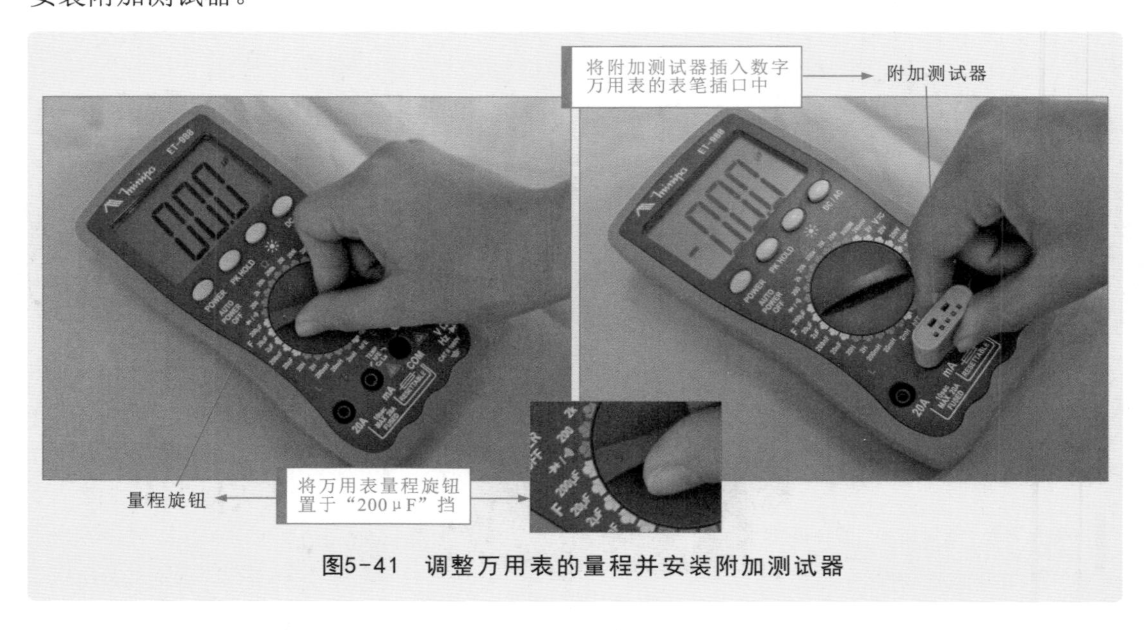

图5-41　调整万用表的量程并安装附加测试器

如图5-42所示，对当前待测电解电容器的电容量进行检测。

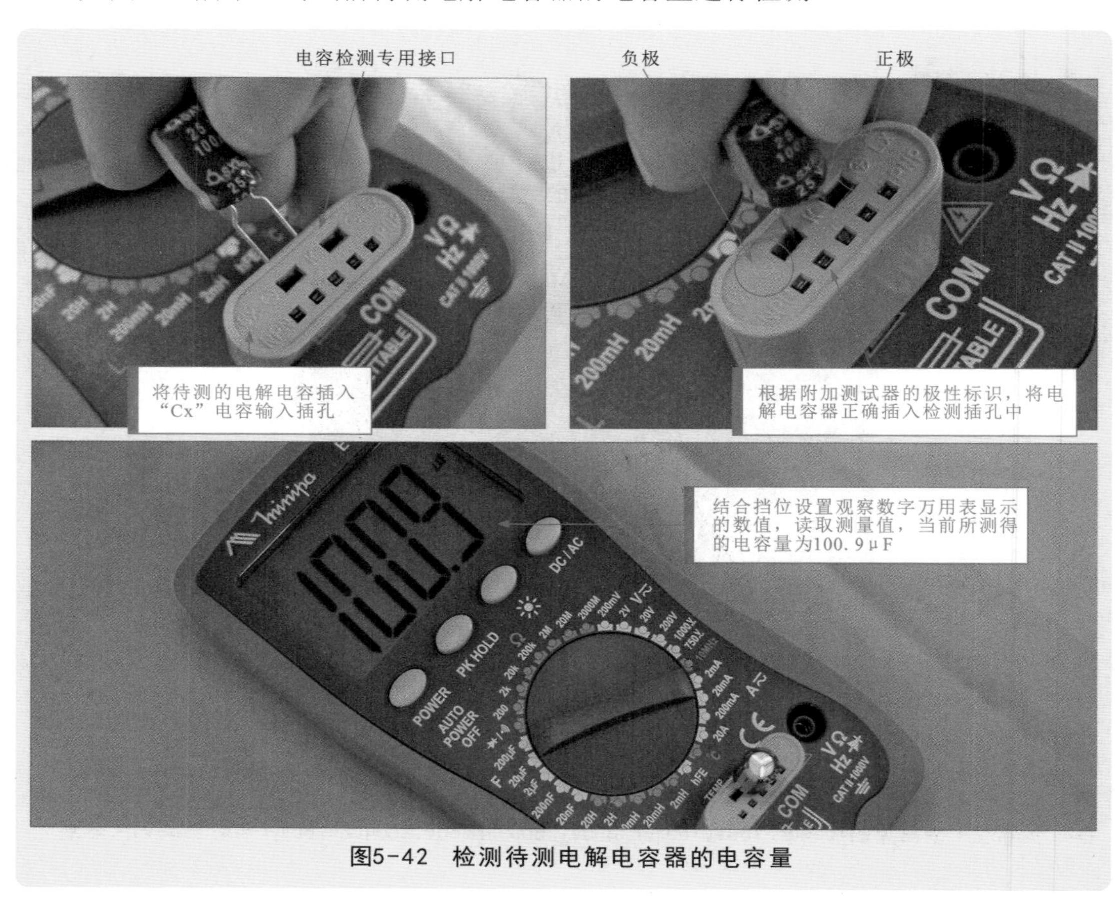

图5-42　检测待测电解电容器的电容量

在对电解电容器进行检测时，除了可以检测电容量是否正常外，还可以使用指针万用表检测电解电容器的充放电过程是否正常，通过对电容器充放电的检测，从而判断被测电容器是否正常，

首先，将指针万用表的量程调整至“×10k”欧姆挡，并进行零欧姆校正。然后按图5-43所示对待测电解电容器的充放电过程进行检测。

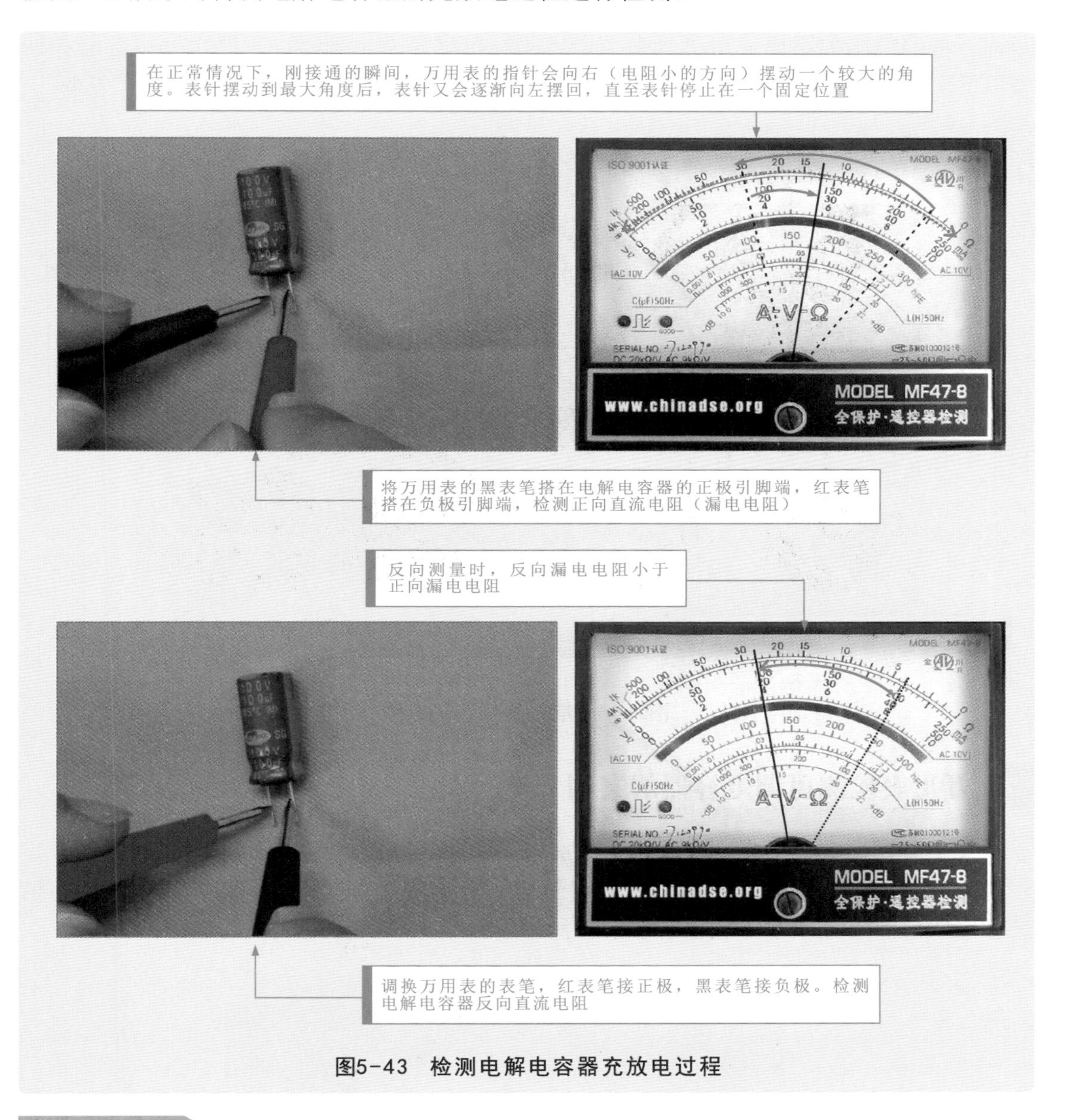

图5-43 检测电解电容器充放电过程

补充说明

检测电解电容器的正向直流电阻时，指针万用表的指针摆动速度较快，应注意观察。若万用表的指针没有摆动，则表明该电解电容器已失去电容量。

对于较大的电解电容器，可使用万用表检测其充、放电过程；对于较小的电解电容器，无须使用该方法检测充、放电过程。

5.2.4 万用表检测可调电容器

1 常见的可调电容器

电容量可以调整的电容器称为可调电容器。这种电容器主要用于在接收电路中选择信号（调谐）。可调电容器按介质的不同可以分为空气介质和有机薄膜介质电容器两种。按照结构的不同又可分为微调电容器、单联可变电容器、双联可变电容器和四联可变电容器，如图5-44所示。

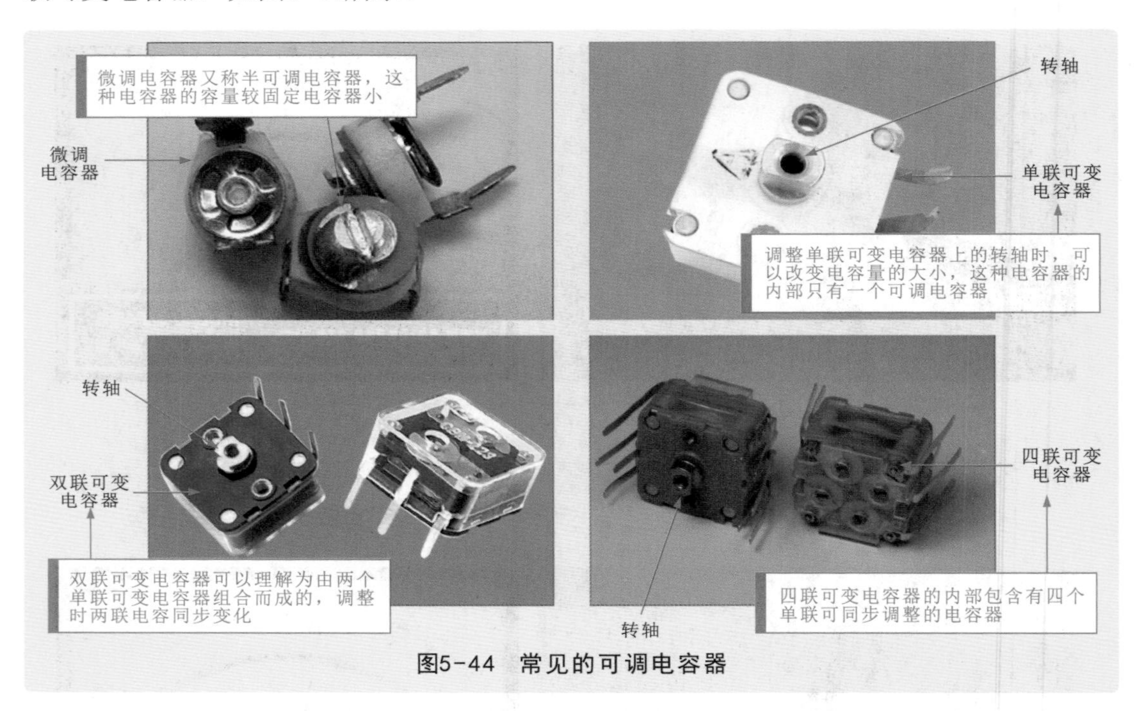

图5-44 常见的可调电容器

2 万用表检测可调电容器的案例

图5-45所示为待测的可调电容器。对于可调电容器，可以使用万用表对其动、定片之间的阻值进行检测，然后将万用表测量的实测值与正常可调电容器引脚间的阻值进行比较，即可完成对可调电容器的检测。

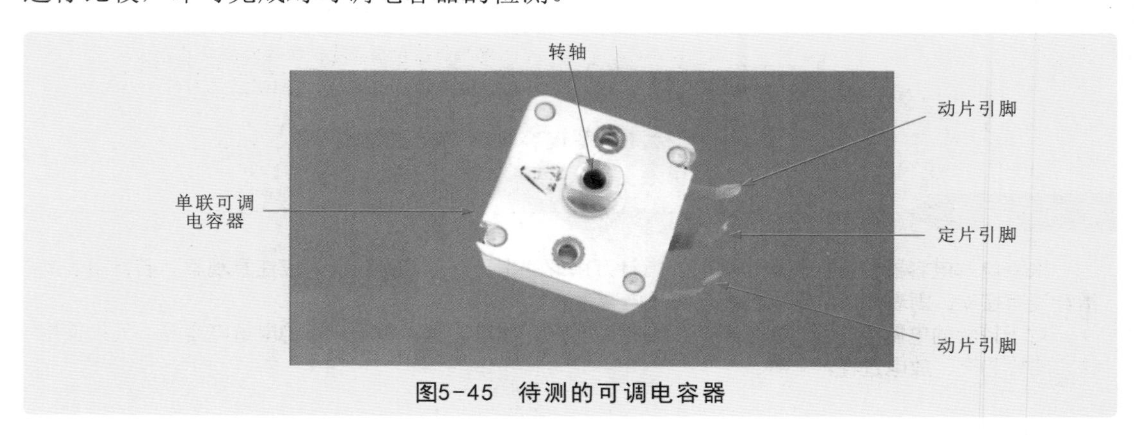

图5-45 待测的可调电容器

将指针万用表量程调整至“×10k”欧姆挡，进行调零校正后，如图5-46所示，检测动片与定片引脚间阻值。

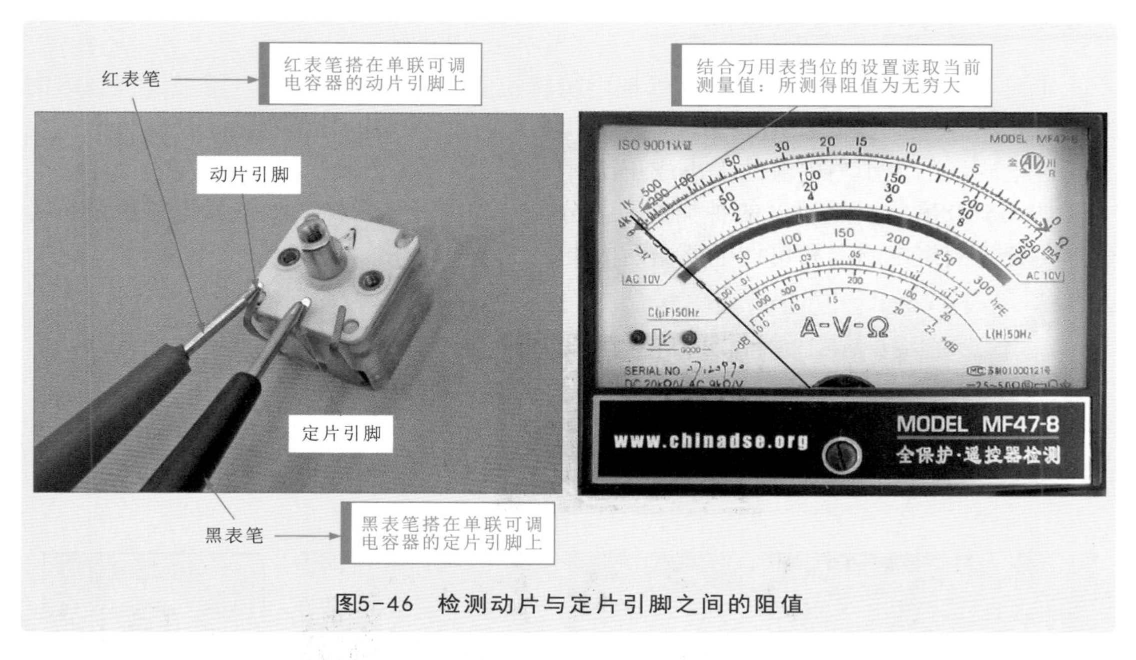

图5-46 检测动片与定片引脚之间的阻值

如图5-47所示，调整转轴时检测定片与动片间的阻值变化。

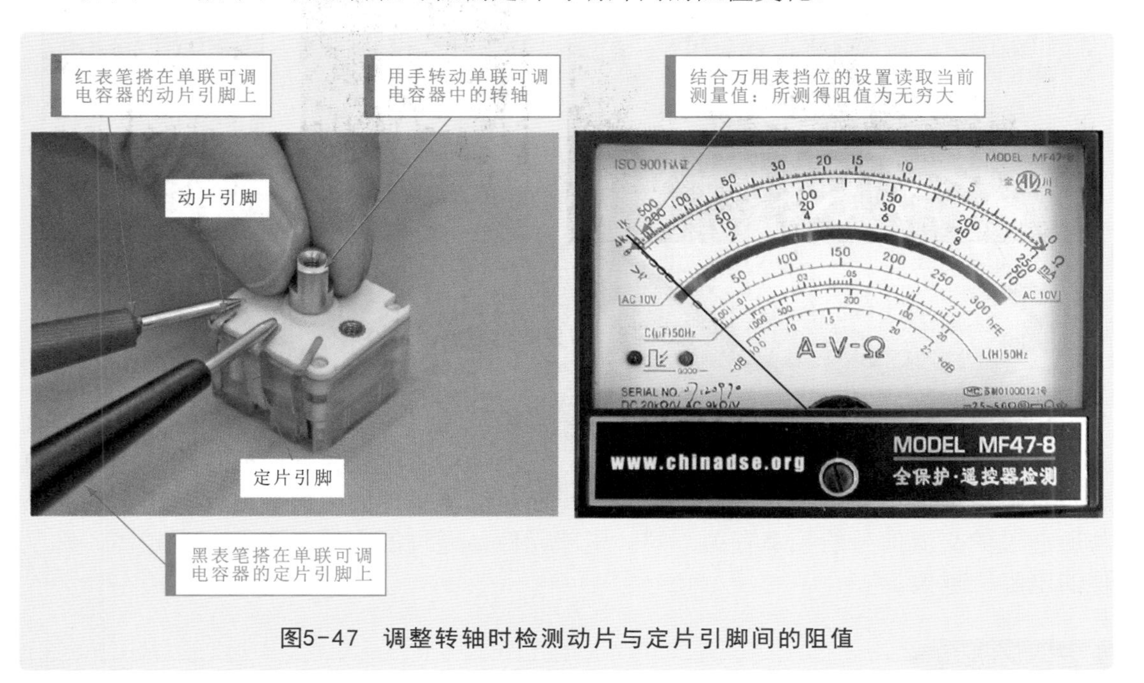

图5-47 调整转轴时检测动片与定片引脚间的阻值

补充说明

在检测单联可调电容器时，若转轴转动到某一角度时，万用表测得的阻值很小或为零，则说明该可变电解电容为短路情况，很有可能是动片与定片之间存在接触或电容器膜片存在严重磨损。

5.3 万用表检测电感器

5.3.1 认识常用电感器

电感器是一种储能元件，它可以把电能转换成磁能并储存起来，用导线绕制成的线圈就是一个电感器。在电路中，用字母“L”表示，当电流流过导体时，会产生电磁场，电磁场的大小与电流的大小成正比。

如图5-48所示，电感器的种类繁多，分类方式也多种多样，根据其电感量是否可变，可分为固定电感器和可调电感器两大类。

图5-48　常见的电感器

电感器是将导线绕制成线圈状制成的，当电流流过时，在线圈（电感）的两端就会形成较强的磁场。由于电磁感应的作用，它会对电流的变化起阻碍作用。因此，电感对直流呈现很小的电阻（近似于短路），而对交流呈现的阻值较高，其阻值的大小与所通过的交流信号的频率有关，同一电感元件，通过的交流电流的频率越高，则呈现的电阻值越大。

补充说明

电感器的两个重要特性：

（1）电感器对直流呈现很小的电阻（近似于短路），对交流呈现的阻抗与信号频率成正比，交流信号频率越高，电感器呈现的阻抗越大；电感器的电感量越大，对交流信号的阻抗越大。

（2）电感器具有阻止其中电流变化的特性，所以流过电感器的电流不会发生突变。

根据电感器的特性，在实际电路的应用中常被作为滤波线圈、谐振线圈等。

1 电感器的滤波功能

如图5-49所示，由于电感器会对脉动电流产生反电动势，阻碍电流的变化，有稳定直流的作用，对交流电流其阻值很大，但对直流阻值很小，如果将较大的电感器串接在直流电路中，就可以使电路中的交流成分阻隔在电感上，起到滤除交流的作用。

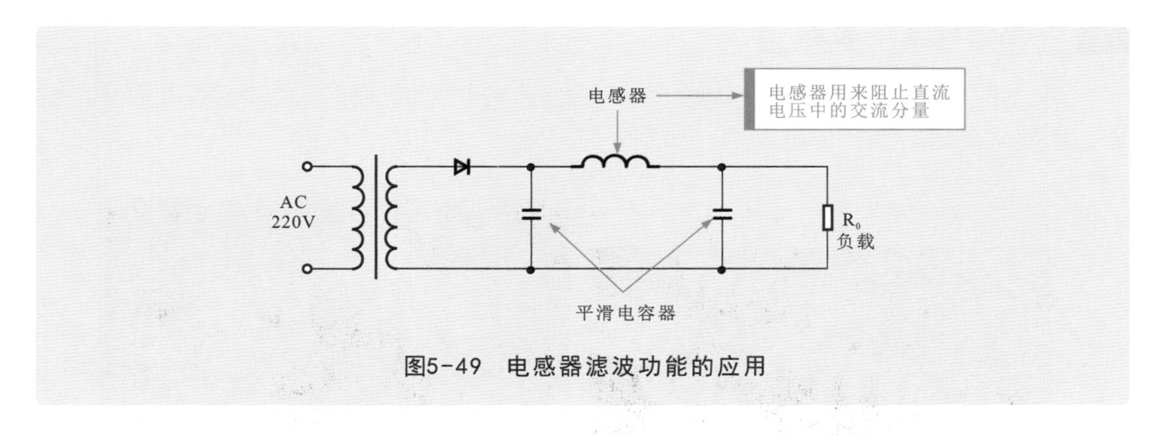

图5-49 电感器滤波功能的应用

交流220 V输入，经变压和整流后输出脉动直流电压，然后经电感器（扼流圈）及平滑电容器为负载供电。电路中的扼流圈实际上就是一个电感元件，它的主要作用是阻止直流电压中的交流分量。

2 电感器的谐振功能

电感器通常可与电容器并联构成LC谐振电路，其主要作用是阻止一定频率的信号干扰。图5-50所示为电感器谐振功能的应用。

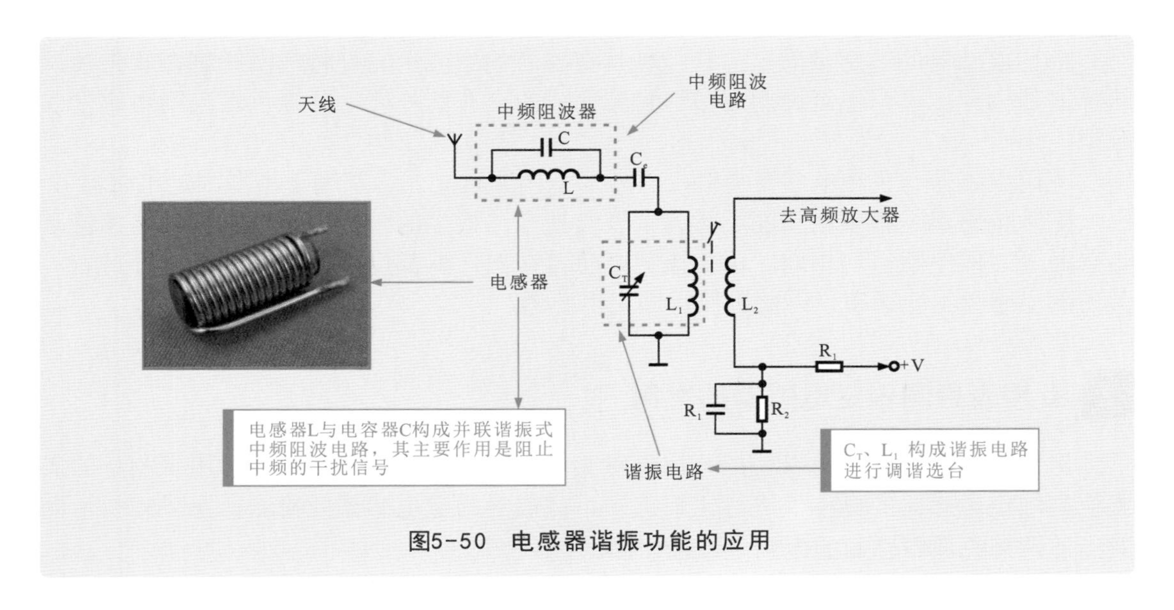

图5-50 电感器谐振功能的应用

天线接收空中各种频率的电磁波信号，中频阻波电路具有对中频信号阻抗很高的特点，有效地阻止中频干扰进入高频电路。经阻波后，除中频外的其他信号经电容器C_e耦合到由调谐线圈L_1和可变电容器C_T组成的谐振电路，经L_1和C_T谐振电路的选频作用，把需要的广播节目载波信号选出并通过L_2耦合传送到高放电路。

5.3.2 万用表检测固定电感器

1 常见的固定电感器

固定电感器即为电感量固定的一类电感器。较常见的固定电感器主要有色环电感器、色码电感器、贴片电感器等，如图5-51所示。

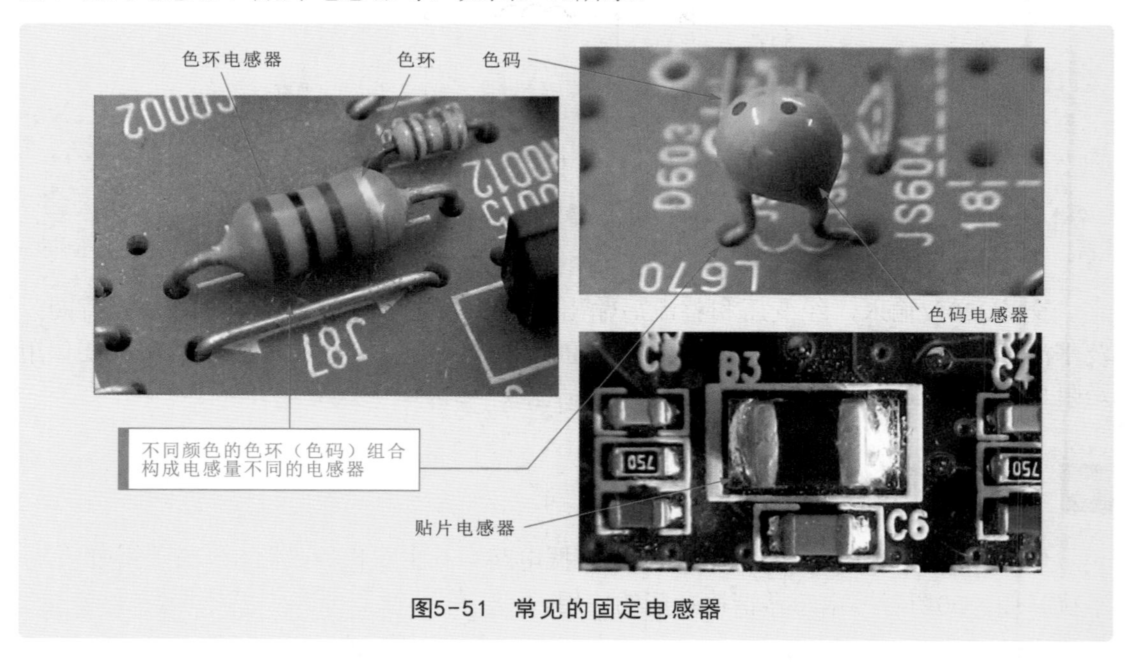

图5-51 常见的固定电感器

色环电感器的电感量固定，是一种具有磁芯的线圈。它是将线圈绕制在软磁性铁氧体的基体上，再用环氧树脂或塑料封装而成的，在其外壳上标以色环表明电感量的数值。

色码电感器与色环电感器类似，其外形结构为直立式。都属于小型固定电感器。

贴片电感器是指采用表面贴装方式安装在电路板上的一类电感器，其功能和特点与普通分立式电感器均相同。由于该类电感器在出厂前都以采用特殊工艺进行封装，其内部电感量不能调整，因此也属于固定电感器。

2 万用表检测固定电感器的案例

对于固定电感器，可以使用万用表对其电感量进行检测，然后将万用表测量的实测值与固定电感器的标称值进行比较，即可完成对固定电感器的检测。图5-52所示为对当前待测色环电感器的电感量进行识读。

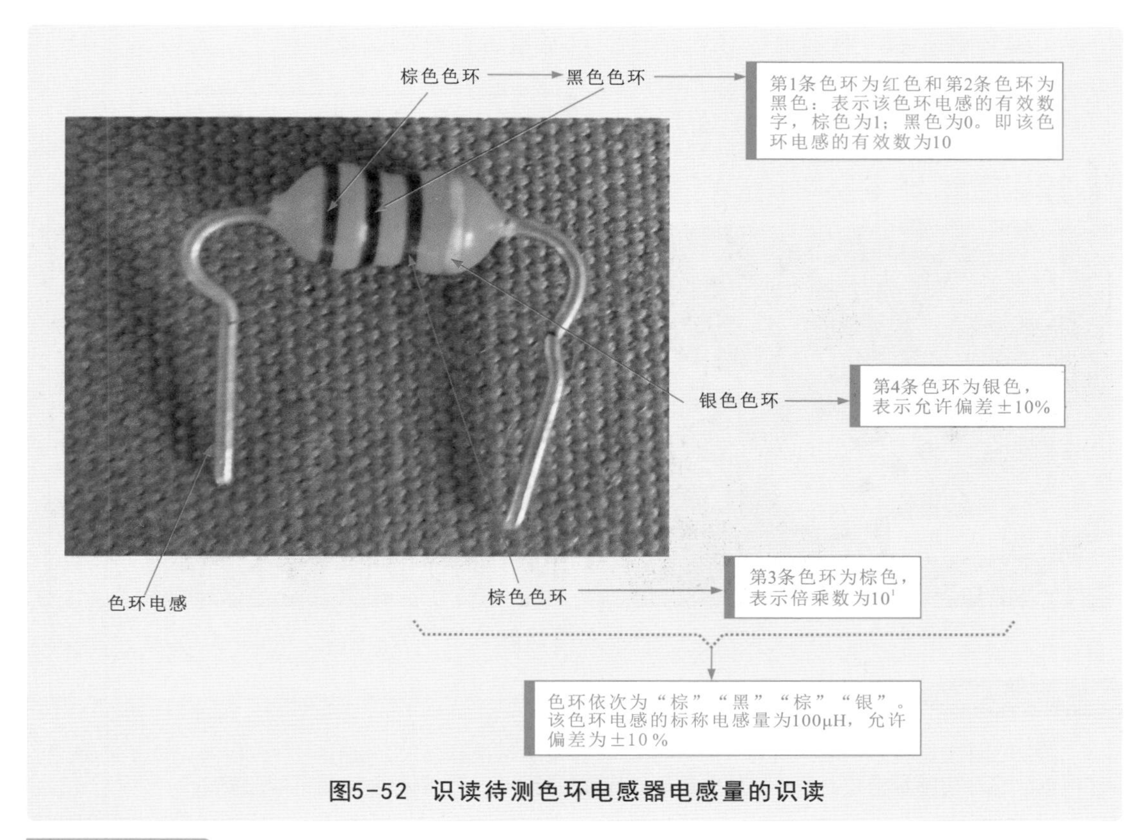

图5-52 识读待测色环电感器电感量的识读

补充说明

根据色环电感上的色环标注，便能读出该色环电感的电感量。可以看到，色环从左向右依次为“棕”“黑”“棕”“银”。根据前面所学的知识可以识读出该色环电感的电感量为100 μH，允许偏差为±10%。

如图5-53所示，将数字万用表的量程调整至“2mH”挡，并安装附加测试器。

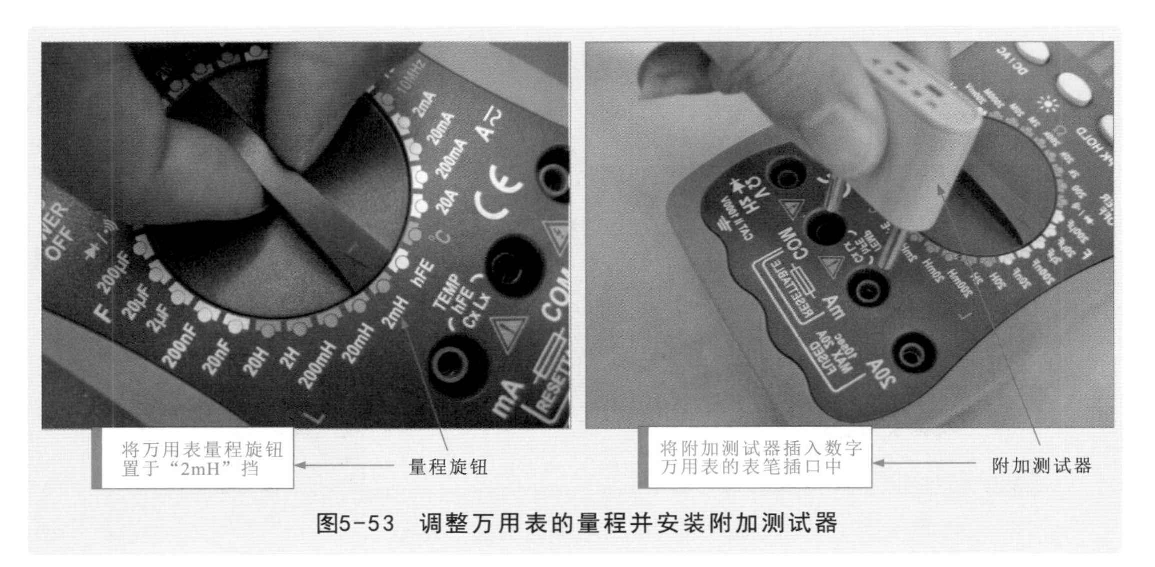

图5-53 调整万用表的量程并安装附加测试器

如图5-54所示，对当前色环电感器的电感量进行检测。

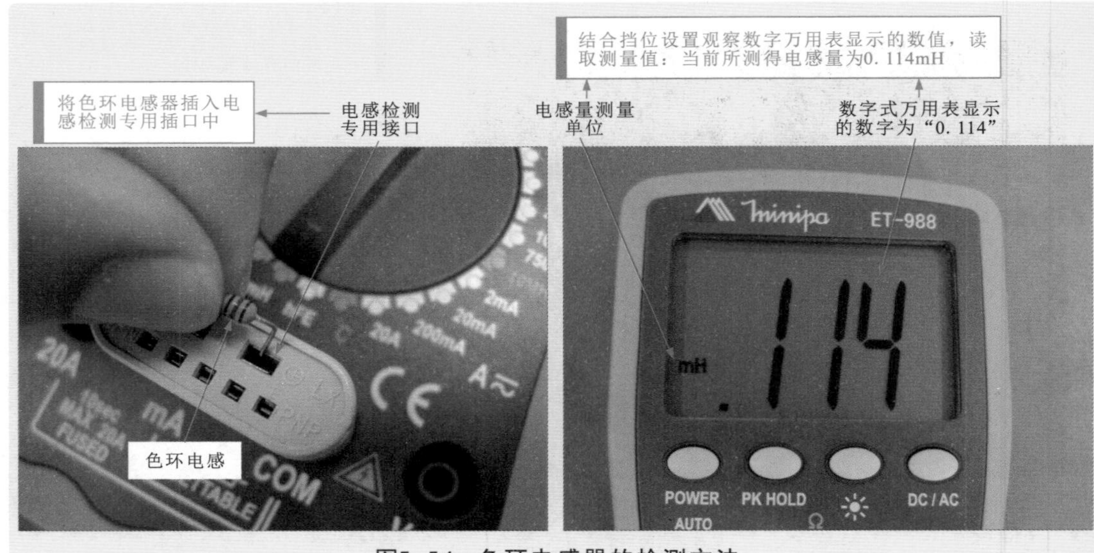

图5-54 色环电感器的检测方法

补充说明

检测色环电感得到的电感量为“0.114mH”，根据单位换算公式0.114×10^3=114（μH），与该色环电感的标称值基本相符。若测得的电感量与标称值相差过大，则该电感器可能已损坏。

5.3.3 万用表检测可调电感器

1 常见的可调电感器

可调电感器就是可以对电感量进行细微调整的电感器。该类电感器一般设有屏蔽外壳，磁芯上设有条形槽口以便调整，如图5-55所示。

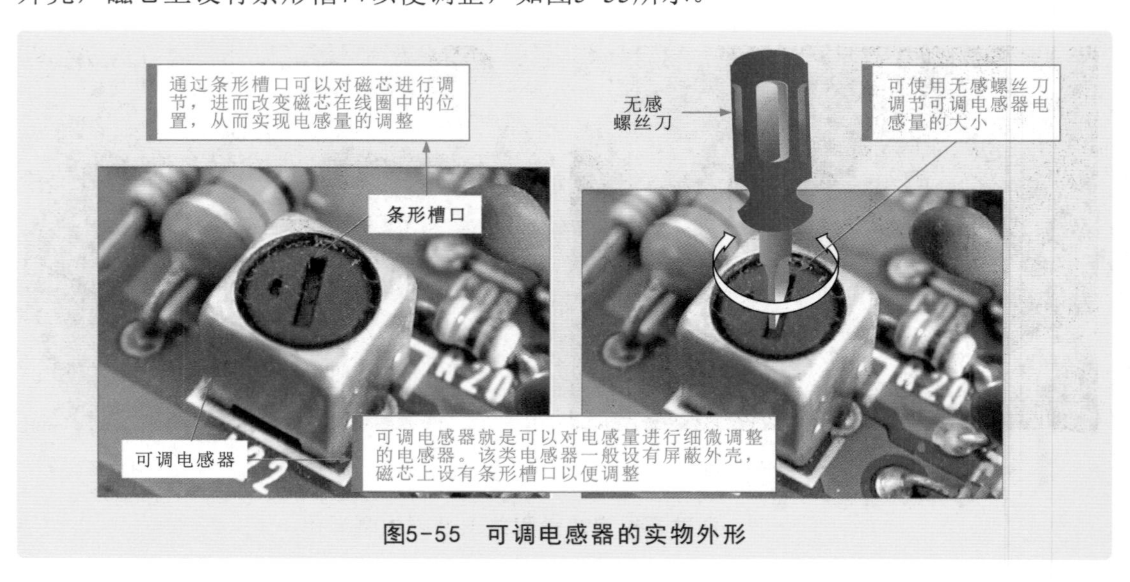

图5-55 可调电感器的实物外形

补充说明

将导线绕制在环形磁芯上制成的电感器常作为扼流圈使用，且仅有一组线圈，通常串接在整流电路中，其阻抗较高，起到扼流、滤波等作用，如图5-56所示。

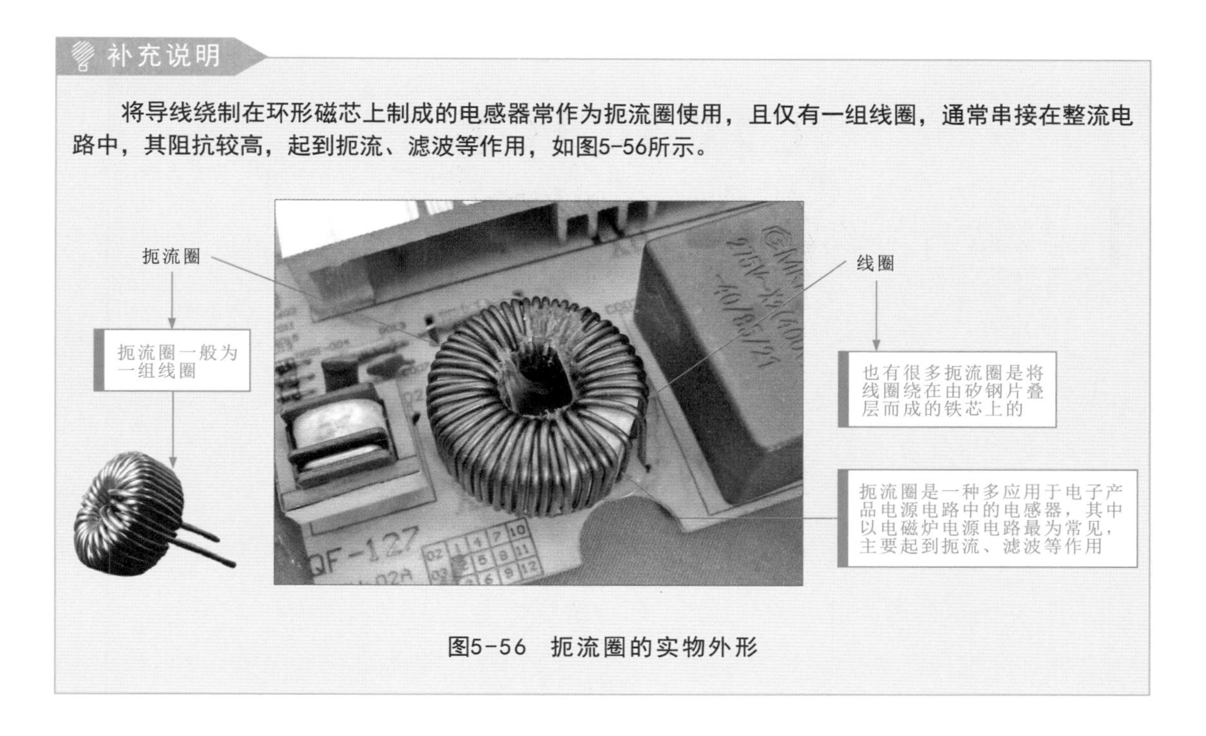

图5-56 扼流圈的实物外形

2 万用表检测可调电感器的案例

对于可调电感器，可以使用万用表对其引脚间的阻值进行检测，然后将万用表测量的实测值与性能良好的可调电感器的阻值进行比较，即可完成对可调电感器的检测。图5-57所示为对当前待测可调电感器的引脚进行识读。

图5-57 待测可调电感器引脚的识读

如图5-58所示，将数字式万用表的量程调整至“200”欧姆挡。

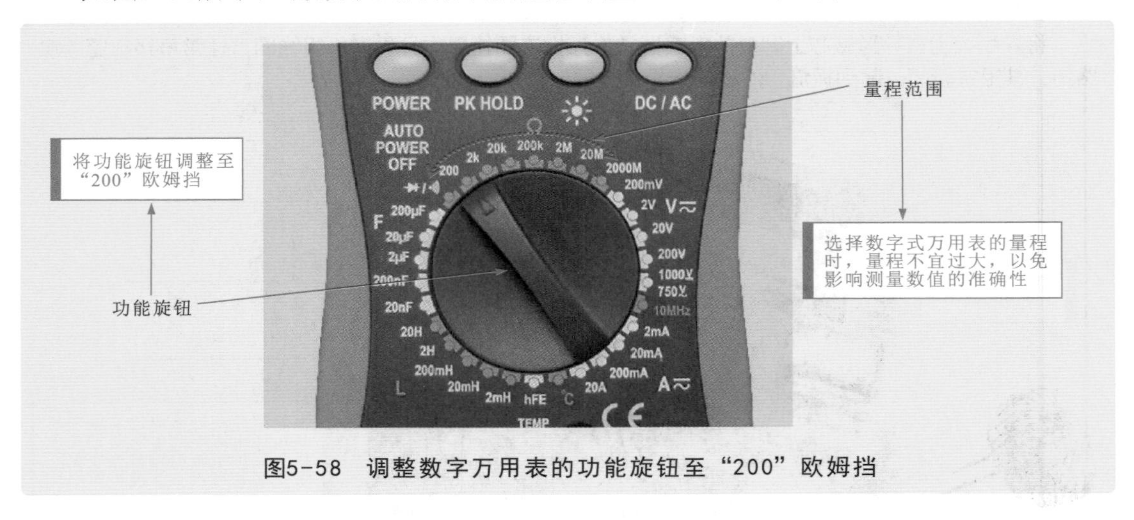

图5-58 调整数字万用表的功能旋钮至“200”欧姆挡

图5-59所示为对当前可调电感器的阻值进行检测。

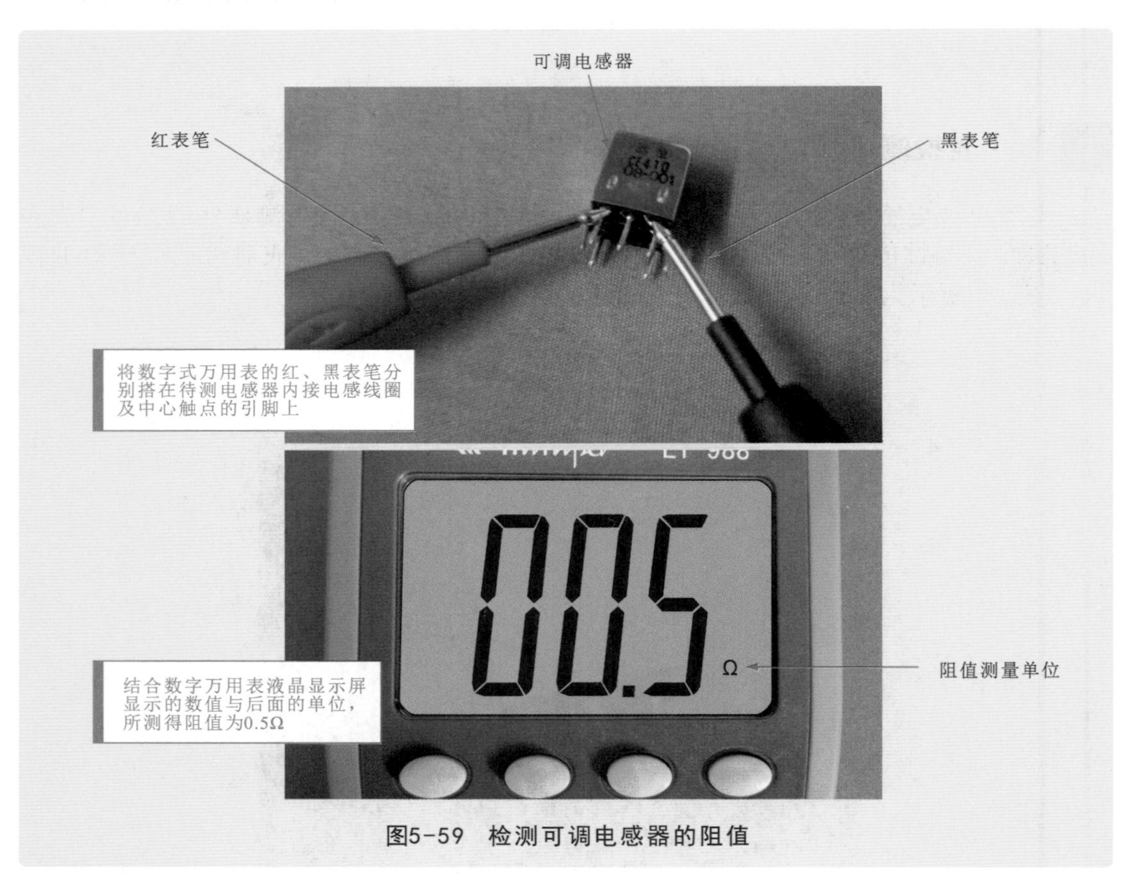

图5-59 检测可调电感器的阻值

补充说明

正常检测过程中，可调电感器之间均有固定阻值，若检测的阻值趋于无穷大，则说明该可调电感器可能已损坏。

第6章 万用表检测半导体器件

6.1 万用表检测二极管

6.1.1 认识常用二极管

二极管是一种常用的半导体器件，其主要特点是单向导电性。它是由一个P型半导体和N型半导体形成的PN结两端引出相应的电极引线，再加上管壳密封制成的，图6-1所示为常见的二极管外形。

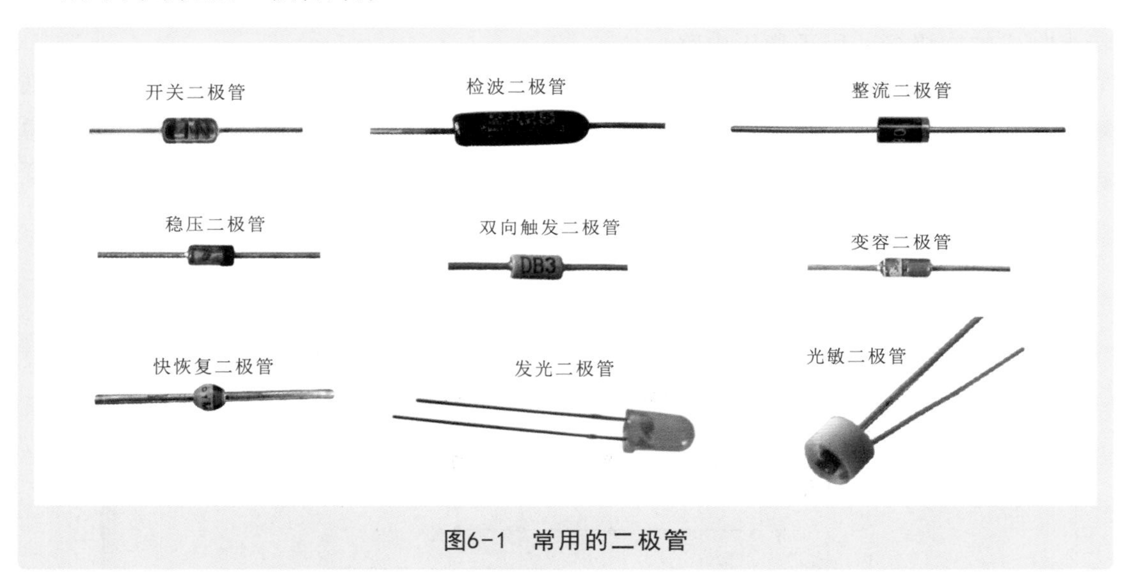

图6-1 常用的二极管

二极管种类较多，按功能可分为整流二极管、稳压二极管、检波二极管、开关二极管、发光二极管、光敏二极管、变容二极管、快恢复二极管、双向触发二极管等。

1 整流二极管的功能特点

由于二极管具有单向导电特性，因此可以利用二极管组成整流电路，将交流电压变成脉动直流电压。如图6-2所示，在交流电压处于正半周时，二极管导通；在交流电压处于负半周时，二极管截止，因而交流电经二极管VD整流后就变为脉动直流电压（缺少半个周期）。

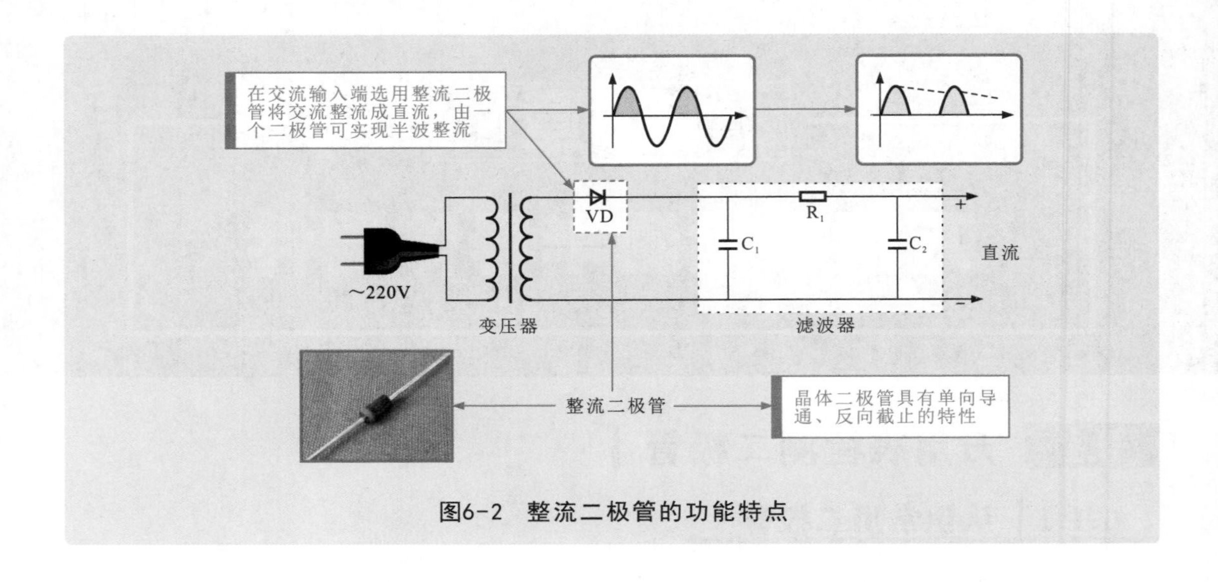

图6-2　整流二极管的功能特点

2 稳压二极管的功能特点

稳压二极管是利用二极管在反向击穿状态时，两极之间的电压降保持恒空状态的特点制成的二极管，用于稳压电路。

如图6-3所示，稳压二极管VDZ负极接外加电压的高端，正极接外加电压的低端。当稳压二极管VDZ反向电压接近稳压二极管VDZ的击穿电压值（5V）时，电流急剧增大，稳压二极管VDZ呈击穿状态，该状态下稳压二极管两端的电压保持不变（5V），从而实现稳定直流电压的功能。

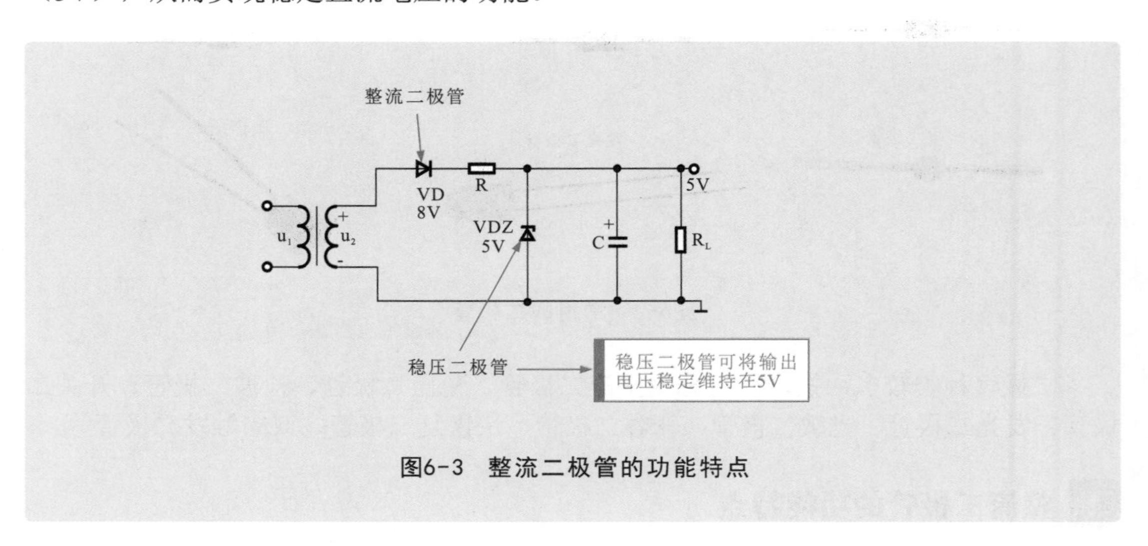

图6-3　整流二极管的功能特点

补充说明

稳压二极管VDZ是一种用特殊工艺制造的面结合型硅晶体二极管，它工作在反向击穿状态，但并不会使其损坏（电流要限制在额定的范围内，如果电流过大也会烧坏）。

6.1.2 万用表检测整流二极管的案例

对于整流二极管，可以使用万用表对其正反向阻值进行检测，然后将万用表测量的实测值与正常整流二极管的阻值进行比较，即可完成对整流二极管的检测，检波二极管、开关二极管的检测方法与整流二极管基本相同。

如图6-4所示，二极管的引脚都有极性之分。对于整流二极管而言，封装外壳上标记有白色环形标识的一端引脚为负极性引脚。而另一端为正极性引脚。

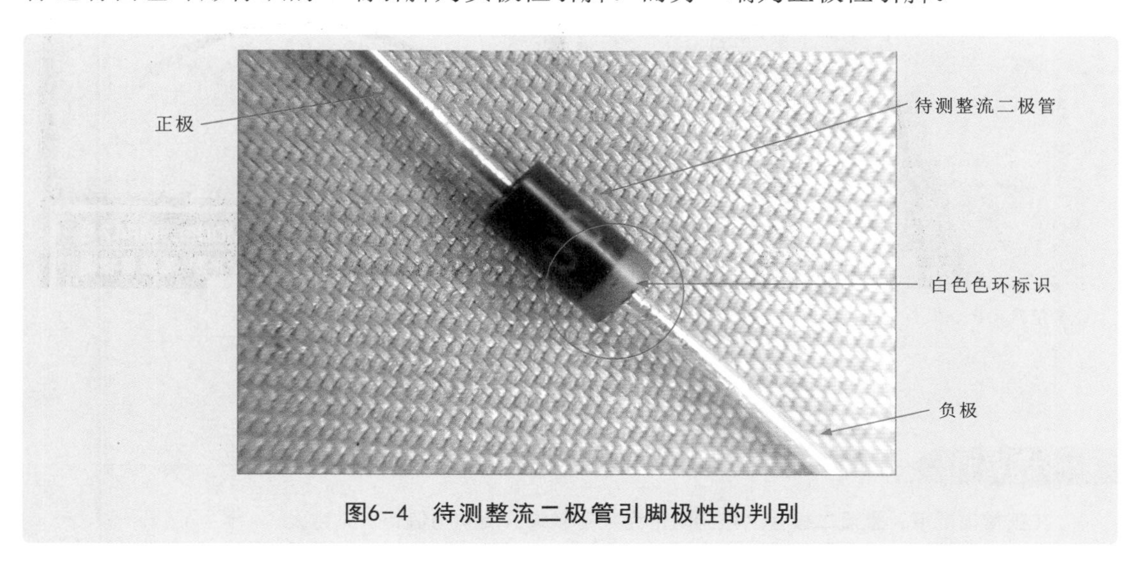

图6-4 待测整流二极管引脚极性的判别

确认了待测整流二极管的引脚极性，调整指针万用表的量程至“×1k”欧姆挡，并调零校正后，将指针万用表的红表笔接整流二极管的负极，黑表笔接整流二极管的正极，检测整流二极管的正向阻值。图6-5所示为指针万用表检测整流二极管正向阻值的方法。

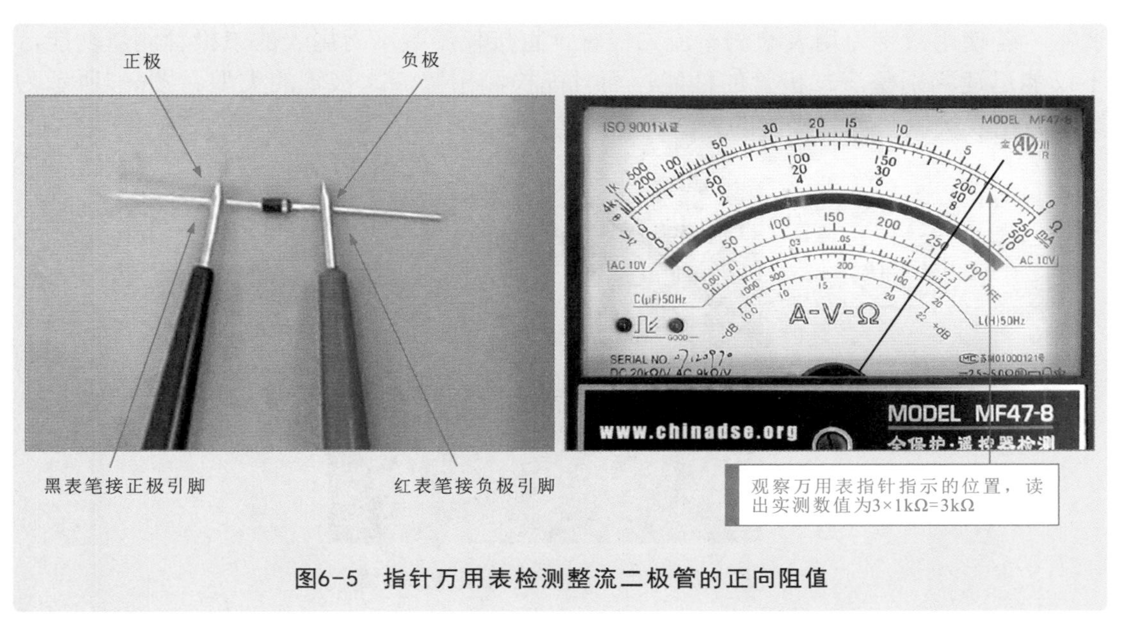

图6-5 指针万用表检测整流二极管的正向阻值

如图6-6所示，调换表笔，将指针万用表的红表笔接待测整流二极管的正极，黑表笔接整流二极管的负极，测量整流二极管的反向阻值。

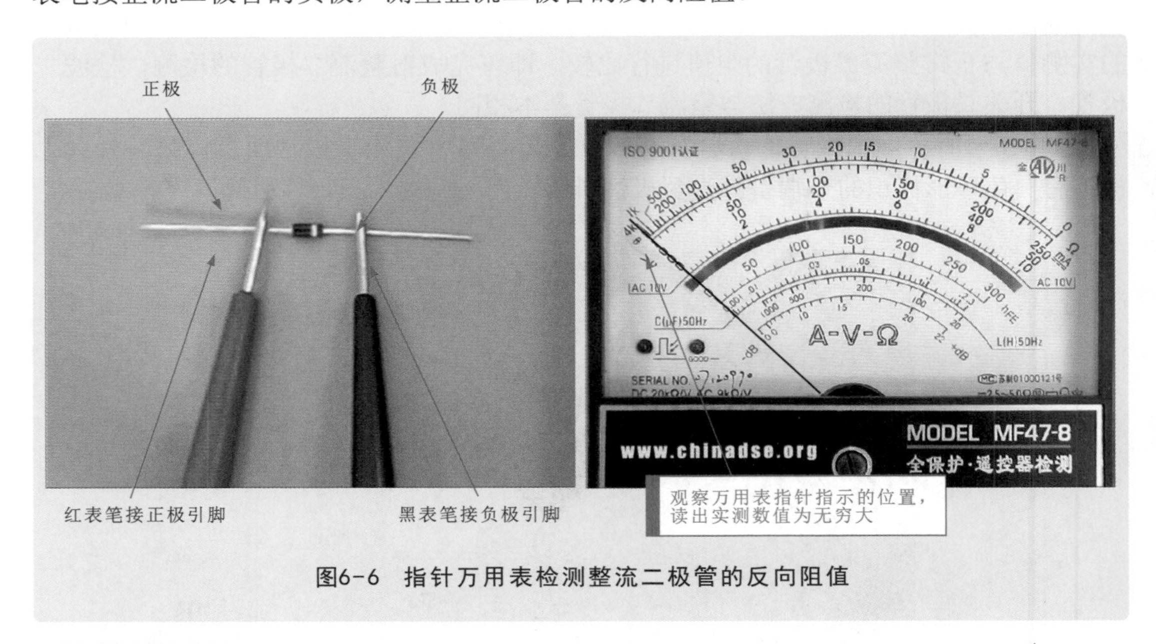

图6-6 指针万用表检测整流二极管的反向阻值

补充说明

在正常情况下，整流二极管的正向阻值为几千欧姆，反向阻值趋于无穷大。

整流二极管正、反向阻值相差越大越好，若测得正、反向阻值相近，说明整流二极管已经失效。

使用指针万用表检测整流二极管时，若表针一直不断摆动，不能停止在某一阻值上，则多为整流二极管的热稳定性不好。

如果检测时使用数字万用表，则当红表笔搭在正极、黑表笔搭在负极时，所测的结果为正向阻值，应有一定阻值；调换表笔，所测的结果为反向阻值，应为无穷大。通常，若使用数字万用表检测整流二极管，直接使用数字万用表的二极管测量功能，不仅能迅速判别整流二极管的性能，而且能检测出整流二极管的类型。图6-7所示为数字万用表检测整流二极管的方法。

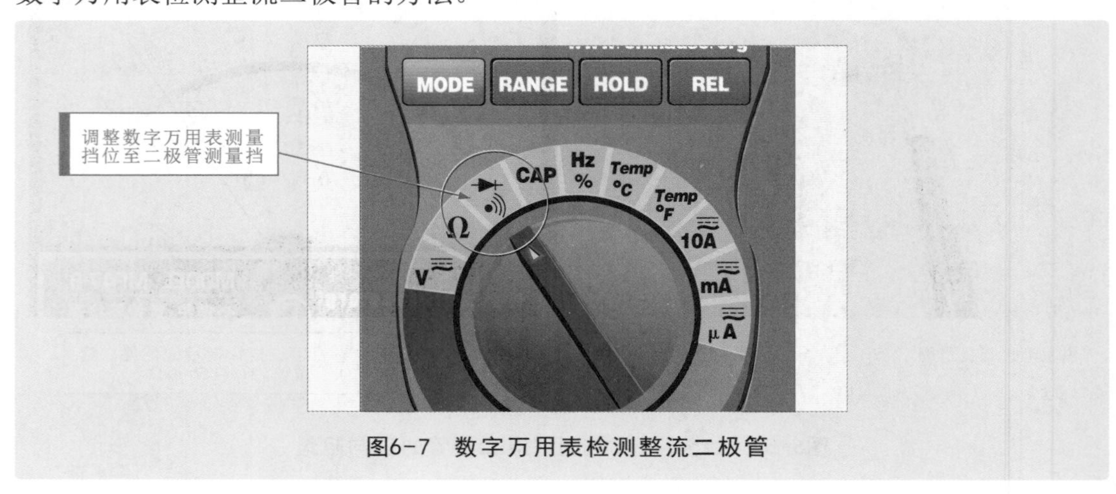

图6-7 数字万用表检测整流二极管

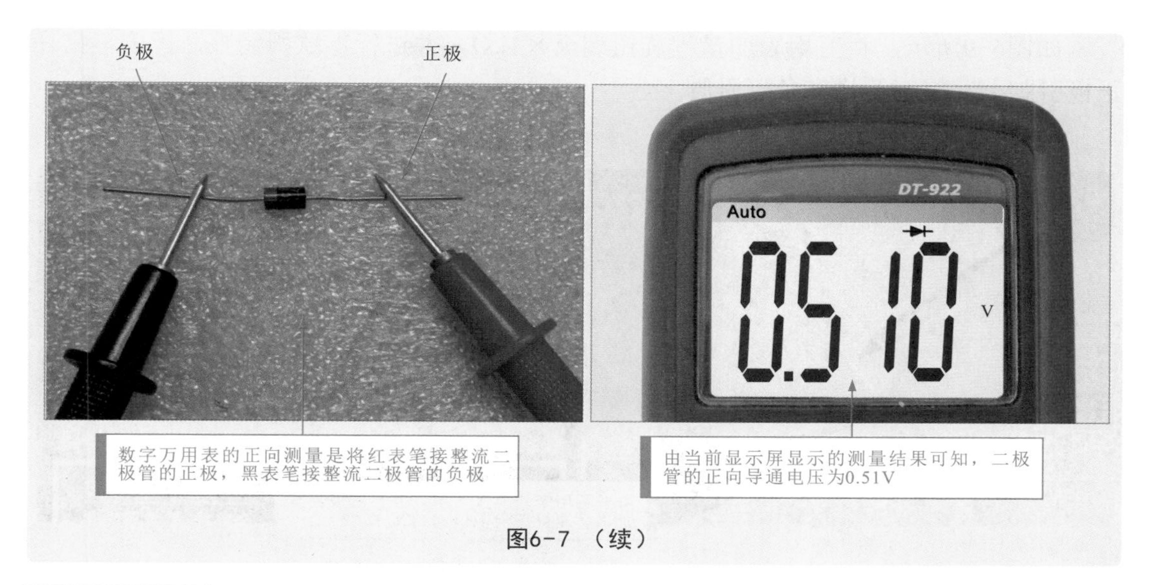

图6-7 （续）

补充说明

观察测量结果。若实测二极管的正向导通电压为0.2～0.3V，则说明该二极管为锗二极管；若实测数据在0.6～0.7V范围内，则说明所测二极管为硅二极管。

当前待测整流二极管的正向导通电压为0.51V，说明待测整流二极管为硅二极管。

6.1.3 万用表检测发光二极管的案例

发光二极管是一种利用PN结在正向偏置时两侧的多数载流子直接复合释放出光能的性质制成的发光元器件。

在正常工作时处于正向偏置状态，在正向电流达到一定值时就会发光。在对发光二极管进行检测之前，首先要区分发光二极管的引脚极性。如图6-8所示，发光二极管两引脚中相对较长的引脚为正极性引脚，相对较短的引脚为负极性引脚。

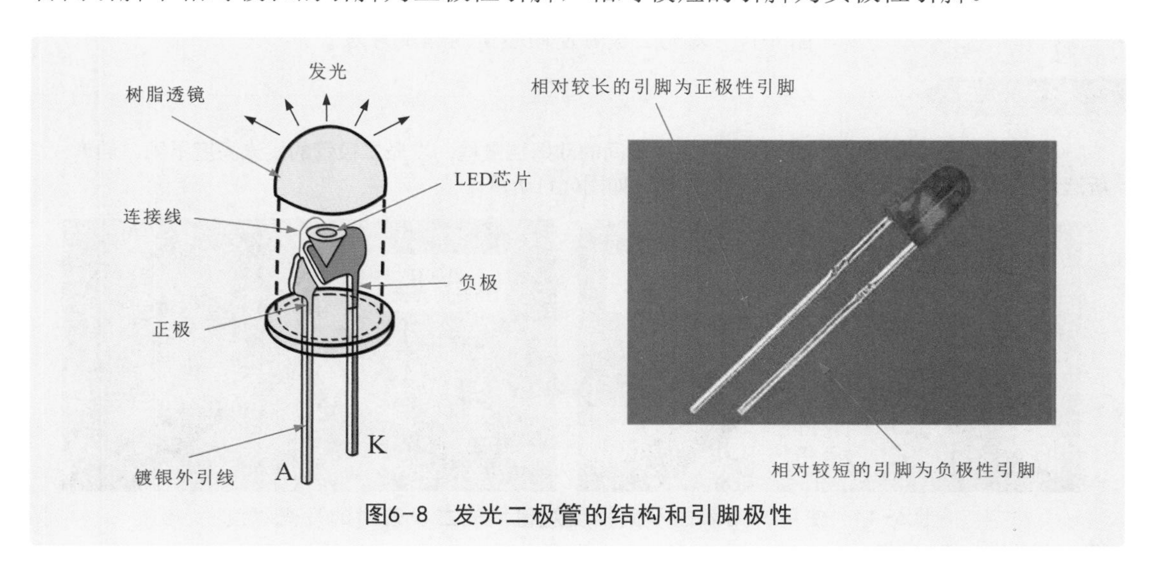

图6-8 发光二极管的结构和引脚极性

如图6-9所示，将万用表的量程旋钮调至×1kΩ，并进行零欧姆调整，黑表笔搭在正极引脚上，红表笔搭在负极引脚上。

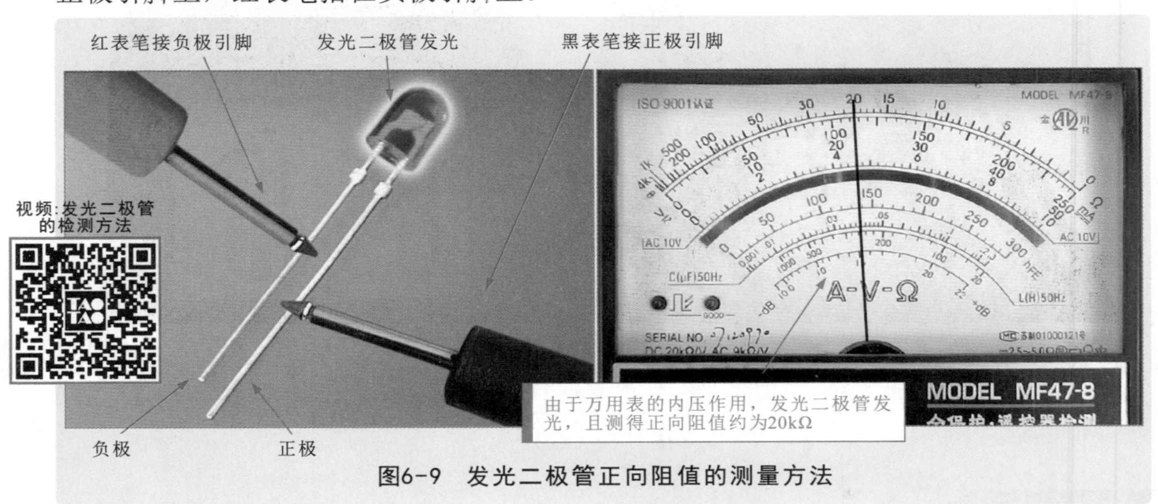

图6-9 发光二极管正向阻值的测量方法

如图6-10所示，将万用表红、黑表笔对调，检测发光二极管反向阻值。

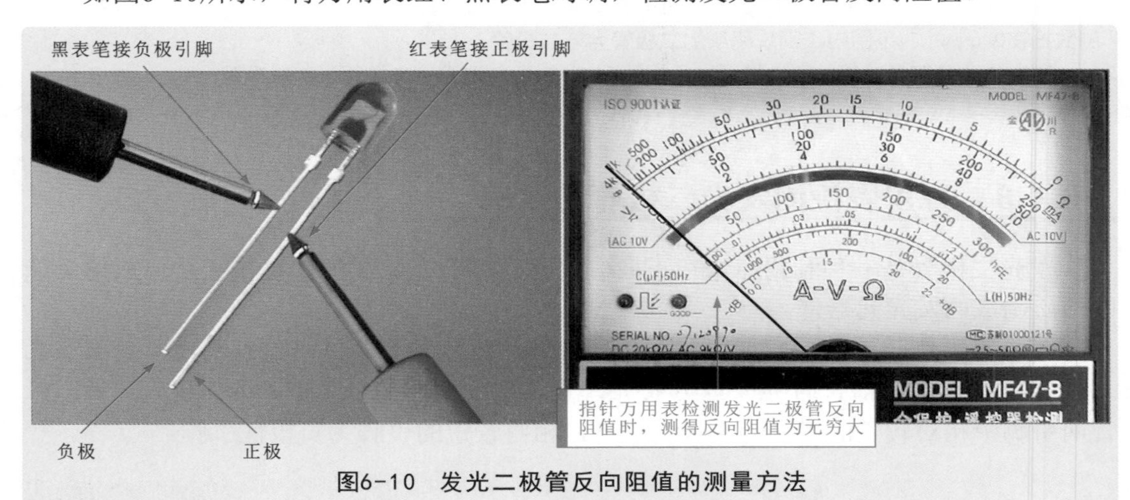

图6-10 发光二极管反向阻值的测量方法

补充说明

在检测发光二极管的正向阻值时，选择不同的欧姆挡量程，发光二极管的发光亮度不同。通常，所选量程的输出电流越大，发光二极管越亮，如图6-11所示。

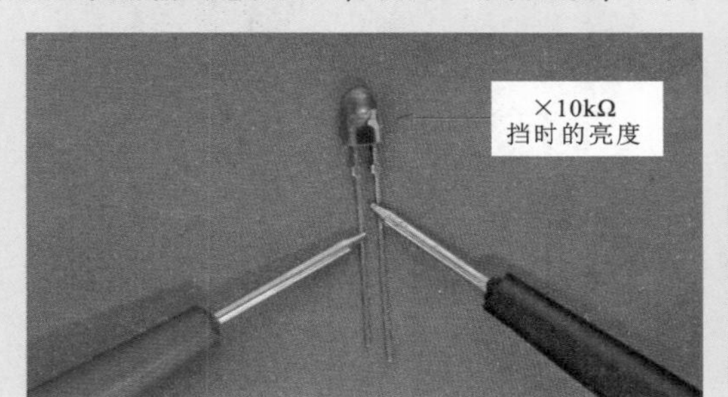

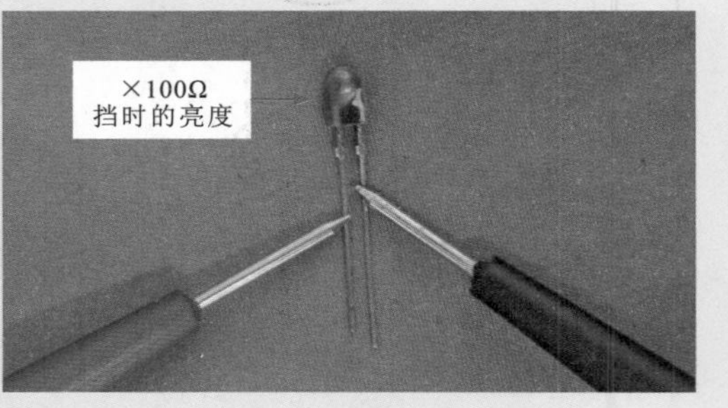

图6-11 使用万用表的不同挡位测量发光二极管时的发光程度

6.2 万用表检测三极管

6.2.1 认识常用三极管

三极管是具有放大功能的半导体元器件，在电子电路中有着广泛的应用。

图6-12所示为常见三极管的实物外形。

图6-12 常用的三极管

三极管实际上是在一块半导体基片上制作两个距离很近的PN结。这两个PN结把整块半导体分成三部分。中间部分为基极（b），两侧部分分别为集电极（c）和发射极（e），排列方式有NPN和PNP两种，如图6-13所示。

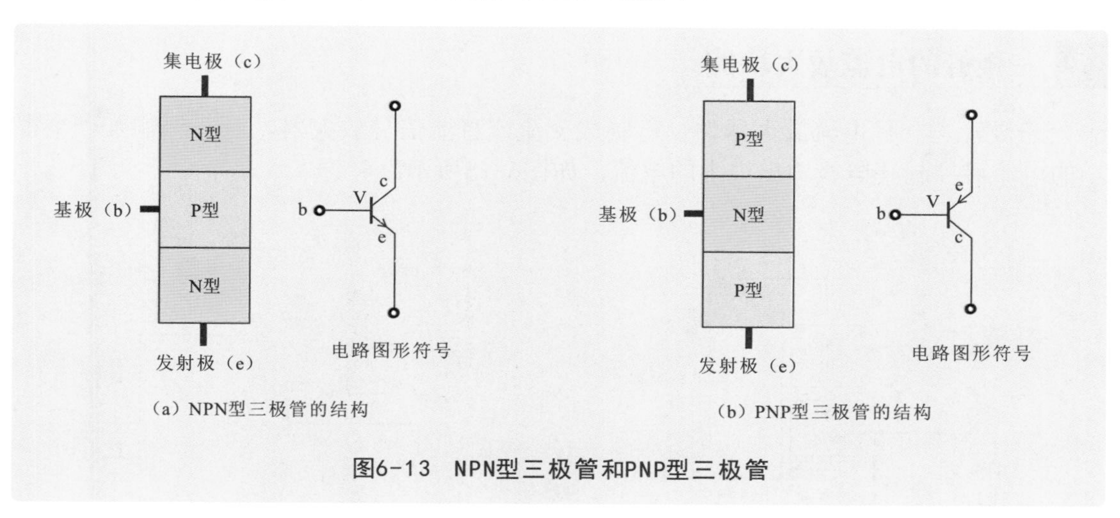

图6-13 NPN型三极管和PNP型三极管

根据功率不同，三极管可分为小功率三极管、中功率三极管和大功率三极管。

图6-14所示为三种不同功率三极管的实物外形。其中，小功率三极管的工作功率一般小于0.3W。中功率三极管的工作功率一般在0.3～1W之间。大功率三极管的工作功率一般在1W以上，通常需要安装在散热片上。

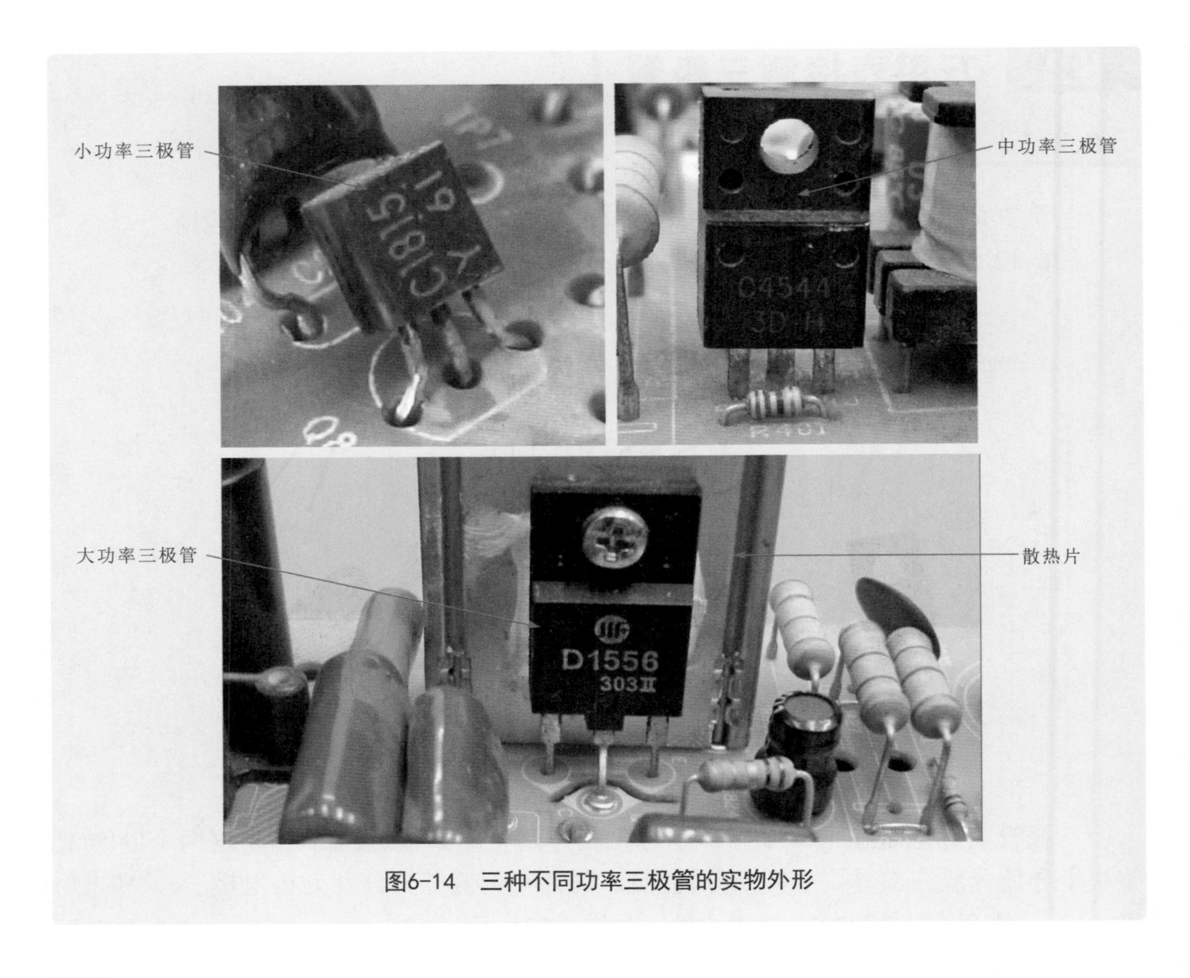

图6-14 三种不同功率三极管的实物外形

1 三极管的电流放大功能

三极管是一种电流放大器件，可制成交流或直流信号放大器，由基极输入一个很小的电流可控制集电极输出很大的电流，如图6-15所示。

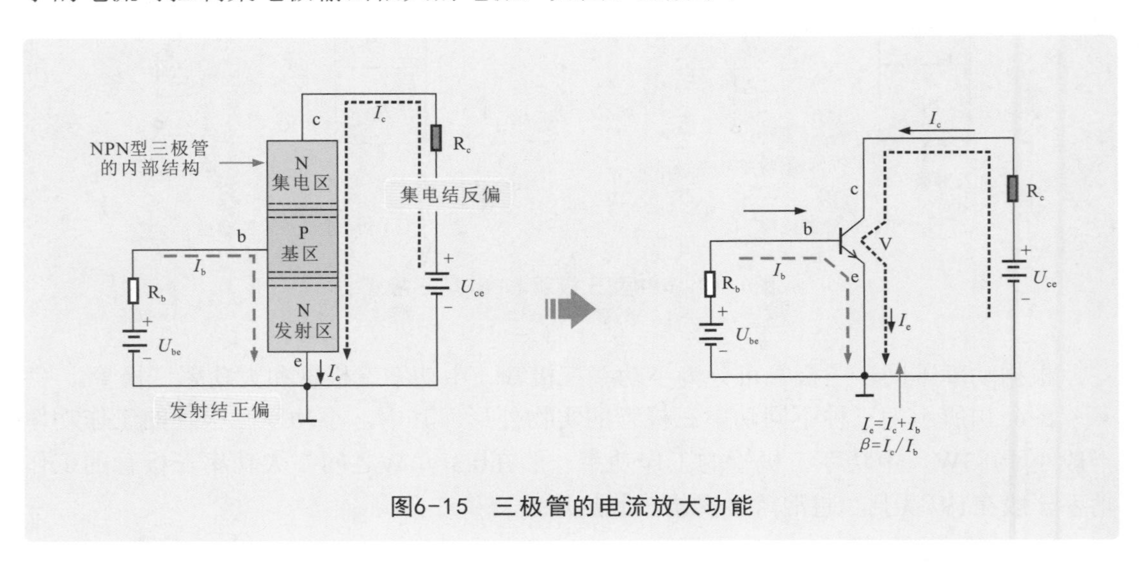

图6-15 三极管的电流放大功能

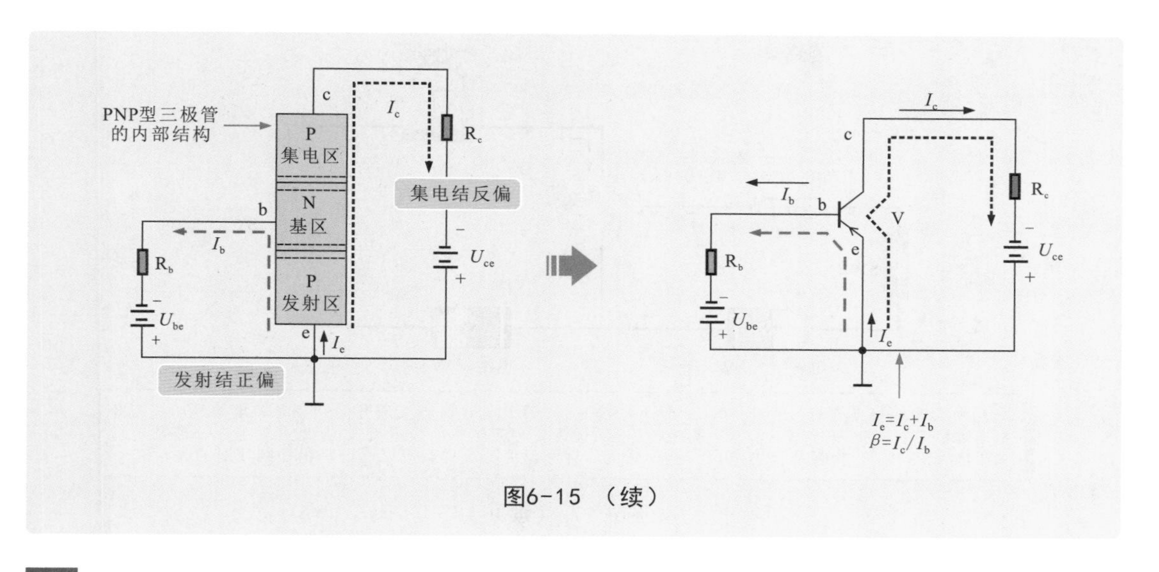

图6-15 （续）

2 三极管的开关功能

三极管的集电极电流在一定范围内随基极电流呈线性变化，当基极电流高过此范围时，三极管的集电极电流达到饱和值（导通）；当基极电流低于此范围时，三极管进入截止状态（断路）。三极管的这种导通或截止特性在电路中还可起到开关作用，如图6-16所示。

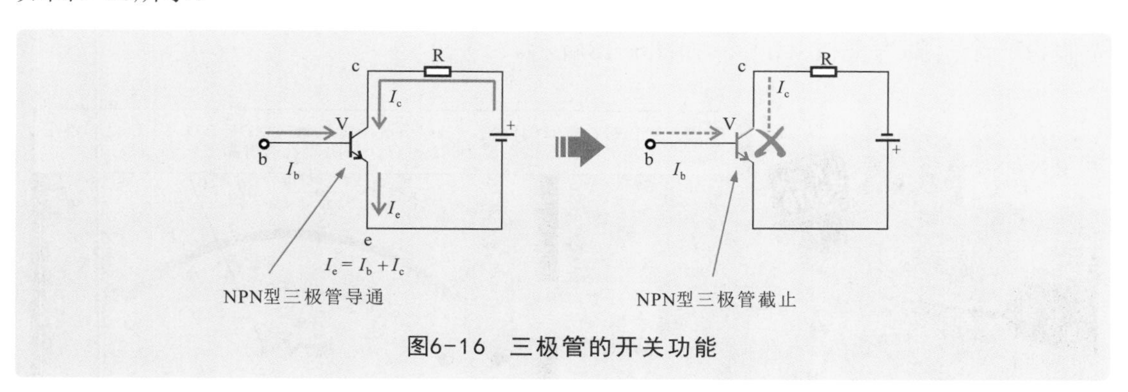

图6-16 三极管的开关功能

图6-17所示为三极管功能实验电路。该电路是为了理解三极管的功能而搭建的。

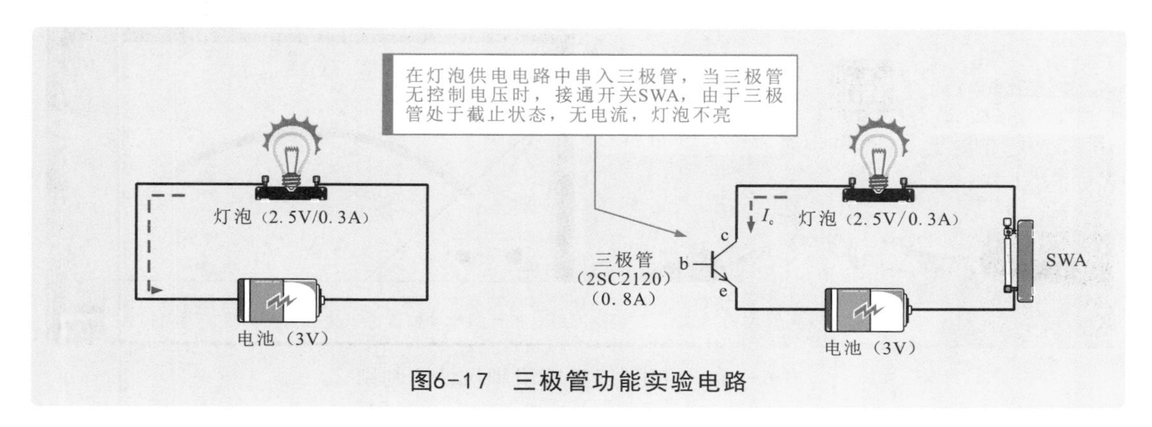

图6-17 三极管功能实验电路

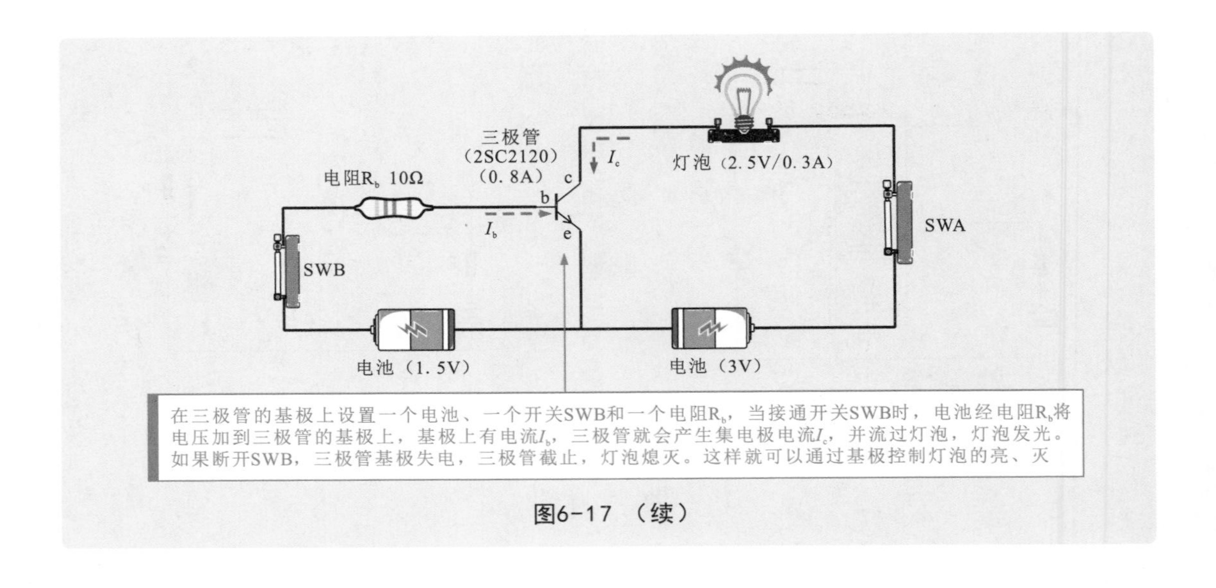

图6-17 （续）

6.2.2 万用表判别NPN型三极管引脚极性的案例

在检测NPN型三极管时，若无法确定待测NPN型三极管各引脚的极性，则可借助万用表检测NPN型三极管各引脚阻值的方法判别各引脚的极性。

待测三极管只知道是NPN型三极管，引脚极性不明，在判别引脚极性时，需要先假设一个引脚为基极（b），如图6-18所示。

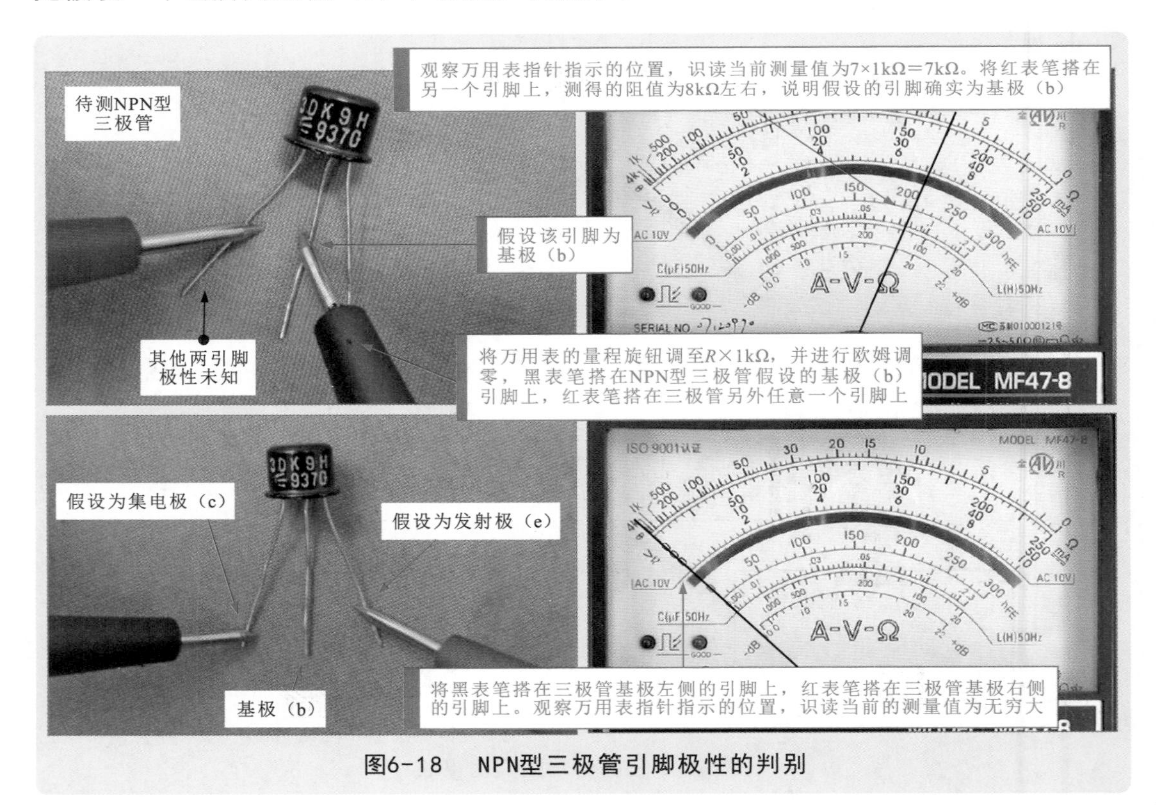

图6-18 NPN型三极管引脚极性的判别

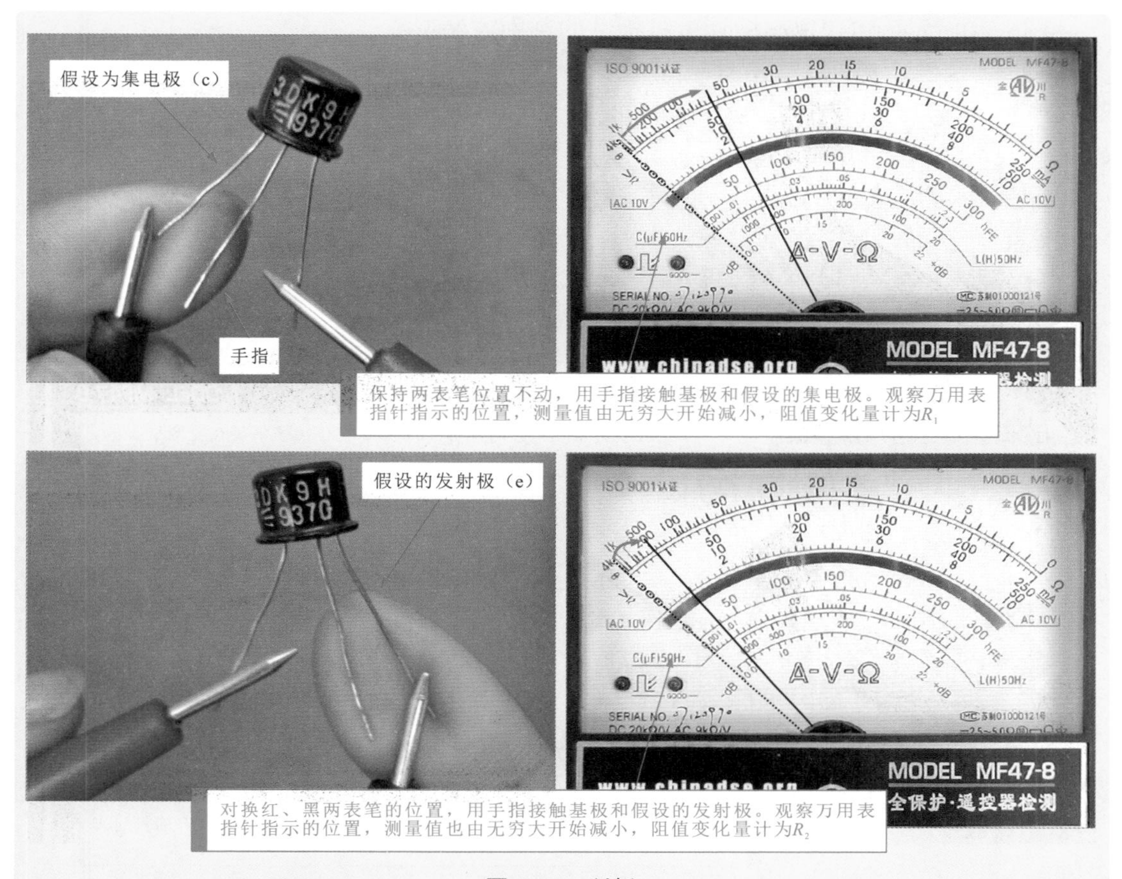

图6-18 （续）

视频：NPN型三极管引脚极性的判别

补充说明

在两次手指触碰测量过程中，比较两次测量中万用表指针的摆动幅度，以摆动幅度大的一次为准，黑表笔所接引脚为集电极（c），另一个引脚为发射极（e）。

6.2.3 万用表判别PNP型三极管引脚极性的案例

如图6-19所示，若待测三极管只知道是PNP型三极管，引脚极性不明，则在判别引脚极性时，需要先假设一个引脚为基极（b）。

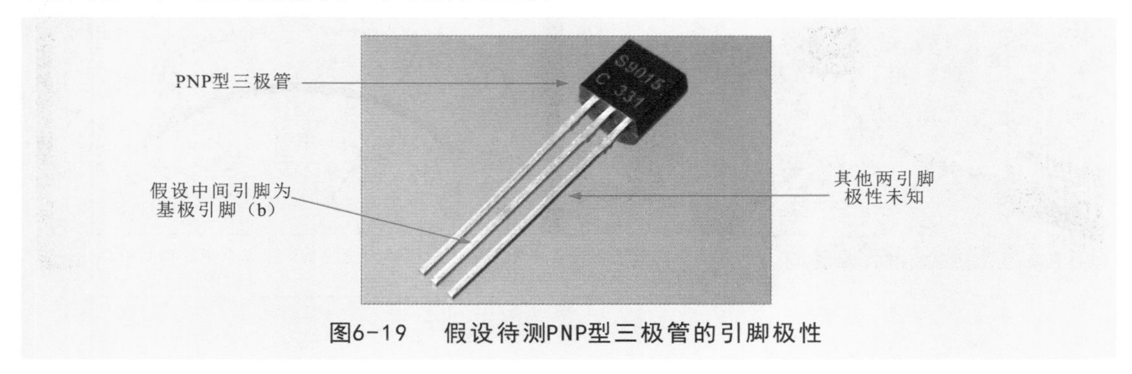

图6-19 假设待测PNP型三极管的引脚极性

图6-20所示为PNP型三极管引脚极性的判别方法。

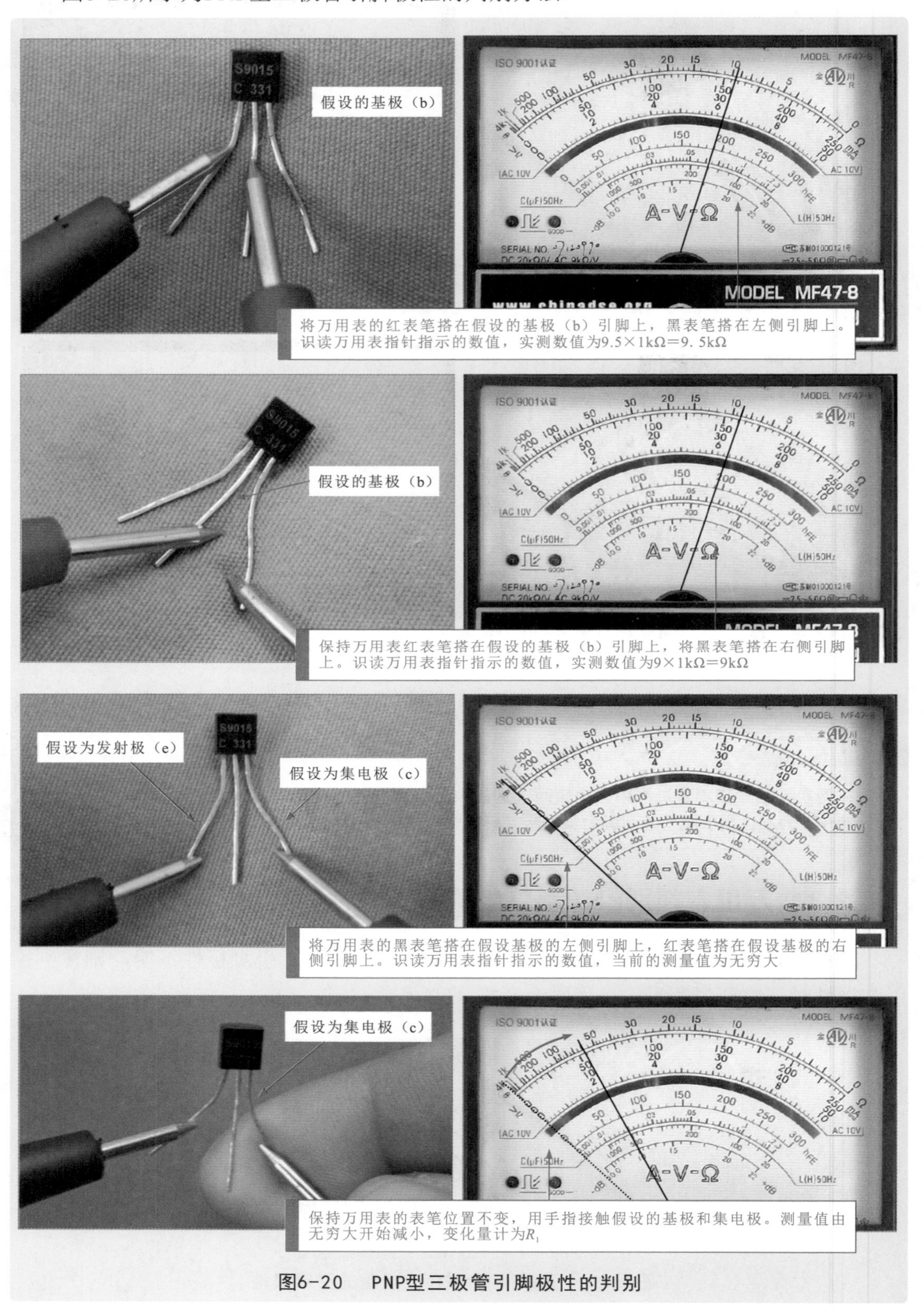

图6-20 PNP型三极管引脚极性的判别

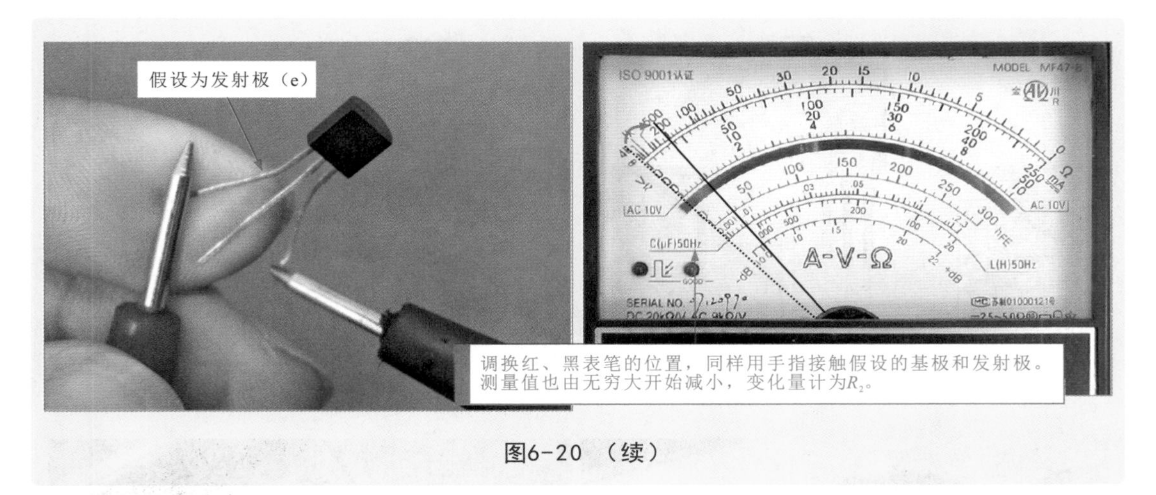

图6-20 （续）

补充说明

在两次手指触碰测量过程中，比较两次测量中万用表指针的摆动幅度，以摆动幅度大的一次为准，红表笔所接引脚为集电极（c），另一个引脚为发射极（e）。

6.2.4 万用表检测三极管放大倍数的案例

放大倍数是三极管的重要参数，可借助万用表检测的放大倍数判断三极管的放大性能是否正常。

图6-21所示为待测的三极管。测量前要识别待测三极管的类型和引脚极性。

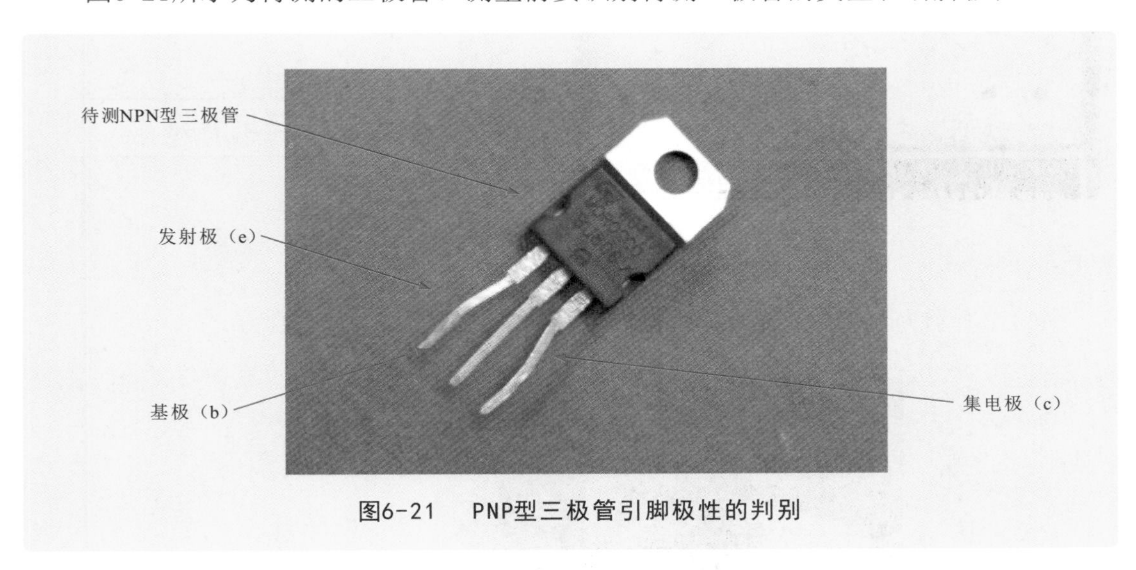

图6-21 PNP型三极管引脚极性的判别

将万用表的量程旋钮调至h_{FE}挡，三极管的三个引脚对应插入放大倍数检测插孔，识读当前的测量结果，即为三极管的放大倍数。

图6-22所示为三极管放大倍数的检测方法。

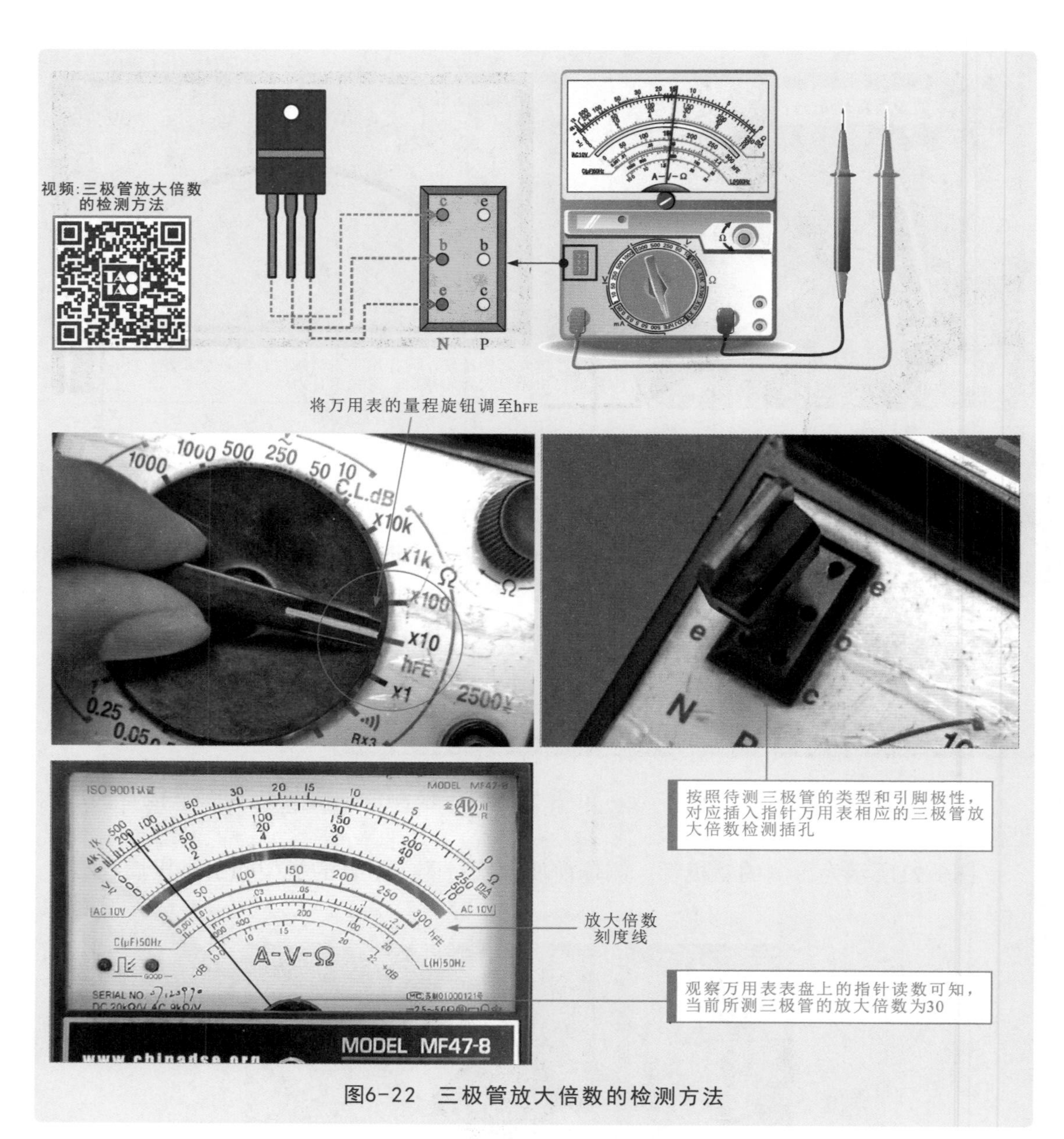

图6-22 三极管放大倍数的检测方法

图6-23所示为使用数字万用表附加测试器检测三极管放大倍数。

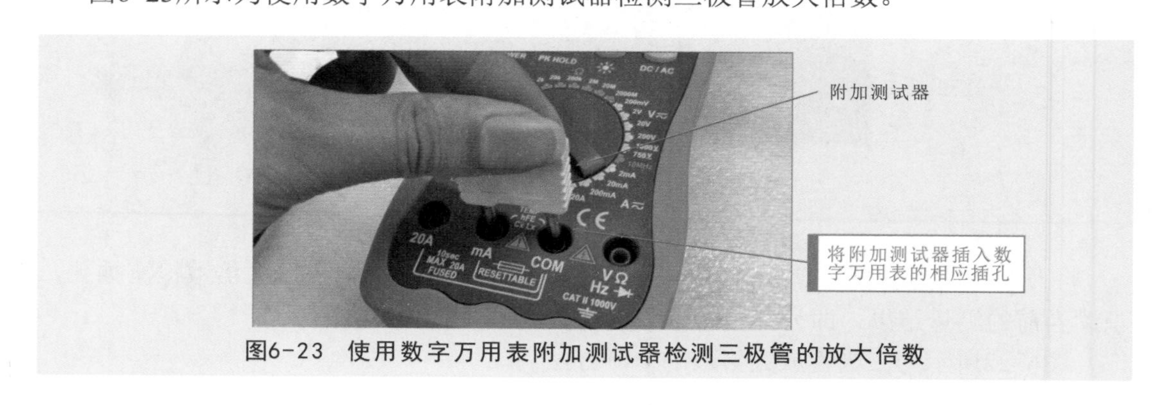

图6-23 使用数字万用表附加测试器检测三极管的放大倍数

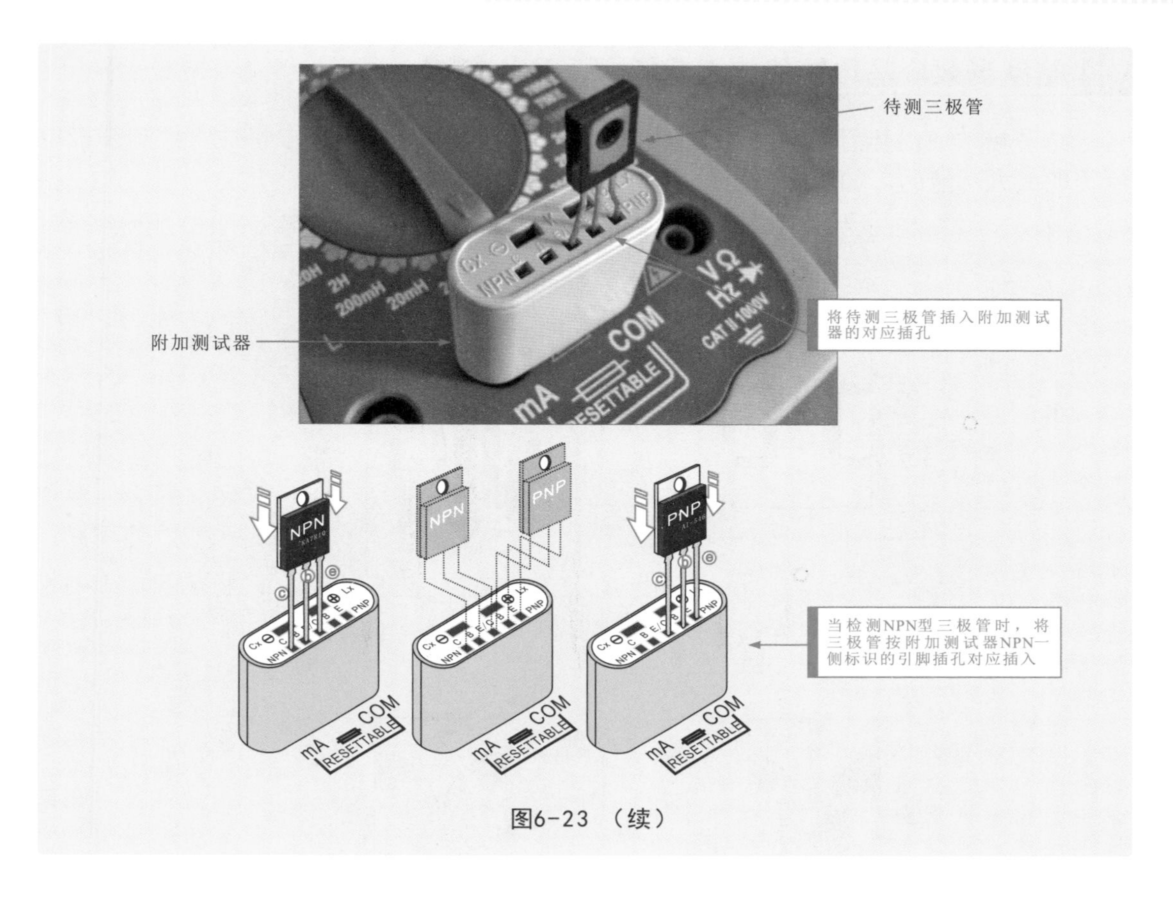

图6-23 （续）

6.3 万用表检测场效应晶体管

6.3.1 认识常用场效应晶体管

场效应晶体管（Field-Effect Transistor，FET），是一种典型的电压控制型半导体器件，具有输入阻抗高、噪声小、热稳定性好等特点，但容易被静电击穿。

图6-24所示为场效应晶体管的实物外形。

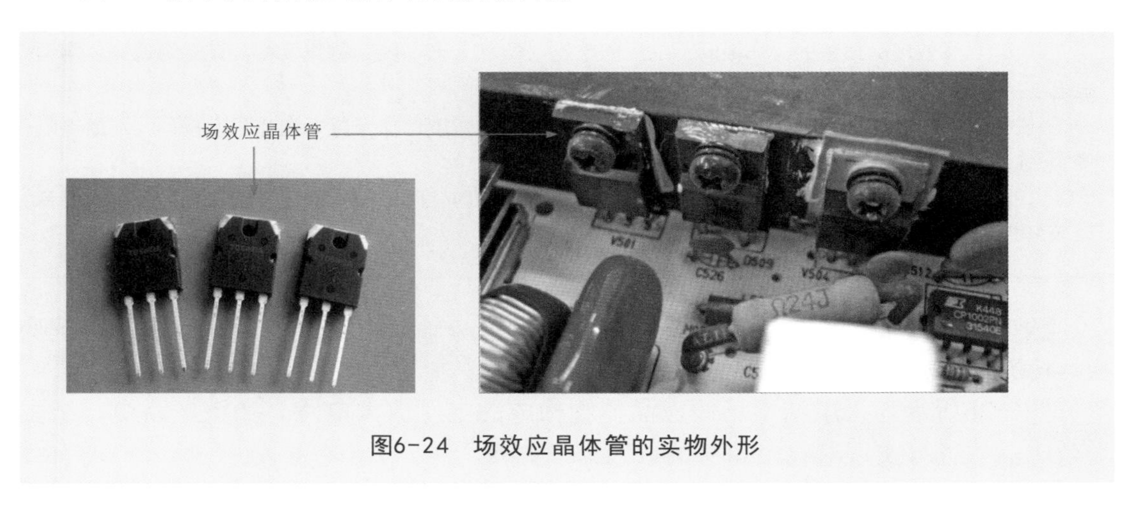

图6-24 场效应晶体管的实物外形

1 结型场效应晶体管的放大功能

结型场效应晶体管是利用沟道两边耗尽层的宽窄改变沟道导电特性来控制漏极电流实现放大功能的，如图6-25所示。

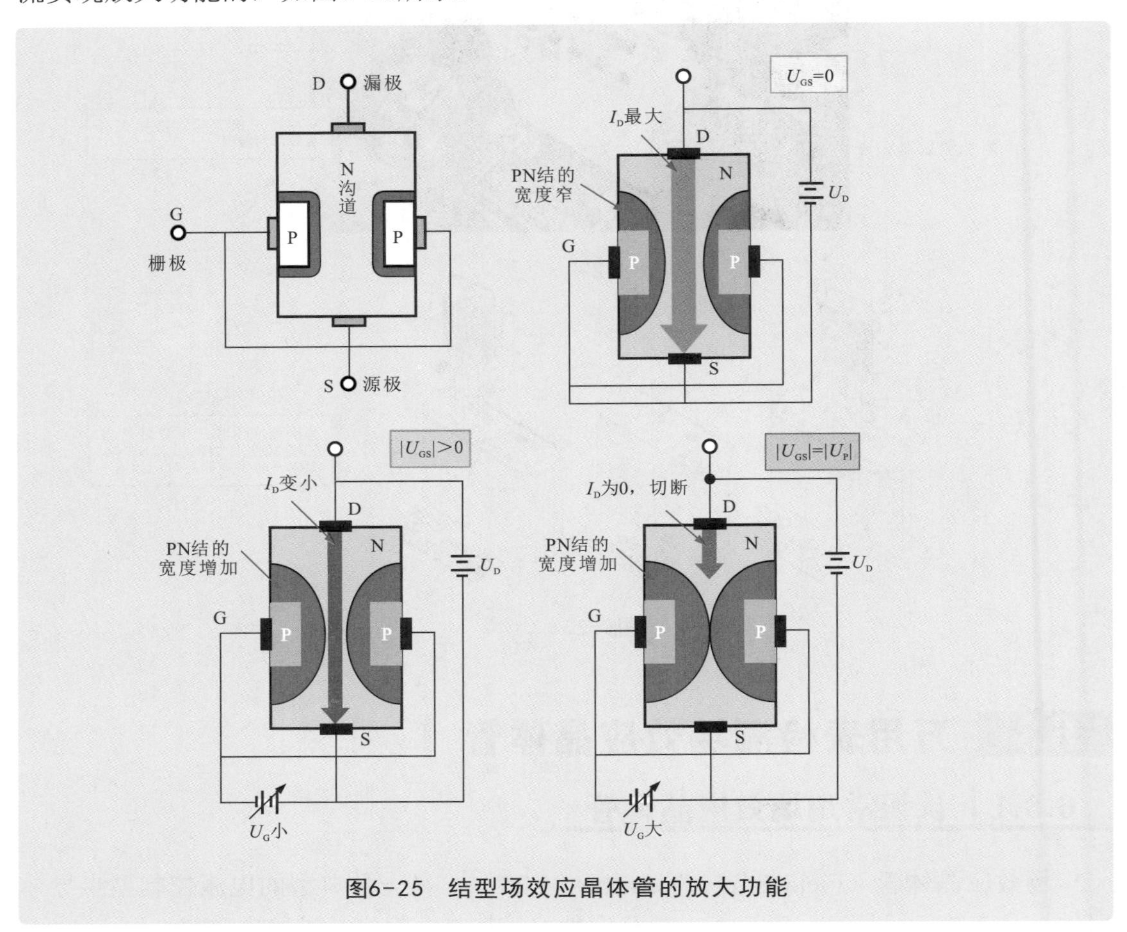

图6-25　结型场效应晶体管的放大功能

补充说明

（1）当场效应晶体管的G、S极间不加反向电压（U_{GS}=0）时，PN结的宽度窄，导电沟道宽，沟道电阻小，I_D最大。

（2）当场效应晶体管的G、S极间加负电压时，PN结的宽度增加，导电沟道宽度减小，沟道电阻增大，I_D变小。

（3）当场效应晶体管G、S极间的负向电压进一步增加时，PN结的宽度进一步加宽，两边PN结合拢（夹断），没有导电沟道，即沟道电阻很大，I_D为0。

结型场效应晶体管一般用于音频放大器的差分输入电路及调制、放大、阻抗变换、稳流、限流、自动保护等电路中。

图6-26所示为采用结型场效应晶体管构成的电压放大电路。在该电路中，结型场效应晶体管可实现对输出信号的放大。

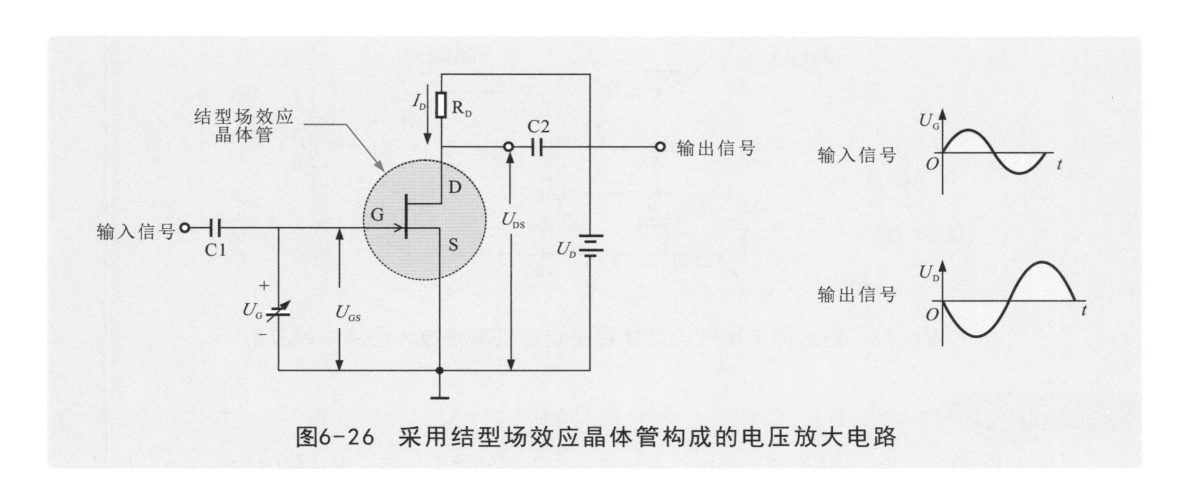

图6-26 采用结型场效应晶体管构成的电压放大电路

2 绝缘栅型场效应晶体管的放大功能

绝缘栅型场效应晶体管是利用PN结之间感应电荷的多少改变沟道导电特性来控制漏极电流实现放大功能的，如图6-27所示。

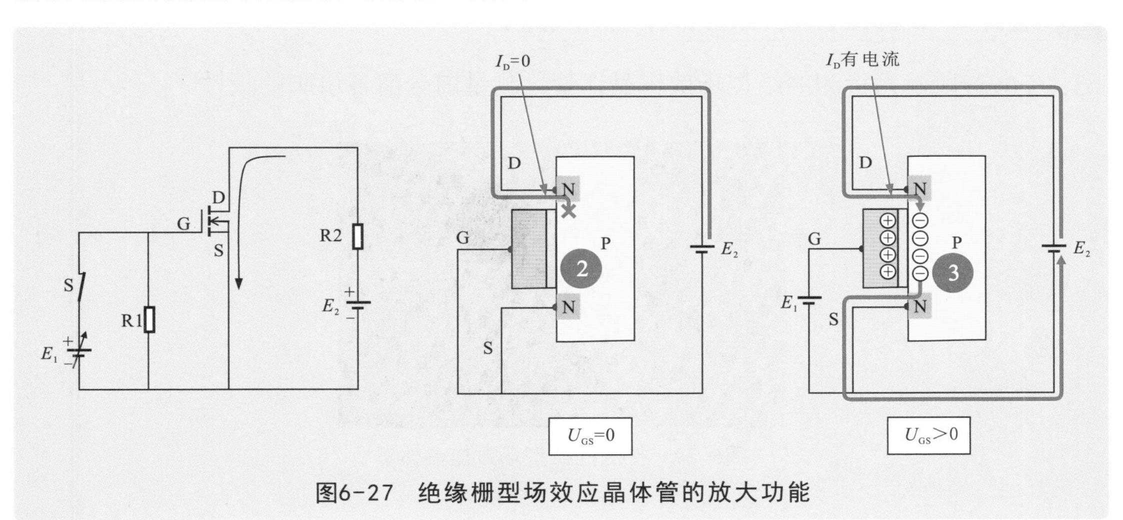

图6-27 绝缘栅型场效应晶体管的放大功能

补充说明

电源E_2经电阻R2为漏极供电，电源E_1经开关S为栅极提供偏压。

当开关S断开时，G极无电压，D、S极所接的两个N区之间没有导电沟道，无法导通，I_D=0。

当开关S闭合时，G极获得正电压，与G极连接的铝电极有正电荷，产生电场穿过SiO_2层，将P型衬底的很多电子吸引至SiO_2层，形成N型导电沟道（导电沟道的宽窄与电子的多少成正比），使S、D极之间产生正向电压，场效应晶体管导通。

绝缘栅型场效应晶体管常用在音频功率放大、开关电源、逆变器、电源转换器、镇流器、充电器、电动机驱动、继电器驱动等电路中。

图6-28所示为绝缘栅型场效应晶体管在收音机高频放大电路中的应用，可实现高频放大作用。

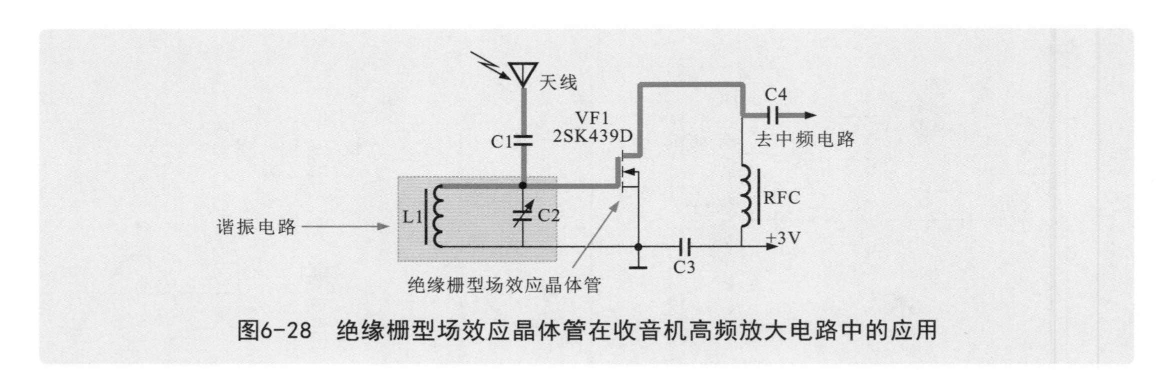

图6-28　绝缘栅型场效应晶体管在收音机高频放大电路中的应用

补充说明

在收音机高频电路中，绝缘栅型场效应晶体管可实现高频放大作用。天线接收的无线电波信号由C1耦合到由L1、C2组成的谐振电路。选频后的信号由场效应晶体管VF1高频放大后，由漏极（D）输出。放大后的信号由C4耦合到中频电路。

6.3.2　万用表检测场效应晶体管的案例

1　指针万用表检测场效应晶体管的案例

图6-29所示为待测的结型场效应晶体管。测量前分清各引脚的极性。

图6-29　待测的结型场效应晶体管

图6-30所示为使用指针万用表检测结型场效应晶体管的方法。

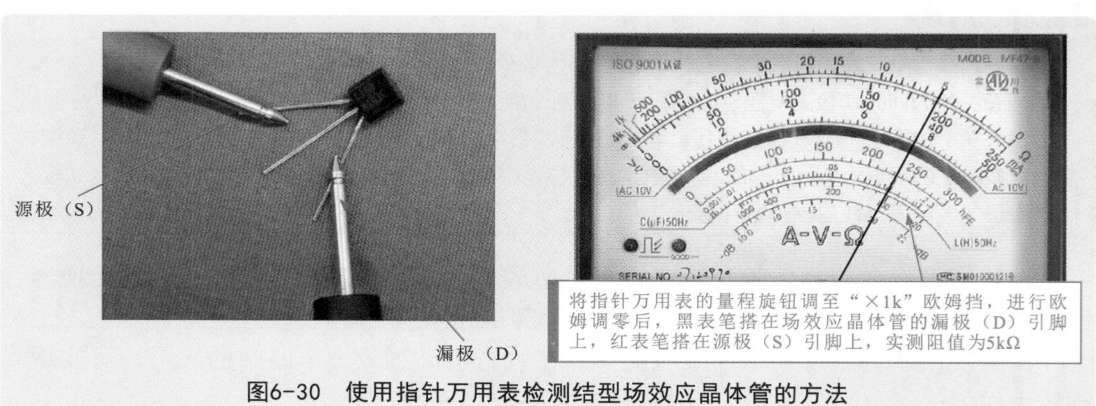

图6-30　使用指针万用表检测结型场效应晶体管的方法

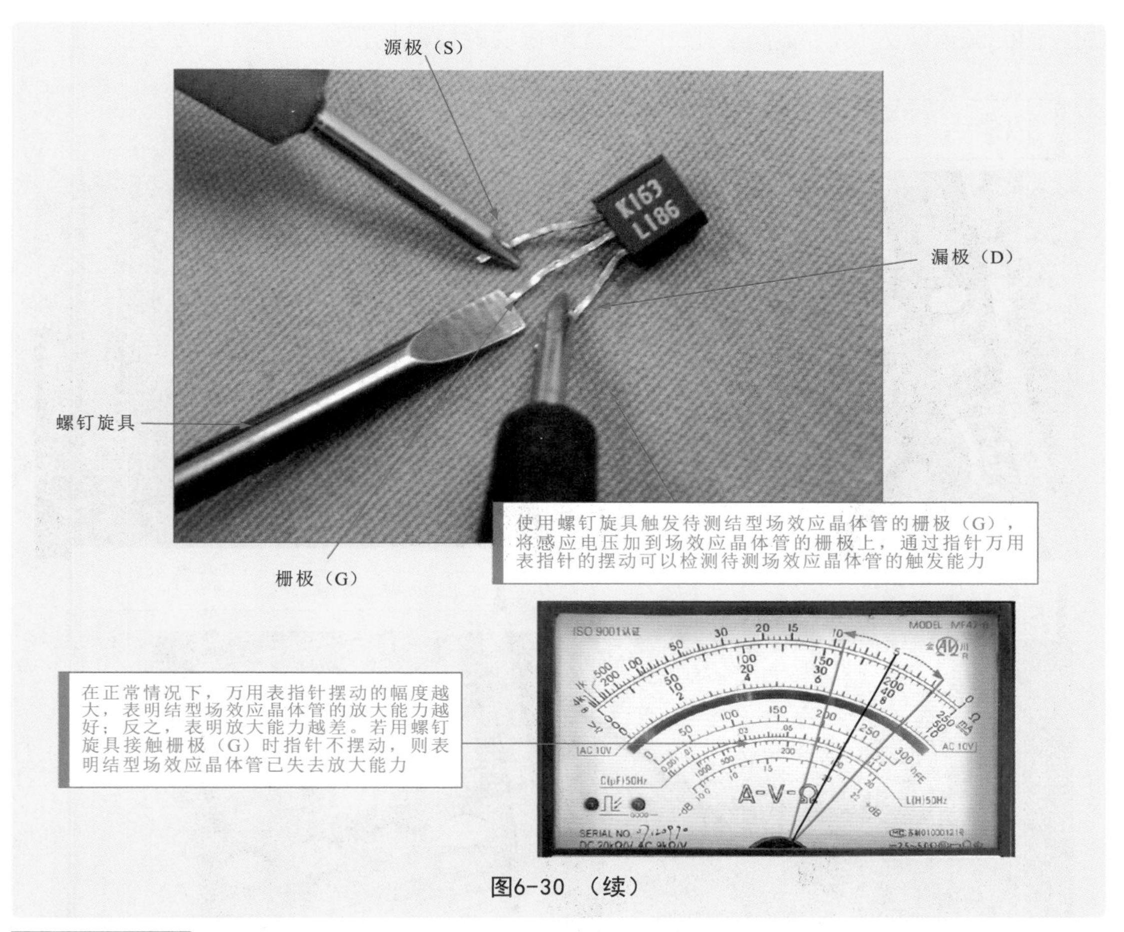

图6-30 （续）

补充说明

当测量一次后再次测量时，表针可能不动，这是正常的。因为在第一次测量时，G、S之间的结电容积累了电荷。为能够使万用表的表针再次摆动，可在测量后短接一下G、S。

2 数字万用表检测场效应晶体管的案例

如图6-31所示，在检测前分清待测场效应晶体管的引脚极性。

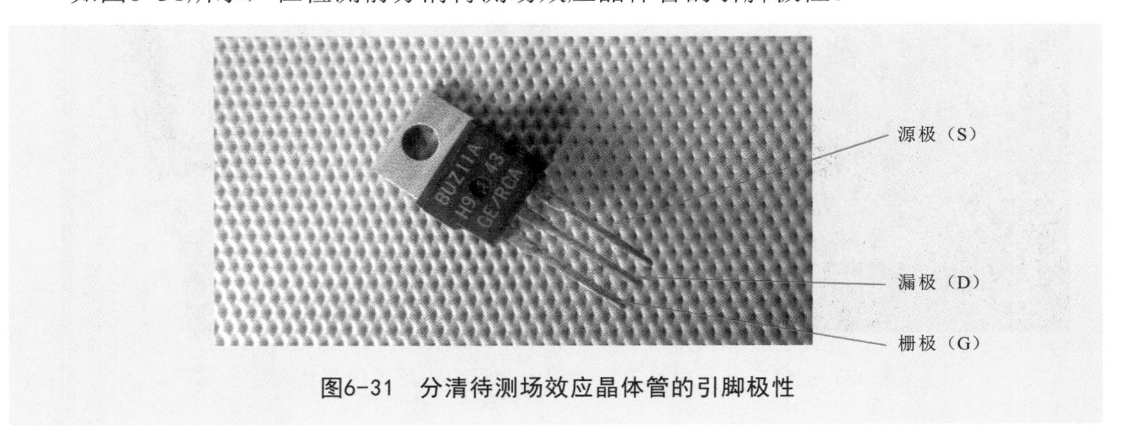

图6-31 分清待测场效应晶体管的引脚极性

图6-32所示为使用数字万用表二极管测量功能检测场效应晶体管的方法。

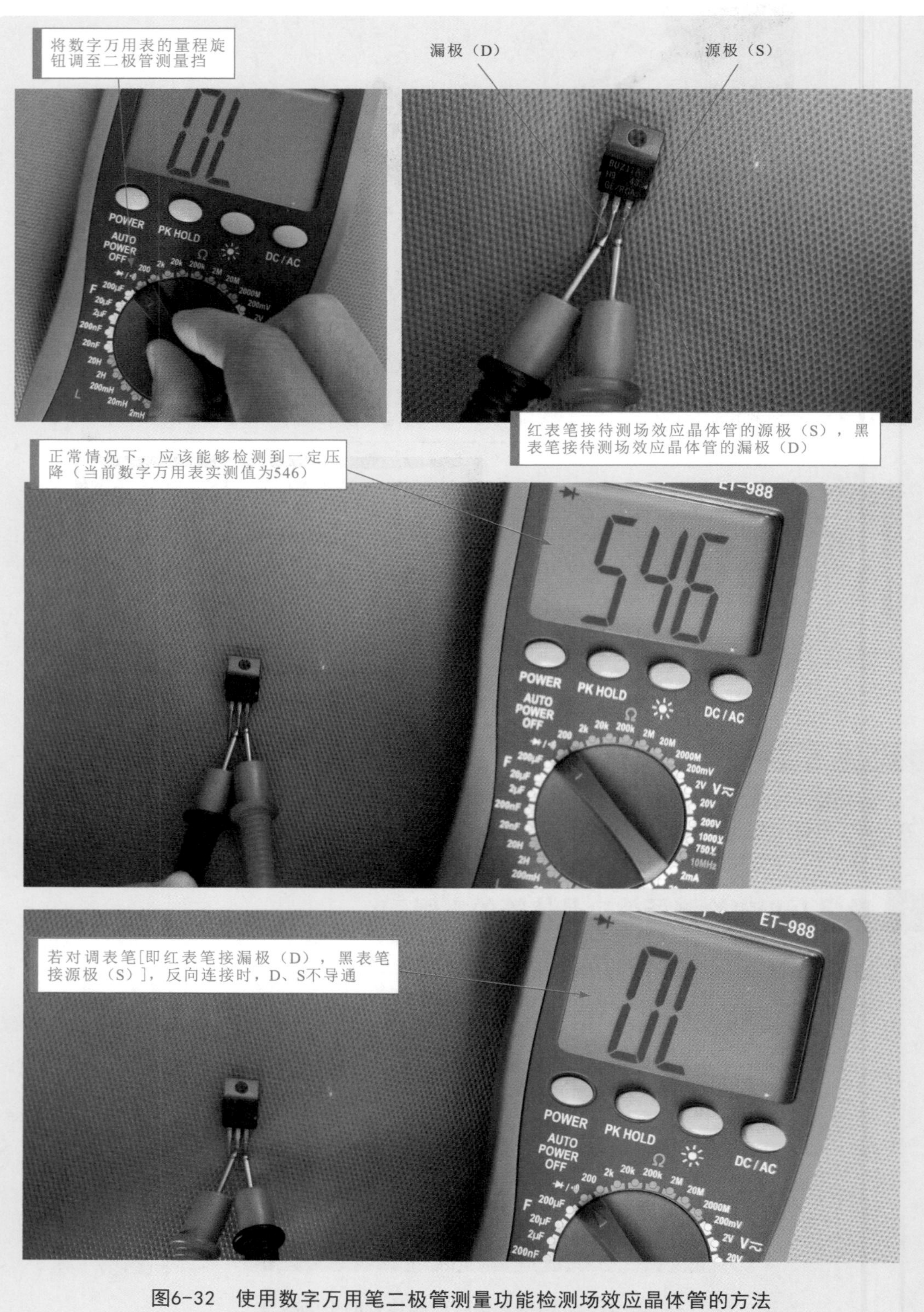

图6-32　使用数字万用笔二极管测量功能检测场效应晶体管的方法

补充说明

若反向检测源极S和漏极D之间为导通状态，则说明待测场效应晶体管击穿损坏。此外，在正常情况下，除D、S之间有一定的压降外，其余各引脚间都是不导通的。如果检测栅极G与源极S之间也导通，则表明待测场效应晶体管已击穿损坏。

6.4 万用表检测晶闸管

6.4.1 认识常用晶闸管

晶闸管常作为电动机驱动/调速、电量通/断、调压、控温等的控制元器件，广泛应用于电子产品、工业控制及自动化生产等领域。

晶闸管种类多样，图6-33所示为单向晶闸管的实物外形。

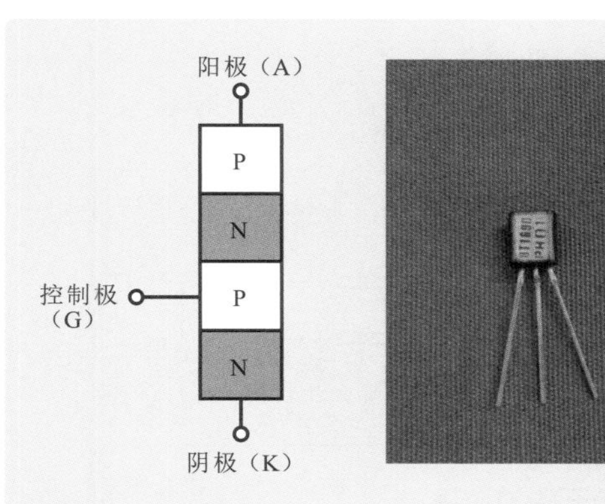

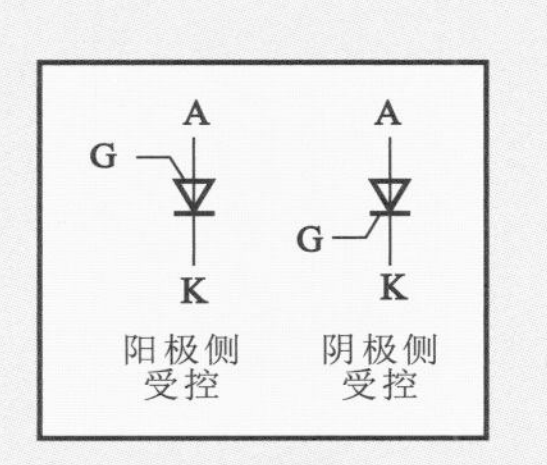

电路图形符号

图6-33　单向晶闸管的实物外形

图6-34所示为双向晶闸管的实物外形。双向晶闸管在结构上相当于两个单向晶闸管反极性并联，常用在交流电路中调节电压、电流或作为交流无触点开关。

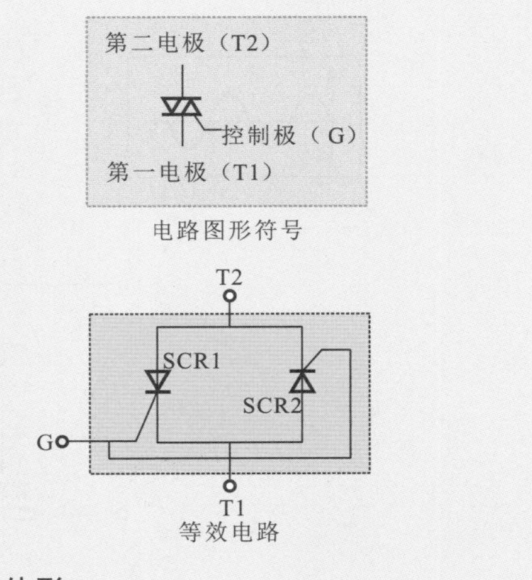

图6-34　双向晶闸管的实物外形

1 晶闸管用作可控电子开关

在很多电子或电器产品电路中，晶闸管在大多情况下起到可控电子开关的作用，即在电路中由其自身的导通和截止来控制电路接通、断开。

图6-35所示为晶闸管作为可控电子开关的应用。

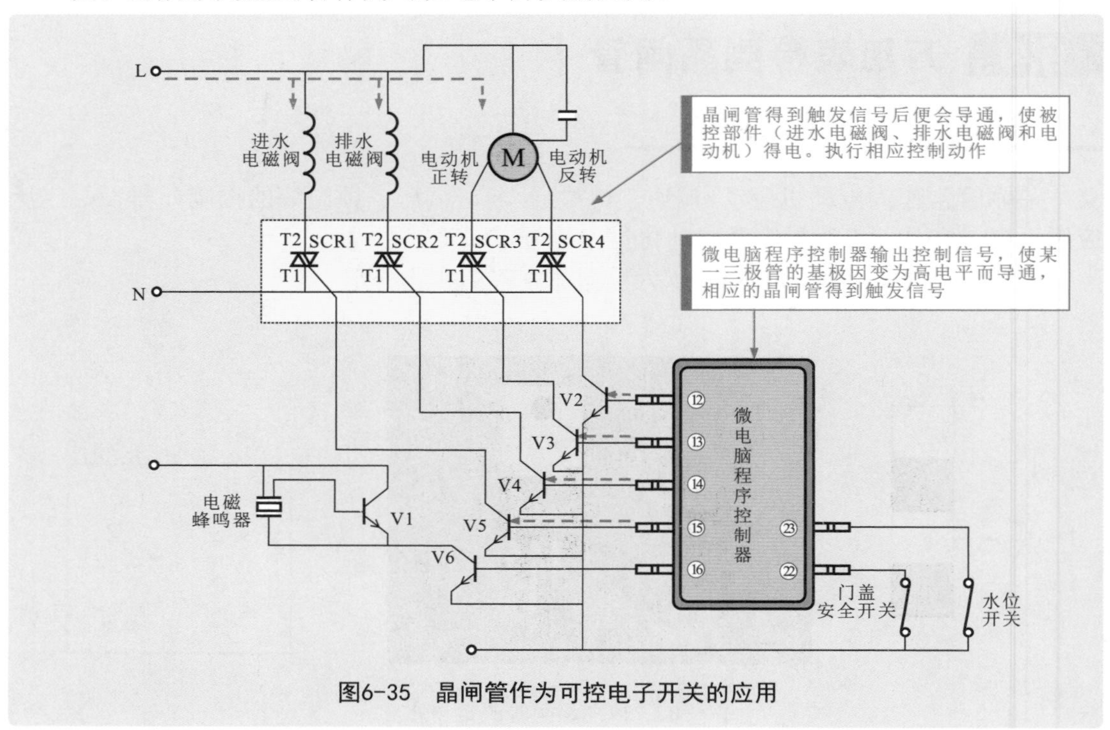

图6-35 晶闸管作为可控电子开关的应用

2 晶闸管用作可控整流元件

图6-36所示为由晶闸管构成的调压电路。晶闸管可与整流器件构成调压电路，使整流电路输出电压具有可调性。

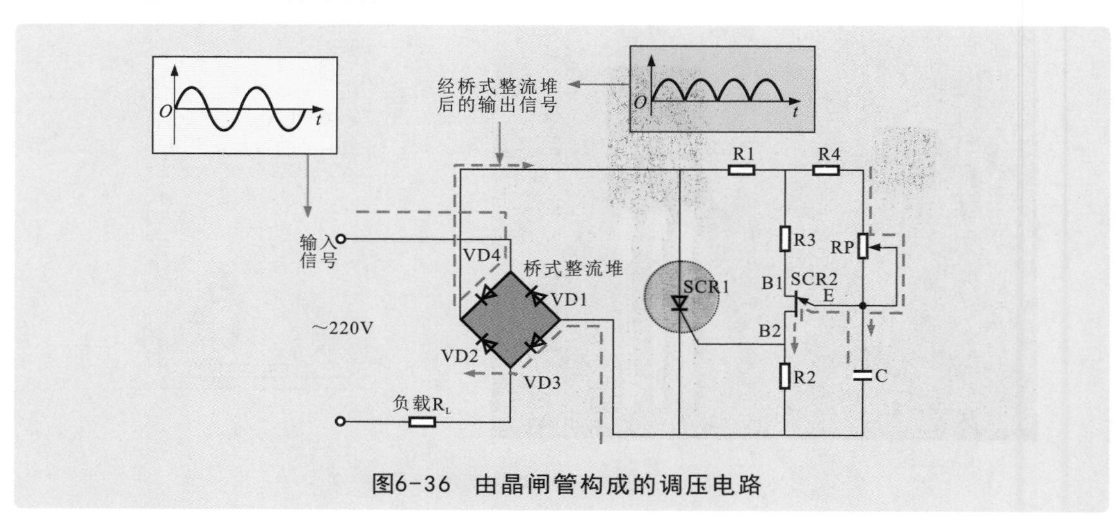

图6-36 由晶闸管构成的调压电路

补充说明

220V交流电压通过桥式整流堆整流，通过R1、R4及RP为电容器C充电。当充电电压达到单结晶闸管SCR2的峰点电压时，SCR2导通，电容器C通过SCR2的发射极E、基极B2和R2迅速放电，给晶闸管SCR1一个触发信号，SCR1导通。

晶闸管SCR1导通后，正向压降很低（观察整流后的波形），当整流后电压的第一个正半周达到最低点时，晶闸管SCR1自动关断，待下一个正半周到来。

改变可变电阻器RP的阻值或电容器C的电容量可控制晶闸管SCR1的导通时间。

6.4.2 万用表判别单向晶闸管引脚极性的案例

使用万用表检测单向晶闸管的性能时，首先需要判别单向晶闸管的引脚极性，这是检测单向晶闸管的关键环节。

图6-37所示为使用万用表通过阻值测量判别单向晶闸管引脚极性的方法。将万用表的量程旋钮调至×1k欧姆挡，两表笔任意搭在单向晶闸管的两引脚端。单向晶闸管只有控制极和阴极之间存在正向阻值，其他各极之间的阻值都为无穷大。当检测出某两个引脚之间有阻值时，可确定这两个引脚为控制极（G）和阴极（K），剩下的一个引脚为阳极（A）。

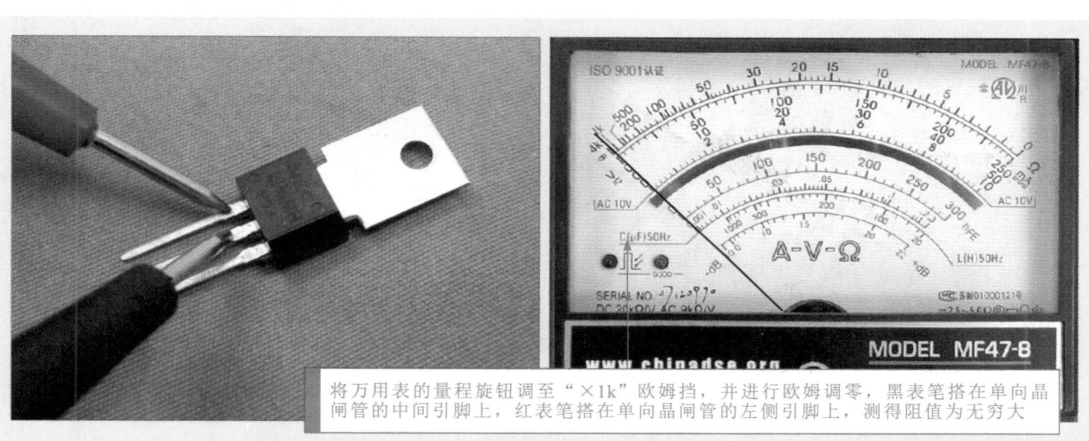

图6-37 使用万用表通过阻值测量判别单向晶闸管引脚极性的方法

视频：使用万用表通过阻值测量判别单向晶闸管引脚极性的方法

6.4.3 万用表检测单向晶闸管的案例

对于单向晶闸管，可通过万用表检测其触发能力，如图6-38所示。

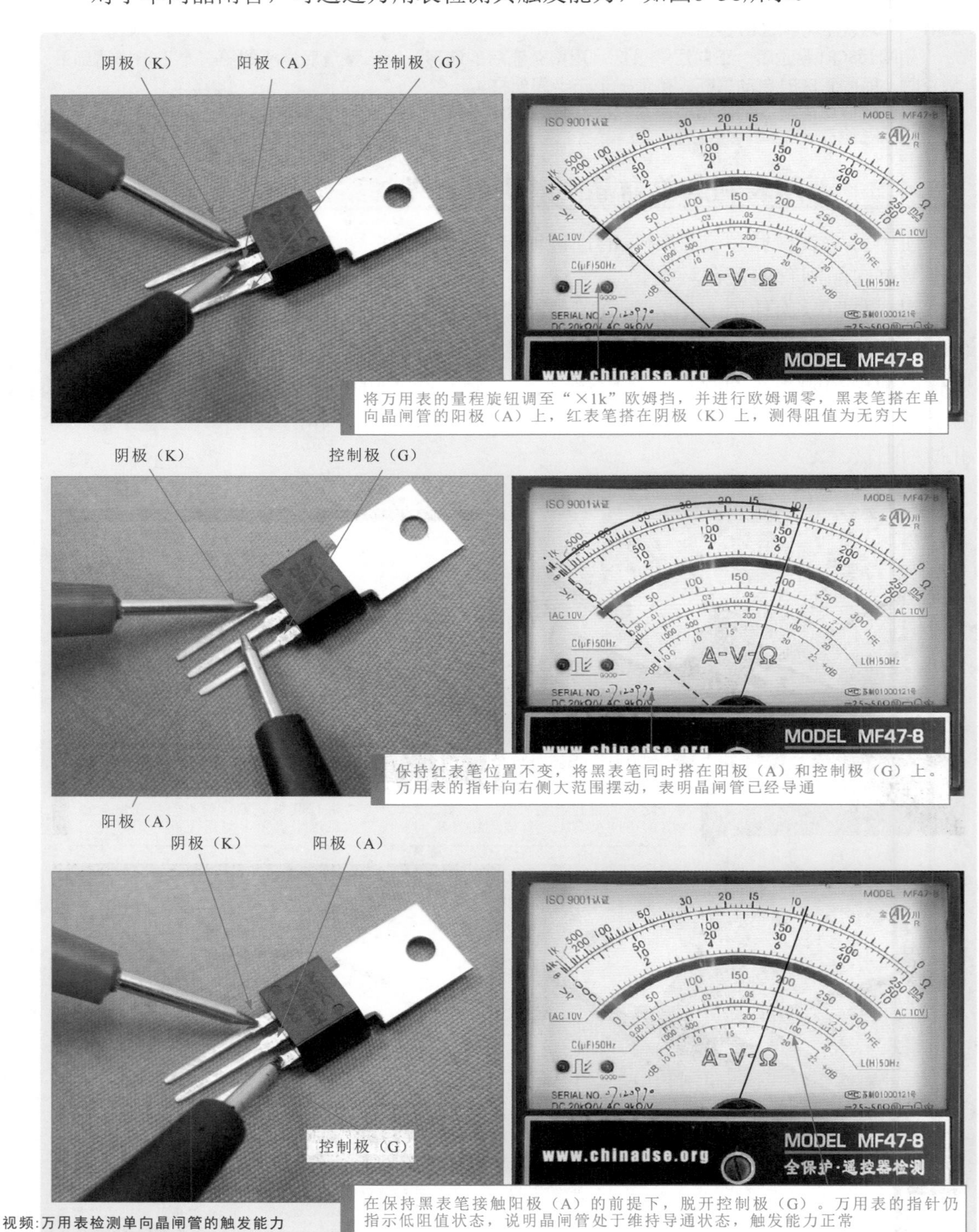

视频：万用表检测单向晶闸管的触发能力

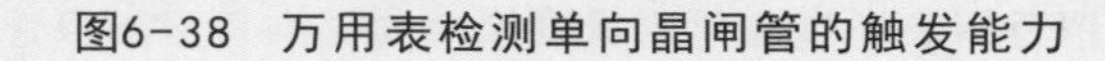
图6-38 万用表检测单向晶闸管的触发能力

6.4.4 万用表检测双向晶闸管的案例

对于双向晶闸管，可通过万用表检测其触发能力，如图6-39所示。

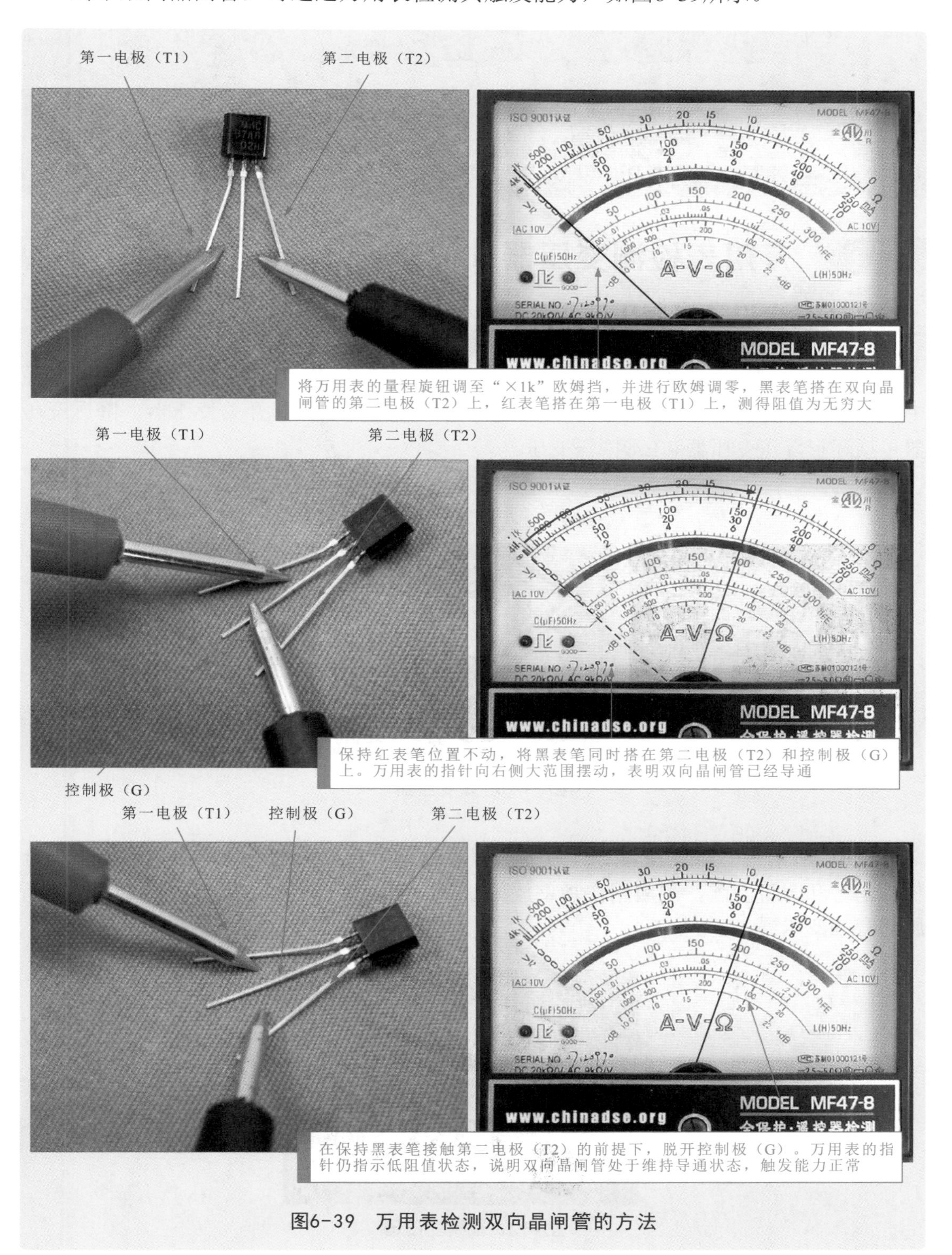

图6-39 万用表检测双向晶闸管的方法

第7章 万用表检测电气部件

7.1 万用表检测变压器

7.1.1 认识常用变压器

变压器可利用电磁感应原理传递电能或传输交流信号，广泛应用在各种电子产品中。图7-1所示为电源变压器，电源变压器包括降压变压器和开关变压器。降压变压器包括环形降压变压器和E形降压变压器。

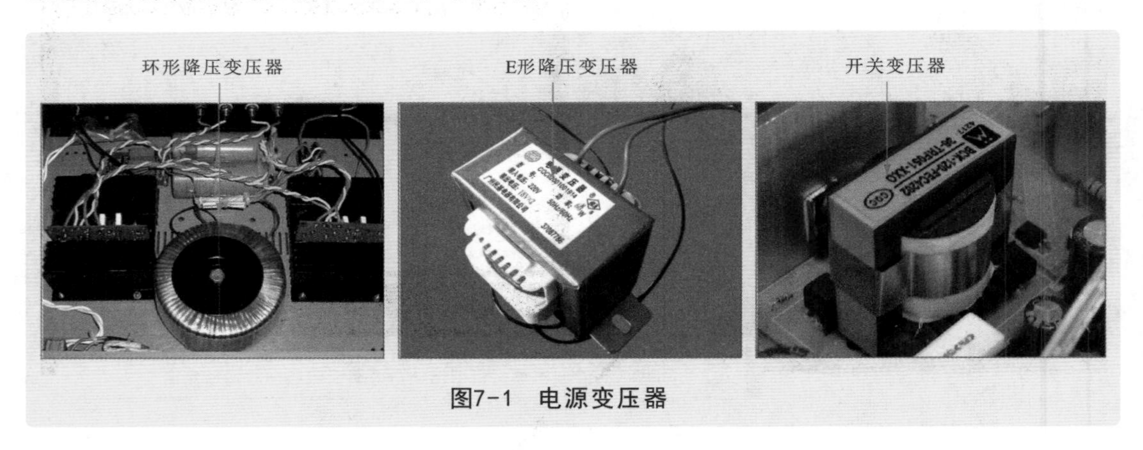

图7-1 电源变压器

图7-2所示为音频变压器。音频变压器是传输音频信号的变压器，主要用来耦合传输信号和阻抗匹配，多应用在功率放大器中，如高保真音响放大器，需要采用高品质的音频变压器。

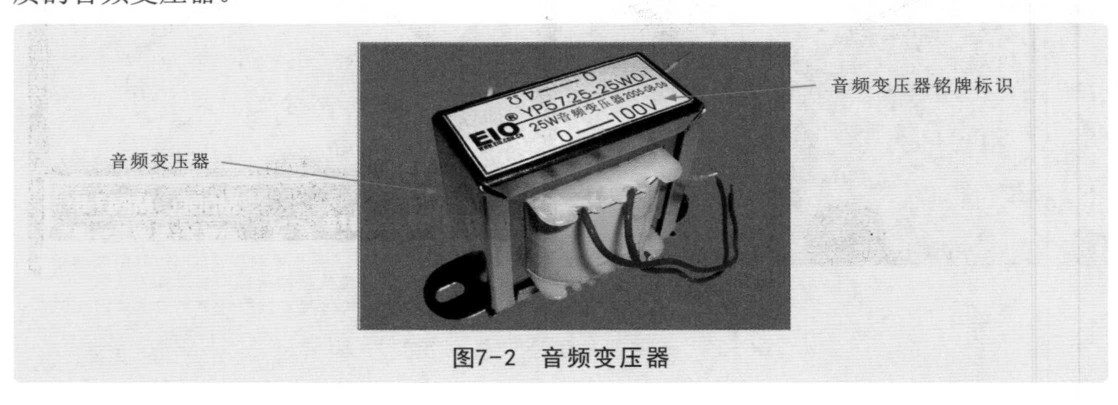

图7-2 音频变压器

变压器在电路中主要用来实现电压变换、阻抗变换、相位变换、电气隔离、信号传输等功能。

1 电压变换功能

提升或降低交流电压是变压器在电路中的主要功能，如图7-3所示。

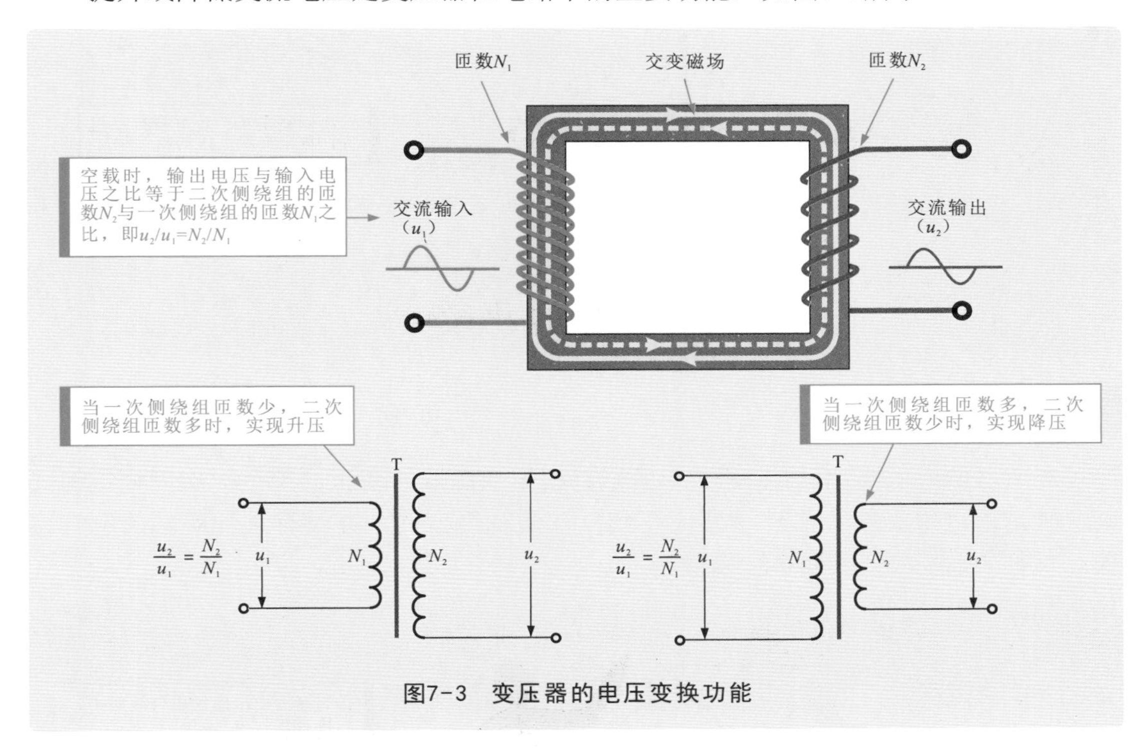

图7-3 变压器的电压变换功能

2 阻抗变换功能

变压器通过一次侧线圈、二次侧线圈可实现阻抗变换，即一次侧与二次侧线圈的匝数比不同，输入与输出的阻抗也不同，如图7-4所示。

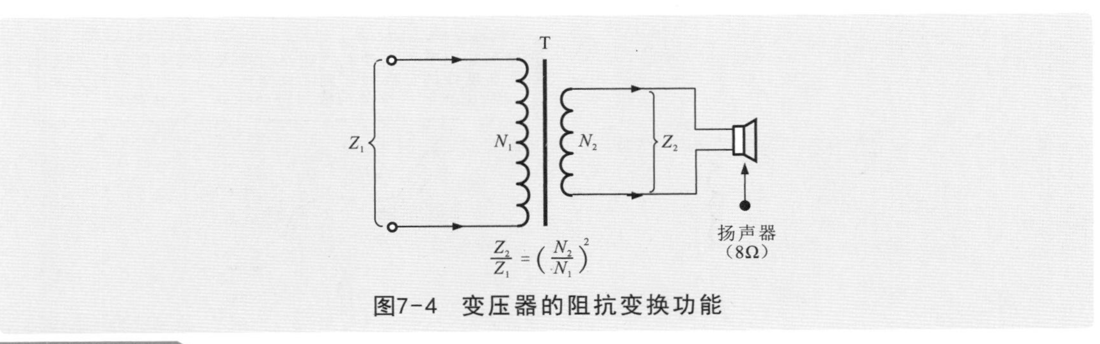

图7-4 变压器的阻抗变换功能

补充说明

在数值上，二次侧绕组阻抗Z_2与一次侧绕组阻抗Z_1之比，等于二次侧绕组匝数N_2与一次侧绕组匝数N_1之比的平方。变压器将高阻抗输入变成低阻抗输出与扬声器的阻抗匹配。

3 相位变换功能

如图7-5所示，通过改变变压器一次侧和二次侧绕组的绕线方向和连接，可以很方便地将输入信号的相位倒相。

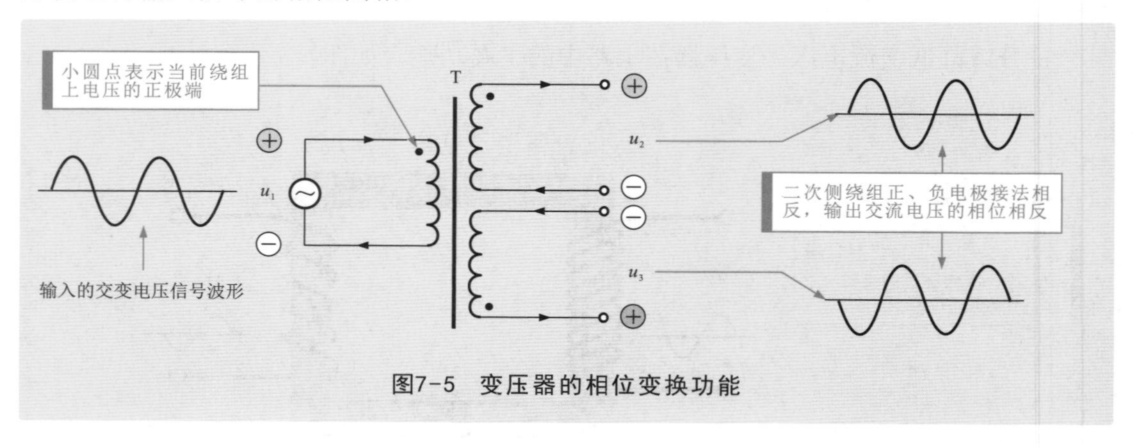

图7-5 变压器的相位变换功能

4 电气隔离功能

变压器的电气隔离功能如图7-6所示。根据变压器的变压原理，一次侧绕组的交流电压是通过电磁感应原理“感应”到二次侧绕组上的，并没有进行实际的电气连接，因而变压器具有电气隔离功能。

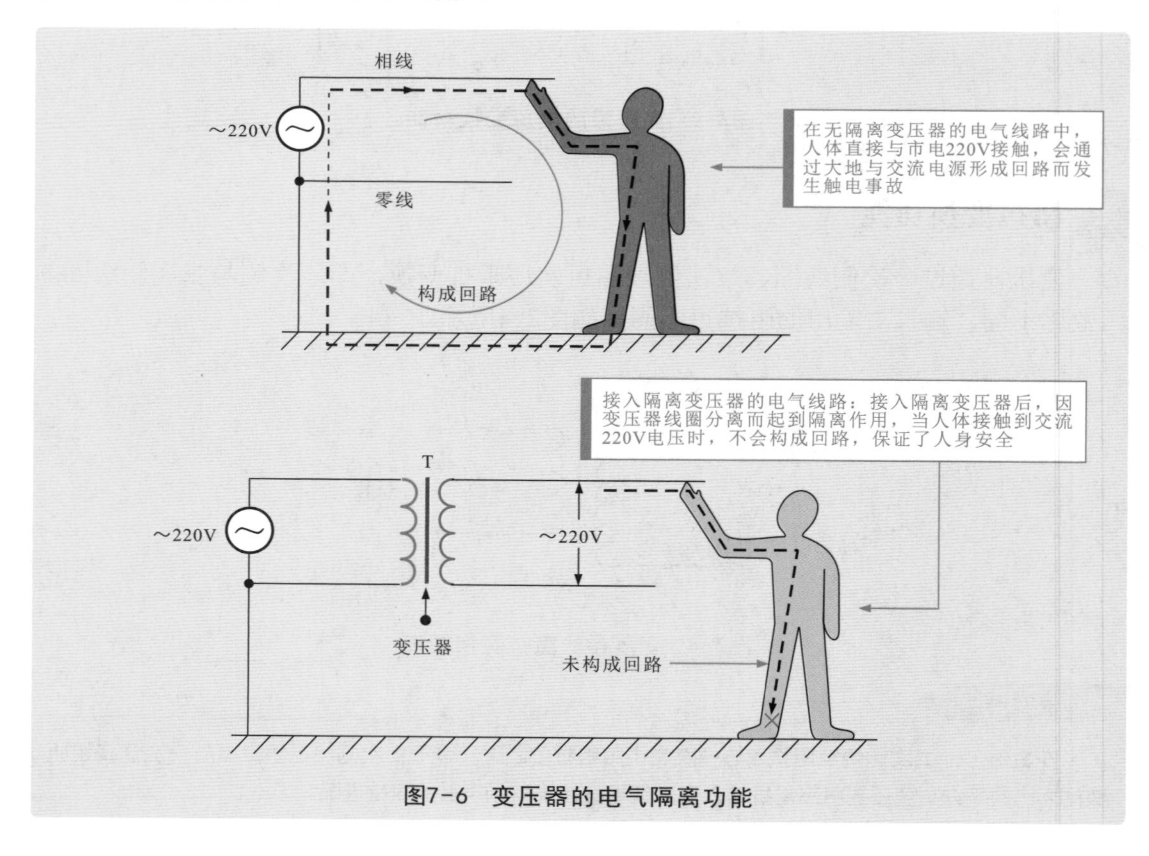

图7-6 变压器的电气隔离功能

7.1.2 万用表检测电源变压器的案例

变压器绕组阻值检测主要包括对一次侧与二次侧绕组自身阻值的检测、绕组与绕组之间绝缘电阻的检测、绕组与铁芯或外壳之间绝缘电阻的检测三个方面，在检测变压器绕组阻值之前，应首先区分待测变压器的绕组引脚，如图7-7所示。

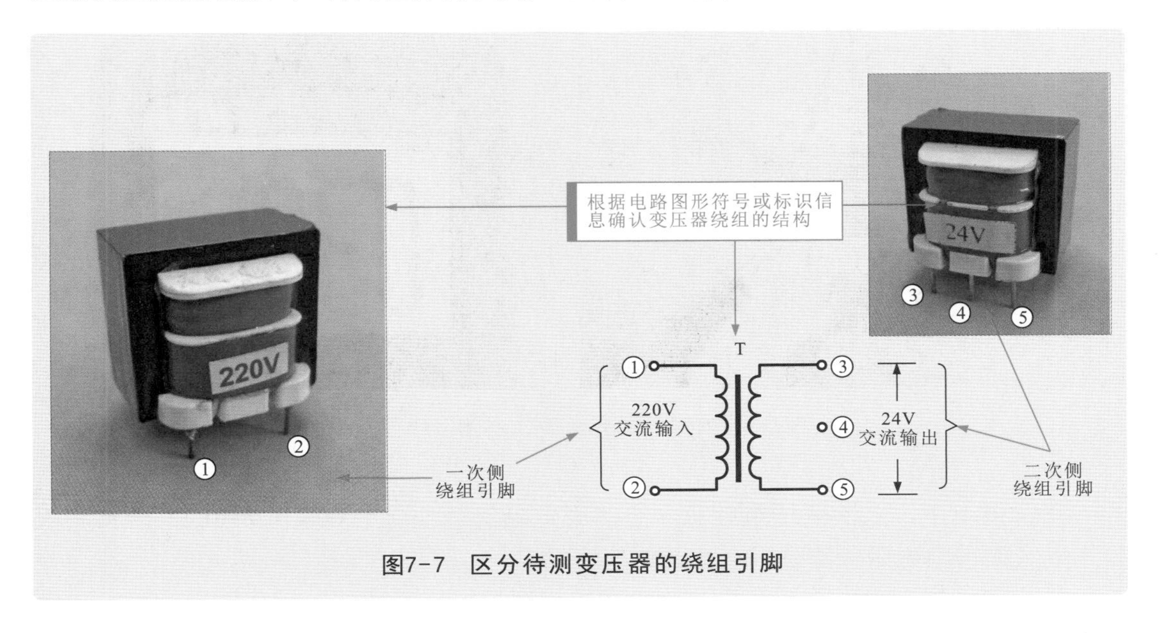

图7-7 区分待测变压器的绕组引脚

将万用表的量程旋钮调至欧姆挡，红、黑表笔分别搭在待测变压器的一次侧绕组两引脚上，检测待测电源变压器一次侧绕组阻值。图7-8所示为待测电源变压器一次侧绕组阻值的检测方法。

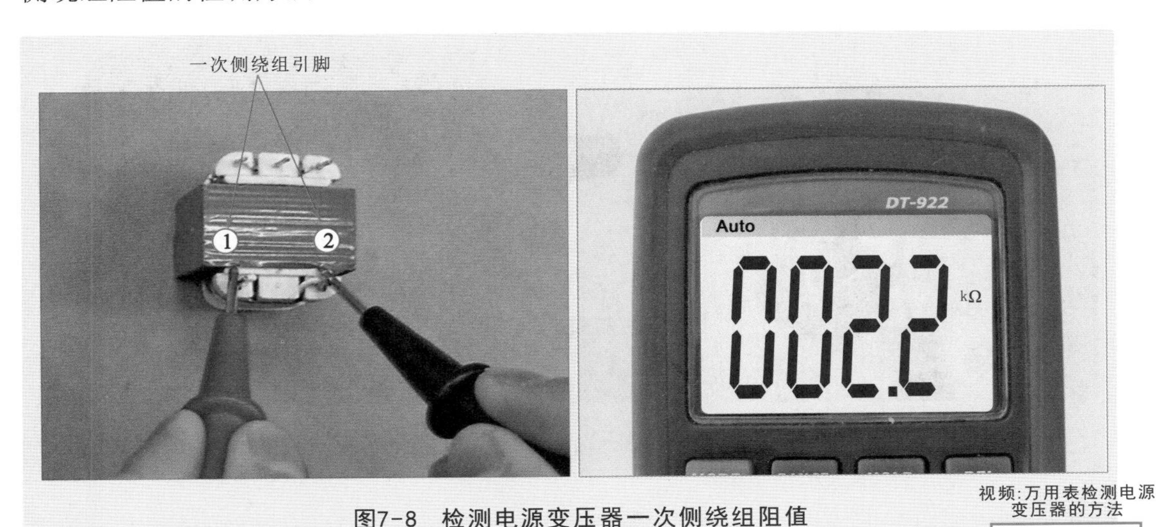

图7-8 检测电源变压器一次侧绕组阻值

视频:万用表检测电源变压器的方法

正常情况下，一次侧绕组应有一定的固定阻值。当前实测阻值为2.2kΩ。若实测阻值为无穷大，则说明所测绕组存在断路的情况。

接下来，将万用表的红、黑表笔分别搭在待测变压器的二次侧绕组两引脚上，检测待测电源变压器二次侧绕组阻值。

图7-9所示为待测电源变压器二次侧绕组阻值的检测方法。

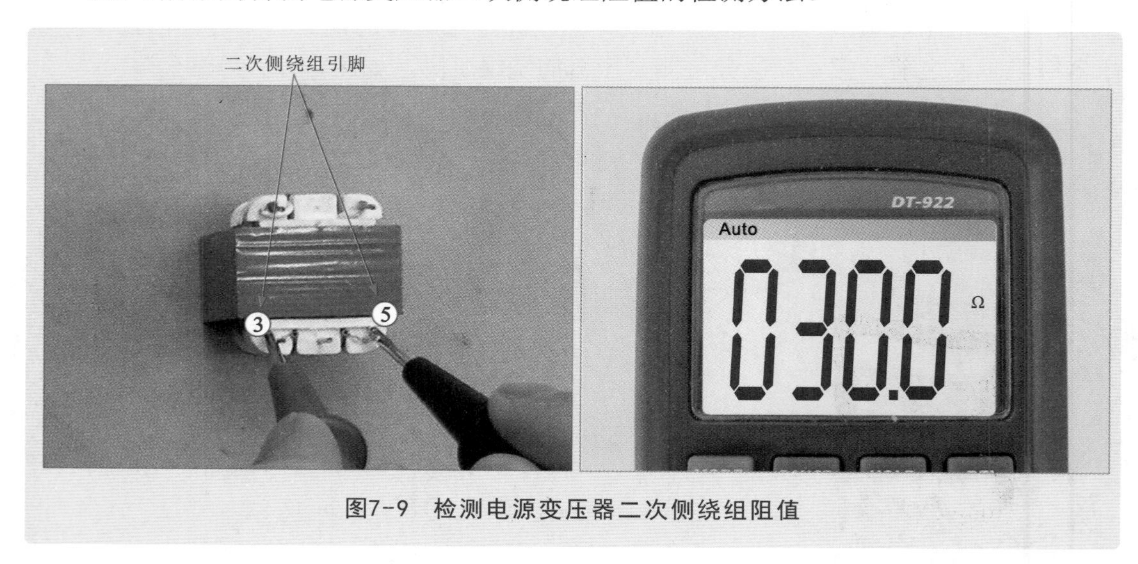

图7-9 检测电源变压器二次侧绕组阻值

正常情况下，二次侧绕组应有一定的固定阻值。当前实测阻值为30Ω。若实测阻值为无穷大，则说明所测绕组存在断路的情况。

接下来，将万用表的红、黑表笔分别搭接在待测电源变压器一次侧绕组和二次侧绕组的任意两引脚上，检测一次侧绕组和二次侧绕组间的电阻值，如图7-10所示。

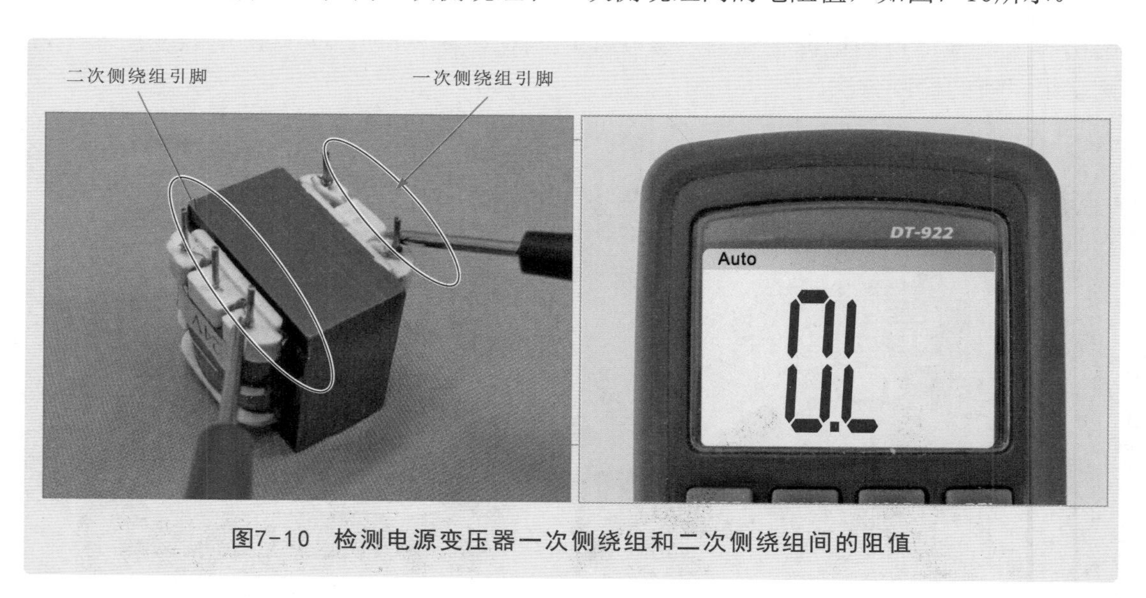

图7-10 检测电源变压器一次侧绕组和二次侧绕组间的阻值

如果待测电源变压器有多个二次侧绕组，则应依次检测每个二次侧绕组与一次侧绕组之间的阻值。

正常情况下，一次侧绕组和二次侧绕组之间的阻值应为无穷大。若所测得的两侧绕组之间阻值很小，则说明所测变压器绕组之间存在短路现象。

最后，如图7-11所示，将万用表红、黑表笔分别搭在待测电源变压器铁芯和任意绕组上，检测变压器绕组与铁芯之间的阻值。

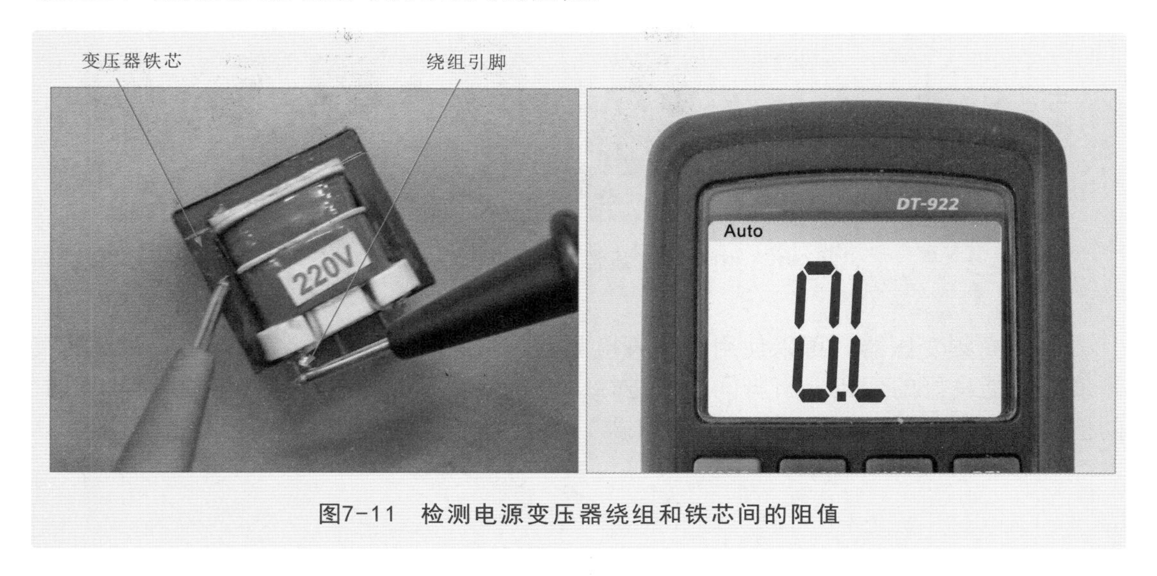

图7-11　检测电源变压器绕组和铁芯间的阻值

正常情况下，变压器绕组和铁芯之间的阻值应为无穷大。若实测时有一定的阻值或阻值很小，都说明所测变压器绕组与铁芯之间存在短路情况。

7.1.3 万用表检测中高频变压器的案例

中、高频变压器在无线电信号的收发设备中应用十分广泛，例如收音机的本振线圈、中频变压器、谐振电路中的变压器都属于中、高频变压器，为了便于使用这种变压器都制成了标准尺寸，如图7-12所示。

图7-12　典型中、高频变压器

中、高频变压器的电路结构和符号如图7-13所示，通常初级线圈外接电容器与初级绕组构成谐振电路，以便进行选频。有些变压器将谐振电容器安装在屏蔽壳内。

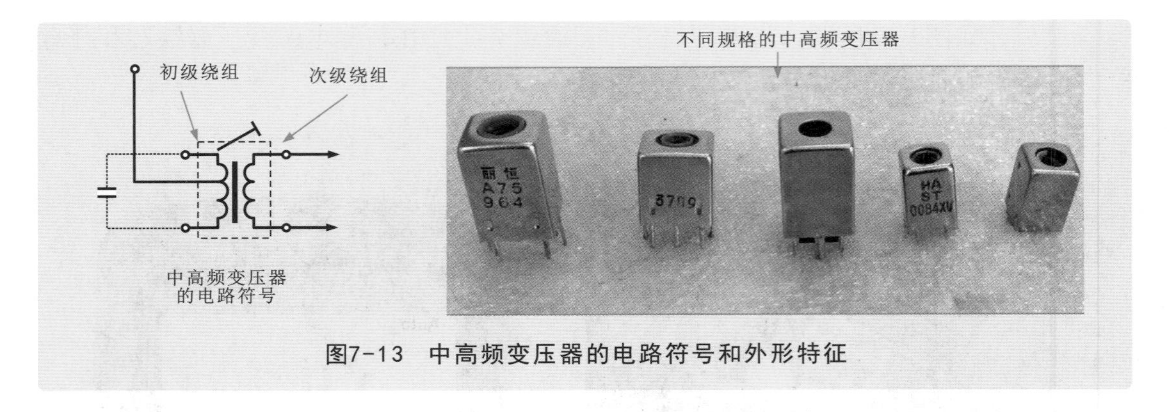

图7-13　中高频变压器的电路符号和外形特征

对中高频变压器，可以使用万用表检测其引脚间的阻值，然后将万用表测量的实测值与性能良好的变压器引脚间阻值进行比较，即可完成对中高频变压器引脚间阻值的检测。图7-14所示为待测的中频变压器，检测前先识别待测中频变压器的引脚。

图7-14　待测中频变压器的引脚

将万用表的量程调整至“×1”欧姆挡。如图7-15所示，检测中频变压器初级引脚间的阻值。

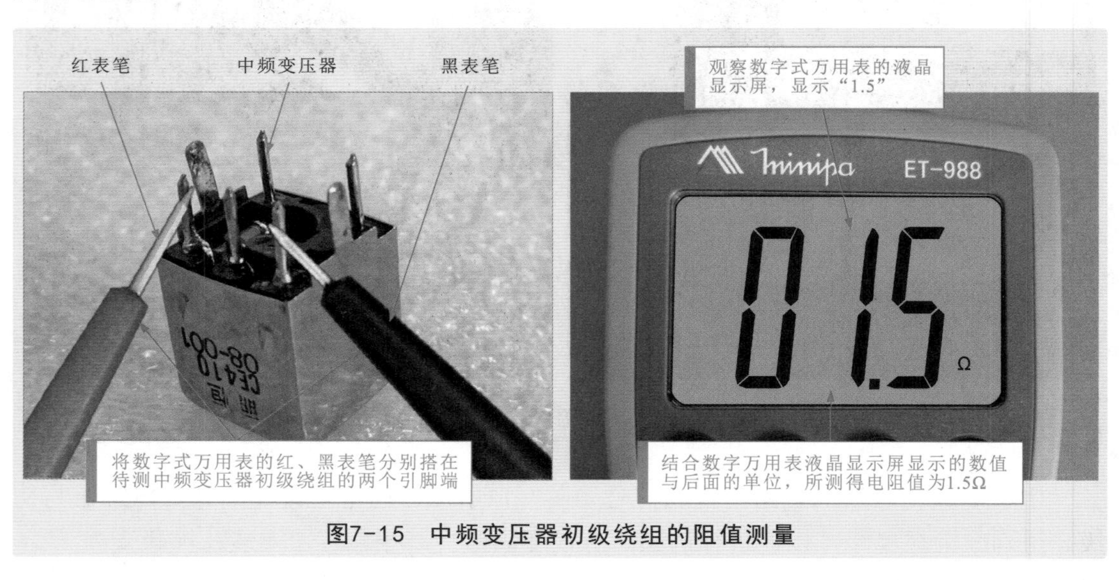

图7-15　中频变压器初级绕组的阻值测量

如图7-16所示，检测中频变压器次级引脚间的阻值。

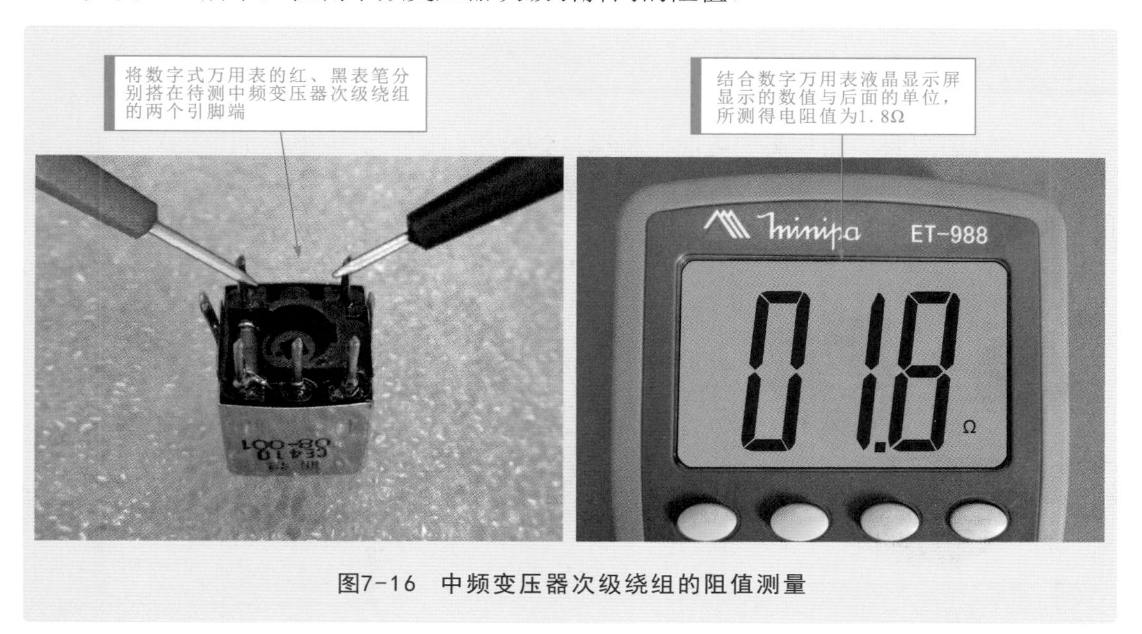

图7-16 中频变压器次级绕组的阻值测量

如图7-17所示，检测中频变压器初级绕组与次级绕组引脚间的阻值。

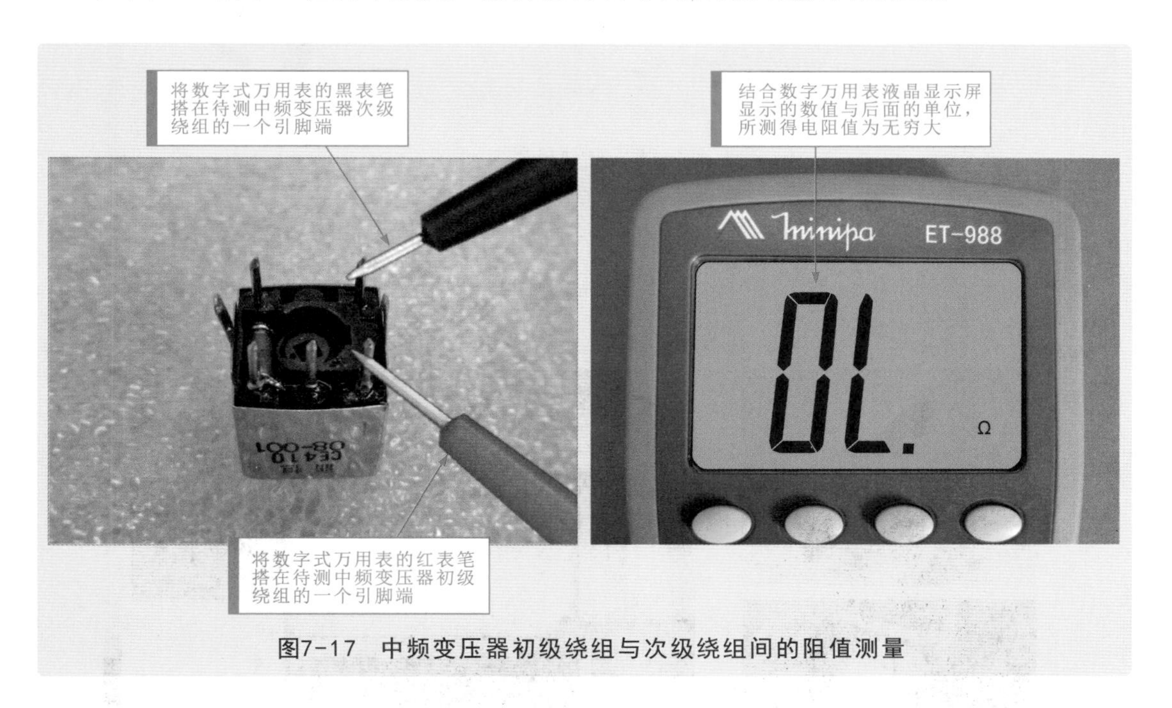

图7-17 中频变压器初级绕组与次级绕组间的阻值测量

补充说明

使用万用表检测中频变压器时，正常情况下，初级绕组、次级绕组引脚间应有一定的阻值；初级绕组与次级绕组引脚间的阻值应为无穷大。若检测的初级绕组与次级绕组引脚间有一定的阻值，则表明中频变压器本身损坏。

7.2 万用表检测电动机

7.2.1 认识常用电动机

电动机的主要功能是实现电能向机械能的转换，即将供电电源的电能转换为电动机转子转动的机械能，最终通过转子上转轴的转动带动负载转动，实现各种传动功能，如图7-18所示。

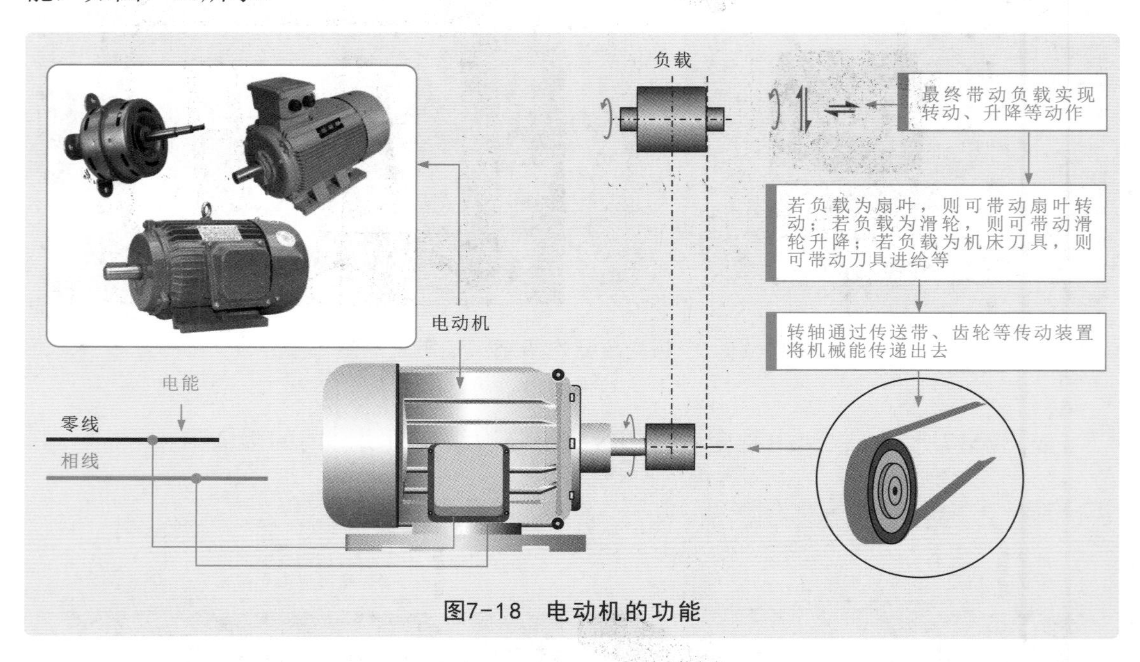

图7-18 电动机的功能

图7-19所示为典型应用中的电动机。

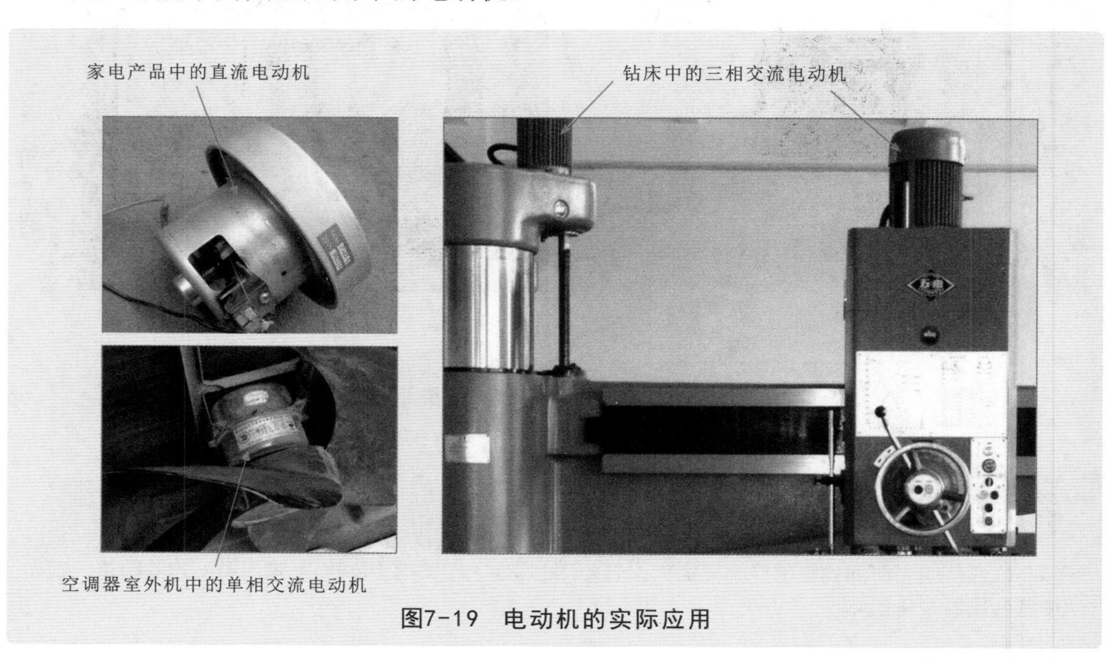

图7-19 电动机的实际应用

1 直流电动机

按照定子磁场的不同，直流电动机可以分为永磁式直流电动机和电磁式直流电动机。图7-20所示为永磁式直流电动机的结构。永磁式直流电动机的定子磁极是由永磁体组成的，利用永磁体提供磁场，使转子在磁场的作用下旋转。

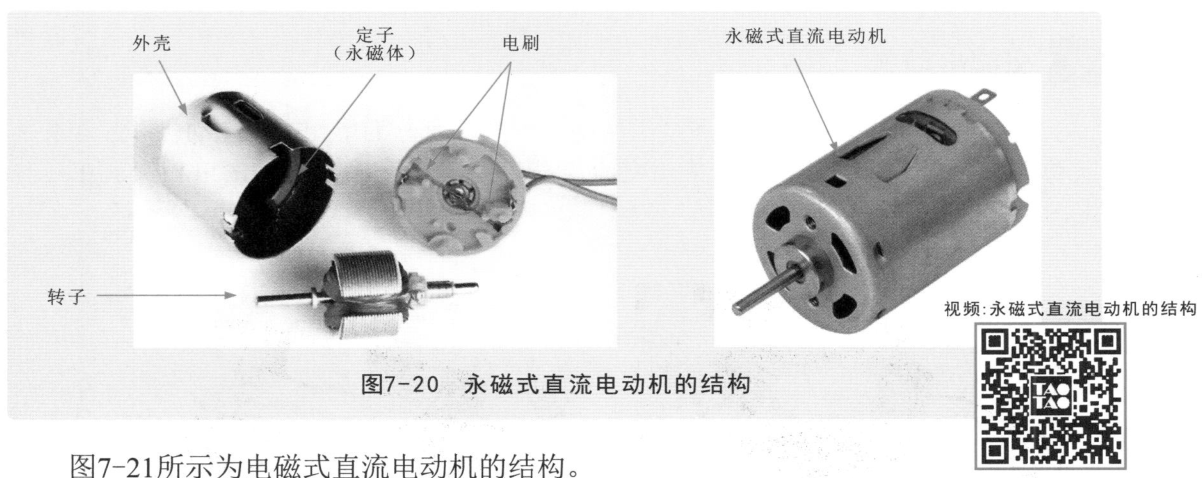

图7-20　永磁式直流电动机的结构

图7-21所示为电磁式直流电动机的结构。

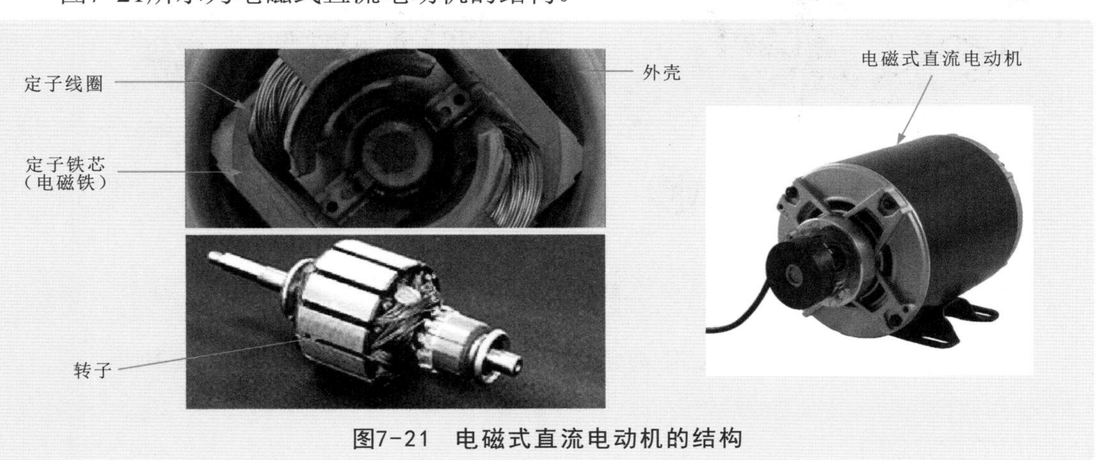

图7-21　电磁式直流电动机的结构

电磁式直流电动机的定子磁极是由定子铁芯和定子线圈组成的，在直流电流的作用下，定子线圈产生磁场，驱动转子旋转。

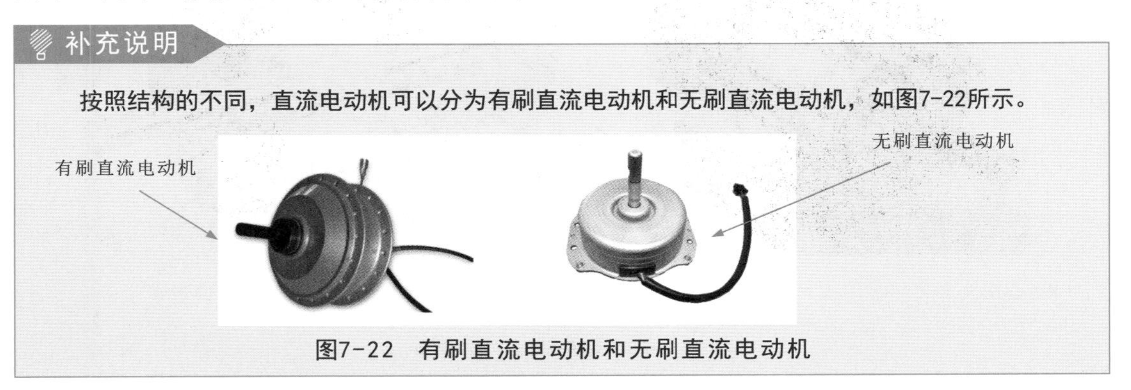

图7-22　有刷直流电动机和无刷直流电动机

补充说明

有刷直流电动机的定子是永磁体；转子由绕组线圈和换向器构成；电刷安装在电刷架上；电源通过电刷和换向器实现电流方向的变化。

无刷直流电动机将绕组线圈安装在不旋转的定子上，并产生磁场驱动转子旋转；转子由永磁体制成，不需要为转子供电，省去了电刷和换向器。

2 交流电动机

交流电动机根据供电方式和绕组结构的不同，可分为单相交流电动机和三相交流电动机。图7-23所示为典型的单相交流电动机。单相交流电动机由单相交流电源供电，多用在家用电子产品中。

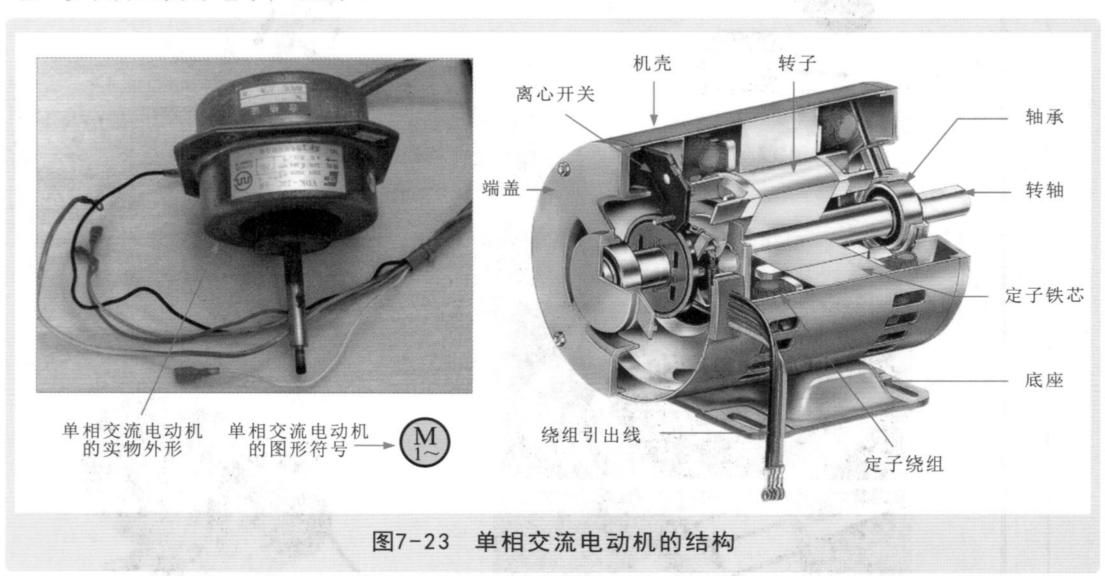

图7-23 单相交流电动机的结构

三相交流电动机由三相交流电源供电，多用在工业生产中，如图7-24所示。

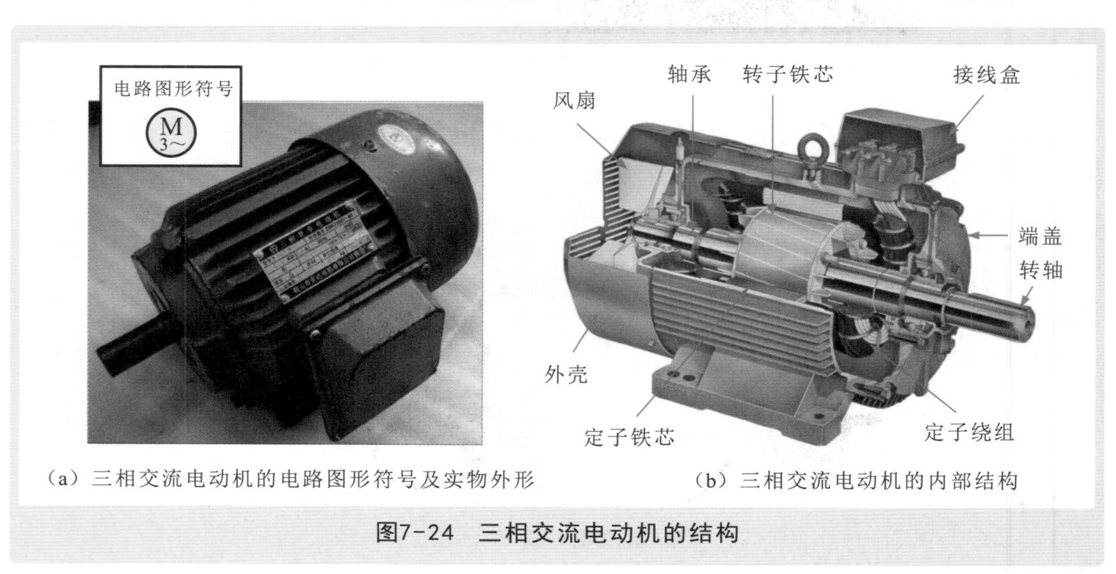

（a）三相交流电动机的电路图形符号及实物外形　（b）三相交流电动机的内部结构

图7-24 三相交流电动机的结构

7.2.2 万用表检测直流电动机的案例

用万用表检测电动机绕组的阻值是一种比较常用，且简单易操作的方法，可粗略检测各相绕组的阻值，并可根据检测结果大致判断绕组有无短路或断路故障。

将万用表的量程调整至“×10”欧姆挡，并进行零欧姆校正。然后按图7-25所示，将万用表的红、黑表笔分别搭在直流电动机的两引脚端，对直流电动机内线圈绕组进行检测。

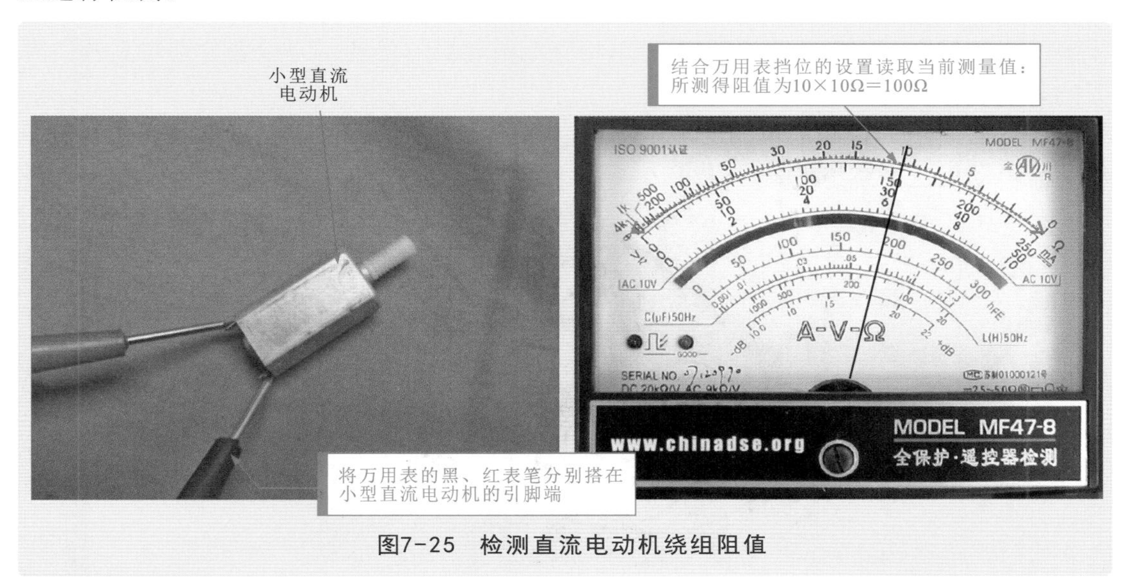

图7-25 检测直流电动机绕组阻值

补充说明

检测直流电动机内线圈绕组的阻值时，若测量的结果为无穷大或零欧姆，则说明直流电动机内的线圈绕组损坏。

图7-26所示为对直流电动机绝缘阻值进行检测。

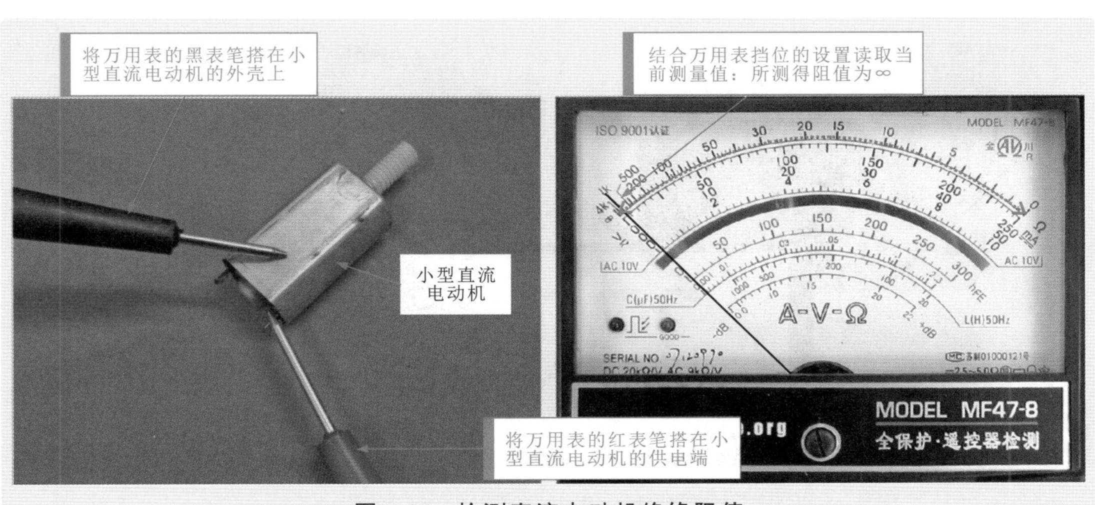

图7-26 检测直流电动机绝缘阻值

补充说明

正常情况下，直流电动机绕组与外壳间的绝缘阻值为无穷大。若检测的结果很小或为0，则说明电动机绝缘性能不良，内部导电部分可能与外壳相连。

7.2.3 万用表检测单相交流电动机的案例

单相交流电动机利用单相交流电源供电，也就是利用由一根火线（相线）和一根零线组成的220V交流市电供电。对于单相交流电动机，可使用万用表分别对其各引脚间的阻值进行测量。

图7-27所示为待测的单相交流电动机。在检测之前，可通过铭牌标识识别待测单相交流电动机三个绕组端。

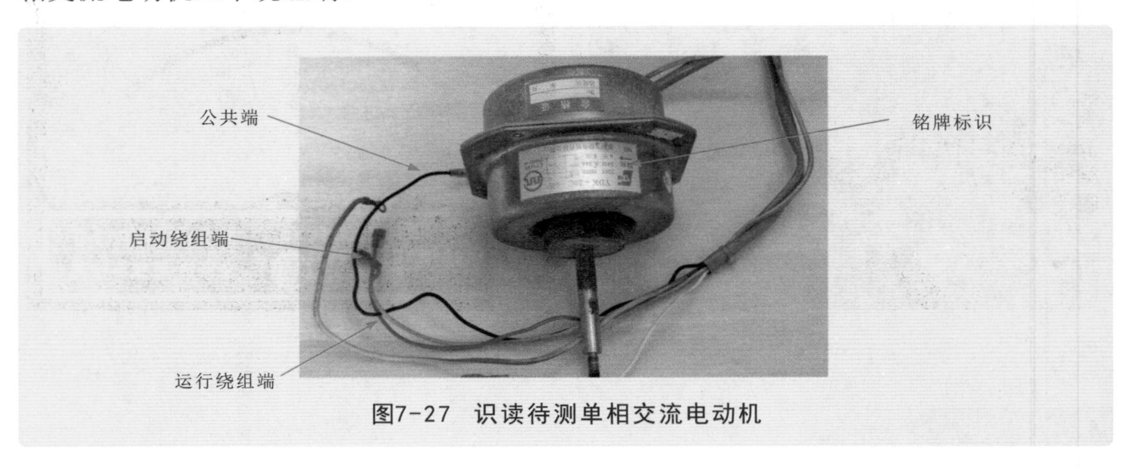

图7-27 识读待测单相交流电动机

将数字万用表的量程调整至“2k”欧姆挡。如图7-28所示，首先检测公共端与运行绕组端的阻值。

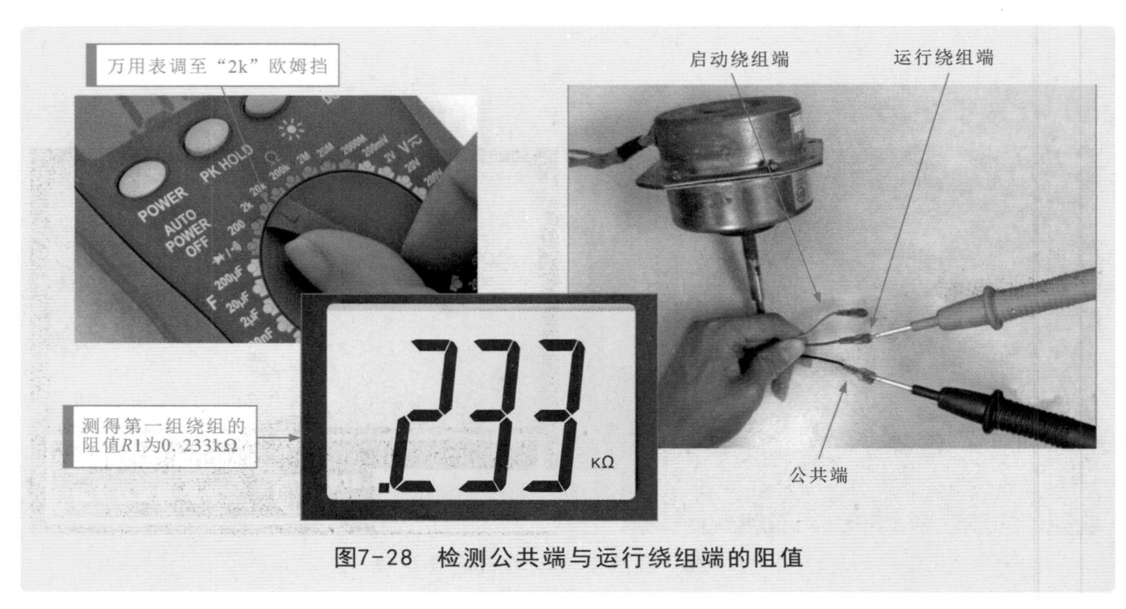

图7-28 检测公共端与运行绕组端的阻值

如图7-29所示，检测公共端与启动绕组端的阻值。

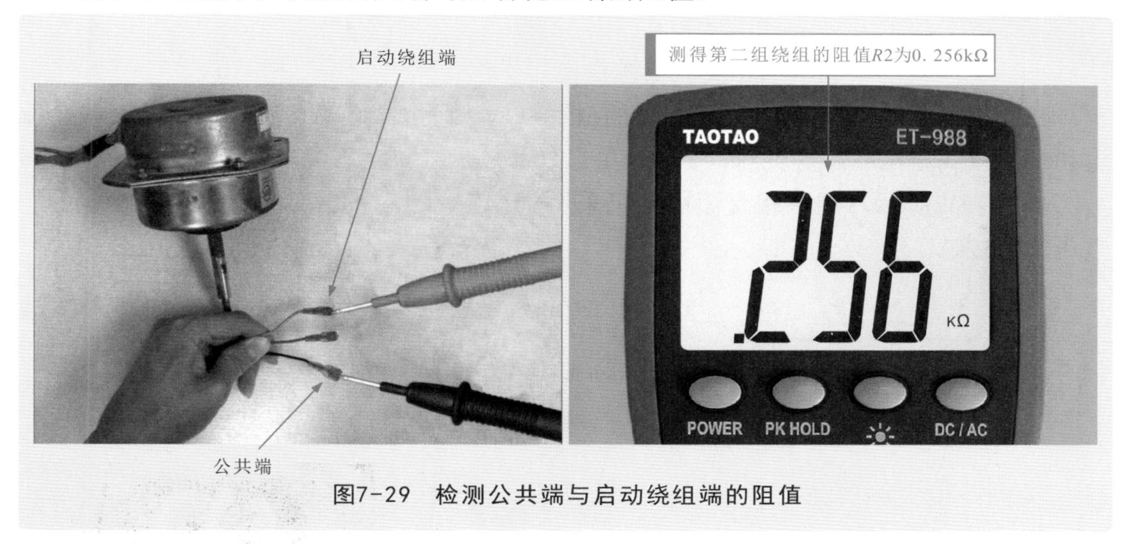

图7-29 检测公共端与启动绕组端的阻值

如图7-30所示，检测启动绕组端与运行绕组端的阻值。

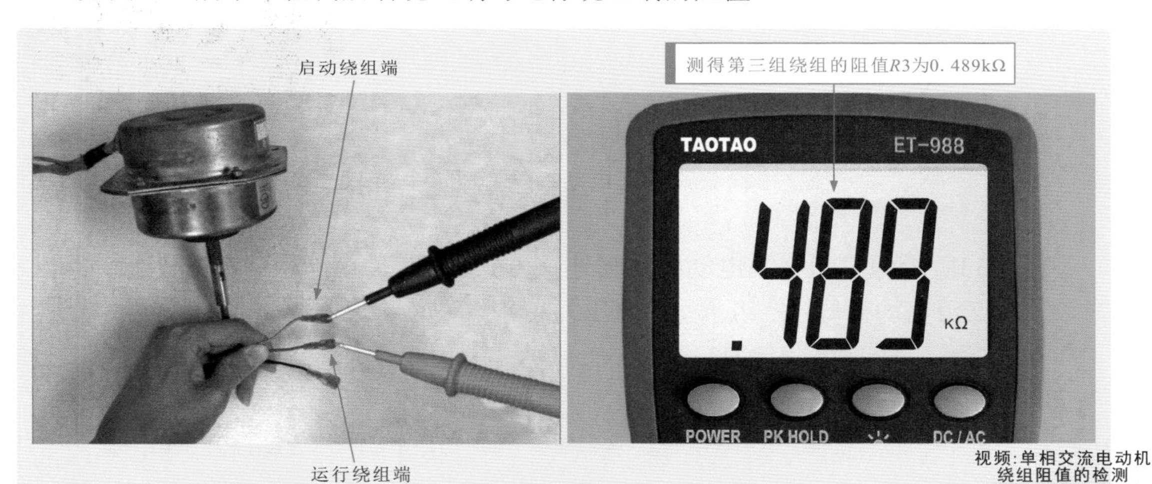

图7-30 检测启动绕组端与运行绕组端的阻值

视频:单相交流电动机绕组阻值的检测

补充说明

如图7-31所示，正常情况下，单相交流电动机（三根绕组引线）两两引线之间的3组阻值，应为其中两个数值之和等于第三个值；若3组数值任意一阻值为无穷大，则说明绕组内部存在断路故障。

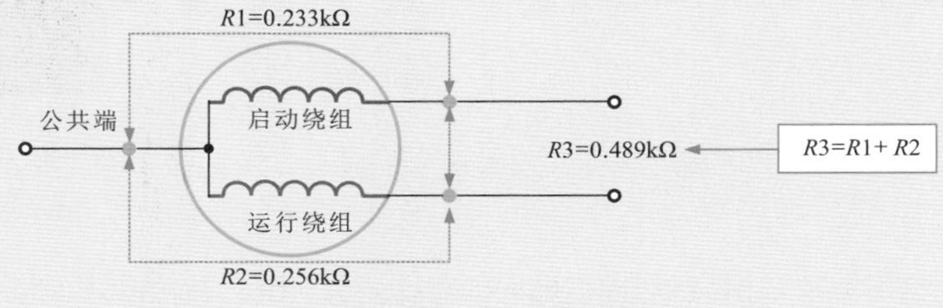

图7-31 单相交流电动机检测结果的判定

7.2.4 万用表检测三相交流电动机的案例

三相交流电动机利用三相交流电源供电，供电电压为交流三相380V。

三相交流电动机一般将三相绕组的6根导线端子引出到接线盒内，通常三相交流电动机的接线方法一般有两种：Y形（星形）和△形（三角形）接法。

如图7-32所示，当三相交流电动机采用Y形连接时，三相交流电动机每相承受的电压均为220V。

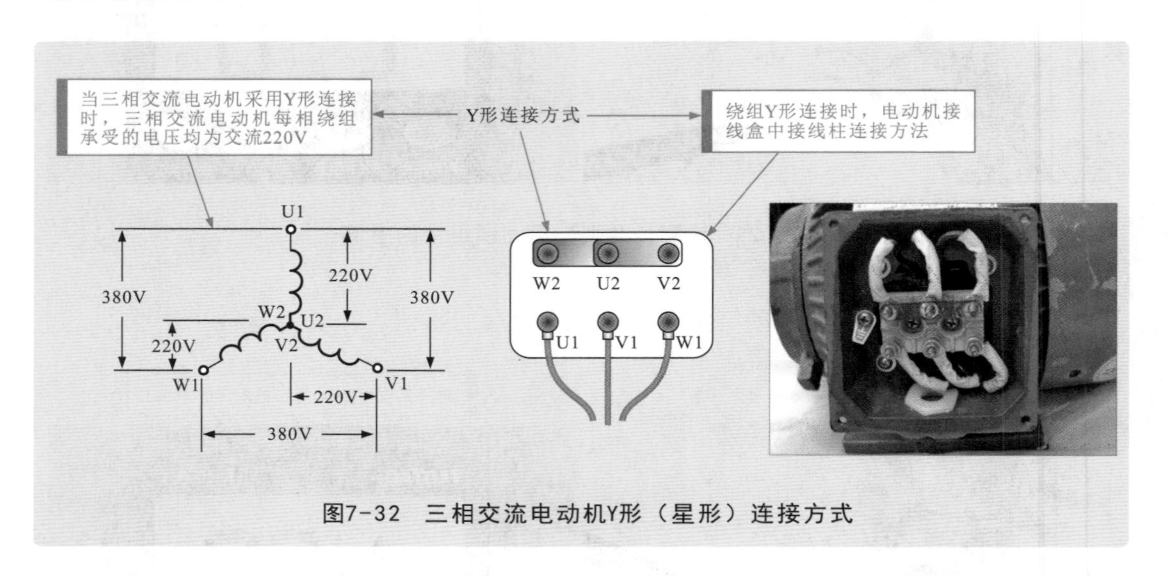

图7-32 三相交流电动机Y形（星形）连接方式

图7-33所示为三相交流电动机△形连接方式。当三相交流电动机采用△形连接时，三相交流电动机每相绕组承受的电压为380V。

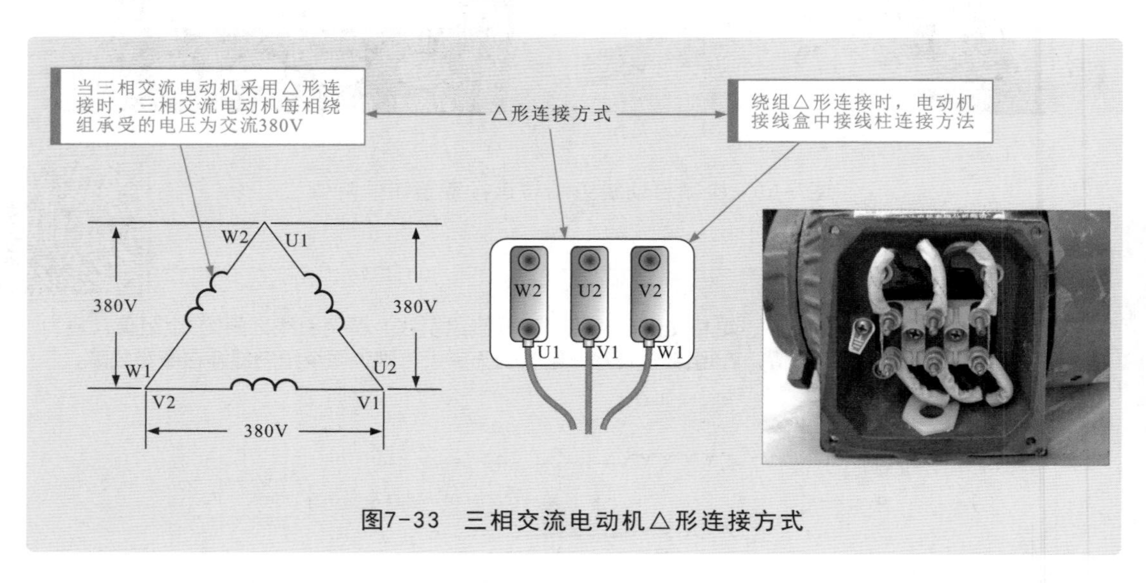

图7-33 三相交流电动机△形连接方式

使用万用表检测三相交流电动机时，也可对三相交流电动机各绕组间的阻值进行测量。

图7-34所示为使用万用表检测三相交流电动机的方法。

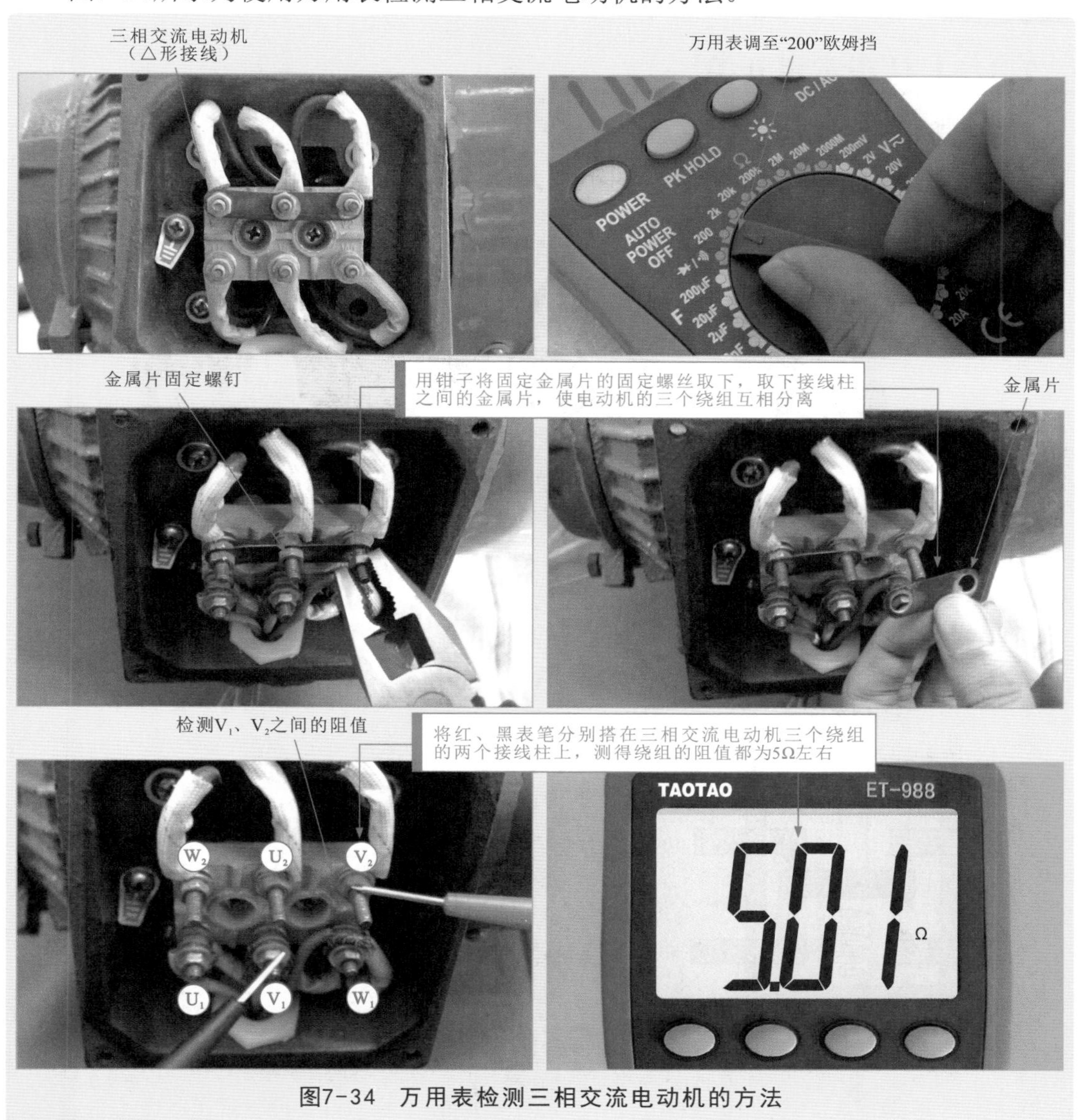

图7-34　万用表检测三相交流电动机的方法

补充说明

如图7-35所示，三相交流电动机每相的阻值应基本相同。若任意一相阻值为0或无穷大，均说明绕组内部存在短路或断路故障。

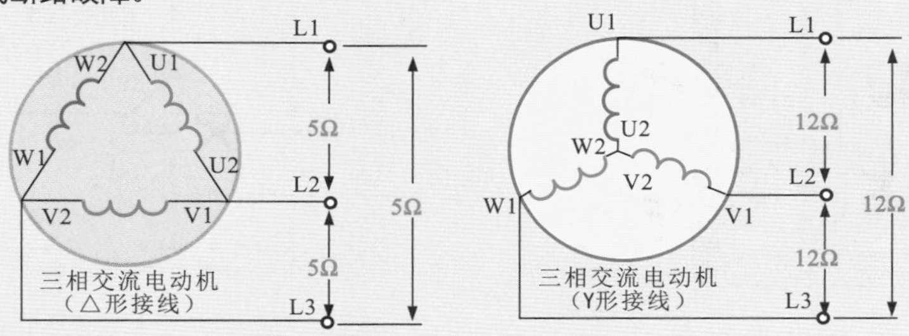

图7-35　三相交流电动机检测结果的判定

7.3 万用表检测开关

7.3.1 认识常用开关

开关是一种控制电路闭合、断开的电气部件，主要用于对自动控制电路发出操作指令，从而实现对电路的自动控制。图7-36所示为常用按钮开关的实物外形。

图7-36 常用按钮开关的实物外形

图7-37所示为开关的功能特点。

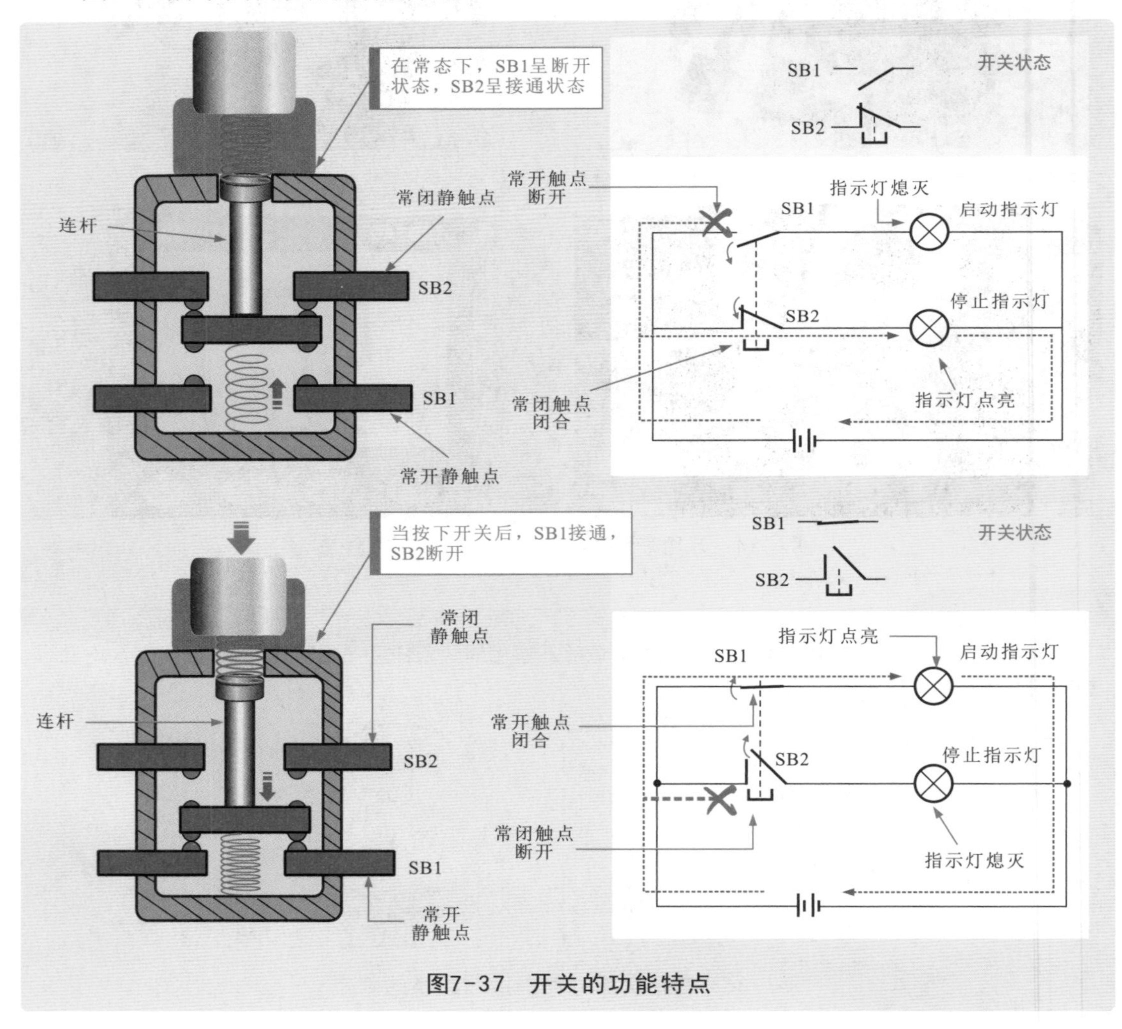

图7-37 开关的功能特点

补充说明

在常态（待机状态）下，SB1断开，启动指示灯熄灭，停止指示灯点亮。当按下开关后，SB1接通，启动指示灯点亮；SB2断开，停止指示灯熄灭。

7.3.2 万用表检测常开按钮开关的案例

图7-38所示为常开按钮开关的检测方法。

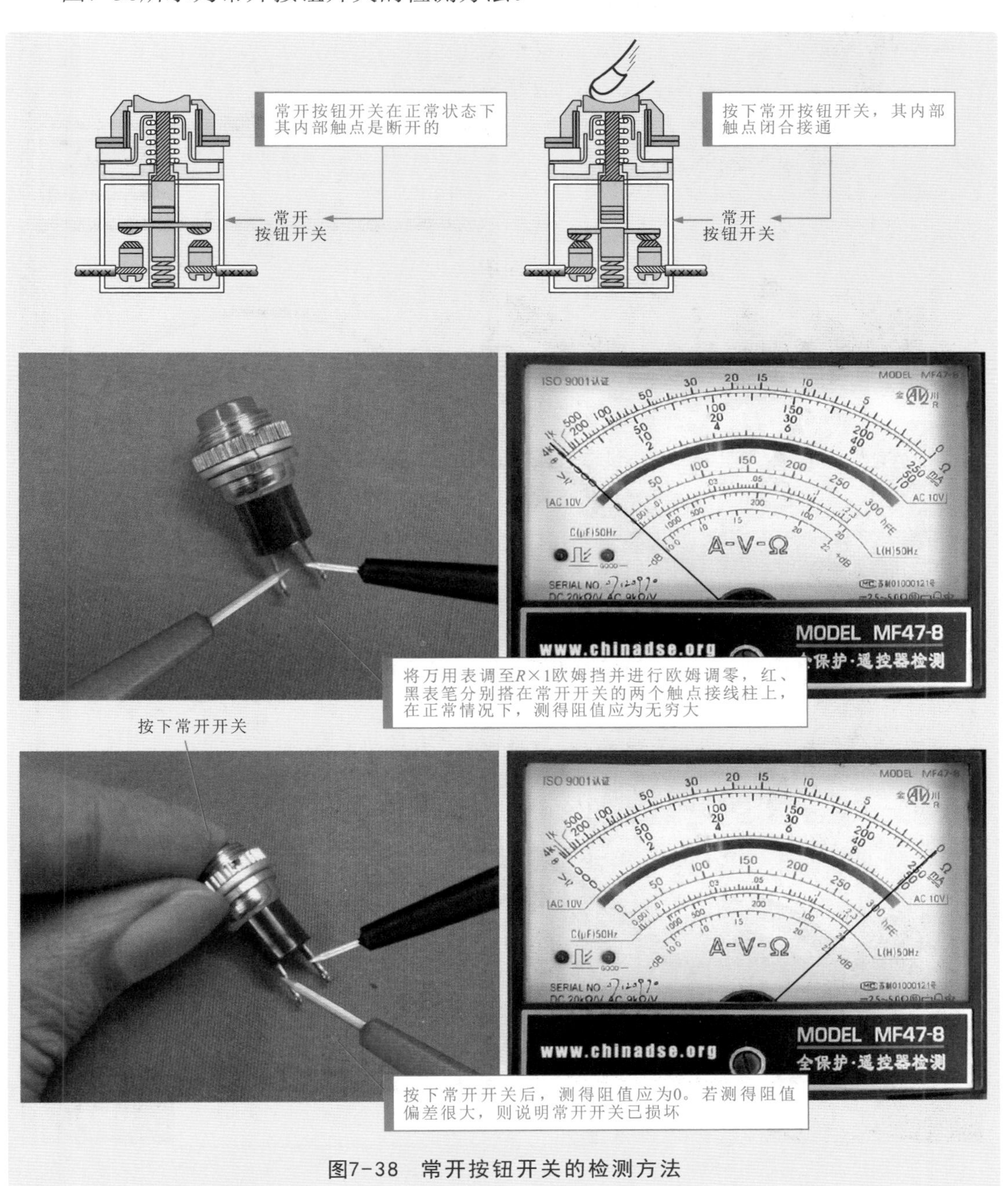

图7-38　常开按钮开关的检测方法

7.3.3 万用表检测复合按钮开关的案例

图7-39所示为复合按钮开关的检测方法。

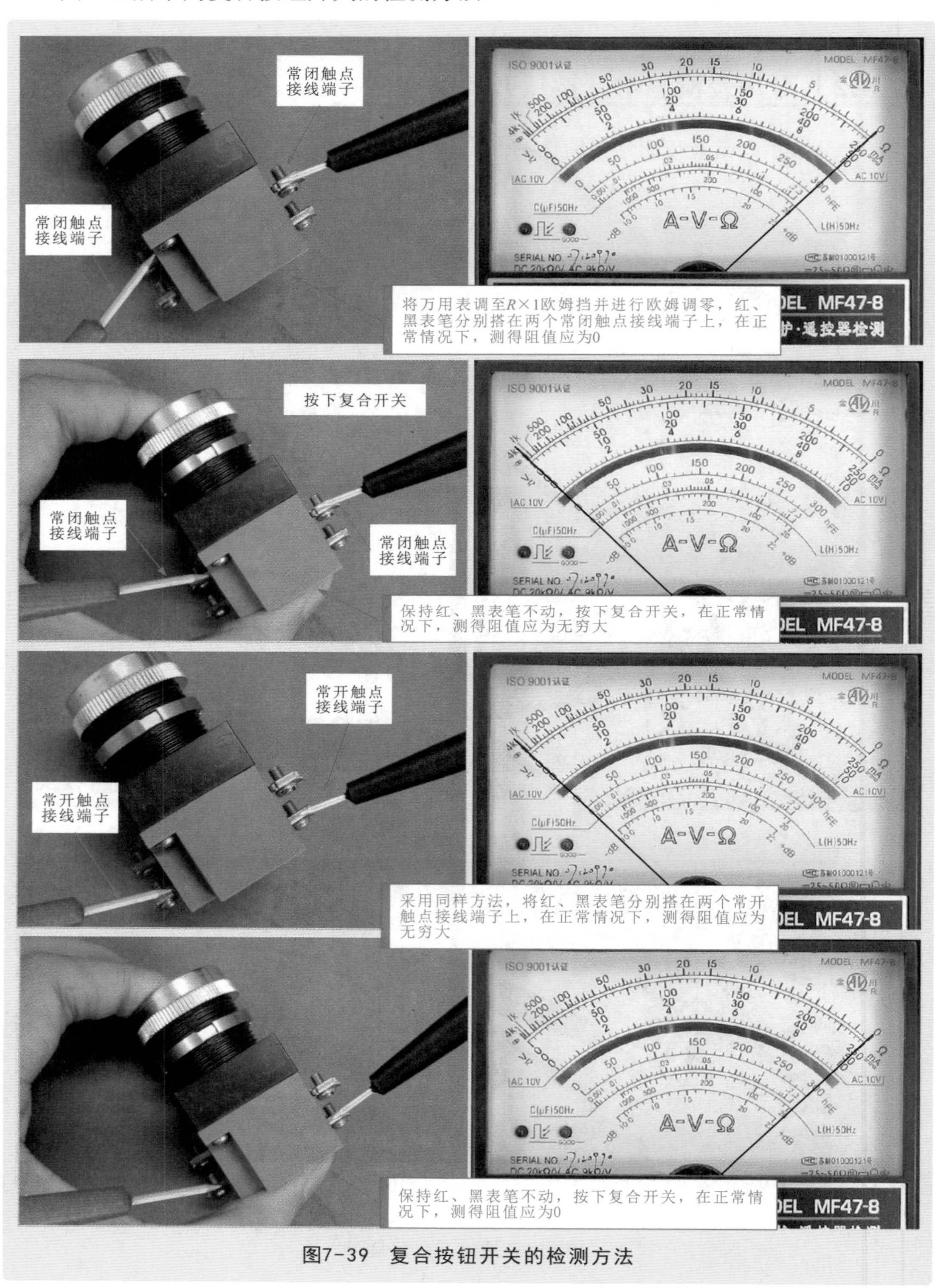

图7-39 复合按钮开关的检测方法

7.4 万用表检测继电器

7.4.1 认识常用继电器

继电器是一种当输入量（电、磁、声、光、热）达到一定值时，输出量就发生跳跃式变化的自动控制器件。

继电器一般用于工业生产过程中的自动控制设备中，例如一些高压电路等危险电路或高温恶劣环境等需要遥控的电路。在控制有危险的高压电路时使用继电器可以通过小电流控制大电流，应用于高温恶劣环境中可以实现远程遥控主电路，保护操作人员的人身安全。商用型继电器一般用于电子设备和仪表中。不同种类的继电器功能有所不同，其应用领域也有差异。在机械、汽车、家电、微电子等行业中，继电器得到了广泛应用。

图7-40所示为典型的电磁继电器。电磁继电器主要通过对较小电流或较低电压的感知实现对大电流或高电压的控制，多在自动控制电路中起自动控制、转换或保护作用。

图7-40 典型的电磁继电器

图7-41所示为电磁继电器的功能。

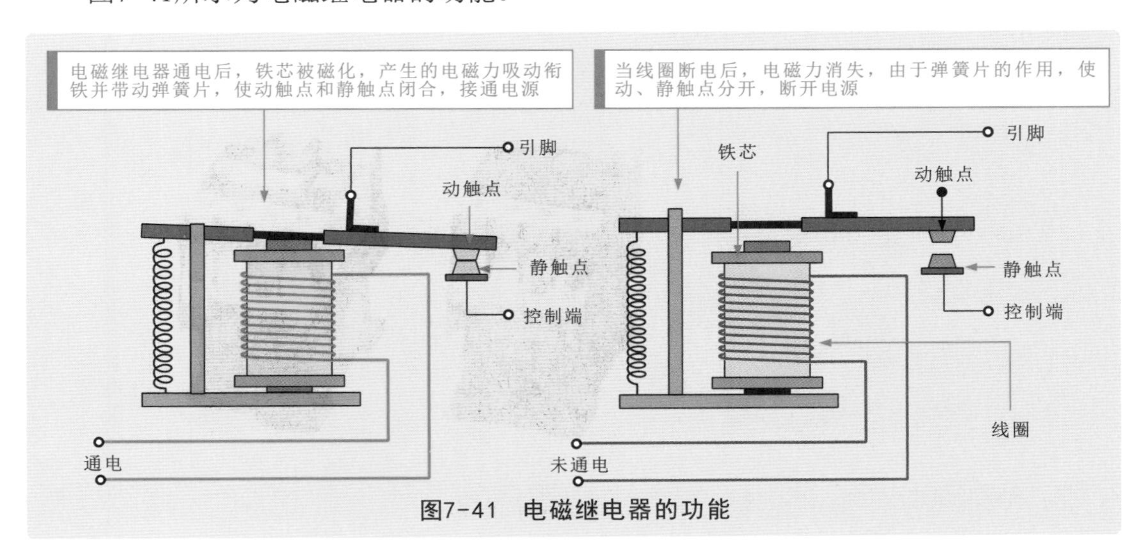

图7-41 电磁继电器的功能

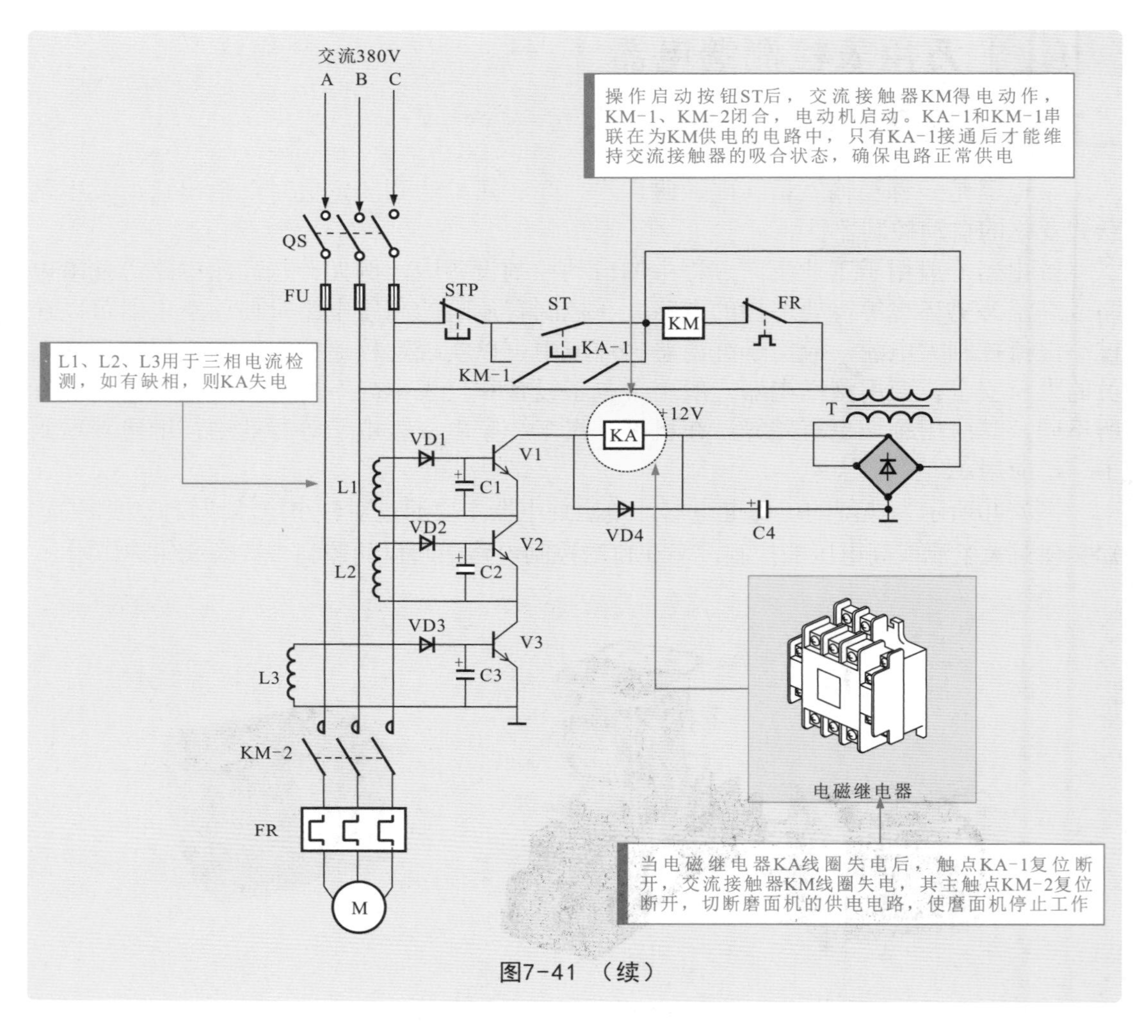

图7-41 （续）

图7-42所示为常见的中间继电器。中间继电器实际上是一种动作值与释放值固定的电压继电器，是用来增加控制电路中信号数量或将信号放大的继电器。其输入信号是线圈的通电和断电，输出信号是触头的动作。

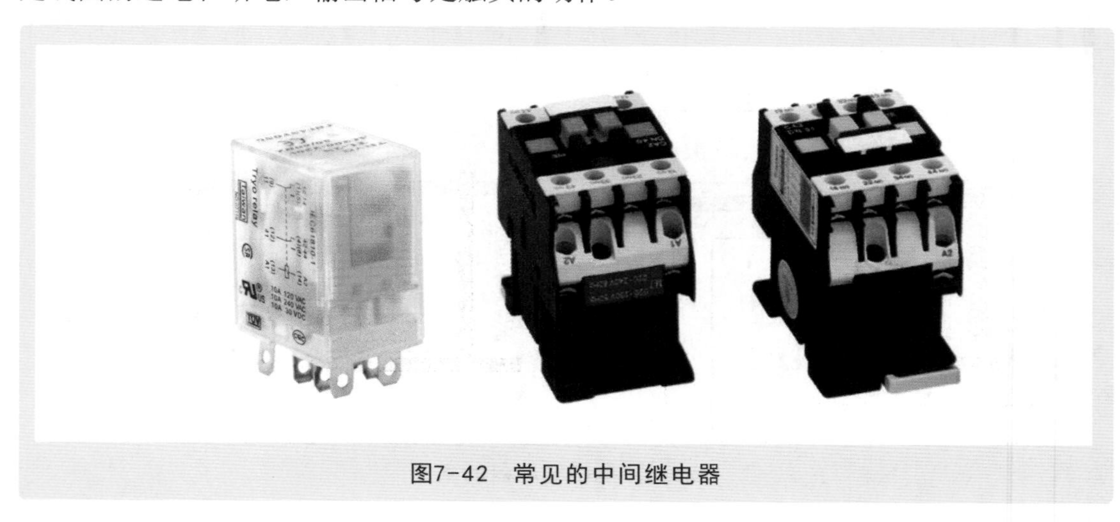

图7-42 常见的中间继电器

7.4.2 万用表检测电磁继电器的案例

检测继电器时，通常是在断电状态下检测内部线圈及引脚间的阻值。

如图7-43所示，将万用表的功能旋钮调至“×1”欧姆挡，红、黑表笔分别搭在电磁继电器常闭触点的两引脚端。在正常情况下，万用表检测常闭触点间的阻值应为0。

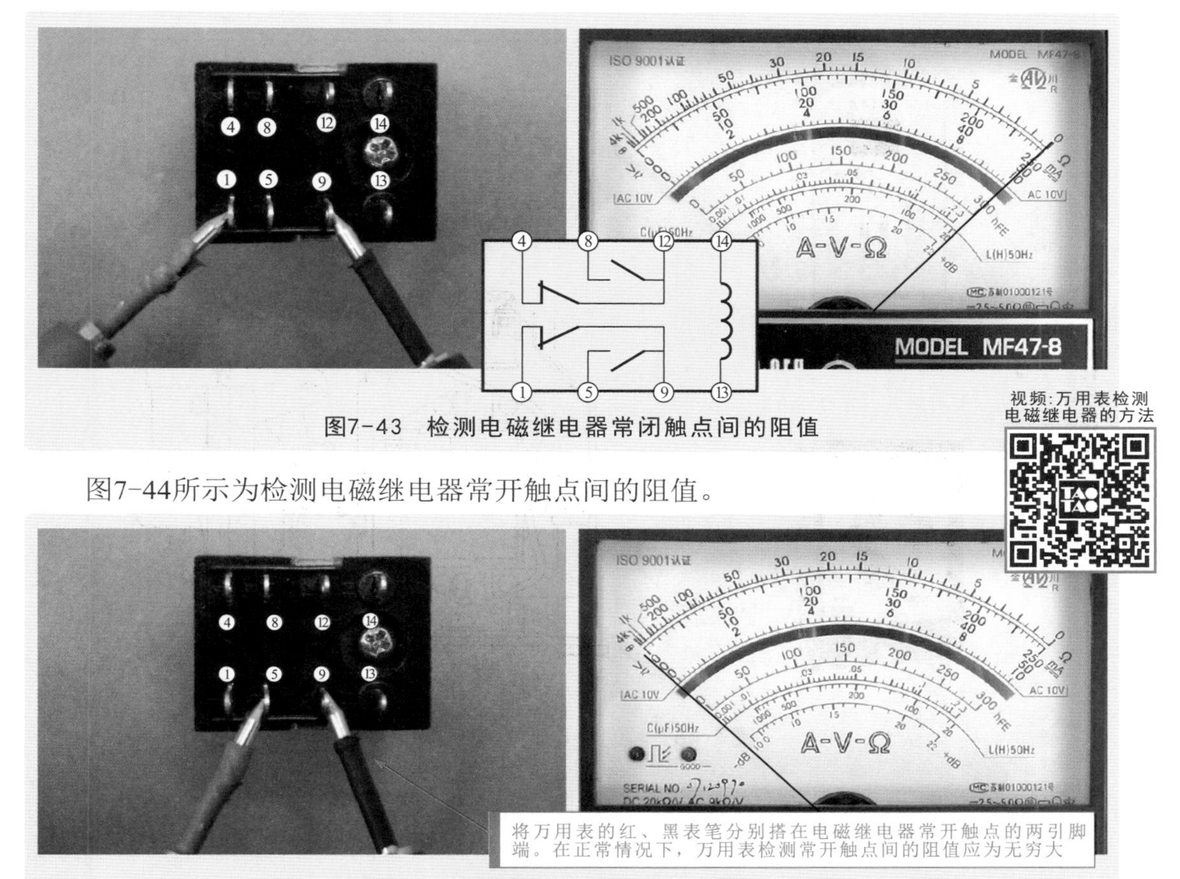

图7-43 检测电磁继电器常闭触点间的阻值

图7-44所示为检测电磁继电器常开触点间的阻值。

图7-44 检测电磁继电器常开触点间的阻值

图7-45所示为检测电磁继电器线圈的阻值。

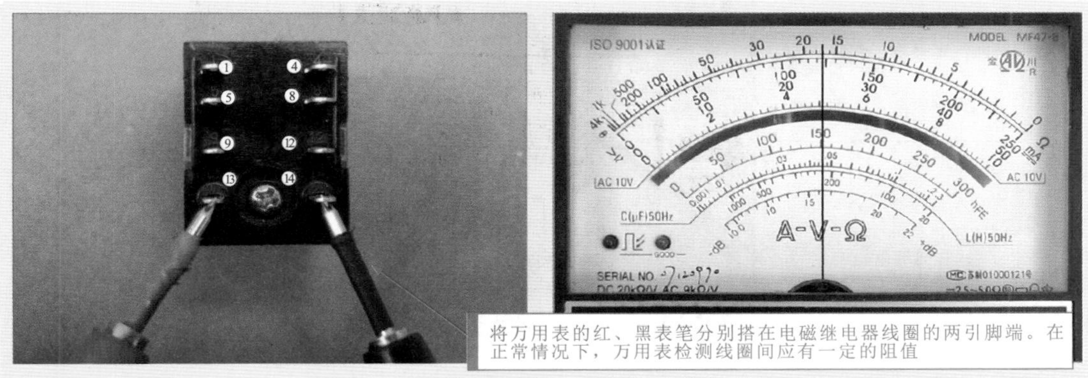

图7-45 检测电磁继电器线圈的阻值

7.4.3 万用表检测时间继电器的案例

时间继电器是一种延时动作或周期性定时接通、断开电路的器件，当加上或除去通电延时线圈的电流时，触点需要延时或到规定的时间才能闭合或断开。

图7-46所示为时间继电器的实物外形。

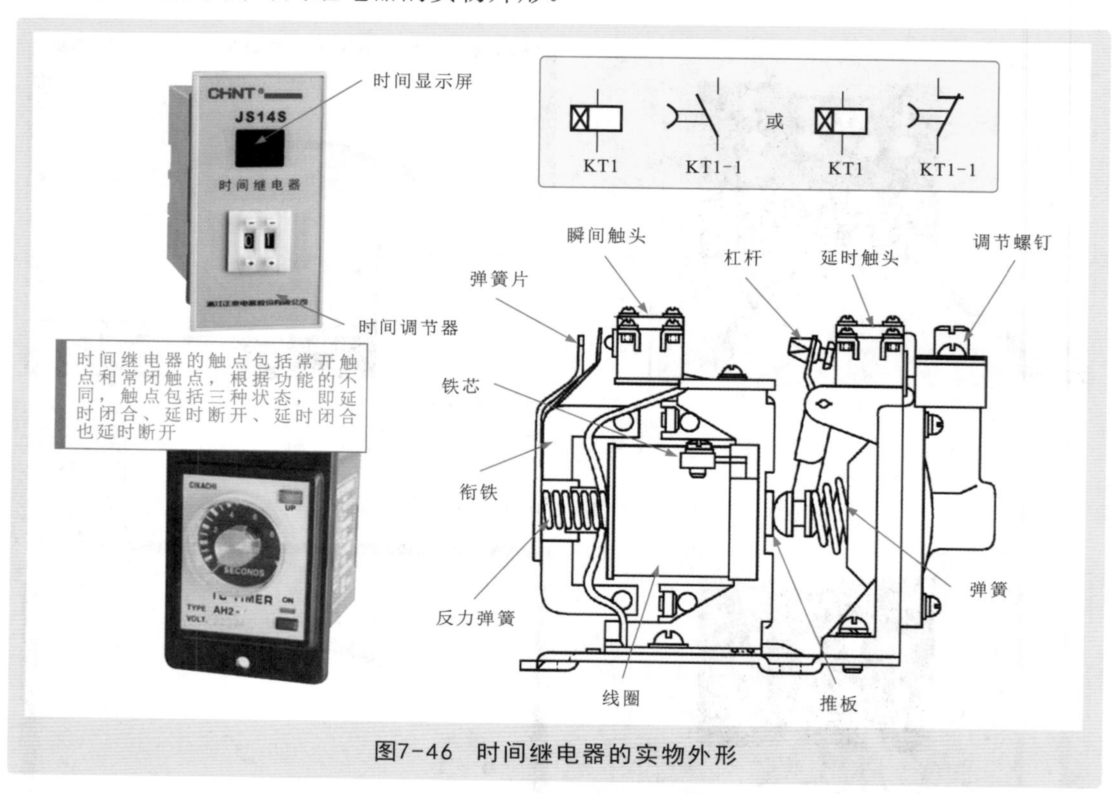

图7-46 时间继电器的实物外形

对于时间继电器，可使用万用表对其不同引脚间的线圈阻值进行测量，判断时间继电器是否损坏。如图7-47所示，在检测前首先根据铭牌标识对时间继电器的引脚功能进行识别。

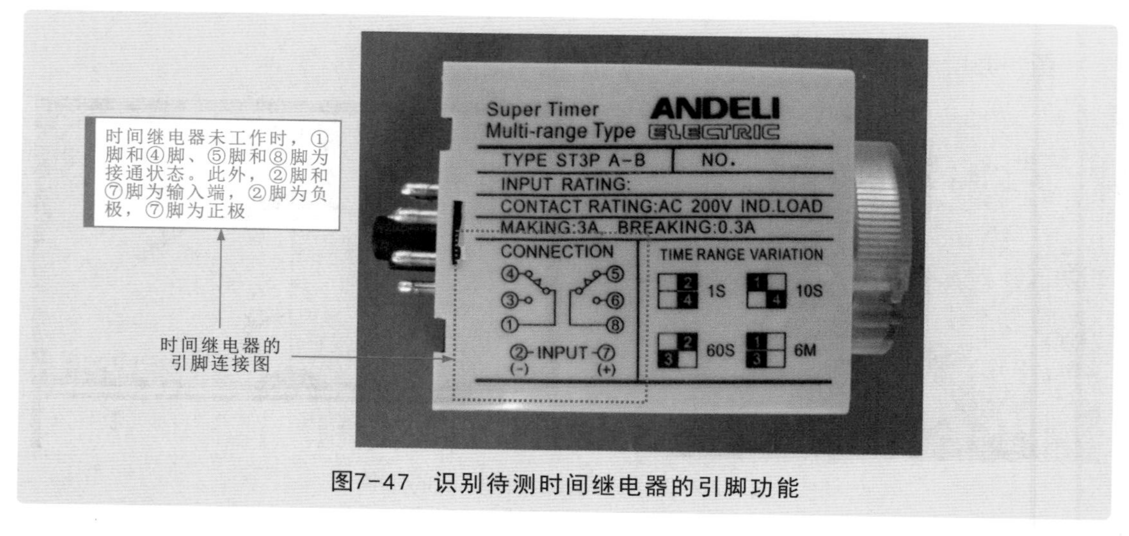

图7-47 识别待测时间继电器的引脚功能

图7-48所示为对时间继电器接通的两引脚间阻值进行检测。

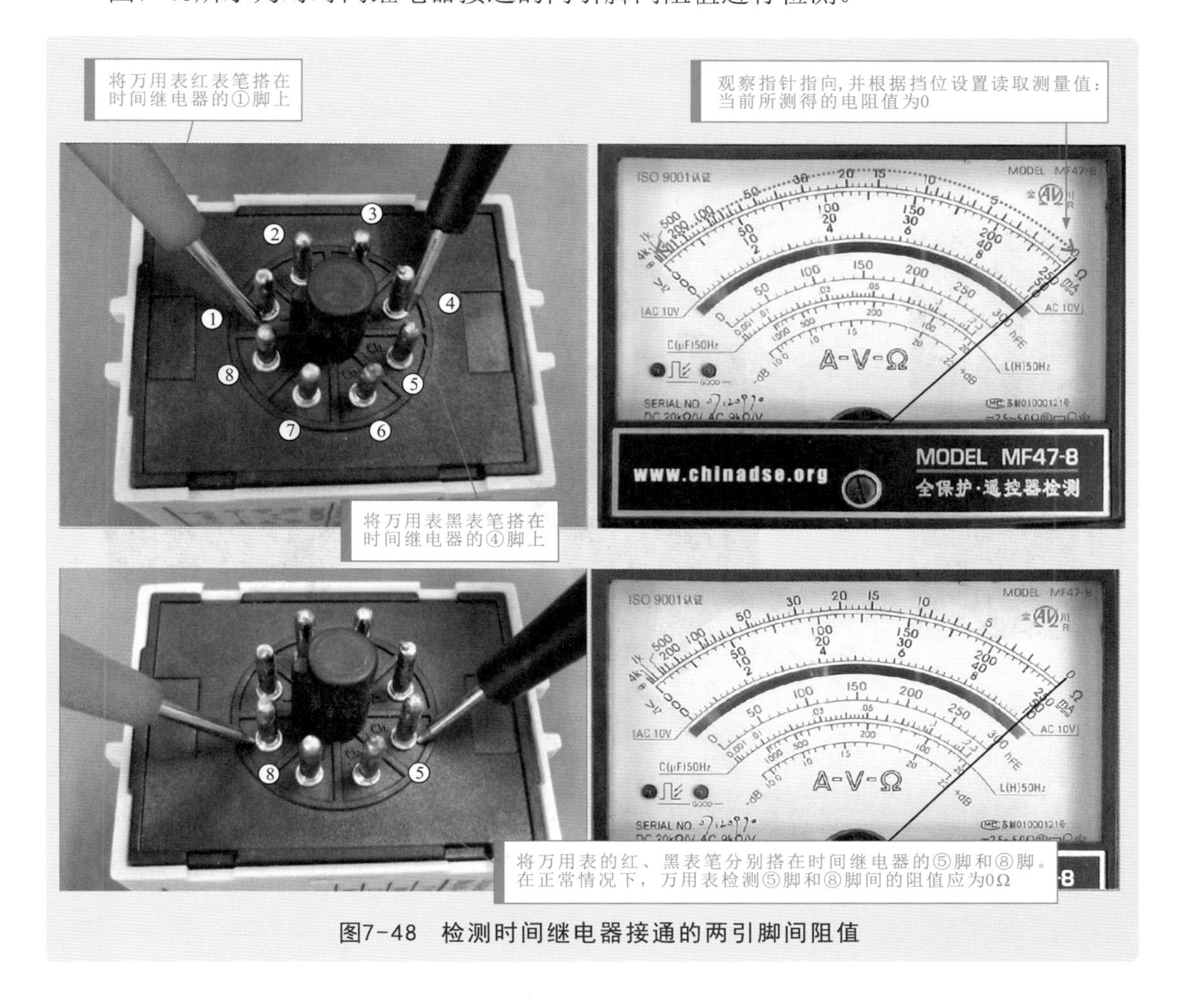

图7-48 检测时间继电器接通的两引脚间阻值

图7-49所示为对时间继电器未接通的两引脚间阻值进行检测。

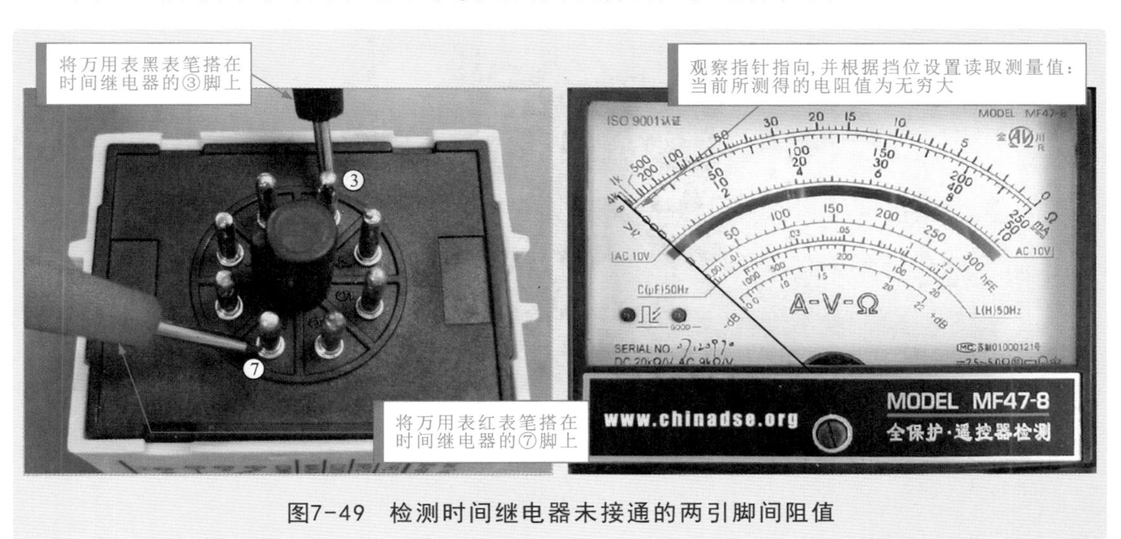

图7-49 检测时间继电器未接通的两引脚间阻值

7.4.4 万用表检测过热保护继电器的案例

过热保护继电器主要用于三相交流电动机中，当三相交流电动机过载时，过热保护继电器内的热元器件被加热，当达到动作温度时，过热保护继电器动作，从而保护电动机的正常工作，图7-50所示为过热保护继电器的实物外形。

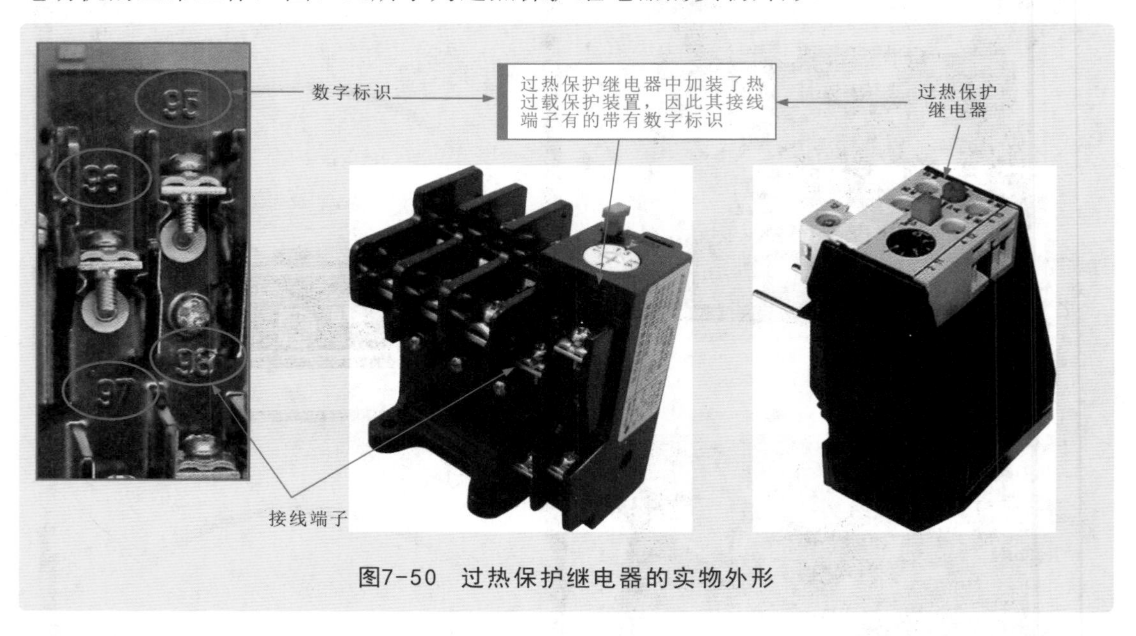

图7-50 过热保护继电器的实物外形

对于保护继电器，可以使用万用表对其在不同状态下各触点间的阻值进行检测。按图7-51所示，将待测过热保护继电器放置好，并对引脚进行识别。

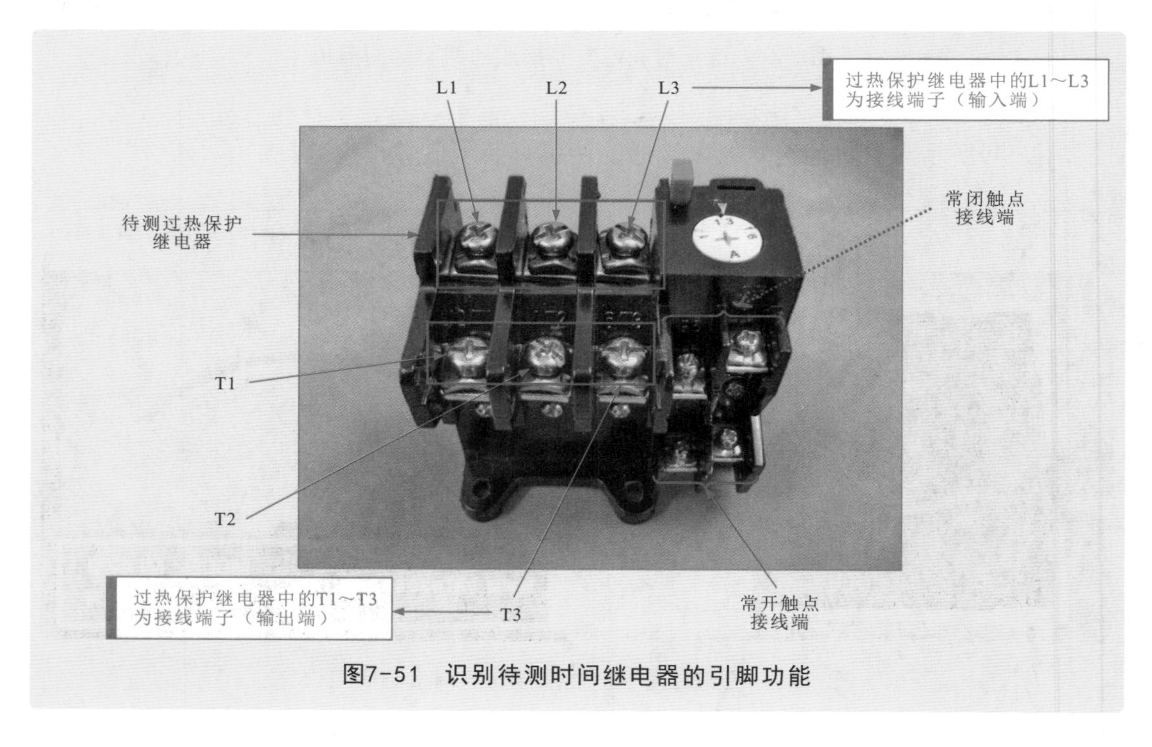

图7-51 识别待测时间继电器的引脚功能

如图7-52所示，在常态下对过热保护继电器的常闭触点进行检测。

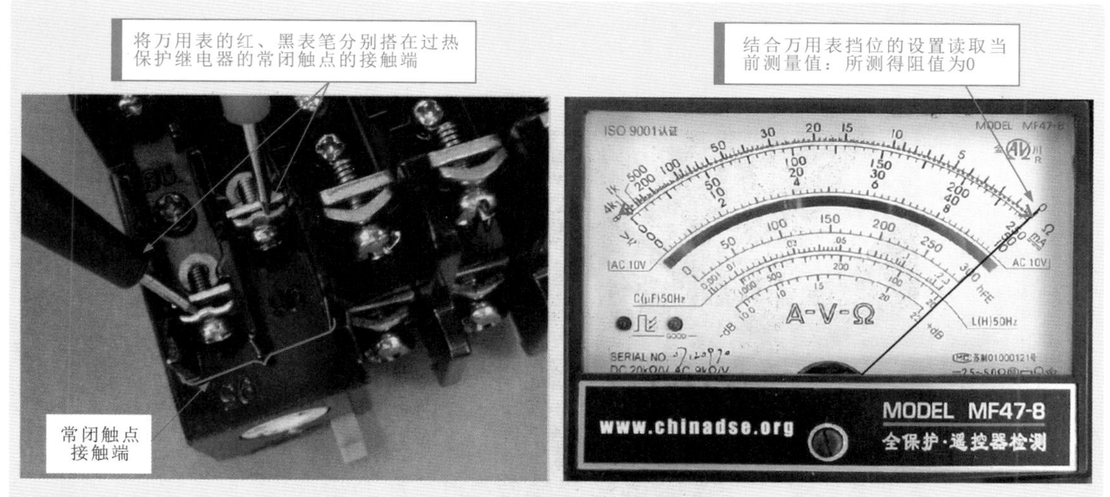

图7-52 常态下过热保护继电器中常闭触点的检测方法

如图7-53所示，在常态下对过热保护继电器的常开触点进行检测。

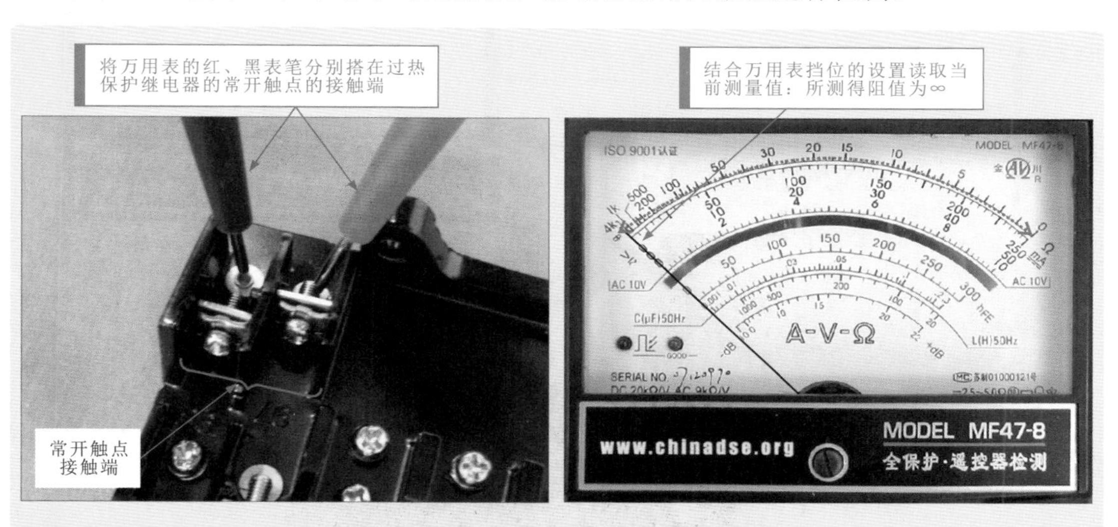

图7-53 常态下过热保护继电器中常开触点的检测方法

常态下，实测过热保护继电器常闭触点的阻值应为0；常开触点的阻值应为无穷大。接下来，如图7-54所示，拨动过热保护器测试杆，模拟过载环境。

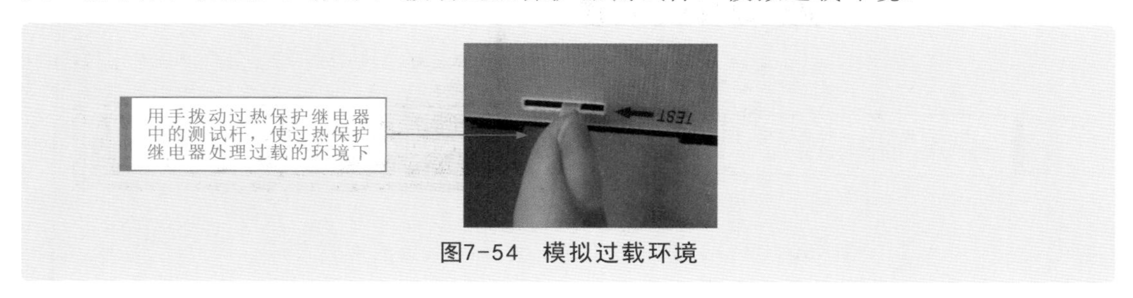

图7-54 模拟过载环境

如图7-55所示，在模拟过载环境下对过热保护继电器进行检测。

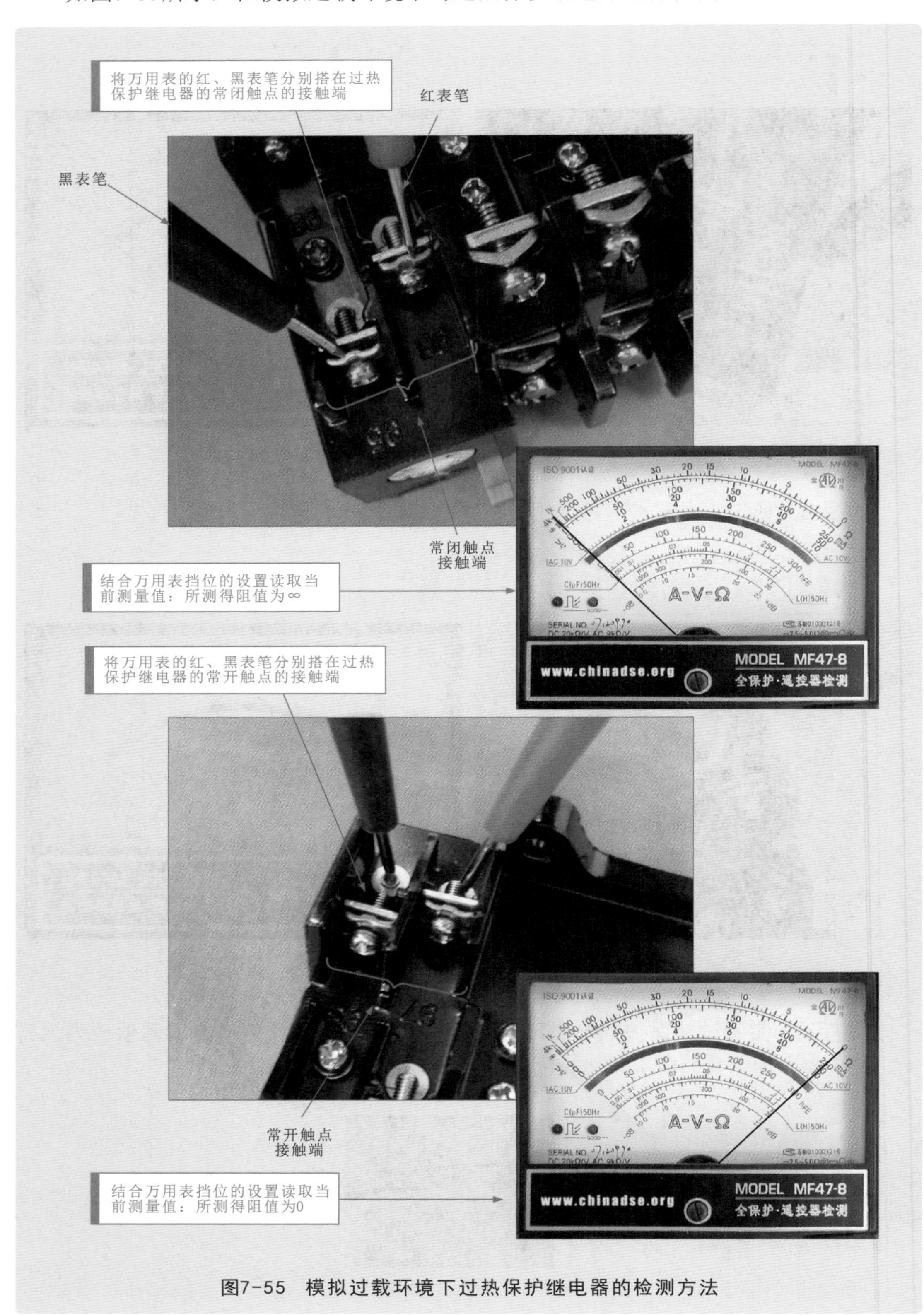

图7-55　模拟过载环境下过热保护继电器的检测方法

7.5 万用表检测过载保护器

7.5.1 认识常用过载保护器

过载保护器是在发生过电流、过热或漏电等情况下能自动实施保护功能的器件，一般通过自动切断线路实现保护功能。根据结构的不同，过载保护器主要可分为熔断器和断路器两大类。

图7-56所示为过载保护器的实物外形。

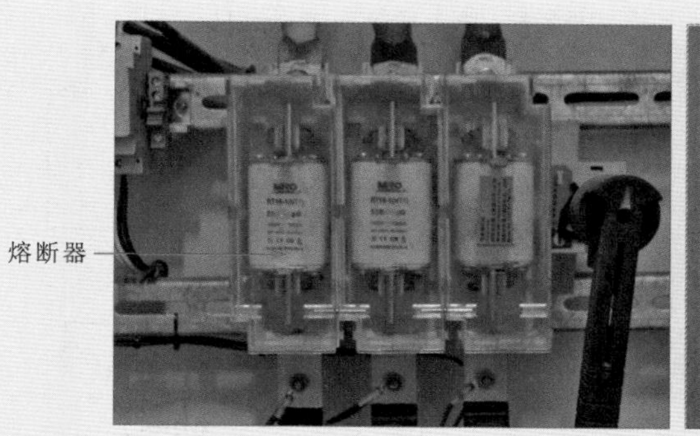

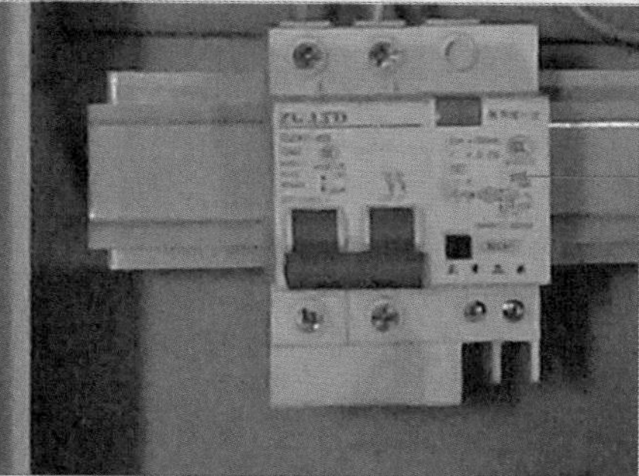

图7-56 过载保护器的实物外形

补充说明

熔断器是应用在配电系统中的过载保护器件。当系统正常工作时，熔断器相当于一根导线，起通路作用；当通过熔断器的电流大于规定值时，熔断器的熔体熔断，自动断开线路，对线路上的其他电气设备起保护作用。

断路器是一种可切断和接通负荷电路的开关器件，具有过载自动断路保护功能，根据应用场合主要可分为低压断路器和高压断路器。

图7-57所示为典型熔断器的控制功能。

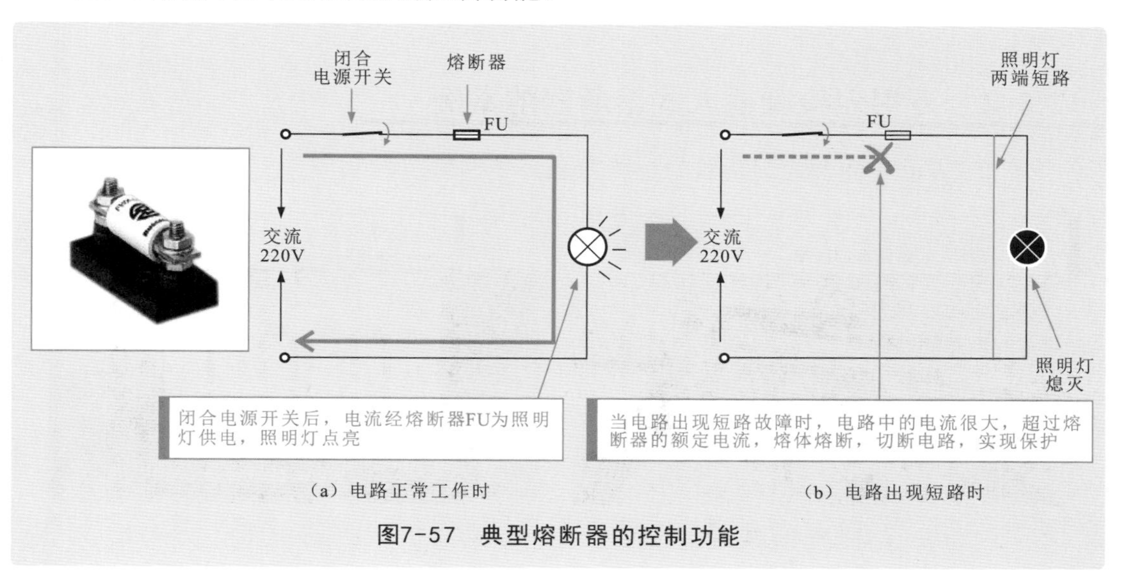

图7-57 典型熔断器的控制功能

图7-58所示为典型断路器在通、断两种状态下的工作示意图。

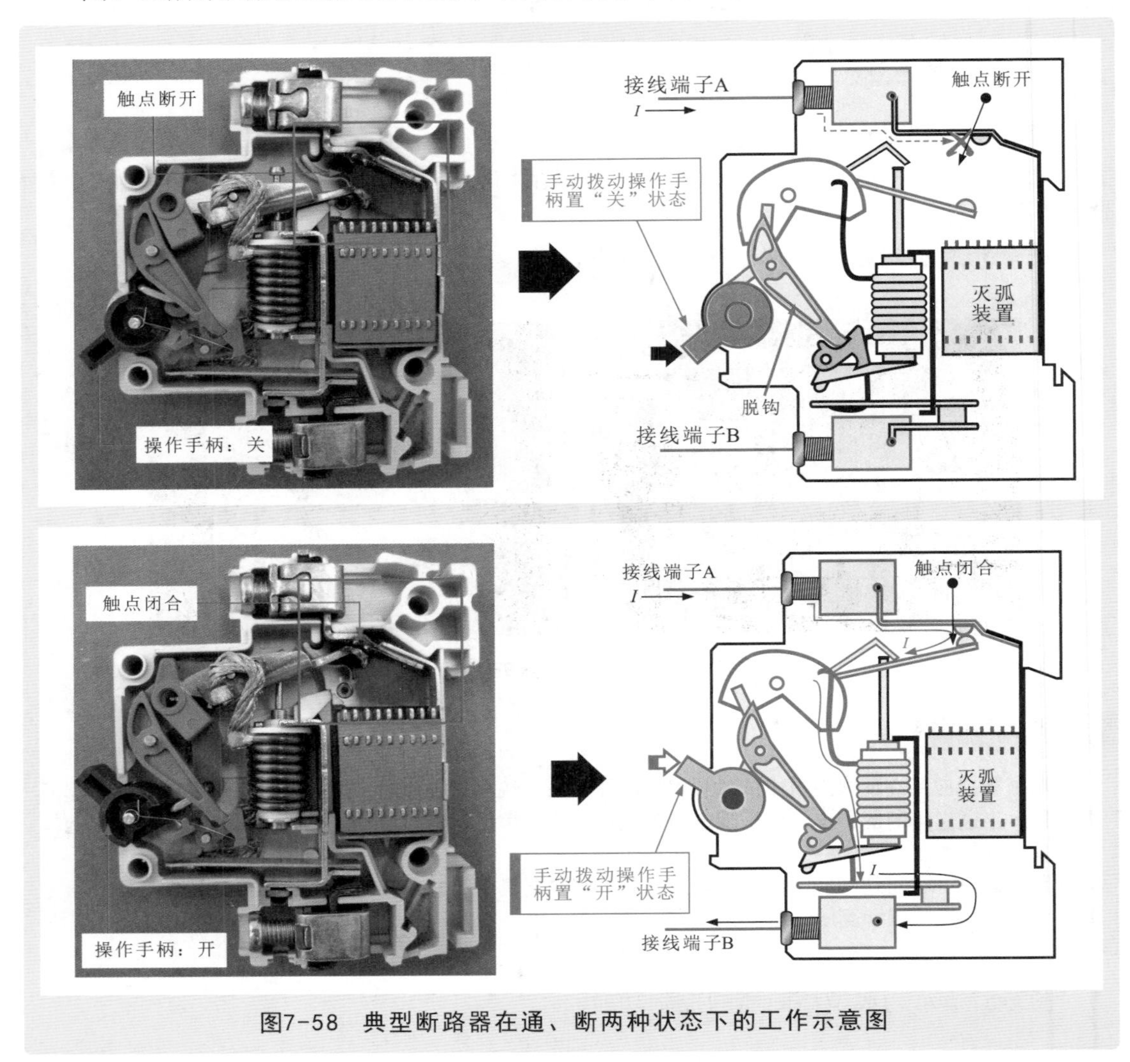

图7-58 典型断路器在通、断两种状态下的工作示意图

7.5.2 万用表检测插入式熔断器的案例

图7-59所示为插入式熔断器的检测方法。

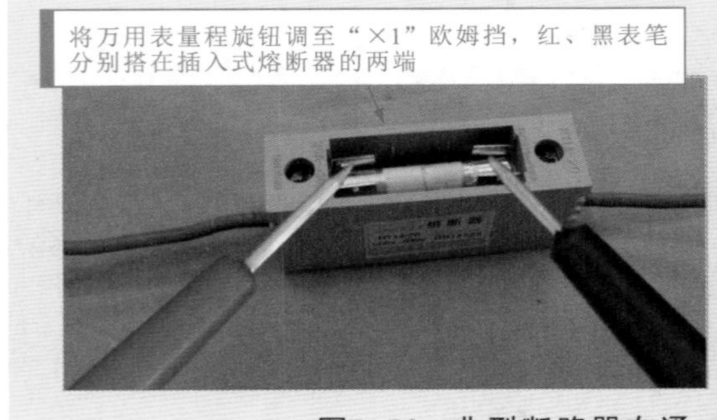

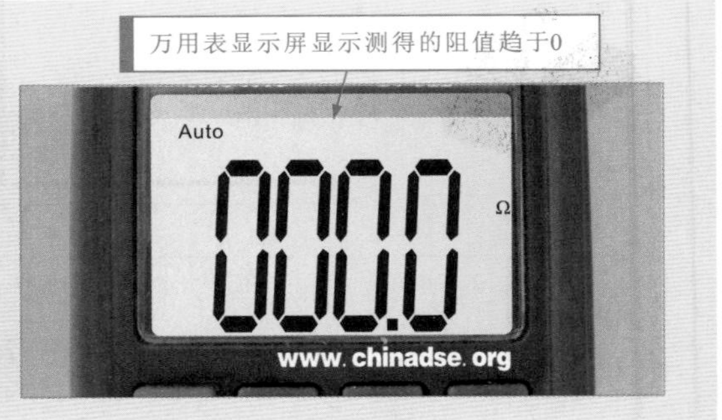

图7-59 典型断路器在通、断两种状态下的工作示意图

补充说明

检测插入式熔断器时，若测得的阻值很小或趋于零，则表明正常；若测得的阻值为无穷大，则表明内部熔丝已熔断。

7.5.3 万用表检测带漏电保护断路器的案例

图7-60所示为带漏电保护断路器的检测方法。

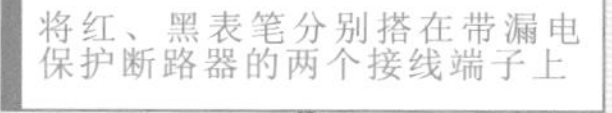

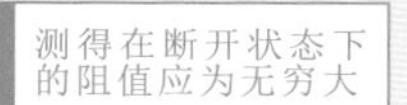

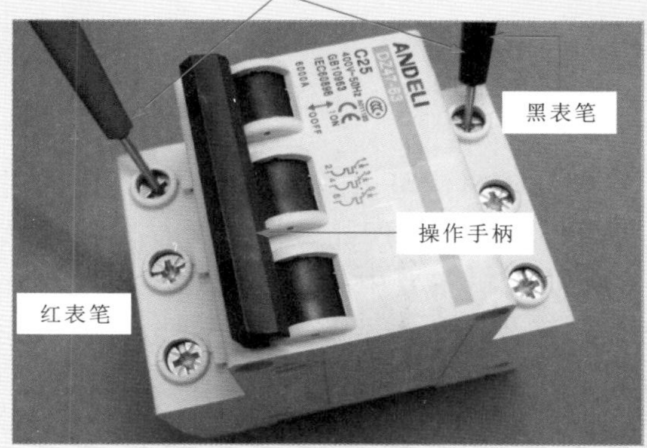

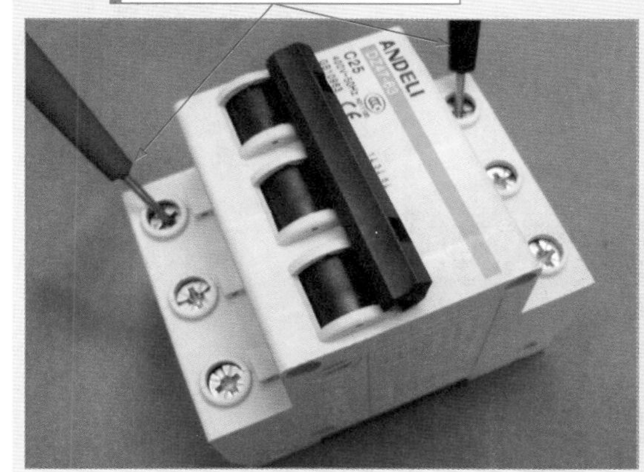

图7-60 带漏电保护断路器的检测方法

视频:带漏电保护断路器的检测方法

补充说明

在检测断路器时可通过下列方法判断好坏：

（1）若测得各组开关在断开状态下的阻值均为无穷大，在闭合状态下均为0，则表明正常。

（2）若测得各组开关在断开状态下的阻值为0，则表明内部触点粘连损坏。

（3）若测得各组开关在闭合状态下的阻值为无穷大，则表明内部触点断路损坏。

（4）若测得各组开关中有任何一组损坏，均说明该断路器已损坏。

第8章 万用表检测电吹风机

8.1 电吹风机的结构原理

8.1.1 电吹风机的结构特点

电吹风机是一种小型的家用电热产品，出现故障时，可借助万用表检测，即通过万用表对产品中主要电气部件进行检测并判断好坏，来完成产品整机检测。

图8-1所示为典型电吹风机的结构特点。电吹风机主要由外壳、电热丝（电热部件）、电动机及扇叶部分、控制部件（风量调节开关、热量调节开关、双金属温度控制器）、电子元件等构成的。

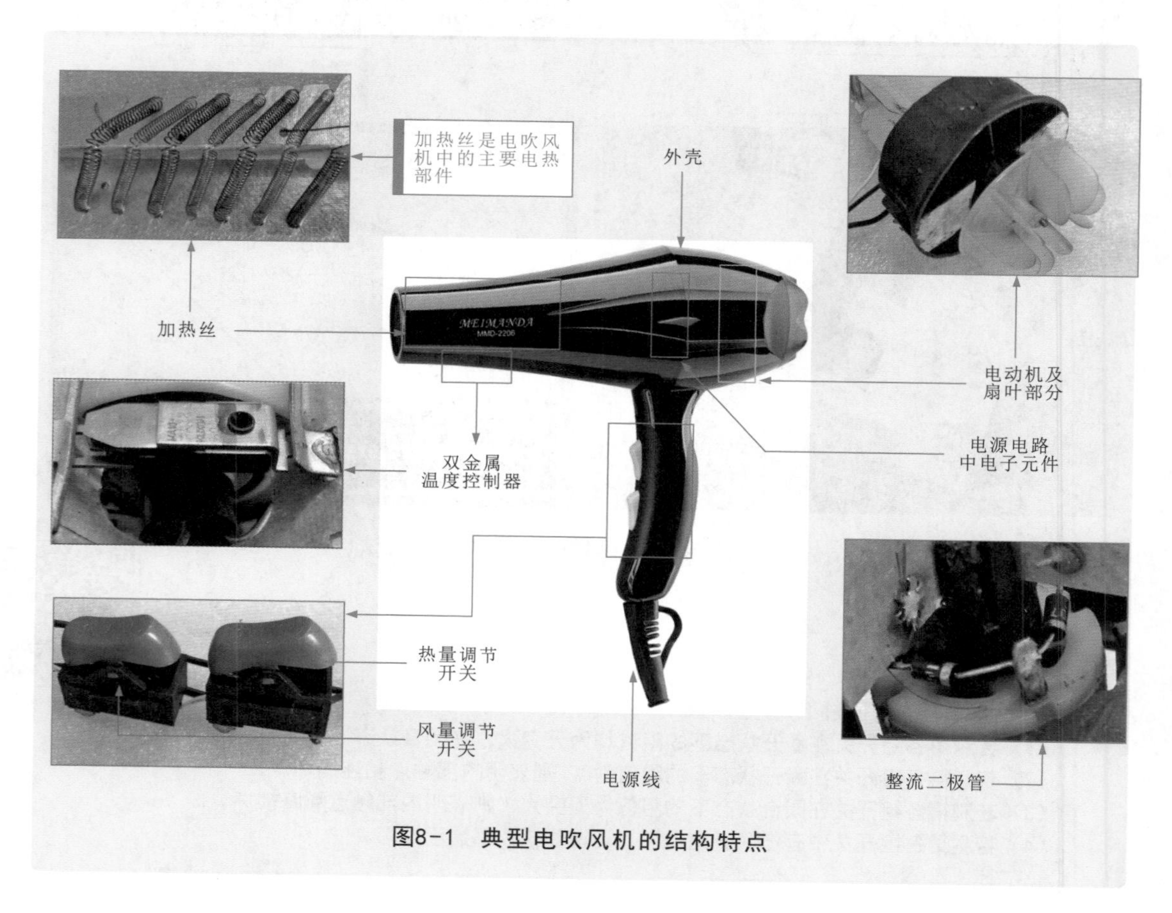

图8-1　典型电吹风机的结构特点

补充说明

电热丝、电动机、控制部件和电子元件是其主要的功能部件，电吹风出现的异常故障也多是由这些电气部件引起的。其他如扇叶、外壳、电源线等多为机械部件，使用中可能会出现磨损、断裂等情况，可通过检查和代换来排除故障。

8.1.2 电吹风机的工作原理

图8-2所示为电吹风机的整机工作过程。

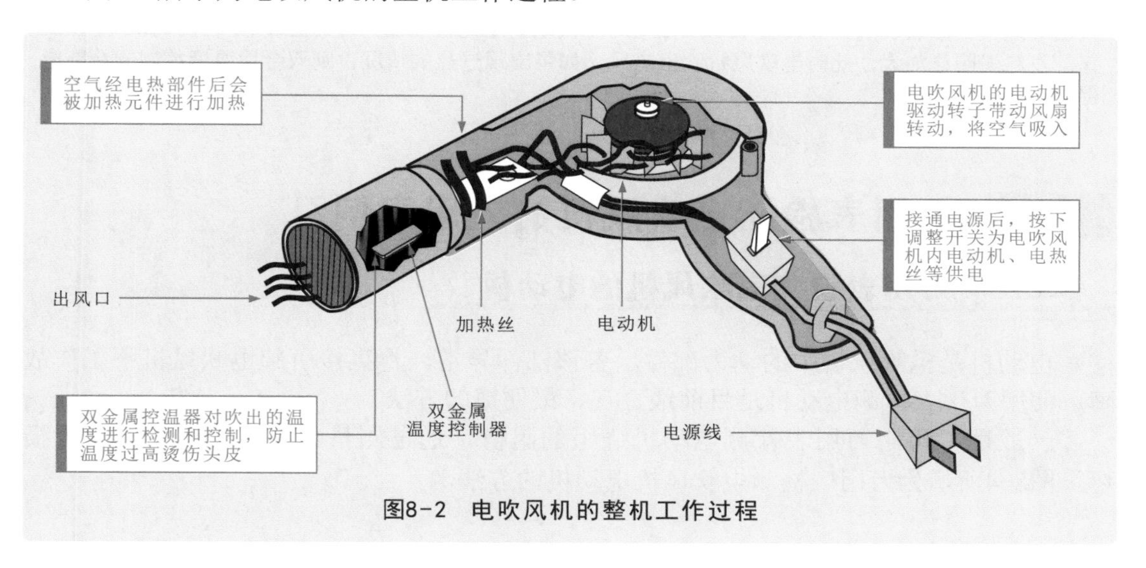

图8-2 电吹风机的整机工作过程

图8-3所示为电吹风机的电路工作原理。

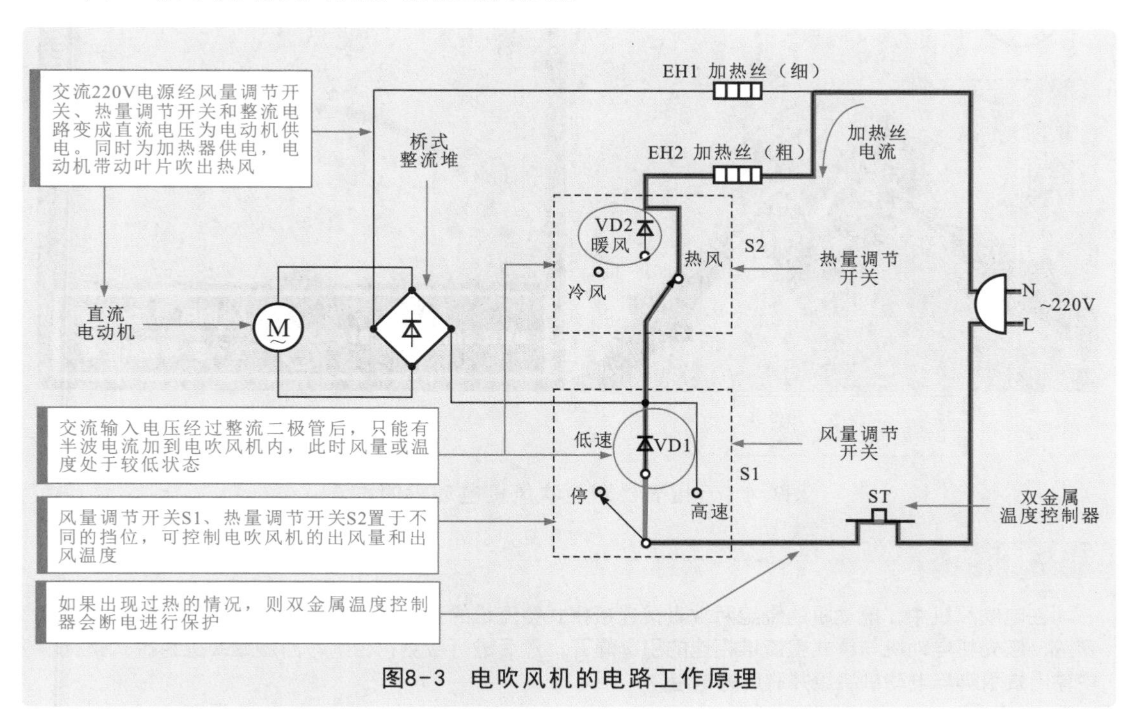

图8-3 电吹风机的电路工作原理

补充说明

交流220V电源经风量调节开关S1、桥式整流堆后变成直流电压为电动机供电。S1置于不同挡位时，电动机的转速不同，进而风量不同。例如，当S1置于低速挡位时，交流220V电压首先经过整流二极管VD1，则只能有半波电流加到电吹风机内，风速较低，风量较小；若S1置于高速挡位时，交流220V电压直接经桥式整流堆后为电动机供电，电动机转速高，风量大。

同时，当调整热量调节开关时，可控制加热丝EH1、EH2状态，进而控制电吹风机出风热量。例如，当热量调节开关S2置于冷风位置时，电路中只有加热丝EH1接入电路中，由于加热丝EH1较细，发热量较多，此时电吹风机吹出冷风；当热量调节开关S2置于暖风位置时，供电电压先经整流二极管VD2，只有半波电流加到加热丝EH2中，此时EH2工作，但电流只有一半，发热量不高，此时电吹风机吹出暖风；当热量调节开关S2置于热风位置时，供电电压先直接加到加热丝EH2中，此时EH2全压工作，发热量明显加大，此时电吹风机吹出热风。如果出现过热的情况，则双金属温度控制器会断电保护。

8.2 万用表检测电吹风机的应用案例

8.2.1 万用表检测电吹风机的电动机

电动机是电吹风机中的动力部件，若该部件异常，将直接引起电吹风机不工作故障。使用万用表检测电动机是目前最直观、最便捷的方法。

一般地，可用万用表检测电动机绕组的阻值，通过测量结果判断电动机是否损坏。图8-4所示为万用表检测电吹风机电动机的方法。

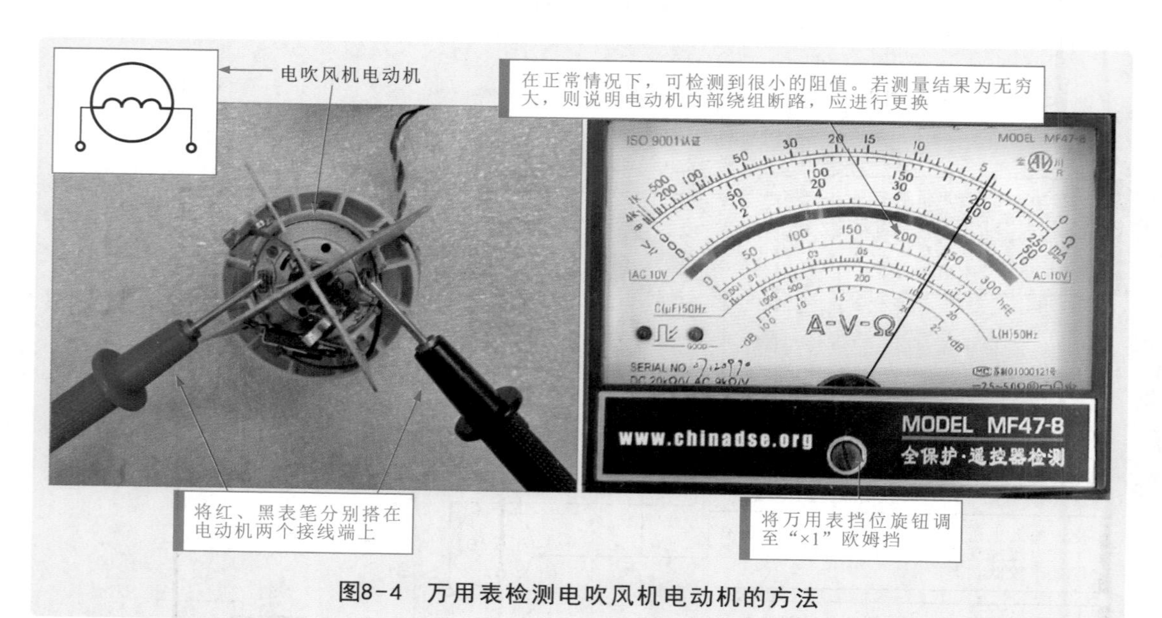

图8-4　万用表检测电吹风机电动机的方法

补充说明

在电吹风机中，电动机的绕组两端直接连接桥式整流堆的直流输出端。在使用万用表对其进行检测前，应先将电动机与桥式整流堆相连的引脚焊开，然后进行检测；否则，所测结果应为桥式整流堆中输出端引脚与电动机绕组并联后的电阻。

8.2.2 万用表检测电吹风机的调节开关

调节开关用来控制电吹风机的工作状态，当其出现故障时，可能会导致电吹风机无法使用或控制失常。图8-5所示为电吹风机调节开关的结构和功能。

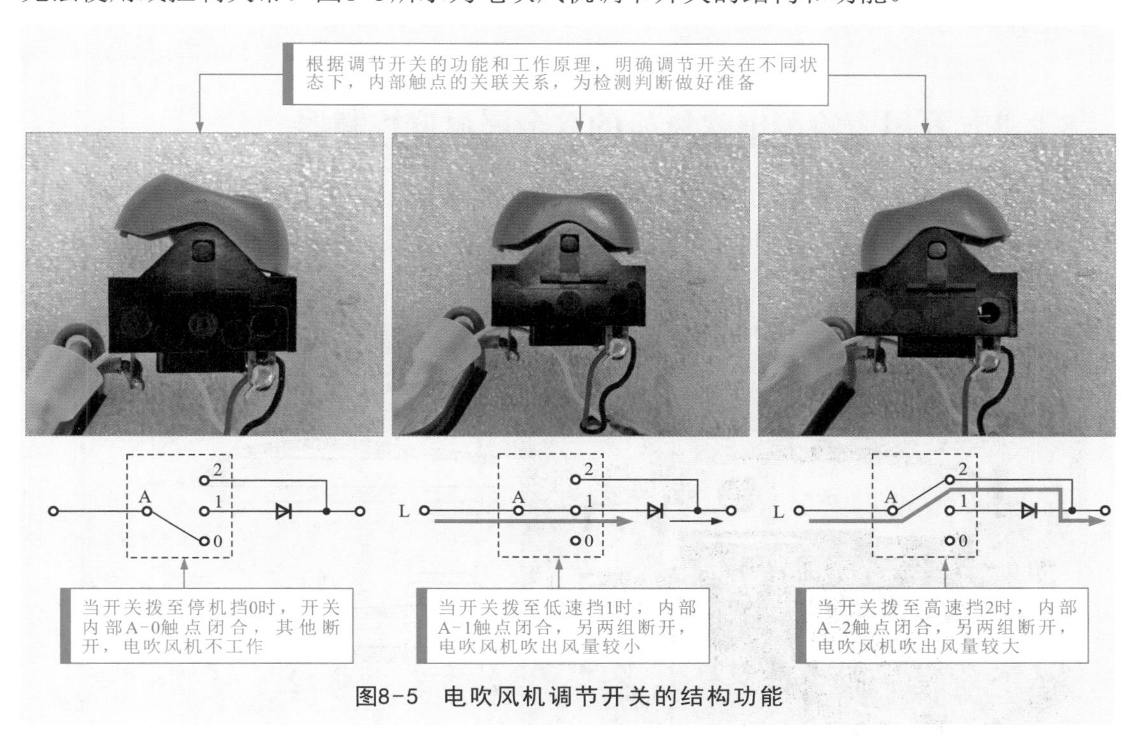

图8-5 电吹风机调节开关的结构功能

怀疑调节开关异常时，一般可通过万用表检查其不同状态下的通断情况来判断其好坏。图8-6所示为用万用表检测电吹风机调节开关的方法。

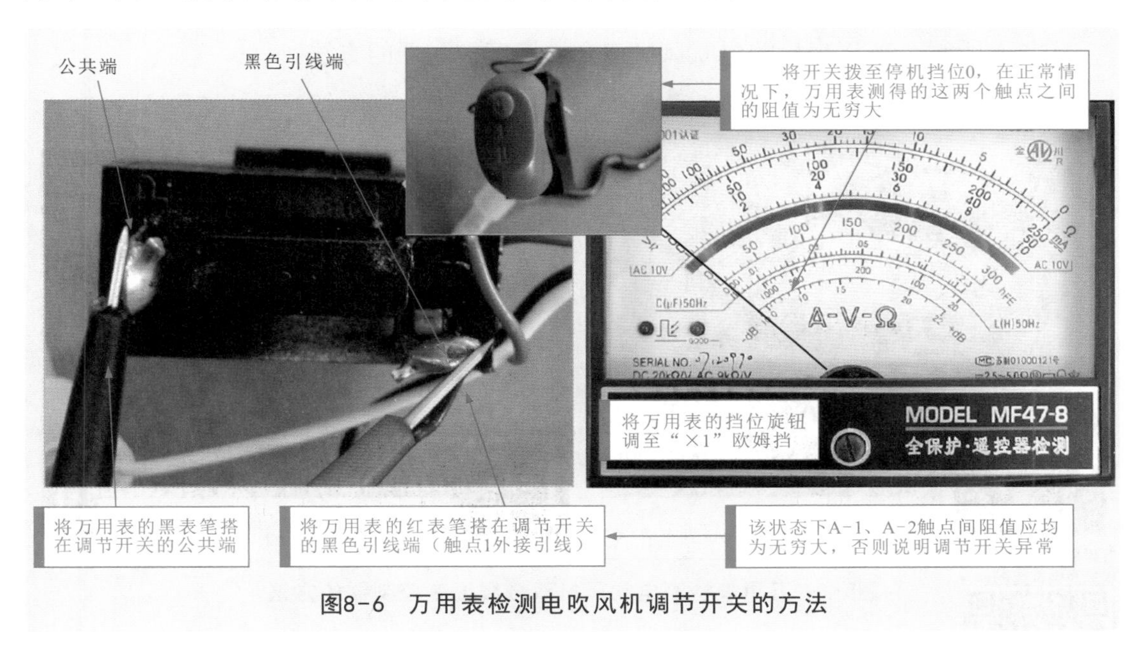

图8-6 万用表检测电吹风机调节开关的方法

补充说明

正常情况下，调节开关置于“0”挡位时，其公共端（P端）与另外两个引线端的阻值应为无穷大；当调节开关置于“1”挡位时，公共端与黑色引线端（A-1触点）间的阻值应为0；当调节开关置于“2”挡位时，公共端与红色引线端（A-2触点）间的阻值为0。若测量结果偏差较大，则表明调节开关已损坏，应对其更换。

8.2.3 万用表检测电吹风机的双金属温度控制器

双金属温度控制器是用来控制电吹风机内部温度的重要部件，当其出现故障时，可能会导致电吹风机的电动机无法运转或电吹风机温度过高时不能进入保护状态。

图8-7所示为电吹风机双金属温度控制器的结构和功能。

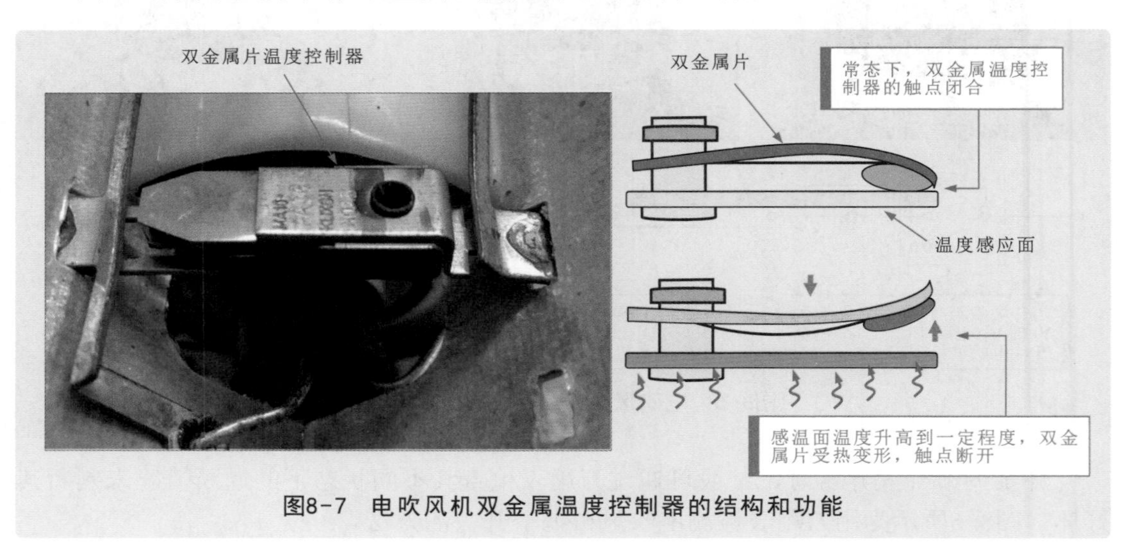

图8-7 电吹风机双金属温度控制器的结构和功能

图8-8所示为万用表检测电吹风机双金属温度控制器的方法。

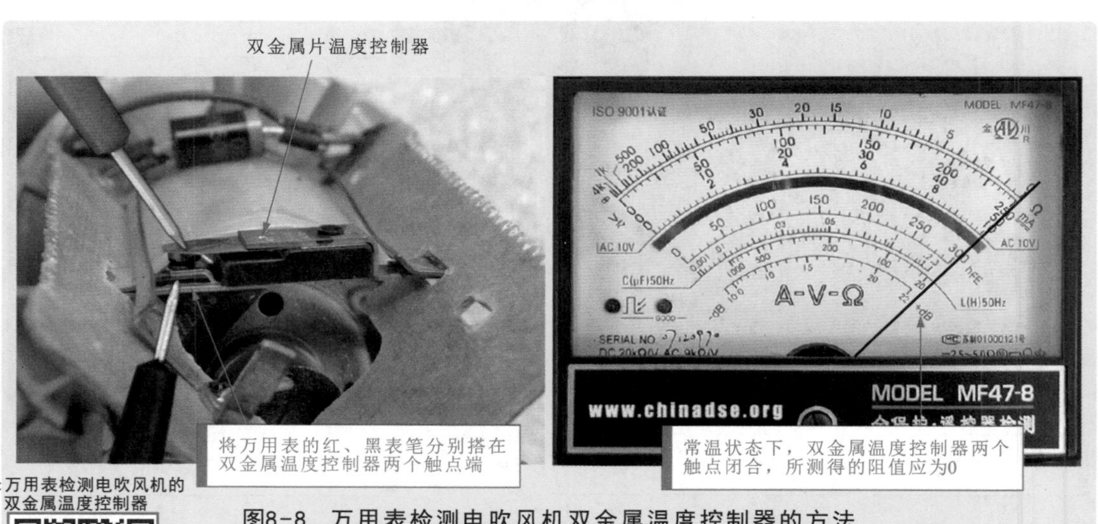

图8-8 万用表检测电吹风机双金属温度控制器的方法

视频：万用表检测电吹风机的双金属温度控制器

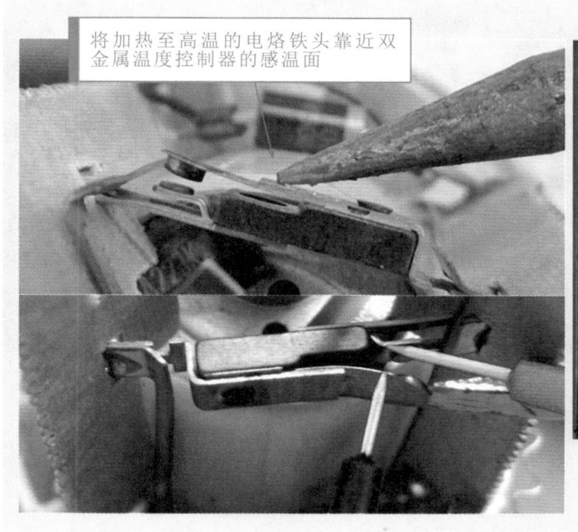

图8-8 （续）

8.2.4 万用表检测电吹风机的桥式整流电路

在电吹风机中，电动机供电电路中通常安装有桥式整流电路或桥式整流堆，用于将交流电压转换为直流电压后为电动机供电。若桥式整流电路损坏，电动机将无法获得电压，从而导致电吹风机通电不工作故障。

桥式整流电路一般由四只整流二极管按照一定方式连接而成，怀疑其异常时，通常可用万用表逐一检测四只整流二极管的好坏，以此判断桥式整流电路的状态。

图8-9所示为万用表检测电吹风机桥式整流电路的方法。

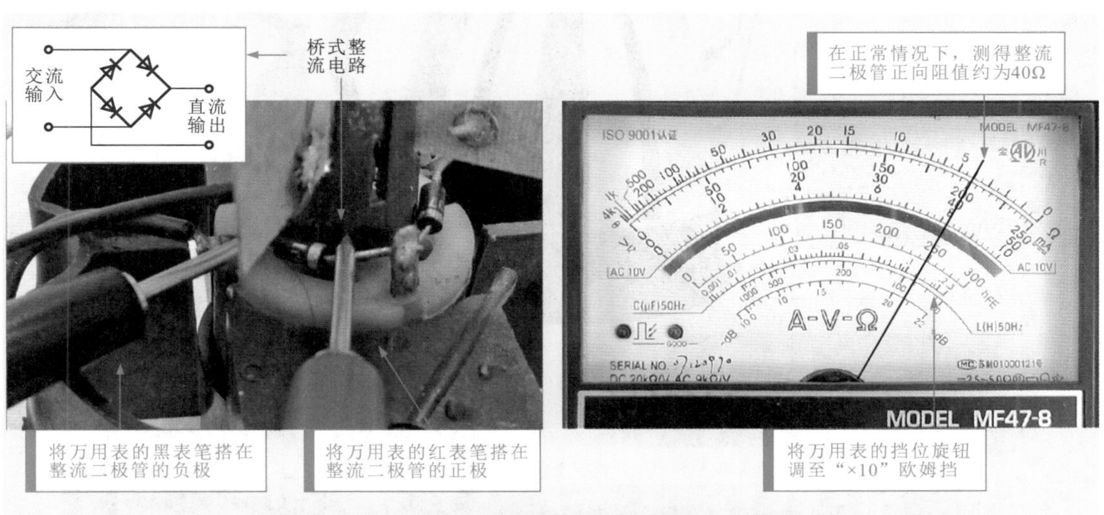

图8-9 万用表检测电吹风机桥式整流电路的方法

补充说明

整流电路中的整流二极管正向有一定的阻值；而调换表笔检测的整流二极管反向阻值应为无穷大，若不符合整流二极管正向导通、反向截止特性，多为整流二极管损坏。

第9章 万用表检测电热水壶

9.1 电热水壶的结构原理

9.1.1 电热水壶的结构特点

电热水壶是一种具有蒸汽智能感应控制、过热保护、水沸或水干自动断电功能的器具，可将水快速煮沸，使用便捷。

图9-1所示为典型电热水壶的结构组成。一般来说，电热水壶主要是由壶身、壶盖、提手、分立式电源底座、蒸汽式自动断电开关、温控器、热熔断器、加热盘、水壶插座等部分构成的。

图9-1 典型电热水壶的结构特点

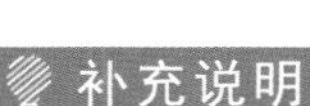

蒸汽式自动断电开关、温控器、热熔断器、加热盘是其主要的功能部件。电热水壶出现的异常故障也多是由这些电气部件引起的。其他如插座、提手等多为机械部件，使用中可能会出现磨损、断裂等情况，可通过检查和代换来排除故障。

9.1.2 电热水壶的工作原理

图9-2所示为典型电热水壶的工作原理。

通过电路图可以看到，电热水壶主要是由控制部件（蒸汽式自动断电开关S1、温控器ST、热熔断器FU）、电热部件（加热盘EH）等构成的。

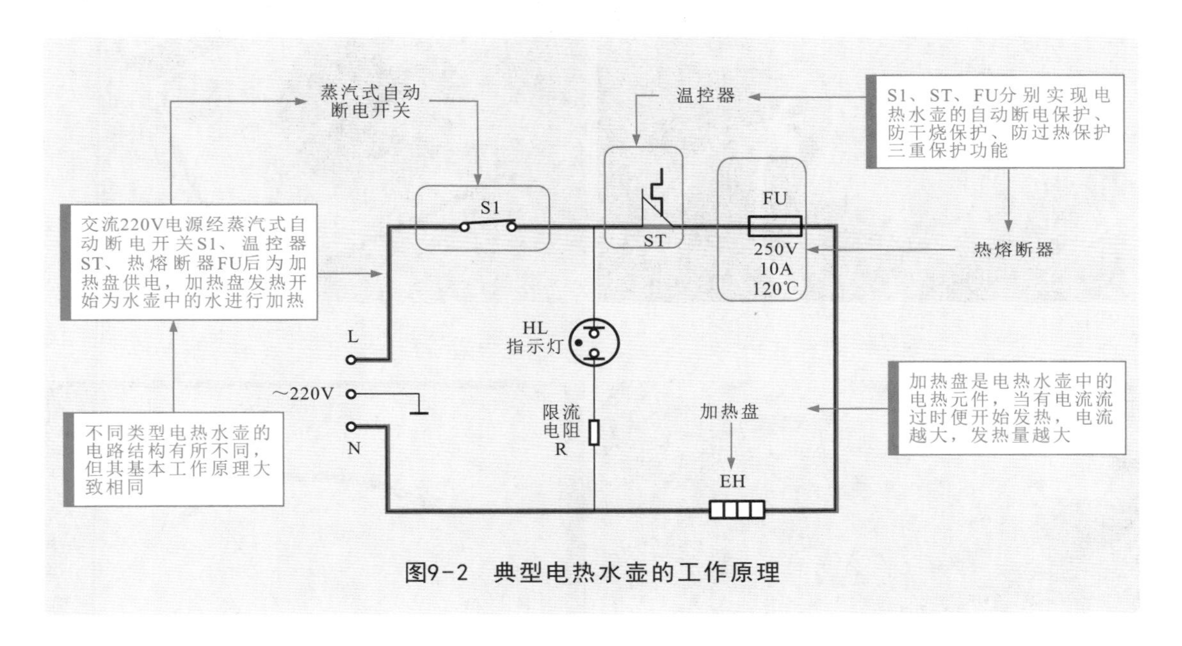

图9-2 典型电热水壶的工作原理

当电热水壶中加上水后，接通交流220V电源，交流电源的L（火线）端经蒸汽式自动断电开关、温控器ST和热熔断器FU加到加热盘的一端，经过煮水加热盘与交流电源的N（零线）端形成回路，开始加热；电热水壶中的水烧开后，会产生高温蒸汽，产生的水蒸气经过水壶内的蒸汽导管送到水壶底部的橡胶管，由蒸汽导板再将蒸汽送入蒸汽式自动断电开关S1内。蒸汽式自动断电开关S1内部的断电弹簧片会受热变形，使开关触点动作，从而实现自动断电。

若电热水壶工作中，蒸汽式自动断电开关失常，水壶内的水会不断减少，当水位过低或出现干烧状态时，温度超高状态下，温控器ST内的双金属片会变形，带动其触点断开，切断电热水壶供电线路，实现防烧干保护。若蒸汽式自动断电开关S1、温控器ST均失去保护功能时，壶内温度会不断升高（139℃）左右，此时热熔断器会被熔断，同样使电热水壶断电，起到保护作用。

9.2 万用表检测电热水壶的应用案例

9.2.1 万用表检测电热水壶的加热盘

加热盘是为电热水壶中的水加热的电热器件。加热盘不轻易损坏，若损坏，会导致电热水壶无法正常加热。检查加热盘时，可以使用万用表检测加热盘阻值的方法判断其好坏。图9-3所示为万用表检测电热水壶加热盘的方法。

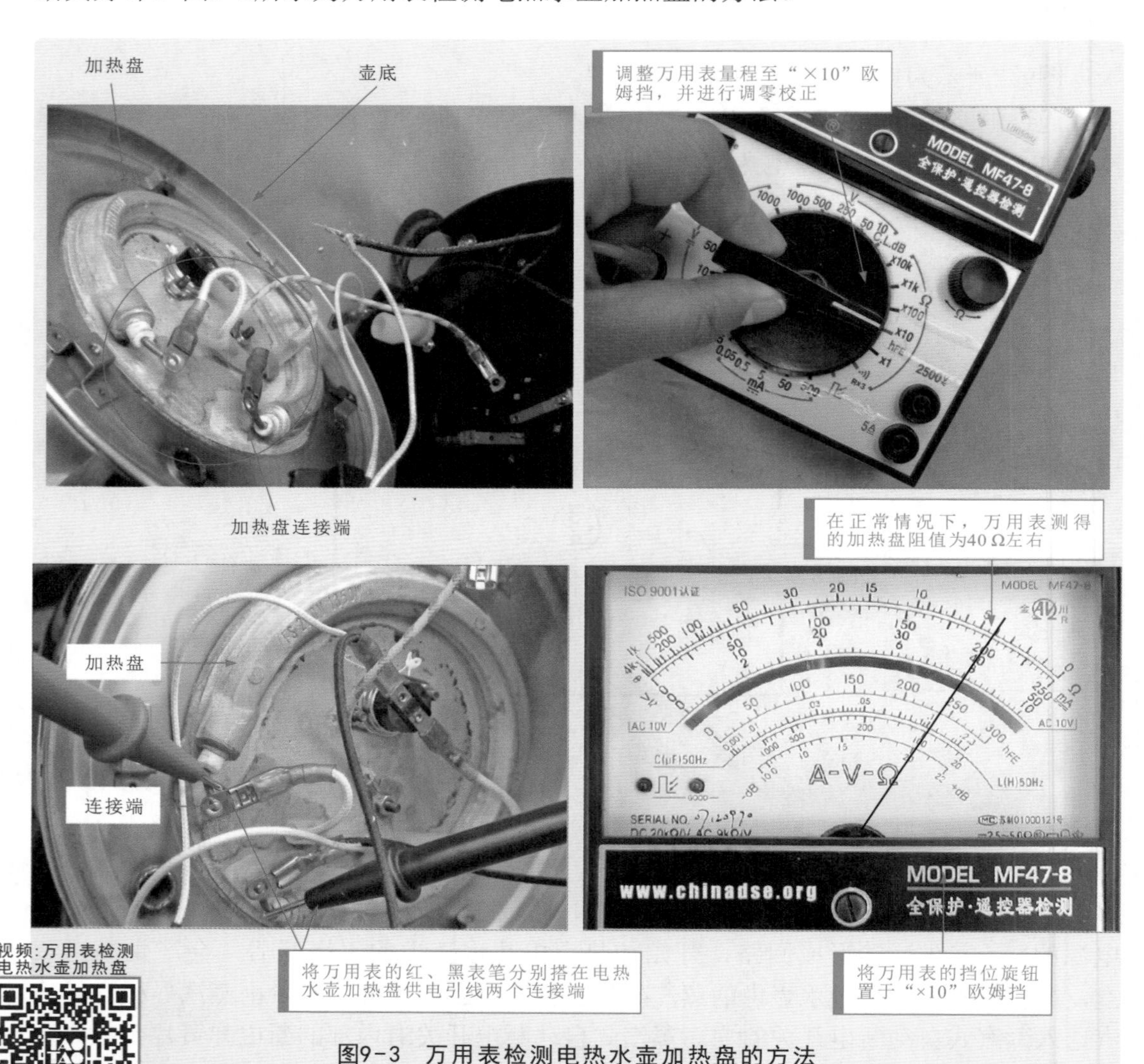

视频：万用表检测电热水壶加热盘

图9-3 万用表检测电热水壶加热盘的方法

补充说明

在正常情况下，使用万用表检测加热盘的阻值应为几十欧姆；若测得的阻值为无穷大或零甚至几百至几千欧姆，均表示加热盘已经损坏。在检测的过程中，加热器阻值出现无穷大，有可能是由于加热器的连接端断裂导致加热器阻值不正常，需检查后对加热器的连接端进行检测，再次检测加热器的阻值，从而排除故障。

9.2.2 万用表检测电热水壶的蒸汽式自动断电开关

蒸汽式自动断电开关是控制电热水壶自动断电的装置，如果损坏，可能会导致壶内的水长时间沸腾而无法自动断电，还有可能导致电热水壶无法加热。

在检测时，可先通过直接观察法检查开关与电路的连接、橡胶管的连接、蒸汽开关、压断电弹簧片、弓形弹簧片及接触端等部件的状态和关系，即先排除机械故障。若从表面无法找到故障，可借助万用表检测蒸汽式自动断电开关能否实现正常的“通、断”控制状态。

图9-4所示为万用表检测电热水壶蒸汽式自动断电开关的方法。

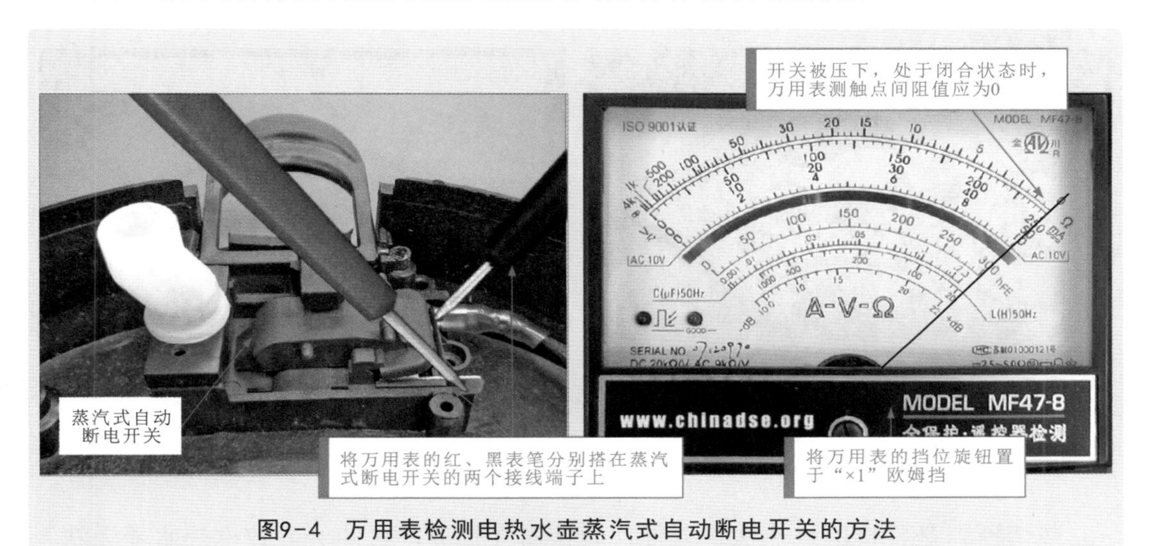

图9-4 万用表检测电热水壶蒸汽式自动断电开关的方法

补充说明

将万用表挡位旋钮置于“×1”欧姆挡，将万用表的红、黑表笔分别搭在蒸汽式断电开关的两个接线端子上，开关被压下，处于闭合状态时，万用表测触点间阻值应为零。当蒸汽式自动断电开关检测到蒸汽温度时，内部金属片变形动作，触点断开，此时万用表测其触点间阻值应为无穷大。

图9-5所示为电热水壶蒸汽式自动断电开关的内部结构，若蒸汽式自动断电开关不良应对其内部进行检查。

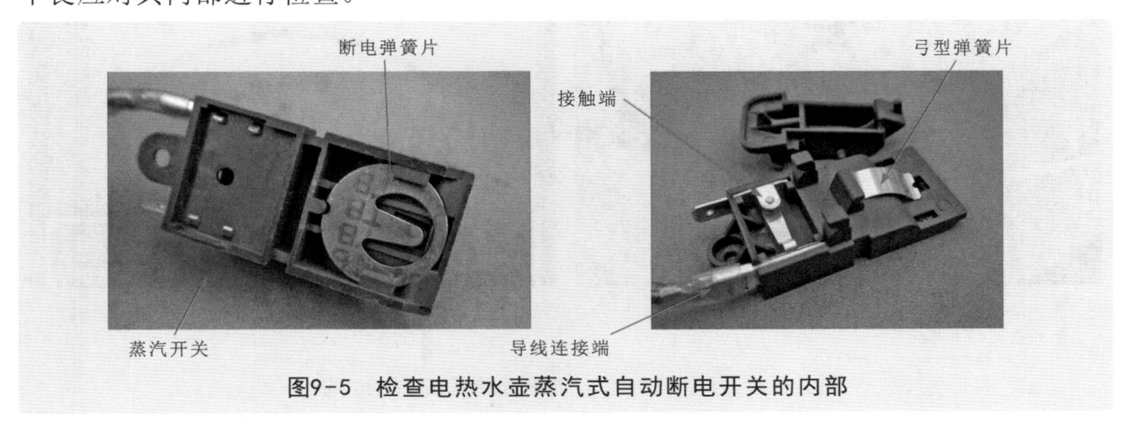

图9-5 检查电热水壶蒸汽式自动断电开关的内部

9.2.3 万用表检测电热水壶的温控器和热熔断器

温控器是电热水壶中关键的保护器件，用于防止蒸汽式自动断电开关损坏后水被烧干。如果温控器损坏，将会导致电热水壶加热完成后不能自动跳闸及无法加热故障。可使用万用表电阻挡检测其在不同温度条件下两引脚间的通断情况，以判断其性能好坏。

图9-6所示为万用表检测电热水壶温控器的方法。

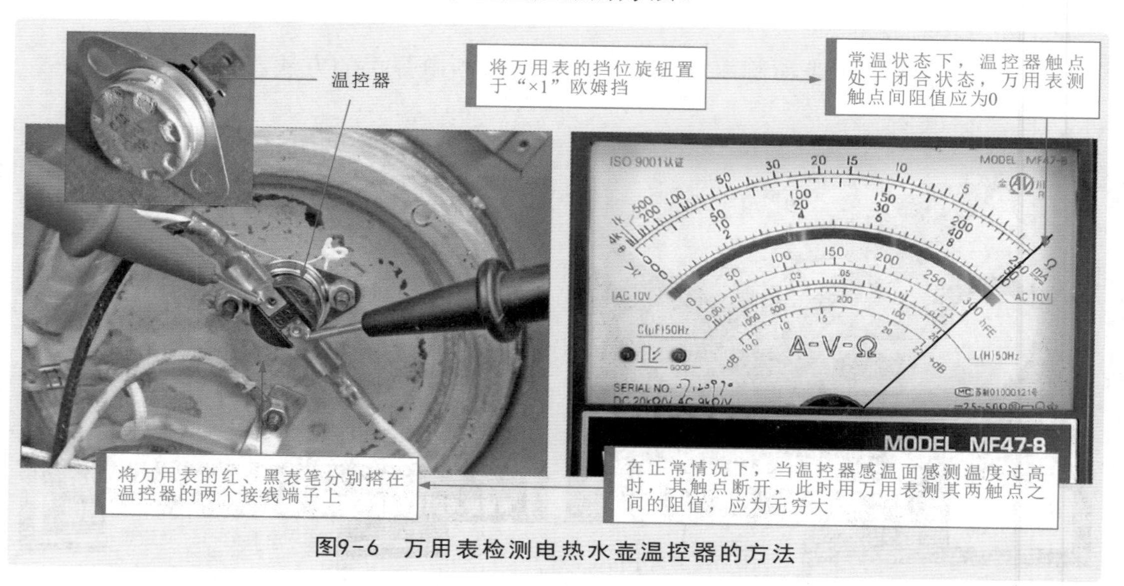

图9-6　万用表检测电热水壶温控器的方法

热熔断器是整机的过热保护器件，若该器件损坏，可能会导致电热水壶无法工作。判断热熔断器的好坏可使用万用表电阻挡检测其阻值。正常情况下，热熔断器的阻值为零，若实测阻值为无穷大，说明热熔断器损坏。

图9-7所示为万用表检测电热水壶热熔断器的方法。

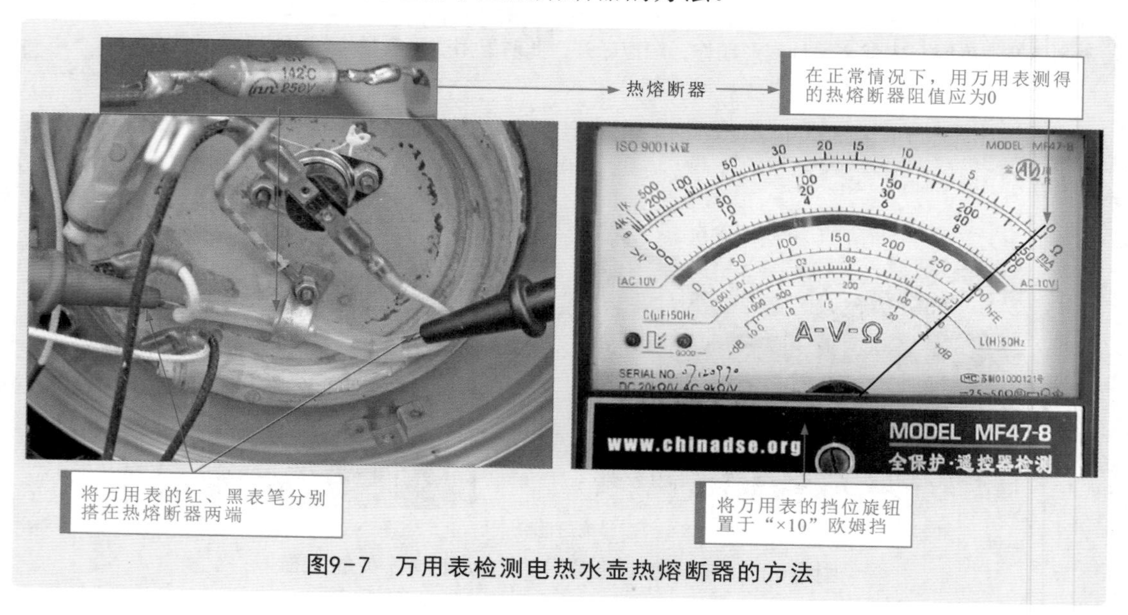

图9-7　万用表检测电热水壶热熔断器的方法

第10章 万用表检测榨汁机

10.1 榨汁机的结构原理

10.1.1 榨汁机的结构特点

榨汁机是一种对鲜品切碎或压榨的家用电动产品。该产品可以将水果或蔬菜等切碎压榨成新鲜可口的果汁，给人们的生活带来了方便。

图10-1所示为典型榨汁机的结构特点。典型榨汁机主要由上盖、切削搅拌杯、杯槽、机座、控制部件（电源开关、启动开关）、切削电动机等构成。

图10-1　典型榨汁机的结构特点

补充说明

切削电动机和控制部件是主要的功能部件，榨汁机出现的异常故障也多由这两部分引起。其他如上盖、杯槽、机座、切削搅拌杯等多为机械部件，使用中可能会出现磨损、破裂等情况，可通过检查和代换来排除故障。

10.1.2 榨汁机的工作原理

图10-2所示为典型榨汁机电路和工作原理。

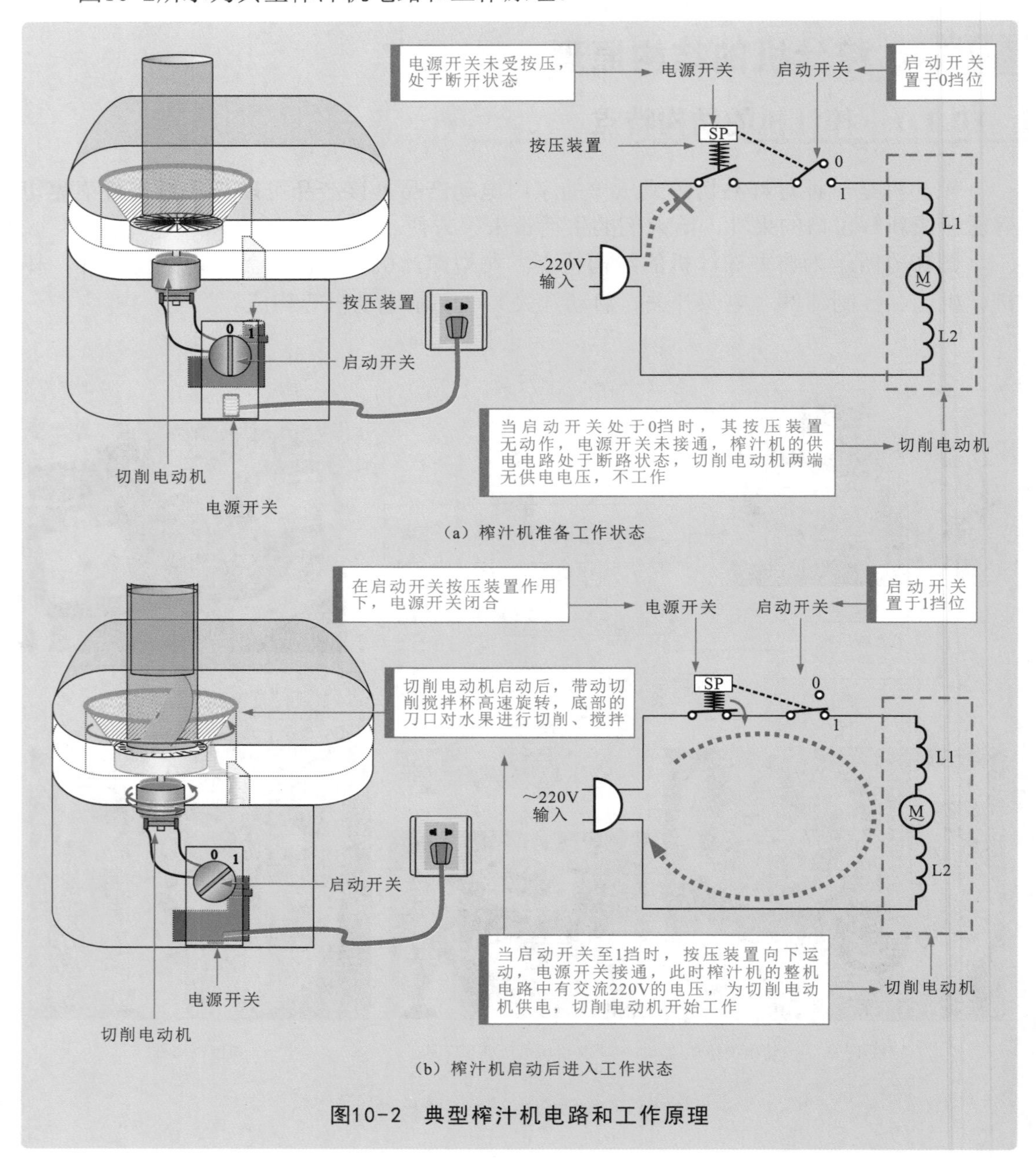

（a）榨汁机准备工作状态

（b）榨汁机启动后进入工作状态

图10-2 典型榨汁机电路和工作原理

补充说明

当启动开关处于0挡时，电源开关不接通，榨汁机中的组件均无动作；当旋转启动开关至1挡时，按压组件由启动开关控制向下动作，按压电源开关接通。电源开关接通后，220V交流电通过电源开关进入到榨汁机中，为切削电动机提供工作电压。切削电动机高速旋转，进而带动搅拌杯高速旋转。搅拌杯底部的刀口匀速切削盛物筒中的果品，由杯槽中的出水口流出果汁、蔬菜汁。

10.2 万用表检测榨汁机的应用案例

10.2.1 万用表检测榨汁机的切削电动机

当切削电动机内部出现断路、短路的情况时，会造成榨汁机不工作的故障。一般可用万用表检测切削电动机，从而判断其性能的好坏。

图10-3所示为万用表检测切削电动机的方法。

使用万用表检测切削电动机电刷之间的阻值。检测时，拨动电动机转子，正常情况下，万用表的指针会有相应的摆动情况。如万用表指针无反应，说明切削电动机已经损坏。

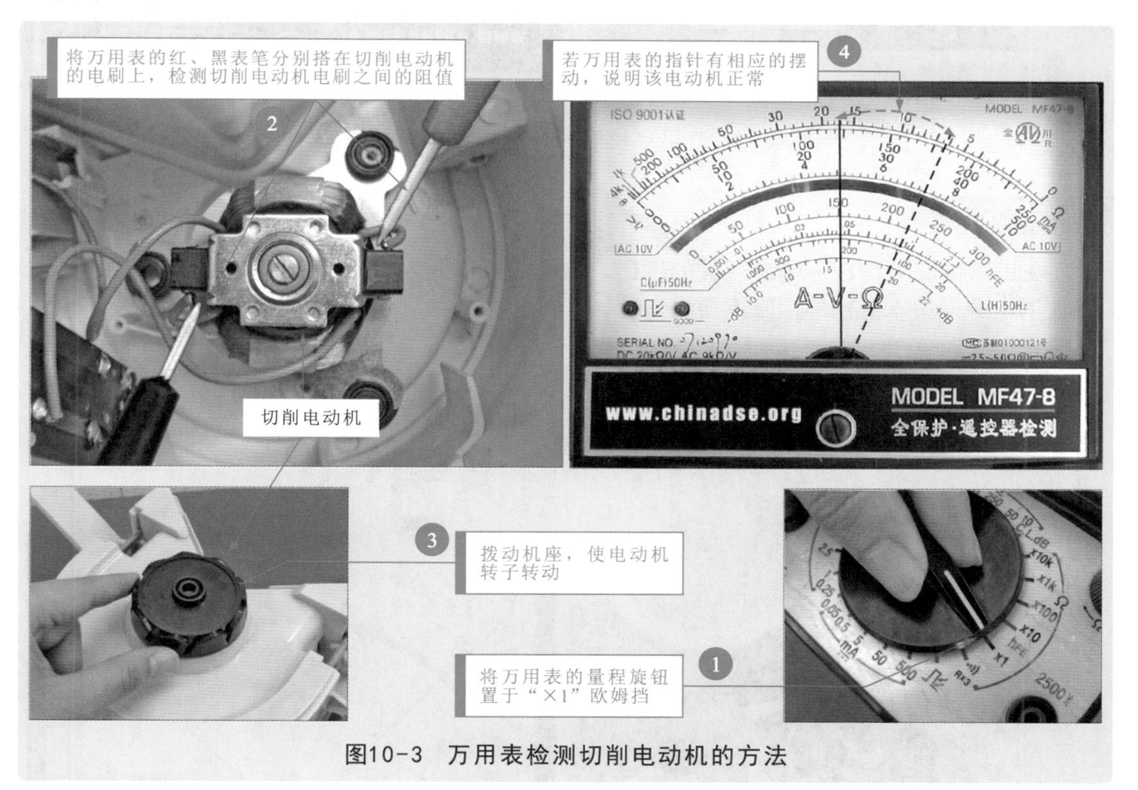

图10-3 万用表检测切削电动机的方法

补充说明

切削电动机的绕组连接电源供电端，因此还可以通过检测电路中两根供电引线之间的阻值（即绕组之间的阻值）来判断切削电动机绕组是否正常。一般榨汁机中切削电动机绕组的阻值约有几十至几百欧姆。

10.2.2 万用表检测榨汁机的开关

电源开关内部装有复位弹簧，多次按下、弹起动作，很容易造成电源开关控制失灵。若榨汁机控制失常，应重点检查电源开关的内部连接情况。

如图10-4所示，检测时，可首先将电源开关取下，确认榨汁机启动开关设置在1挡。然后，按下电源开关的按钮，用万用表检测此时电源开关的阻值，以判断其性能好坏。

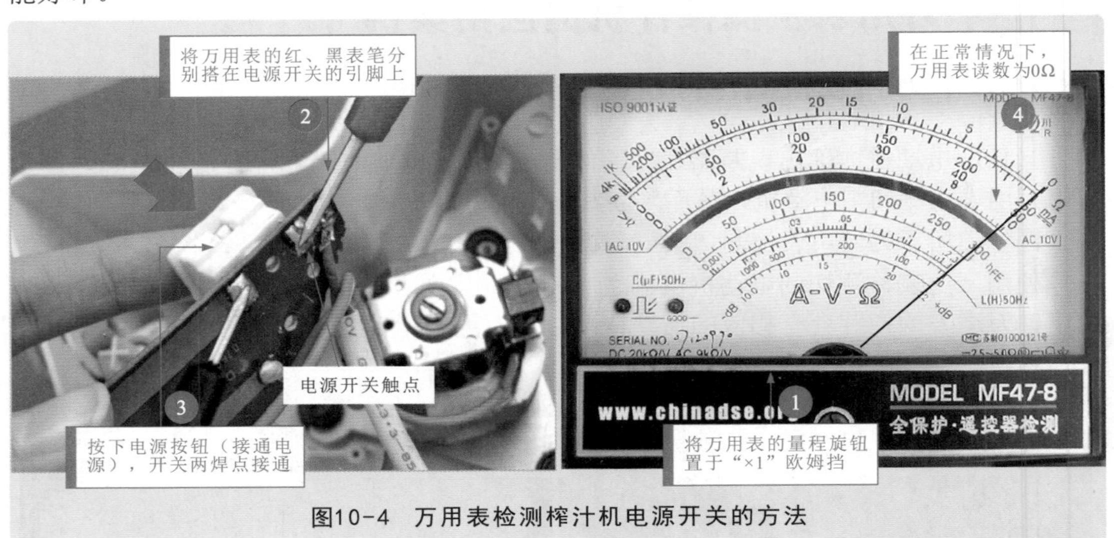

图10-4 万用表检测榨汁机电源开关的方法

补充说明

在正常情况下，按下电源开关的按钮，测得的阻值应为0Ω。若测得的阻值为无穷大，则说明电源开关本身损坏，应更换。

图10-5所示为万用表检测榨汁机启动开关的方法。检测方法与电源开关类似。

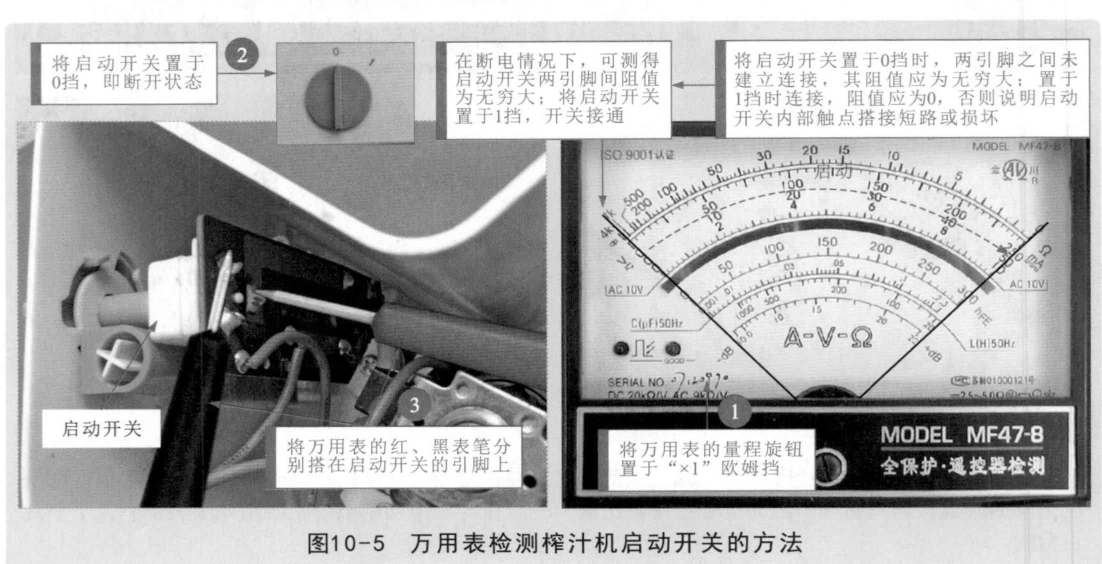

图10-5 万用表检测榨汁机启动开关的方法

第11章 万用表检测电风扇

11.1 电风扇的结构原理

11.1.1 电风扇的结构特点

图11-1所示为典型电风扇的结构特点。

电风扇主要是由扇叶、前后护罩、电动机（风扇电动机、摇头电动机）、启动电容器、控制部件（调速开关、摇头开关、定时器）等构成的。

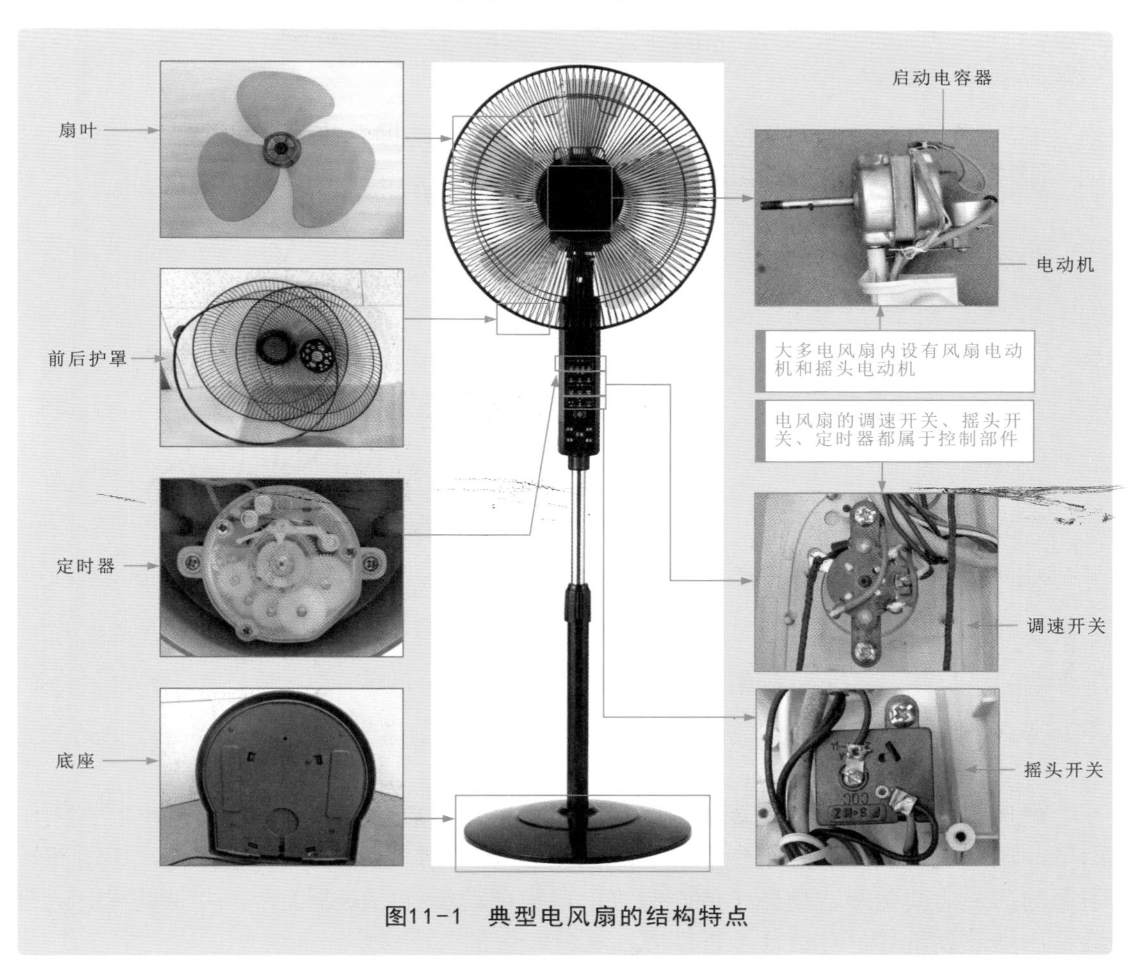

图11-1 典型电风扇的结构特点

11.1.2 电风扇的工作原理

图11-2所示为典型电风扇的电路原理。

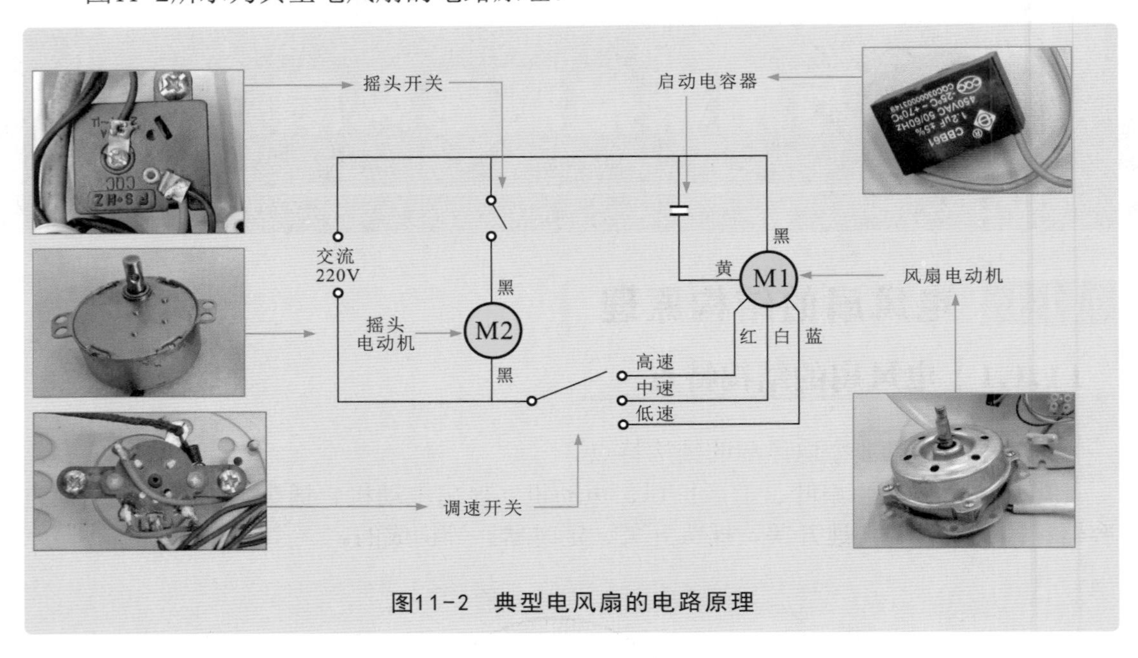

图11-2 典型电风扇的电路原理

电风扇的启动控制即为由启动电容器控制风扇电动机启动运转的过程。

图11-3所示为电风扇的启动控制过程。

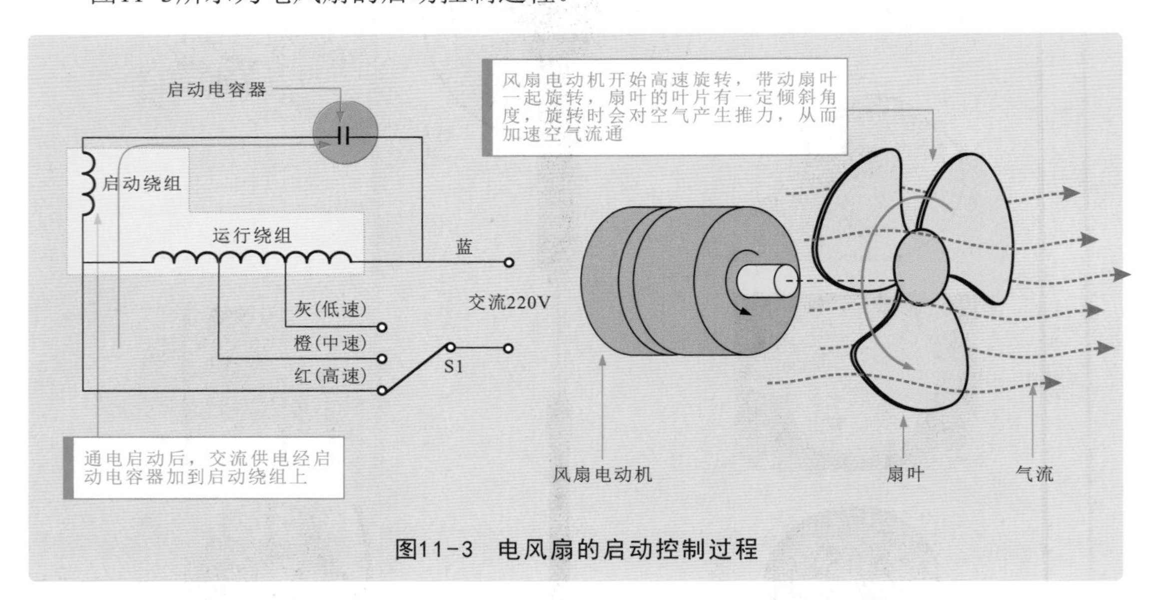

图11-3 电风扇的启动控制过程

电风扇通电启动后，交流供电经启动电容器加到启动绕组上，在启动电容器的作用下，风扇电动机启动绕组中所加电流的相位与运行绕组形成90°相位差，定子和转子之间形成启动转矩，使转子旋转起来。风扇电动机开始高速旋转，并带动扇叶一起旋转，扇叶旋转时会对空气产生推力，从而加速空气流通。

风扇电动机的调速多采用绕组线圈抽头的方法，即绕组线圈抽头与调速开关的不同档位相连，通过改变绕组线圈的数量，使定子线圈所产生磁场强度发生变化，实现速度调整。

图11-4所示为典型电风扇的调速过程。运行绕组中设有两个抽头，可以实现三速可变的风扇电动机。由于两组线圈接成L形，也被称为L形绕组结构。若两个绕组接成T形，便被称为T形绕组结构。

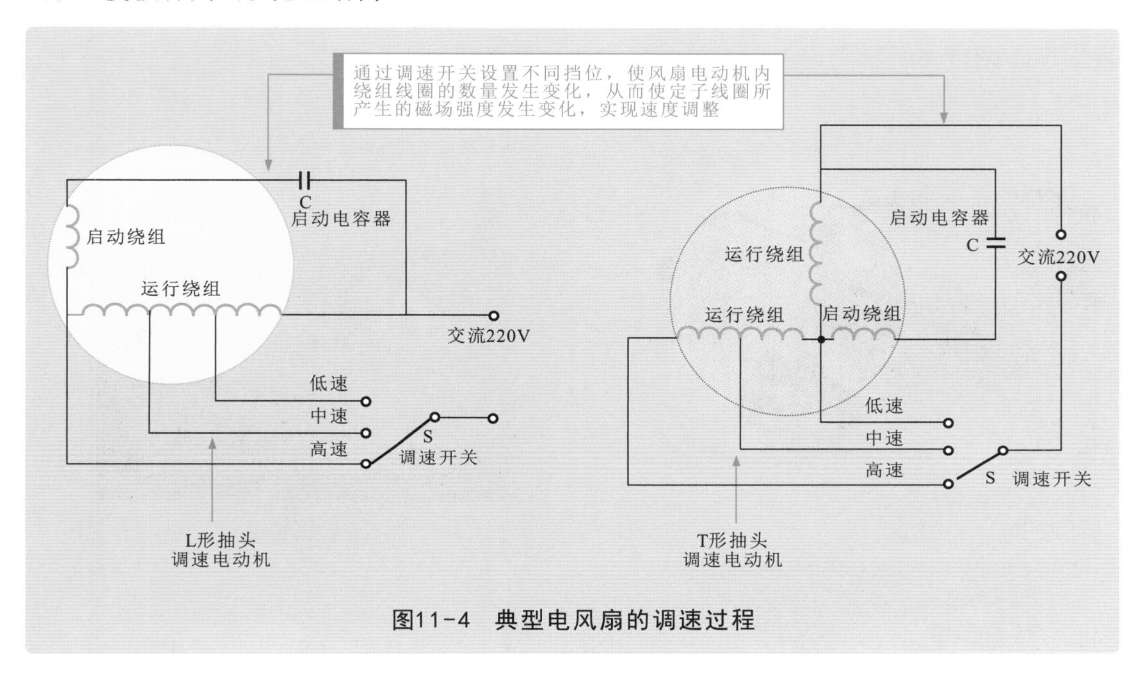

图11-4 典型电风扇的调速过程

图11-5所示为电风扇的摇头控制过程。

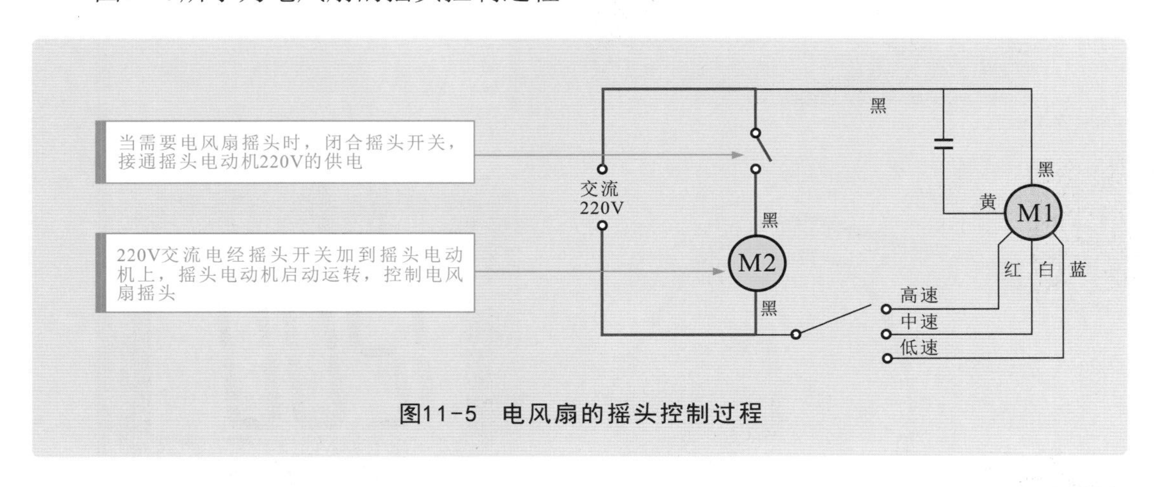

图11-5 电风扇的摇头控制过程

220V交流电压送入电风扇中，该电压加到启动电容器上，由启动电容器控制风扇电动机启动运转，通过调节调速开关，对风扇电动机的转速进行调节。

电风扇摇头电动机受摇头开关的控制，闭合摇头开关后，220V交流电为摇头电动机供电，使电风扇摇头。

11.2 万用表检测电风扇的应用案例

11.2.1 万用表检测电风扇的启动电容器

启动电容器用于为电风扇中的风扇电动机提供启动电压，是控制风扇电动机启动运转的重要部件，若启动电容器出现故障，则开机运行电风扇没有任何反应或只摇头扇叶不转。使用万用表检测时，可通过检测启动电容器的电容量来判断启动电容器是否损坏。图11-6所示为用万用表检测启动电容器的方法。

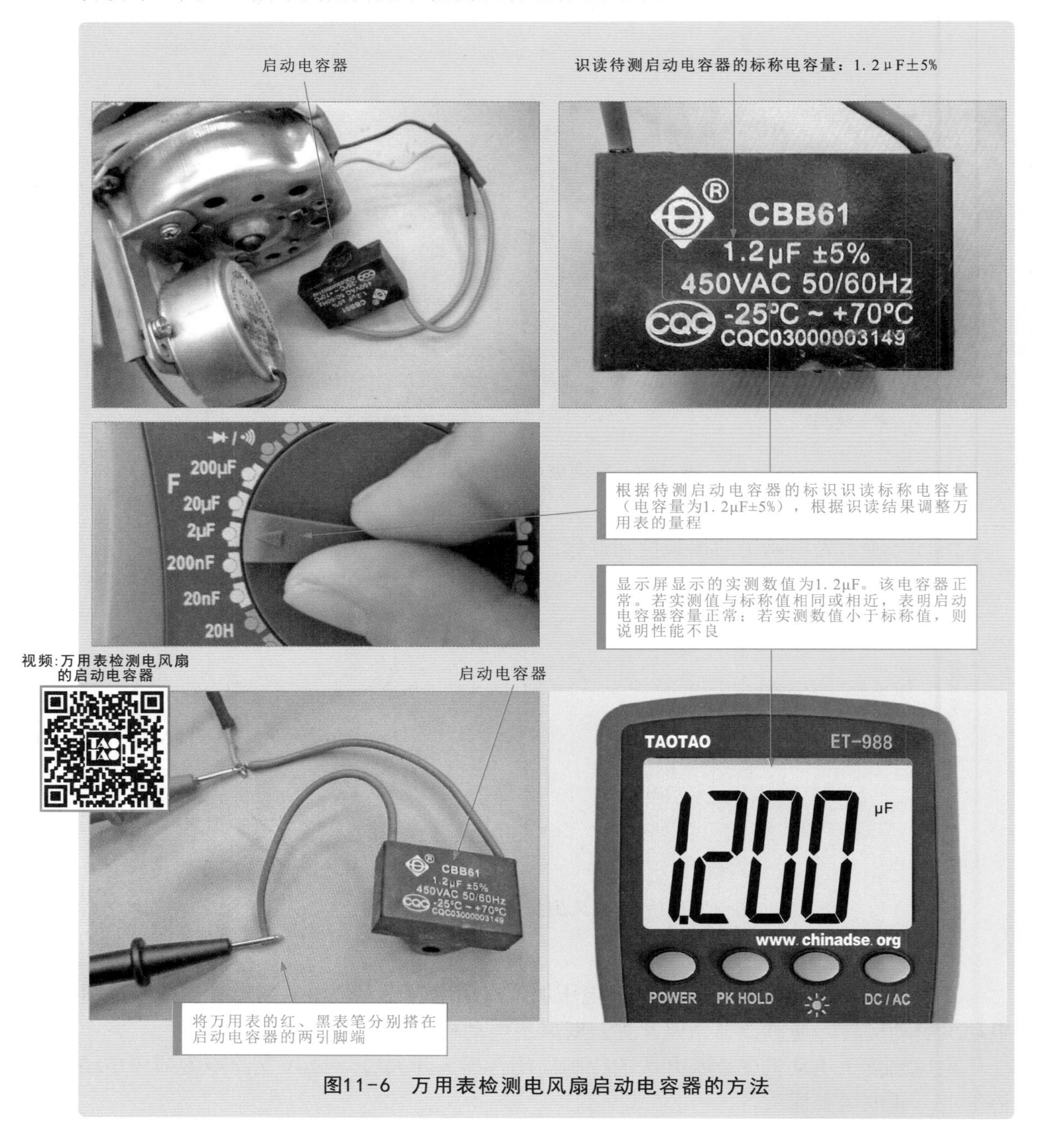

图11-6　万用表检测电风扇启动电容器的方法

补充说明

在检测过程中，大多启动电容器不会完全损坏，而是因漏液、变形等导致性能变差。此时，多会引起风扇电动机转速变慢的故障；若启动电容器漏电严重，完全无容量时，将会导致风扇电动机不启动、不运行的故障。除使用数字万用表直接检测启动电容器的容量外，还可使用指针万用表检测启动电容器的充、放电情况，从而判别其性能。图11-7所示为用指针万用表检测启动电容器的方法。

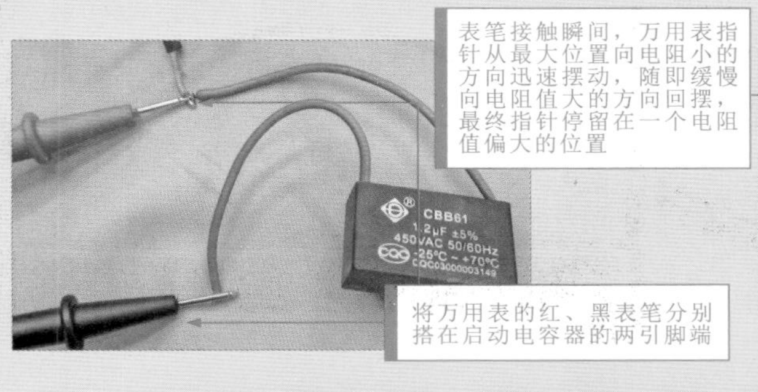

图11-7　指针万用表检测启动电容器的方法

11.2.2 万用表检测电风扇的电动机

风扇电动机是电风扇的动力源，与风扇相连，带动风叶转动。若风扇电动机出现故障，则开机运行电风扇没有任何反应。

图11-8所示为待测的风扇电动机。在检测之前首先需要识别风扇电动机各绕组连接线的关系和功能。

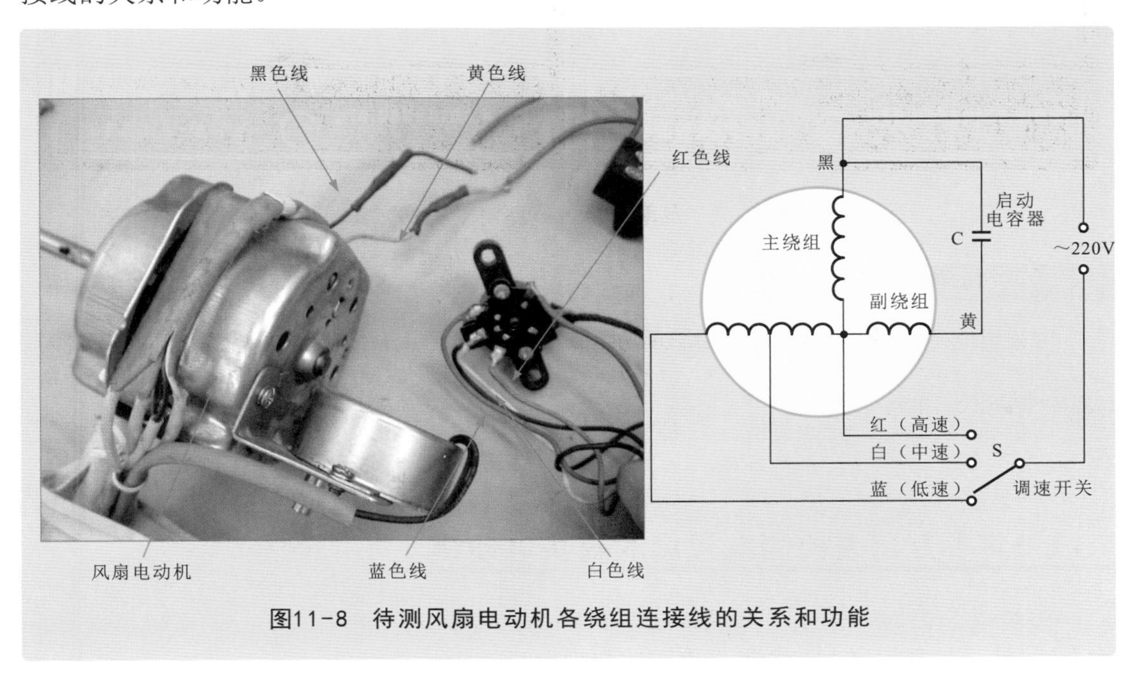

图11-8　待测风扇电动机各绕组连接线的关系和功能

对照电路图，识读风扇电动机中各绕组连接线的关系及功能：黑色线和黄色线连接启动电容器；蓝色线、白色线和红色线连接调速开关。

使用万用表检测时，可通过检测风扇电动机各绕组之间的阻值来判断风扇电动机的好坏。图11-9所示为万用表检测风扇电动机的方法。

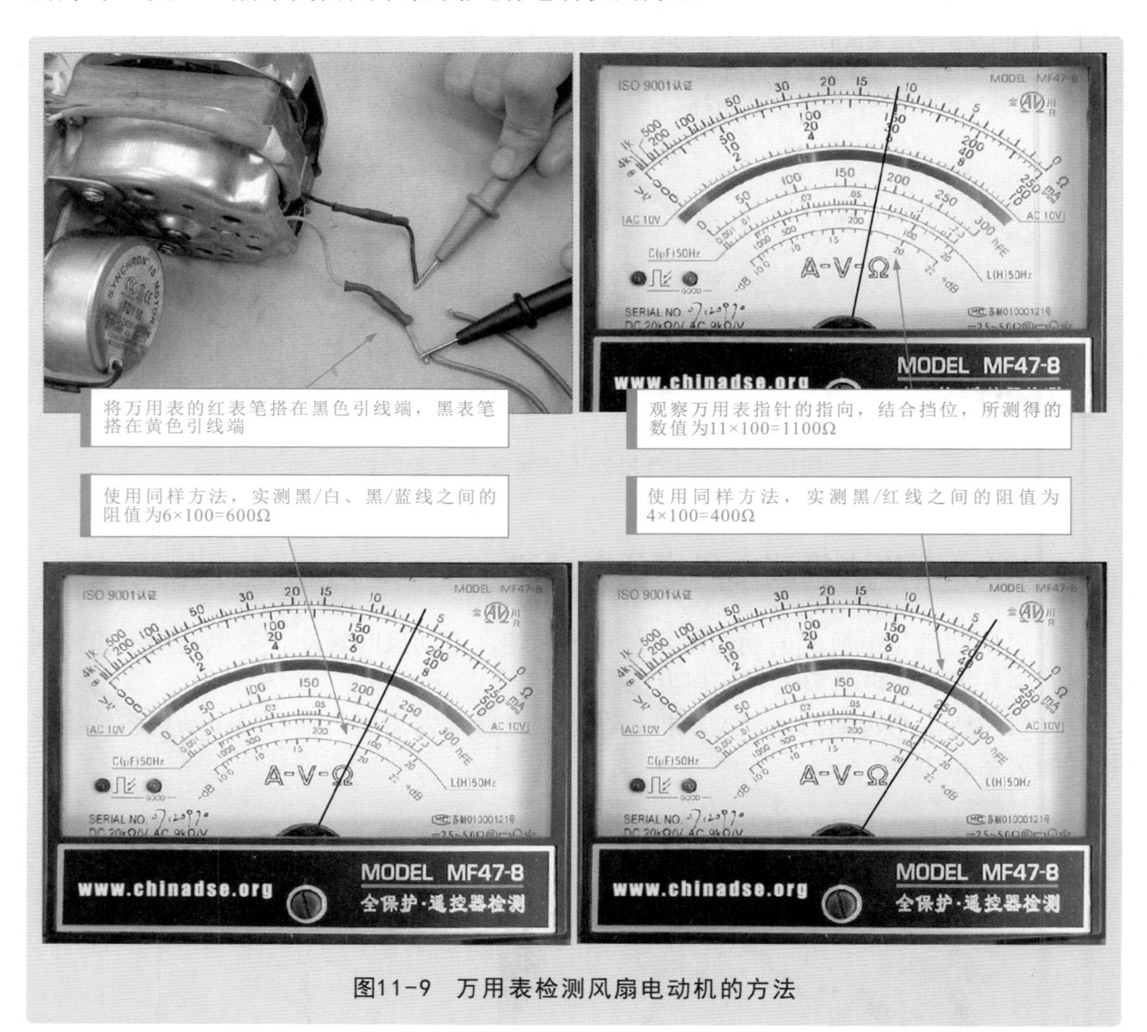

图11-9　万用表检测风扇电动机的方法

补充说明

在正常情况下，黑色线与其他引线之间的阻值为几百欧姆至几千欧姆，并且黑色线与黄色线之间的阻值始终为最大阻值。若在检测中，万用表的读数为零、无穷大或所测得的阻值与正常值偏差很大，均表明风扇电动机损坏。

11.2.3 万用表检测电风扇的摇头电动机

摇头电动机用于为电风扇的摇头提供动力，控制风叶机构摆动，使电风扇向不同方向送风。若摇头电动机损坏，将无法实现电风扇的摇头功能。

使用万用表检测时，可通过检测摇头电动机引线间的阻值来判断摇头电动机是否损坏。图11-10所示为万用表检测风扇摇头电动机的方法。

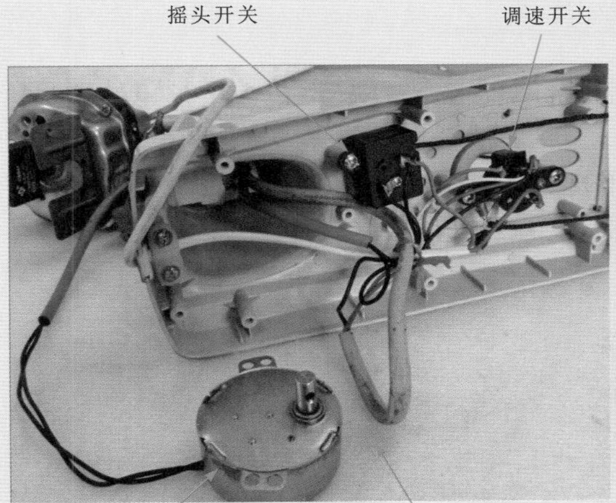

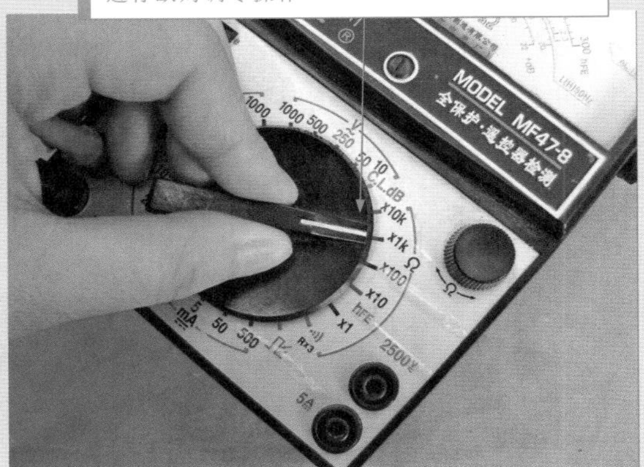

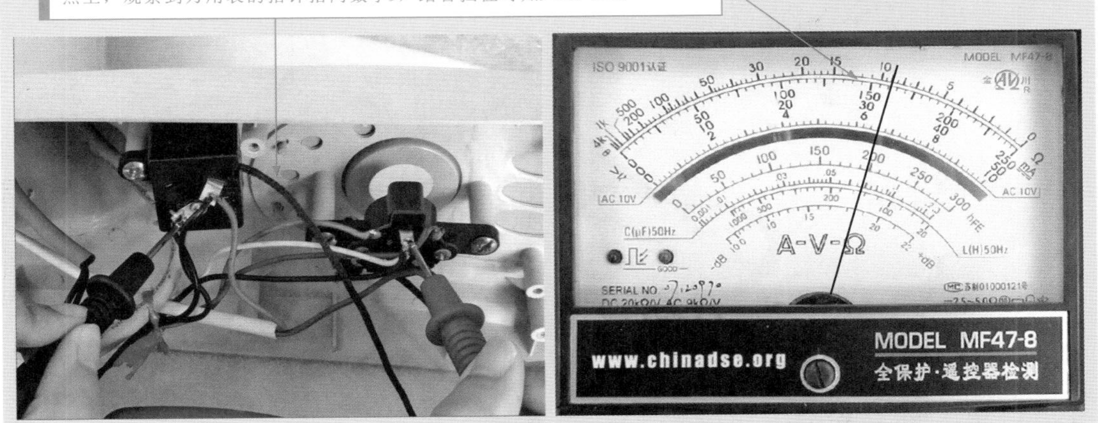

图11-10　万用表检测风扇摇头电动机的方法

补充说明

在正常情况下，摇头电动机的阻值应为几千欧姆。若测得的阻值为无穷大或0，均表示摇头电动机已经损坏。

另外，使用万用表检测摇头电动机是否正常时，除了检测电动机两引脚的阻值外，还可以检测摇头电动机的供电电压。检测时，需要将万用表的挡位调整至“250V”交流电压挡。若供电正常、摇头开关正常，而摇头电动机不动作，则表明该电动机已损坏。图11-11所示为摇头电动机供电电压的检测。

图11-11　摇头电动机供电电压的检测

11.2.4 万用表检测电风扇的摇头开关

电风扇的摇头工作主要是由摇头开关控制的，若摇头开关不正常，则电风扇只能保持在一个角度送风。

使用万用表检测时，可通过检测摇头开关通、断状态下的阻值来判断摇头开关是否损坏。图11-12所示为万用表检测风扇摇头开关的方法。

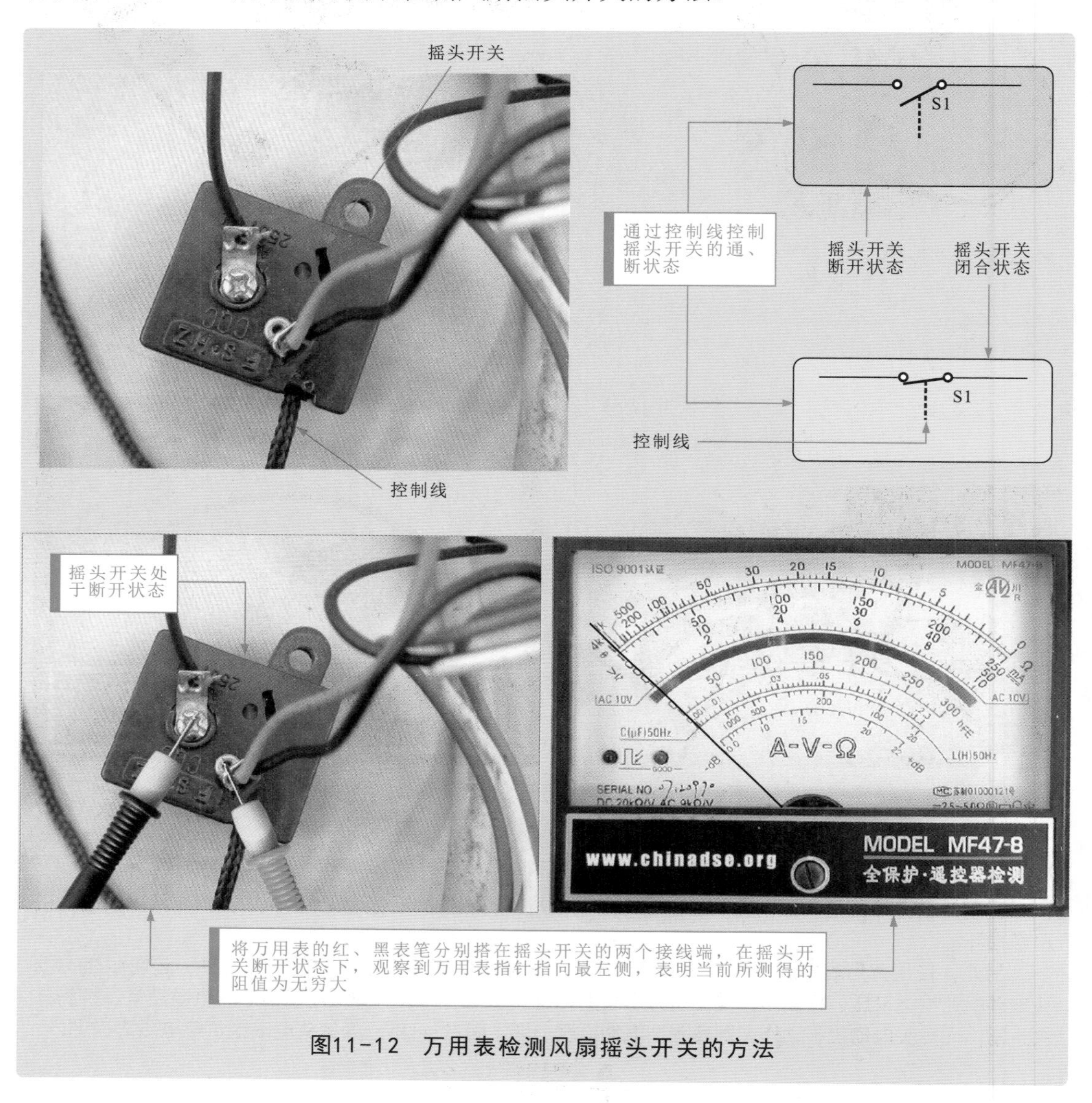

图11-12 万用表检测风扇摇头开关的方法

补充说明

保持万用表表笔位置不动，拉动摇头开关的控制线，使开关处于闭合状态，此时观察万用表的指针，在正常情况下，应指向刻度盘的右侧，即0。经实际检测可知，当摇头开关闭合时，万用表检测的阻值为0；当摇头开关断开时，万用表检测的阻值为无穷大。

11.2.5 万用表检测电风扇的调速开关

电风扇的风速主要是由调速开关控制的，当调速开关损坏时，经常会引起电风扇扇叶不转动、无法改变电风扇的风速等故障。

使用万用表检测时，可通过检测各挡位开关在通、断状态下的阻值来判断调速开关是否损坏。图11-13所示为万用表检测风扇调速开关的方法。

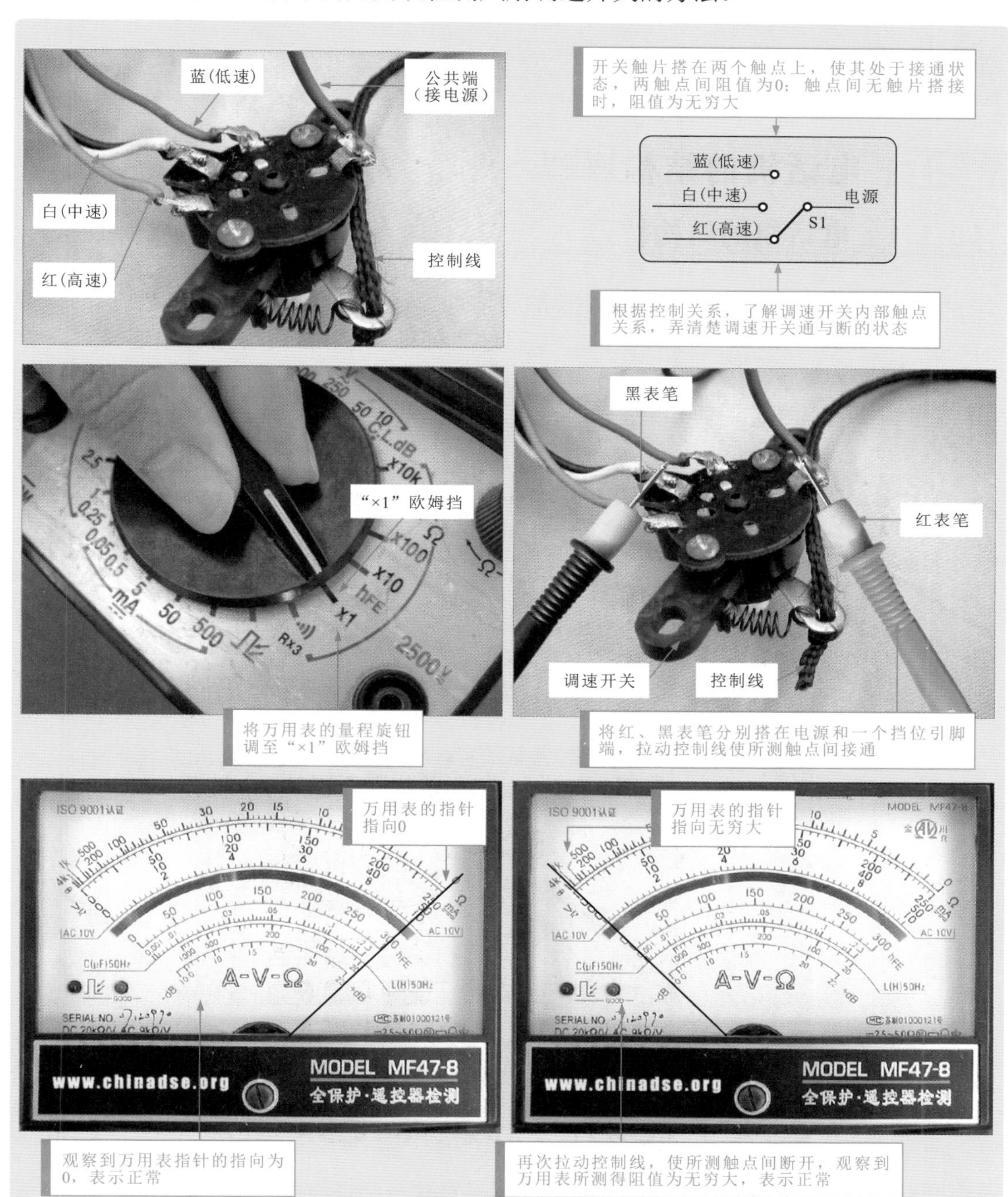

图11-13 万用表检测风扇调速开关的方法

第12章 万用表检测电话机

12.1 电话机的结构原理

12.1.1 电话机的结构特点

电话机是通过电信号相互传输话音的通话设备。图12-1所示为典型电话机的结构组成。一般情况下，电话机的话机部分通过底部插口和4芯线与主机相连接。正常时，话机放置在叉簧开关（挂机键）上。

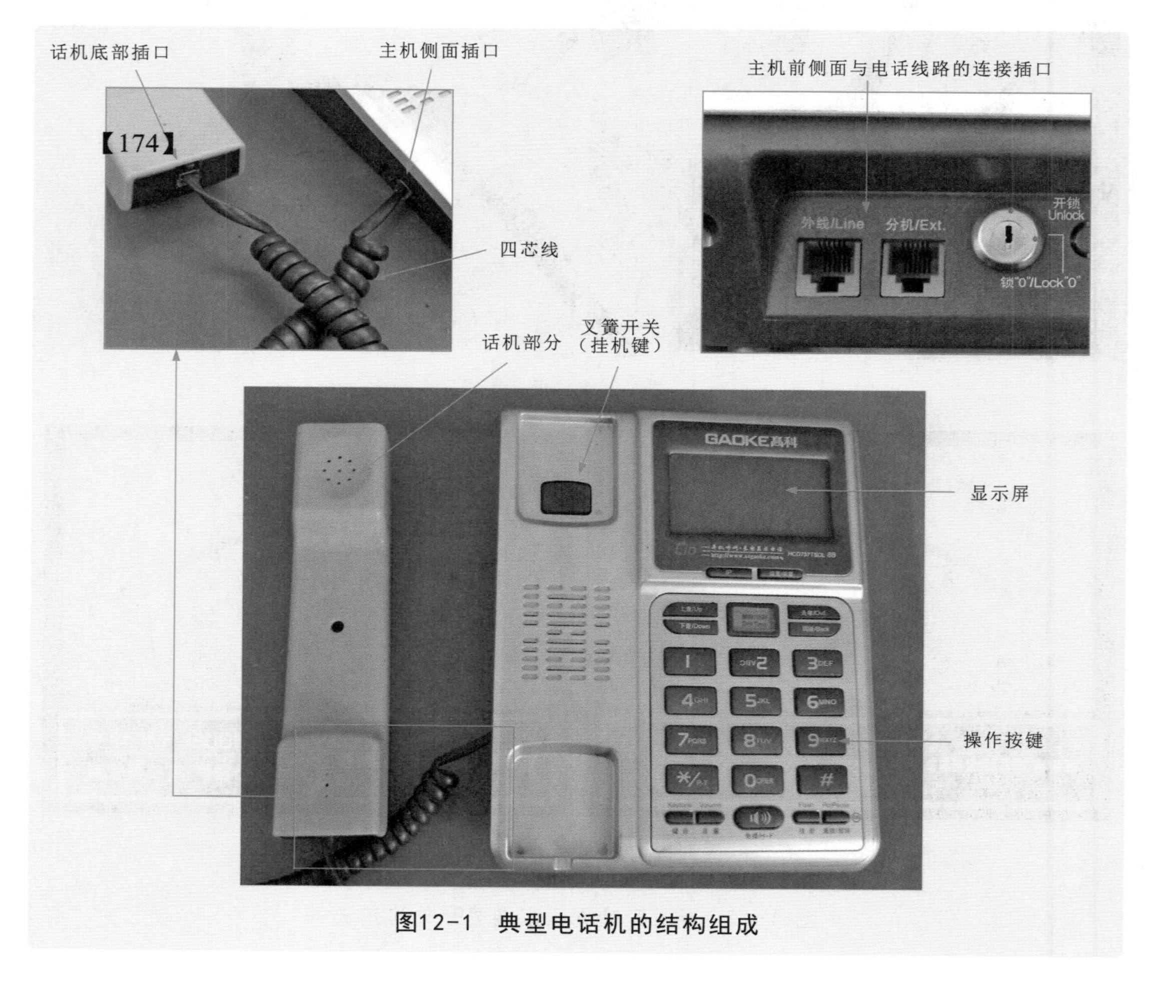

图12-1　典型电话机的结构组成

补充说明

电话机的话机部分主要包括话筒和听筒两部分；主机部分主要包括显示屏、操作按键、侧面插口音量调整开关等部分。显示屏主要用于显示当前时间、来电号码、通话时间等信息；操作按键用于输入指令信息；左侧面插口用于与话机相连，前侧面插口用于与电话线路相连。

1 话机部分

如图12-2所示，话机的内部结构比较简单，主要由话筒和听筒两个部件构成。

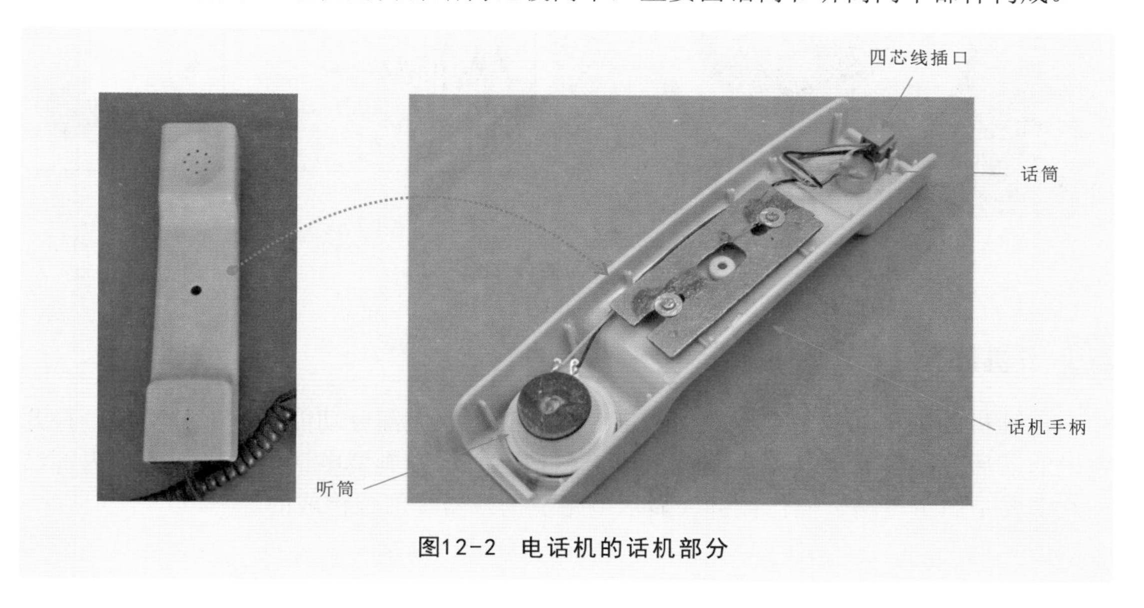

图12-2 电话机的话机部分

话筒是一种将声波转换成电信号的电声器件，通常也称为传声器、送话器或麦克风（MIC）。图12-3所示为听筒的外形结构。

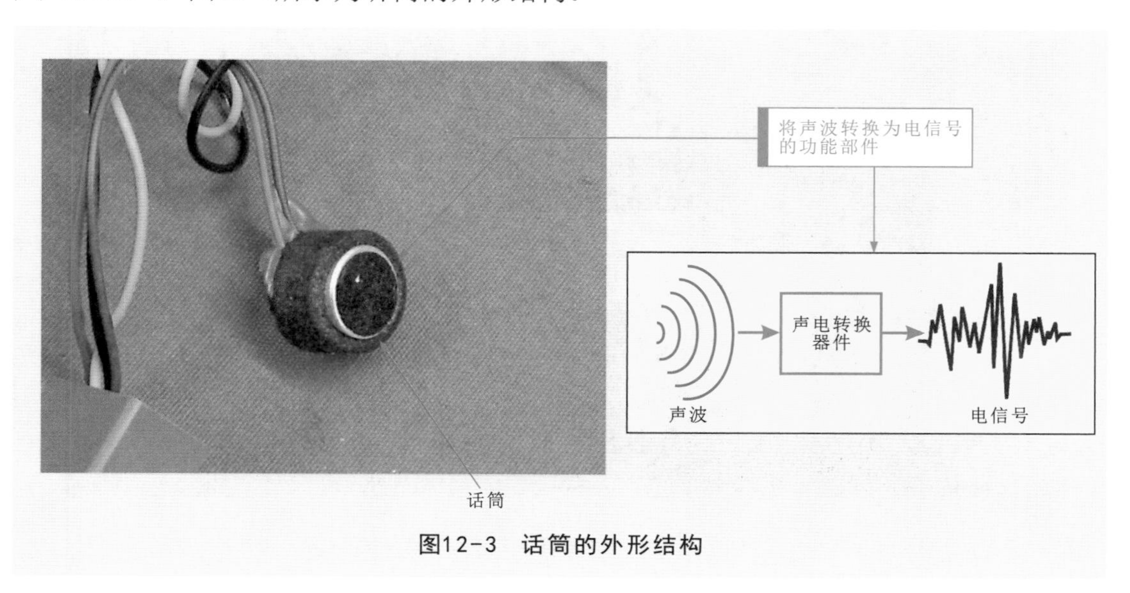

图12-3 话筒的外形结构

图12-4所示为听筒的外形结构。听筒是一种可以将电信号转换为声波的电声器件，通常也称为听筒，常用的还有耳机、扬声器等。

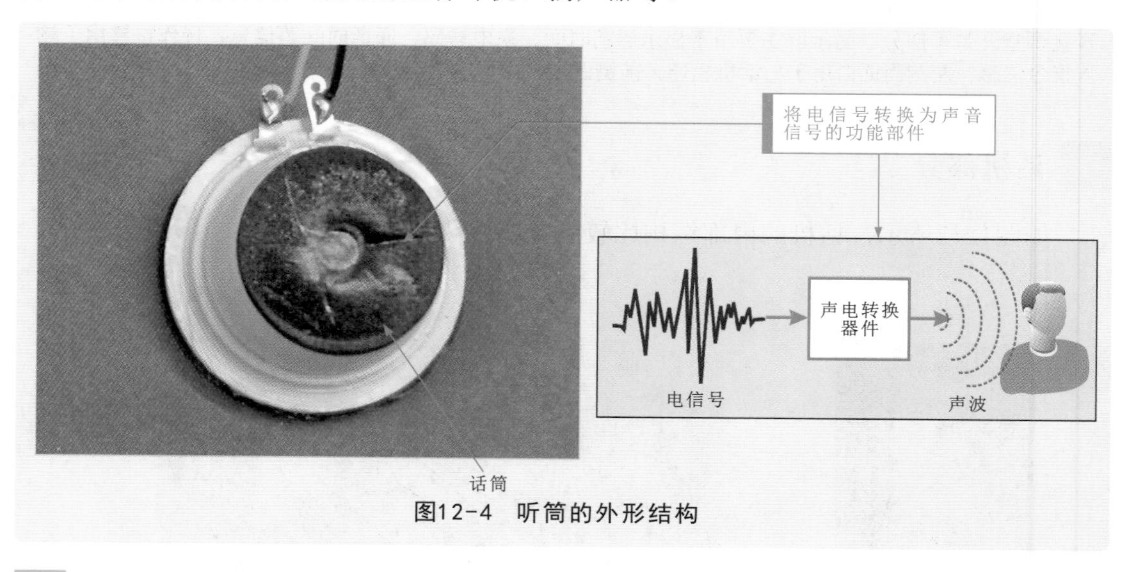

图12-4 听筒的外形结构

2 主机部分

电话机的主机部分是主要的组成部分，电话机的大部分功能由该部分实现。打开主机的前后壳即可看到其内部结构组成。图12-5所示为典型电话机主机部分的内部结构，主要是由主电路、操作按键、显示电路及扬声器等部分构成的。

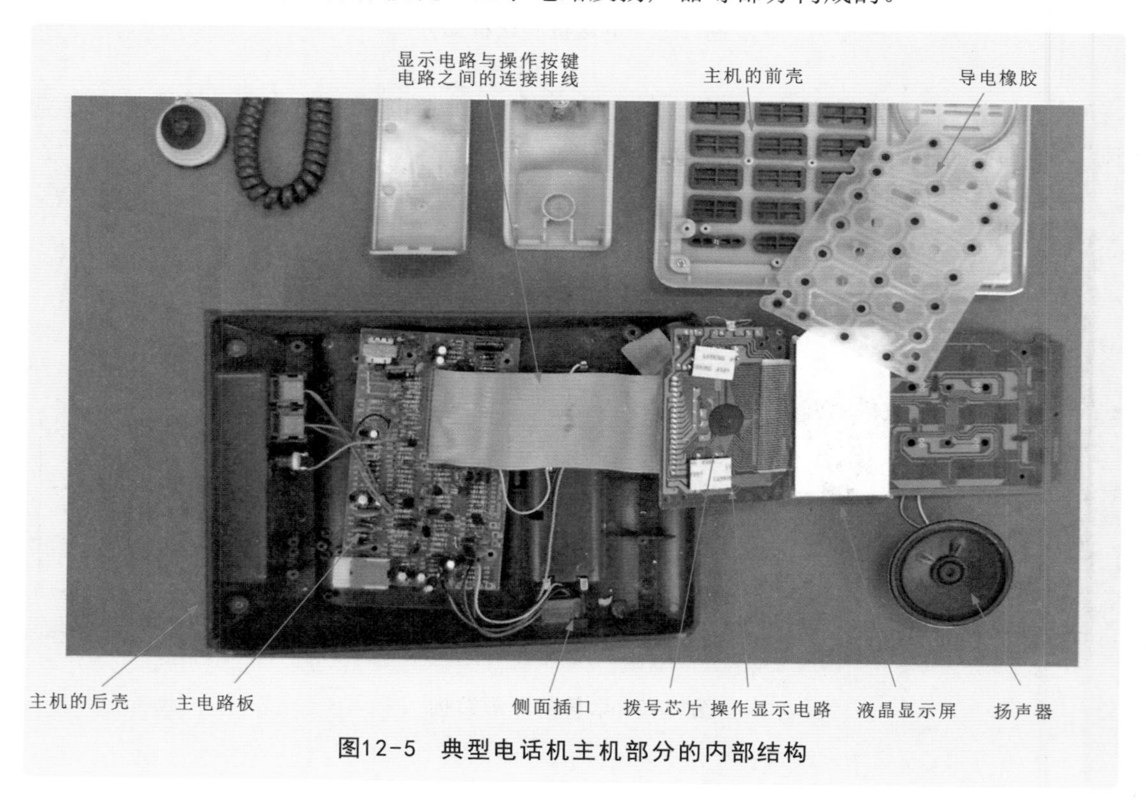

图12-5 典型电话机主机部分的内部结构

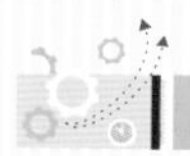

图12-6所示为电话机的扬声器。扬声器也是一种可以将电信号转换为声波的电声器件，与话机中的听筒具有相同功能。在该电话机中，扬声器常常作为一个较独立的部件通过连接引线与电路板相连接。

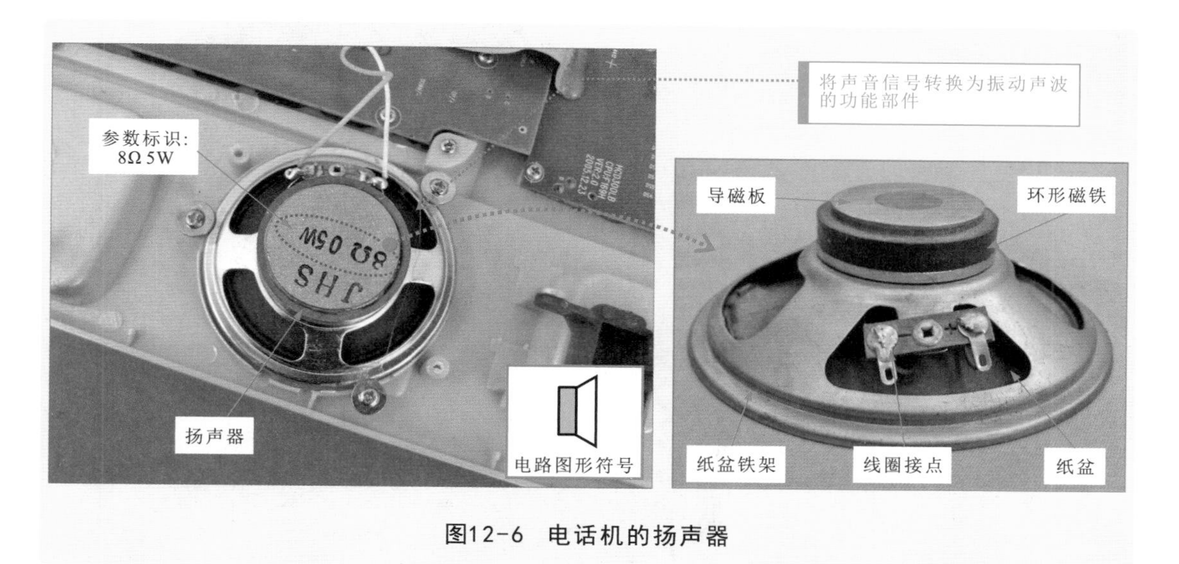

图12-6 电话机的扬声器

如图12-7所示，电话机主电路一般安装在后壳上，是电话机的核心电路部分。电话机的大部分电路和关键器件都安装在该电路板上，如叉簧开关、极性保护电路、匹配变压器及大量由分立元件构成的振铃电路、通话电路等。

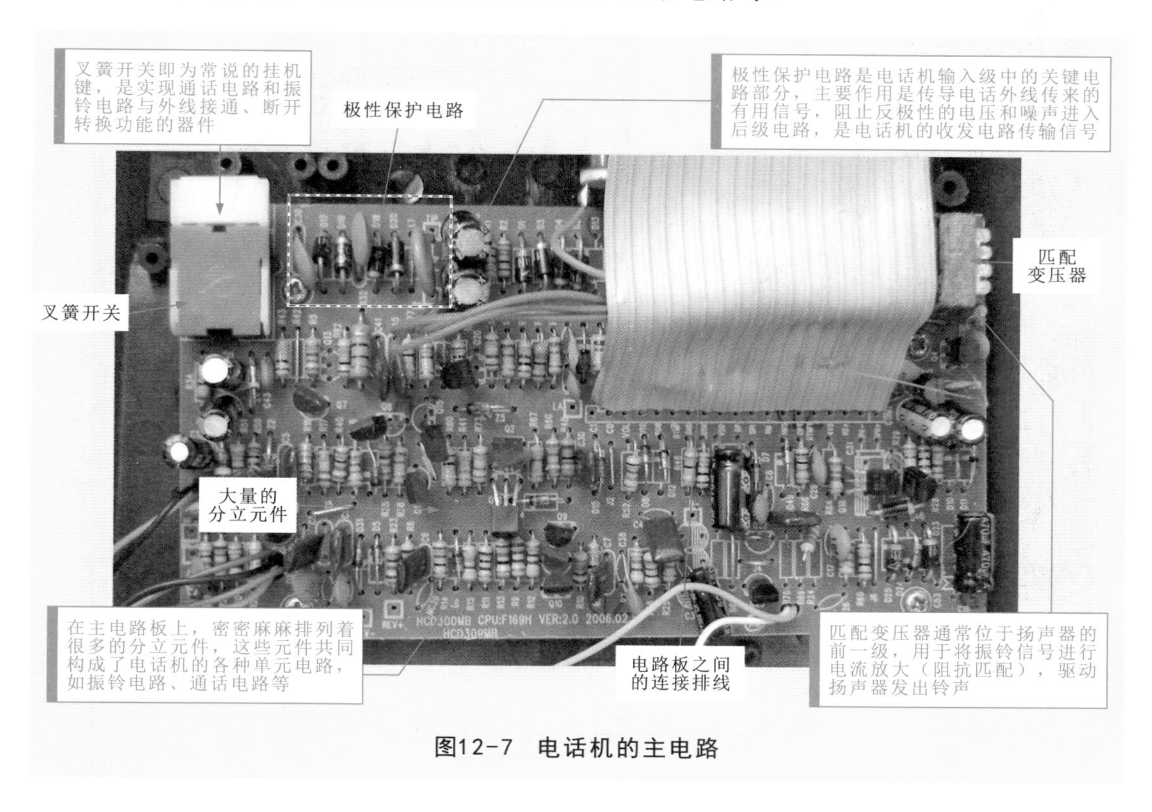

图12-7 电话机的主电路

图12-8所示为电话机的操作及显示电路。操作及显示电路主要是由操作按键印制电路板、导电橡胶、操作按键、液晶显示屏及显示屏下部的拨号芯片等部分构成。

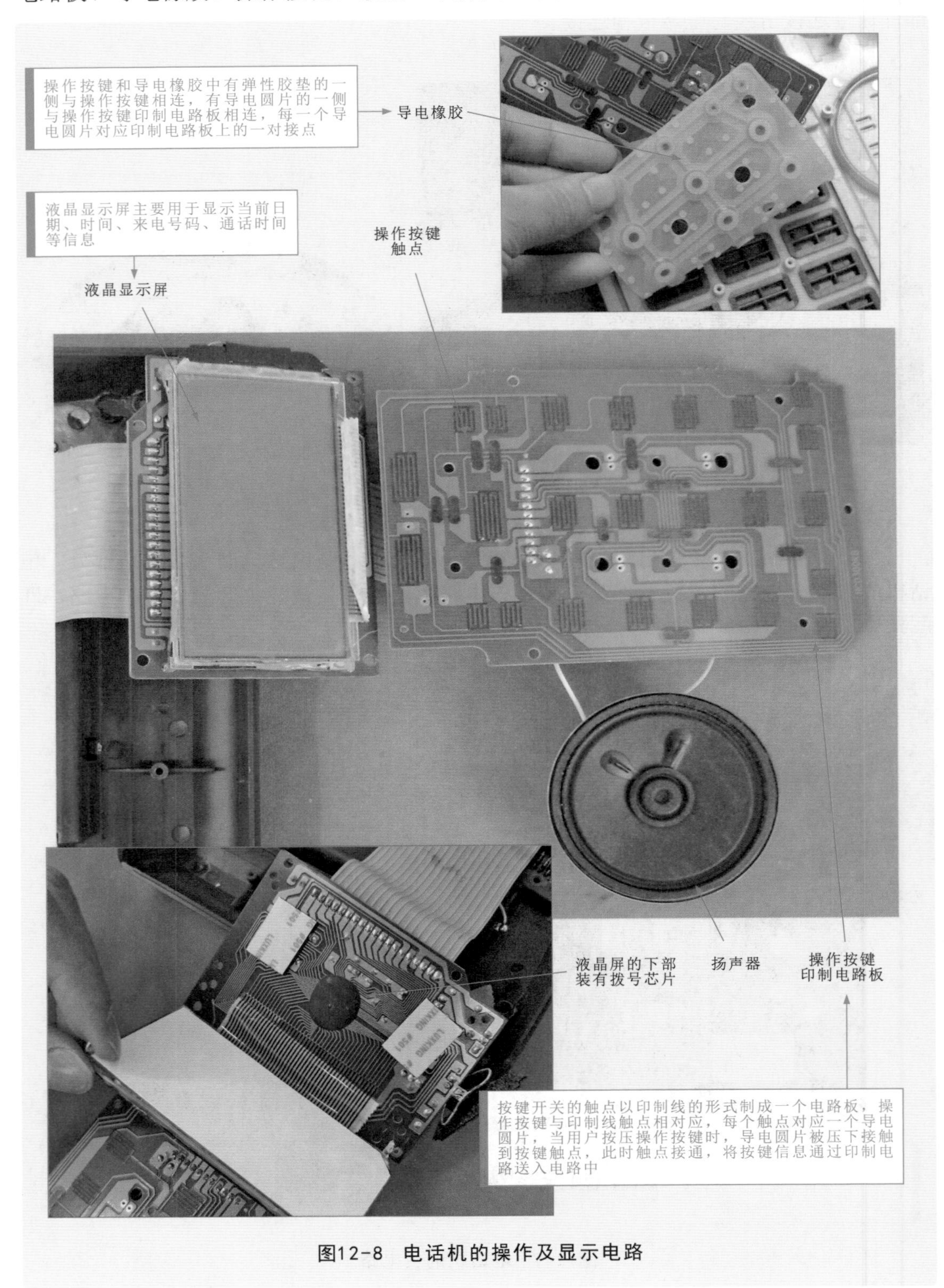

图12-8 电话机的操作及显示电路

12.1.2 电话机的工作原理

电话机是一种能够实现简单的双向通话功能的通信设备。简单地说，其主要是由内部电路控制人工指令信息，并进行电声、声电转换后实现的通话功能。

图12-9所示为电话机的工作原理。可以看到，在话机中，操作按键印制电路板是由主电路板上的拨号芯片控制的；操作显示电路板与主电路板之间通过连接排线进行数据传输；主电路板与话机部分通过4芯线连接，并通过2芯的用户电话线与外部线路通信。

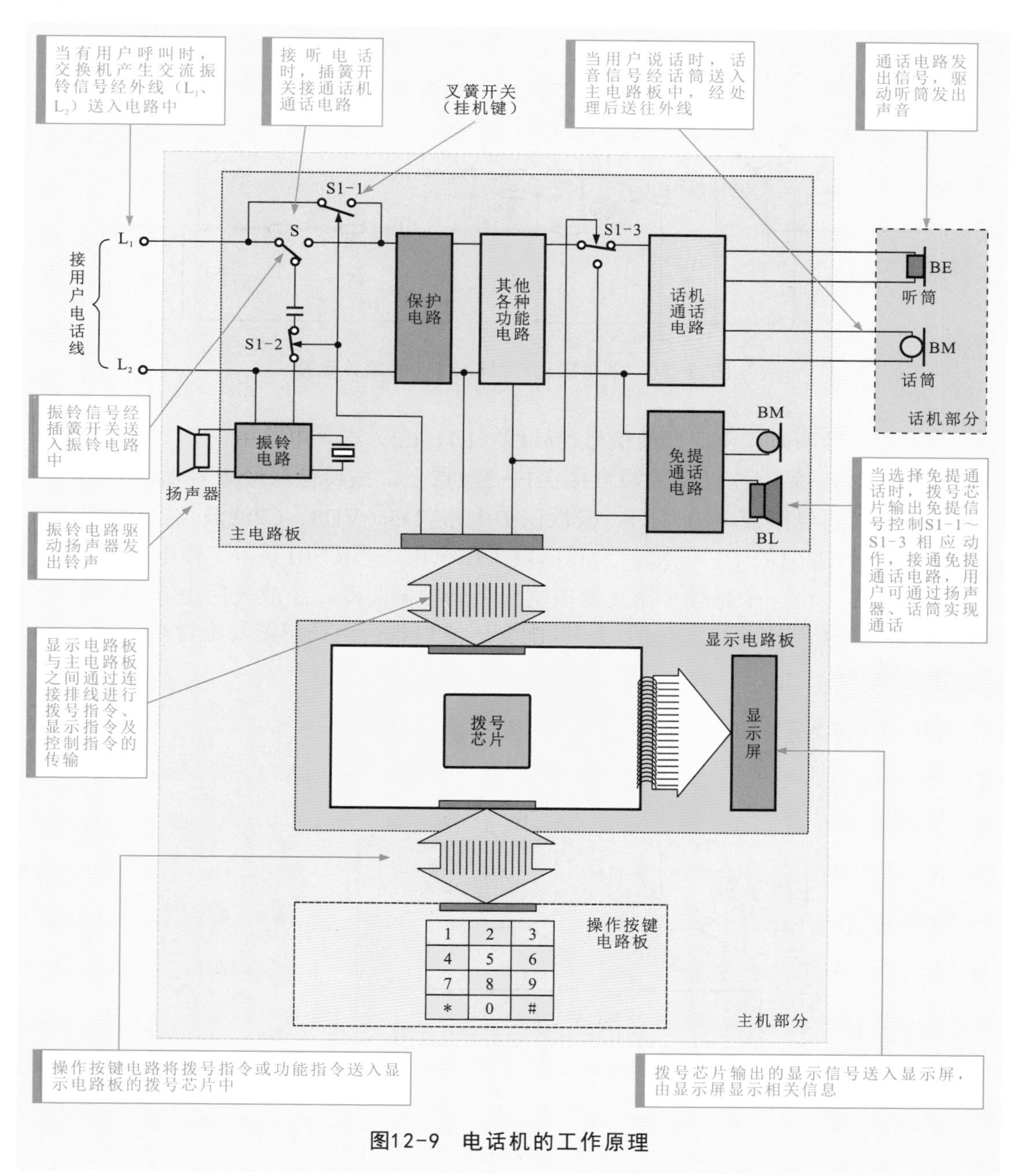

图12-9 电话机的工作原理

振铃电路是主电路板中相对独立的一块电路单元，一般位于整个电路的前端，工作时与主电路板中的其他电路断开。

图12-10所示为采用振铃芯片KA2410的振铃电路。该电路主要是由叉簧开关S、振铃芯片IC301（KA2410）、匹配变压器T1、扬声器BL等部分构成的。

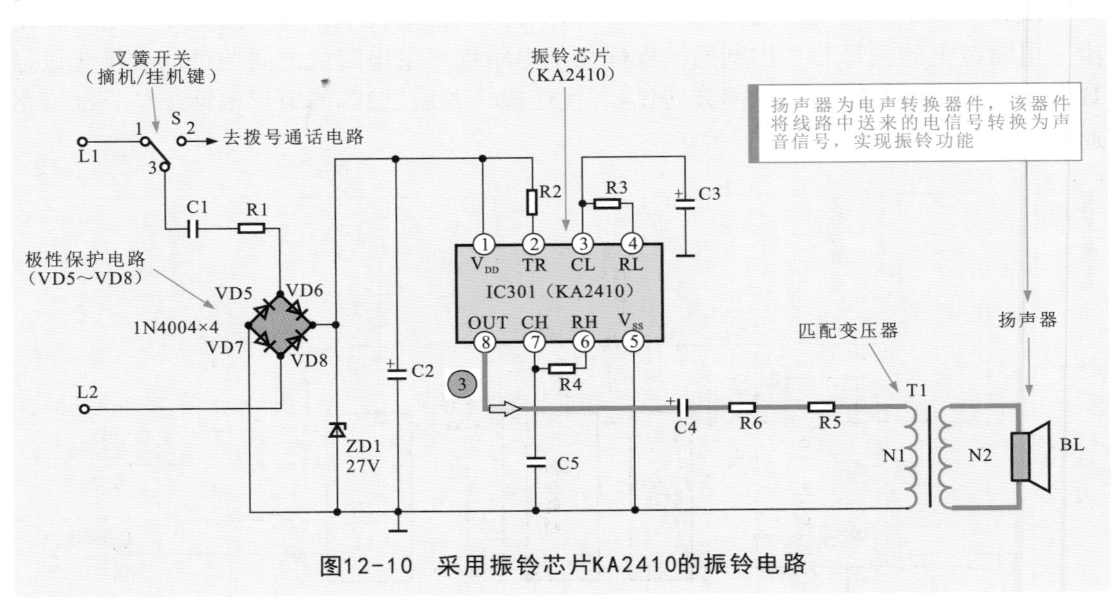

图12-10　采用振铃芯片KA2410的振铃电路

当有用户呼叫时，交流振铃信号经外线（L1、L2）送入电路中。

未摘机时，摘机/挂机开关触点接在1→3触点上，振铃信号经电容器C1后耦合到振铃电路中，再经限流电阻器R1、极性保护电路VD5～VD8、C2滤波及ZD1稳压后，加到振铃芯片IC301的①、⑤脚，为其提供工作电压。当IC301获得工作电压后，其内部振荡器启振，由一个超频平振荡器控制一个音频振荡器，经放大后由⑧脚输出音频振铃信号，经耦合电容C4、R6后，由匹配变压器T1耦合至扬声器发出铃声。

补充说明

图12-11所示为振铃芯KA2410的内部结构方框图。

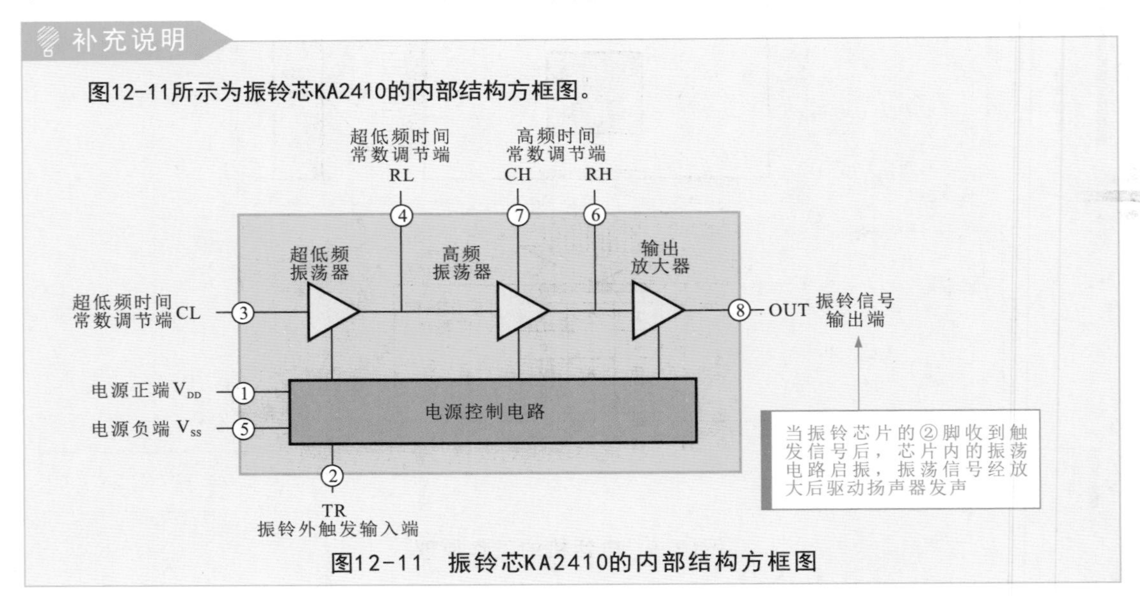

图12-11　振铃芯KA2410的内部结构方框图

图12-12所示为由通话集成电路TEA1062构成的听筒通话电路。由图可知，该电路主要是由叉簧开关、听筒通话集成电路IC201（TEA1062）、话筒BM、听筒BE及外围元件构成的。

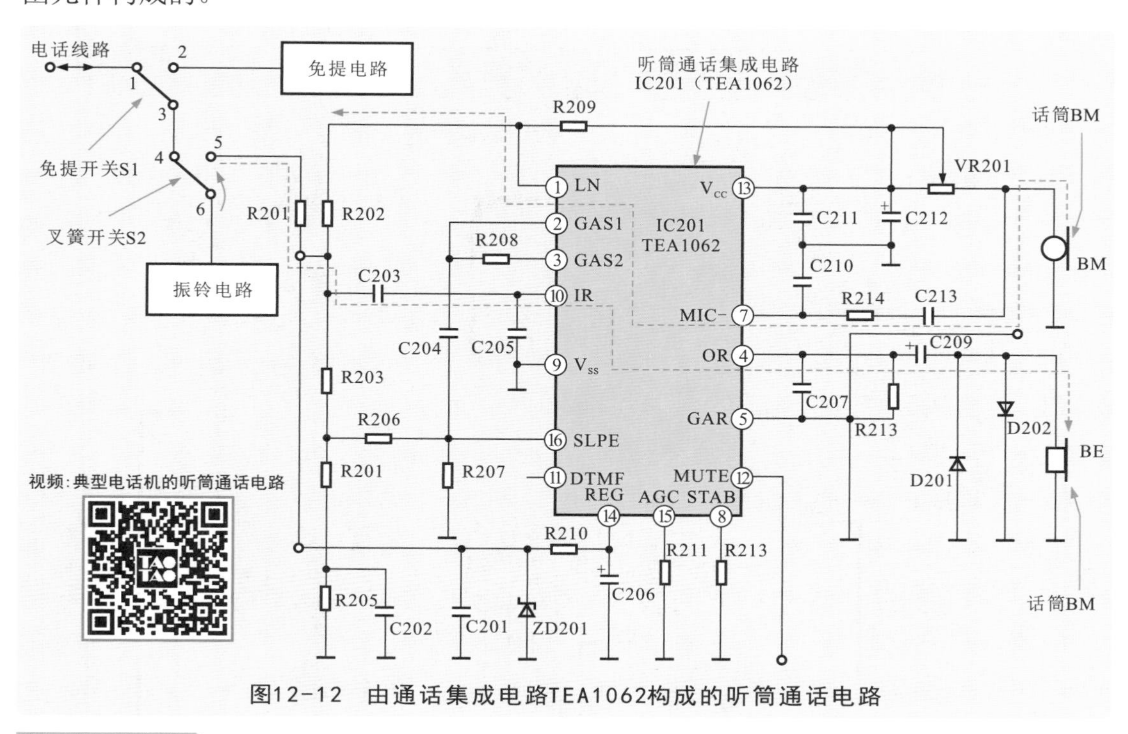

图12-12　由通话集成电路TEA1062构成的听筒通话电路

补充说明

图12-13所示为听筒通话集成电路TEA1062的内部结构方框图。接收电话时，信号由⑩脚输入，经受话器输入放大器放大、静噪开关和受话输出级放大后由④脚输出，去驱动听筒。拨打电话的信号由话筒送入⑦脚或⑥脚，经送话器输入放大器、静噪开关和送话输出级放大后由①脚输出，送到线路传输出去。

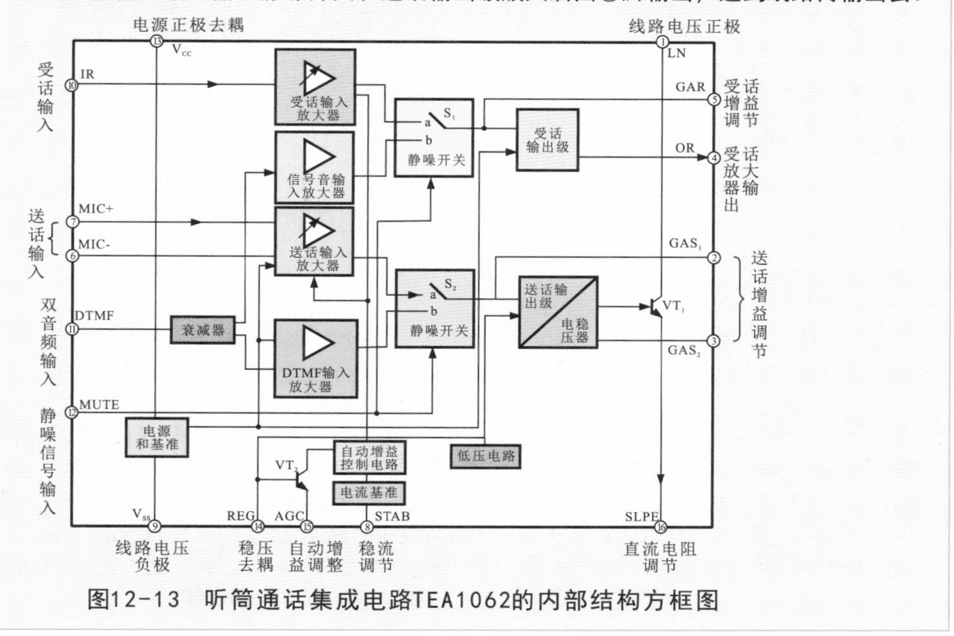

图12-13　听筒通话集成电路TEA1062的内部结构方框图

图12-14所示为由拨号芯片KA2608构成的拨号电路。

该电路是以拨号芯片IC6（KA2608）为核心的电路单元。KA2608是一种多功能芯片，内部包含有拨号控制、时钟及计时等功能。

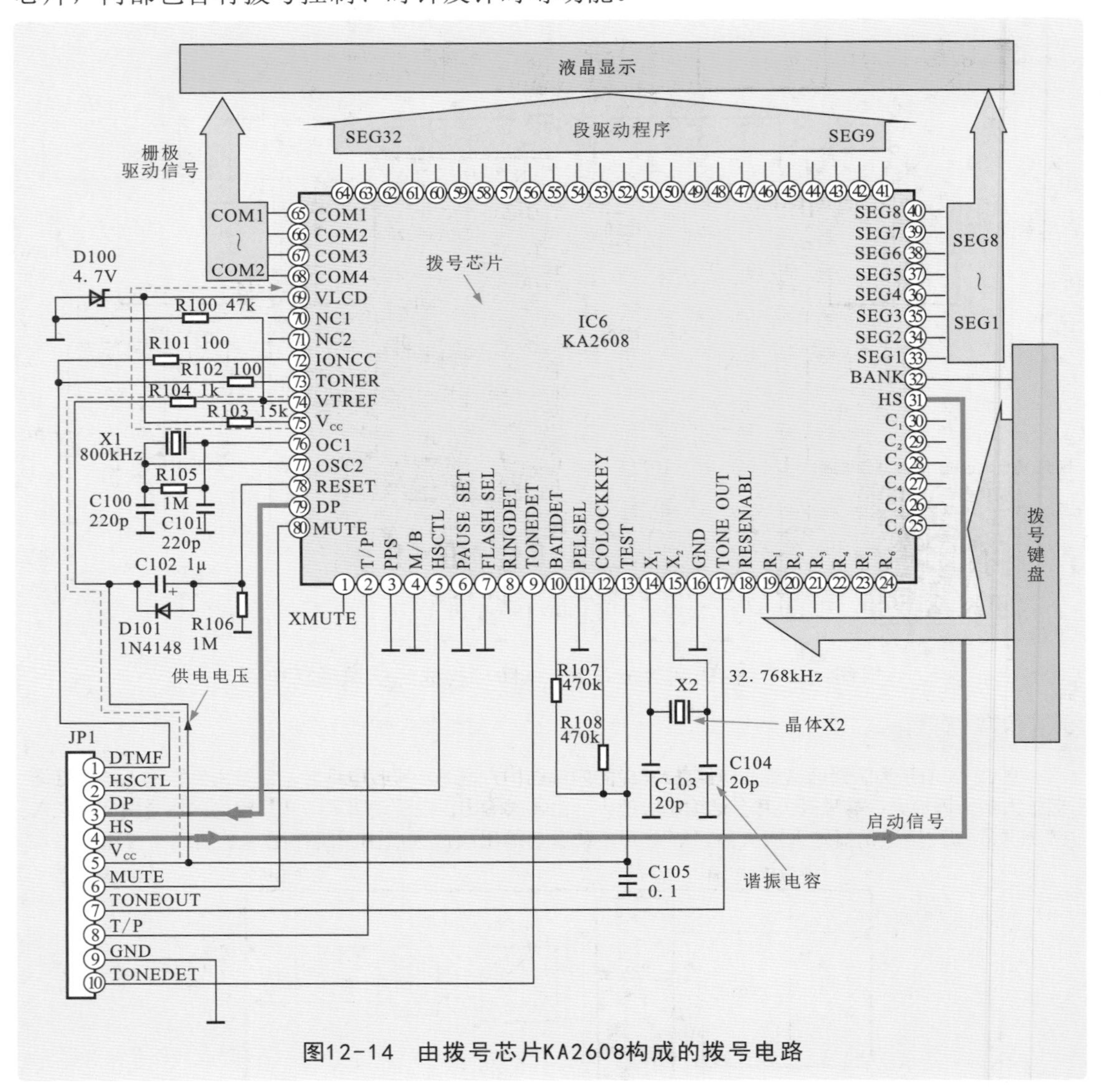

图12-14　由拨号芯片KA2608构成的拨号电路

补充说明

拨号电路中，拨号芯片IC6（KA2608）的㉝～㊳脚为液晶显示器的控制信号输出端，为液晶屏提供显示驱动信号；㊴脚外接4.7 V的稳压管D100，为液晶屏提供一个稳定的工作电压；⑭、⑮脚外接由晶体X2、谐振电容C103、C104构成时钟振荡电路，为芯片提供时钟信号。IC6（KA2608）的⑮～㉔脚、㉕～㉚脚与操作按键电路板相连，组成6×6键盘信号输入电路，用于接收拨号指令或其他功能指令。IC6（KA2608）的㉛脚为启动端，该端经插件JP1的④脚与主电路板相连，用于接收主电路板送来的启动信号（电平触发）。JP1为拨号芯片与主电路板连接的接口插件，各种信号及电压的传输都是通过该插件进行的，如主电路板送来的5V供电电压，经JP1的⑤脚后分为两路：一路直接送往IC6芯片的⑬脚，为其提供足够的工作电压；另一路经R104加到芯片IC6的㊵脚，经内部稳压处理，从其㊵脚输出，经R103、D100后为显示屏提供工作电压。

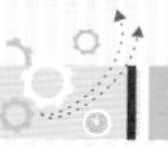

12.2 万用表检测电话机的应用案例

12.2.1 万用表检测电话机的听筒

话机中的听筒作为电话机的声音输出设备，可将电信号还原成声音信号，当听筒出现故障时，会引起电话机出现受话不良的故障。

使用万用表检测时，可通过检测听筒两端的阻值来判断听筒是否损坏。万用表检测电话机听筒的方法如图12-15所示。

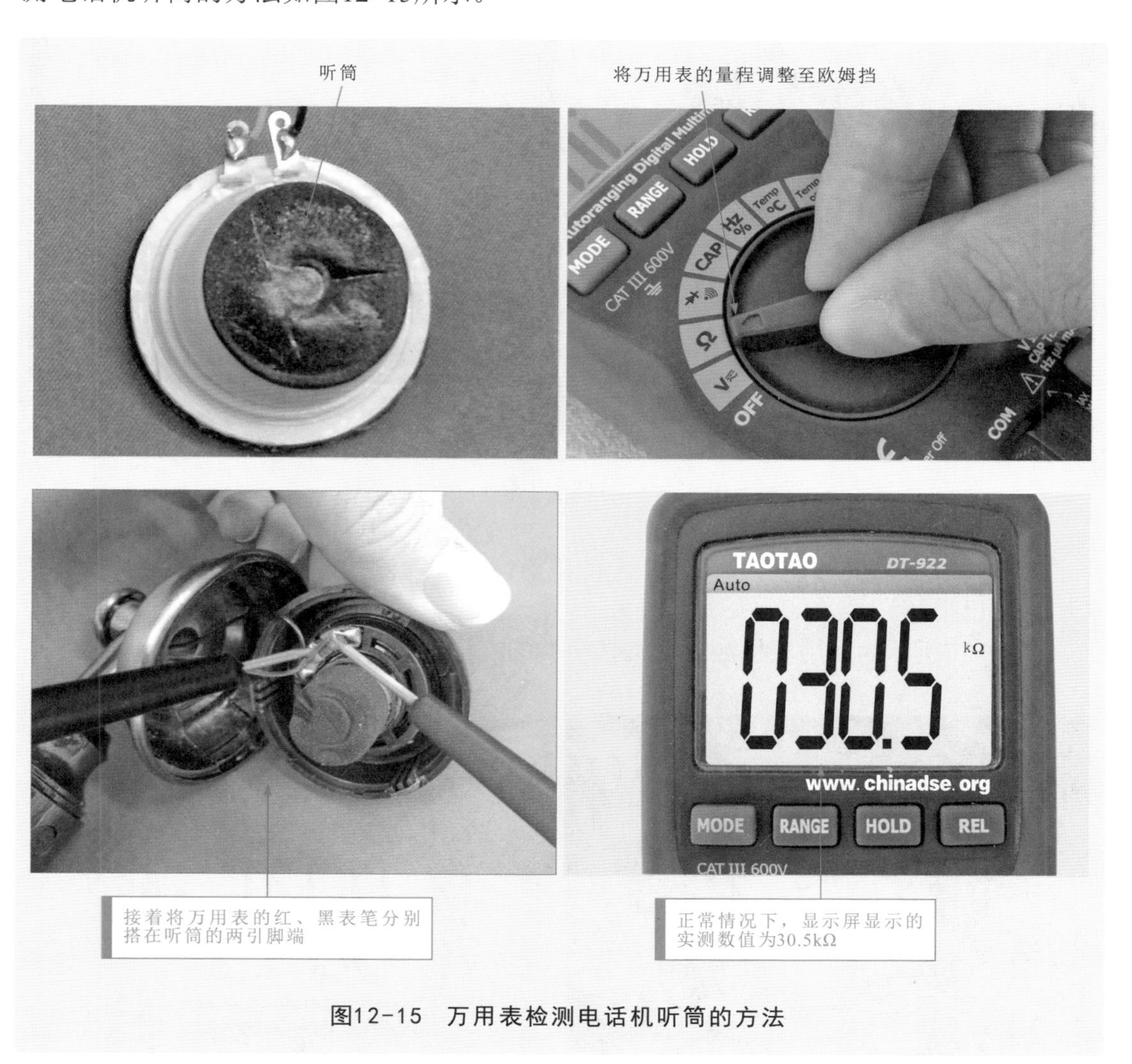

图12-15 万用表检测电话机听筒的方法

补充说明

在正常情况下，听筒本身有一定的阻值，如果所测得的阻值为零或无穷大，则说明听筒已损坏。

值得说明的是，如果听筒性能良好，在检测时，用万用表的一只表笔接在听筒的一个端子上，当另一只表笔触碰听筒的另一个端子时，听筒会发出“咔咔”声，如果听筒损坏，则不会有声音发出。

12.2.2 万用表检测电话机的话筒和扬声器

话机中的话筒作为电话机的声音输入设备，可将声音信号变成电信号，送到电话机的内部电路，经内部电路处理后送往外线。当话筒出现故障时，会引起电话机出现送话不良的故障。

使用万用表检测话筒两端的阻值即可判断话筒是否损坏，如图12-16所示。

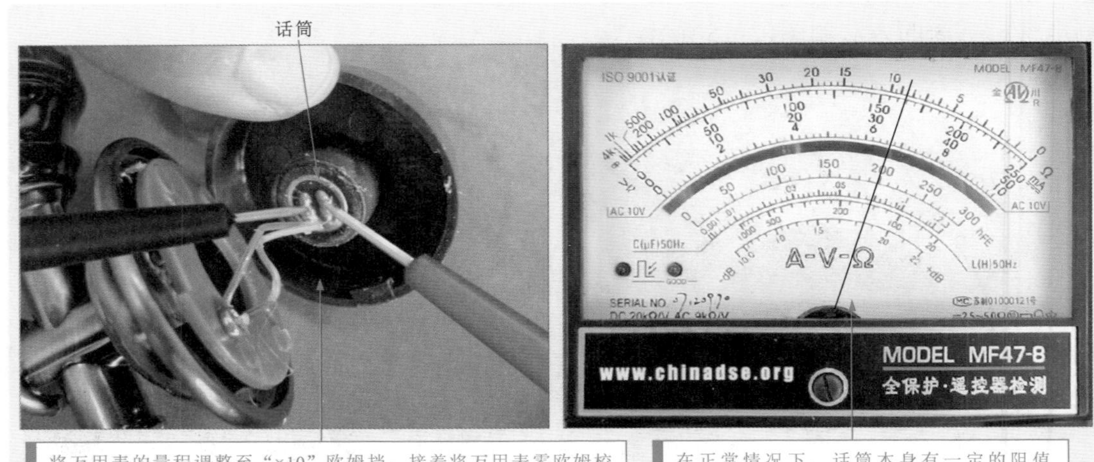

图12-16 万用表检测电话机话筒的方法

正常情况下，应该能够检测到一定的阻值，如果所测得的阻值为零或无穷大，则说明话筒已损坏。

图12-17所示为万用表检测电话机扬声器的方法。

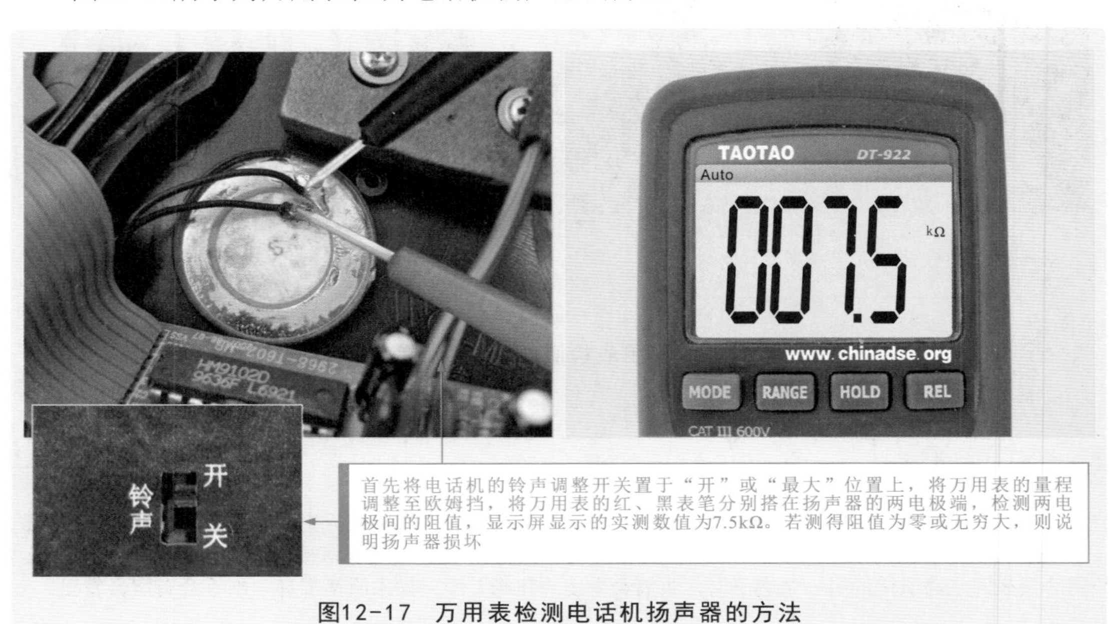

图12-17 万用表检测电话机扬声器的方法

12.2.3 万用表检测电话机的插簧开关

叉簧开关作为一种机械开关，是用于实现通话电路和振铃电路与外线的接通、断开转换功能的器件。若叉簧开关损坏，将会引起电话机出现无法接通电话或电话总处于占线状态。

如图12-18所示，在检测插簧开关之前，应先了解插簧开关的内部触点结构。

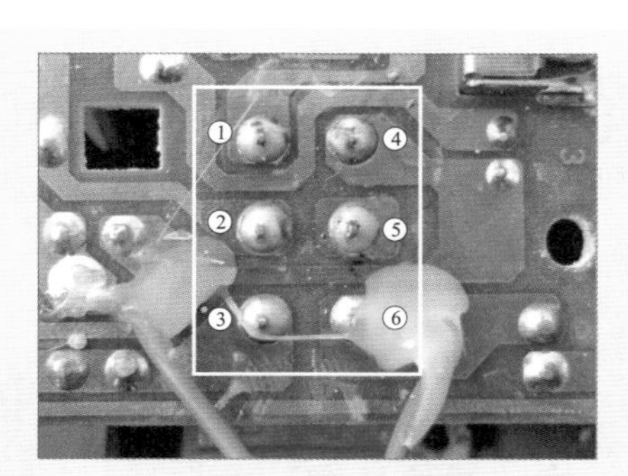

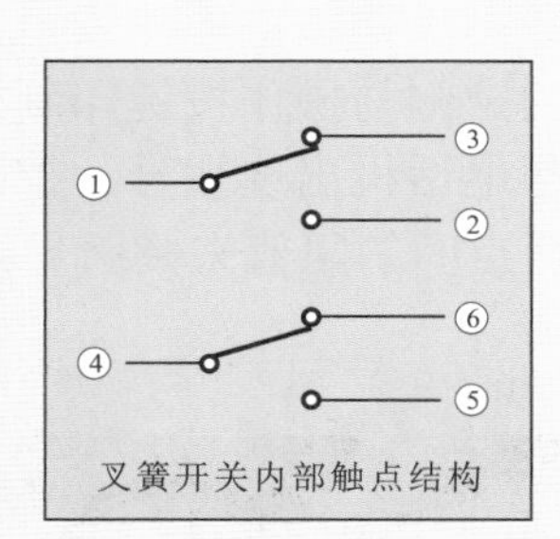

图12-18 电话机插簧开关内部触点结构

图12-19所示为万用表检测电话机插簧开关的方法。

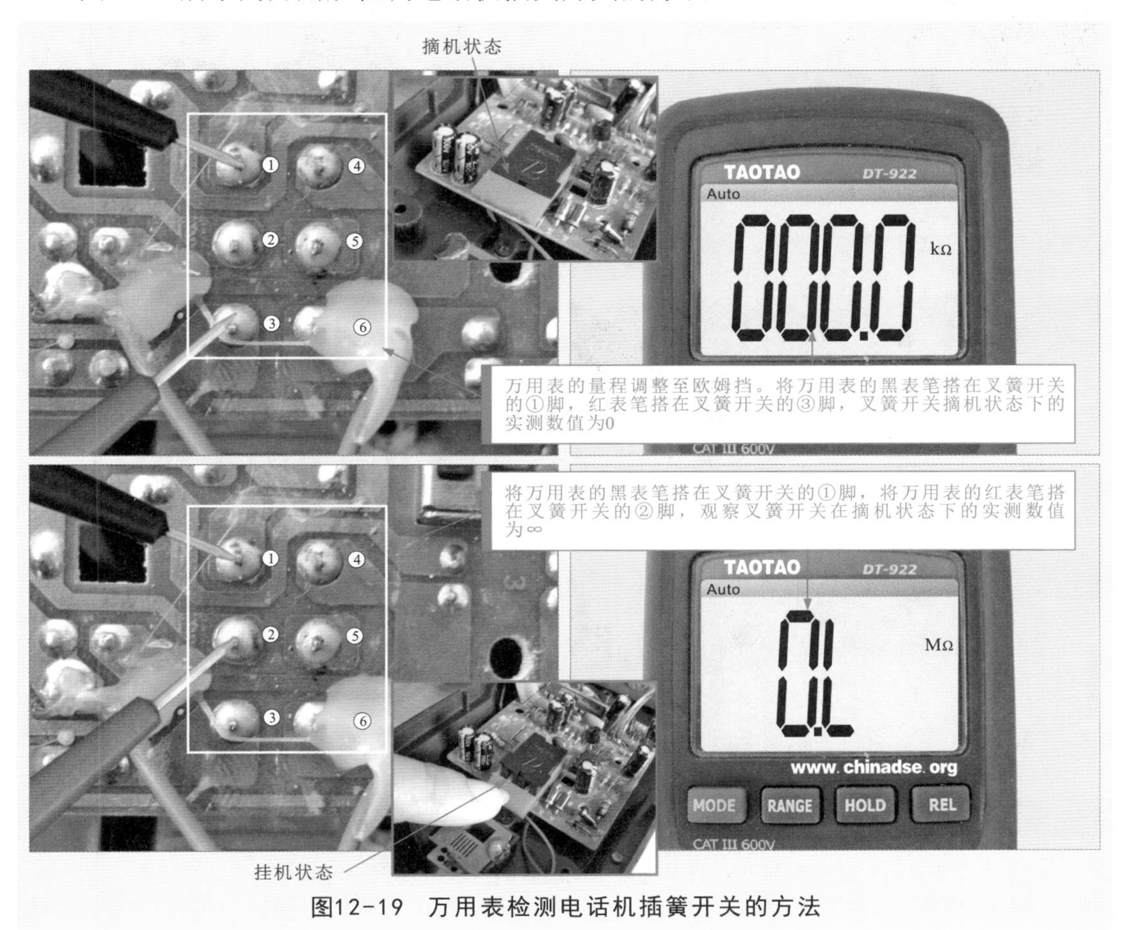

图12-19 万用表检测电话机插簧开关的方法

补充说明

正常情况下，插簧开关在摘机状态下，①、③脚间的阻值为0，①、②脚间阻值为无穷大；在挂机状态下，①、③脚间的阻值为无穷大，①、②脚间阻值为0。

12.2.4 万用表检测电话机的导电橡胶

导电橡胶是操作按键电路板上的主要部件，有弹性胶垫的一侧与操作按键相连，有导电圆片的一侧与操作按键印制板相连，每一个导电圆片对应印制板上的接点，损坏时，将引起电话机出现拨号、控制失灵的故障。使用万用表检测时，可通过检测导电圆片任意两点间的阻值来判断导线橡胶是否损坏，如图12-20所示。

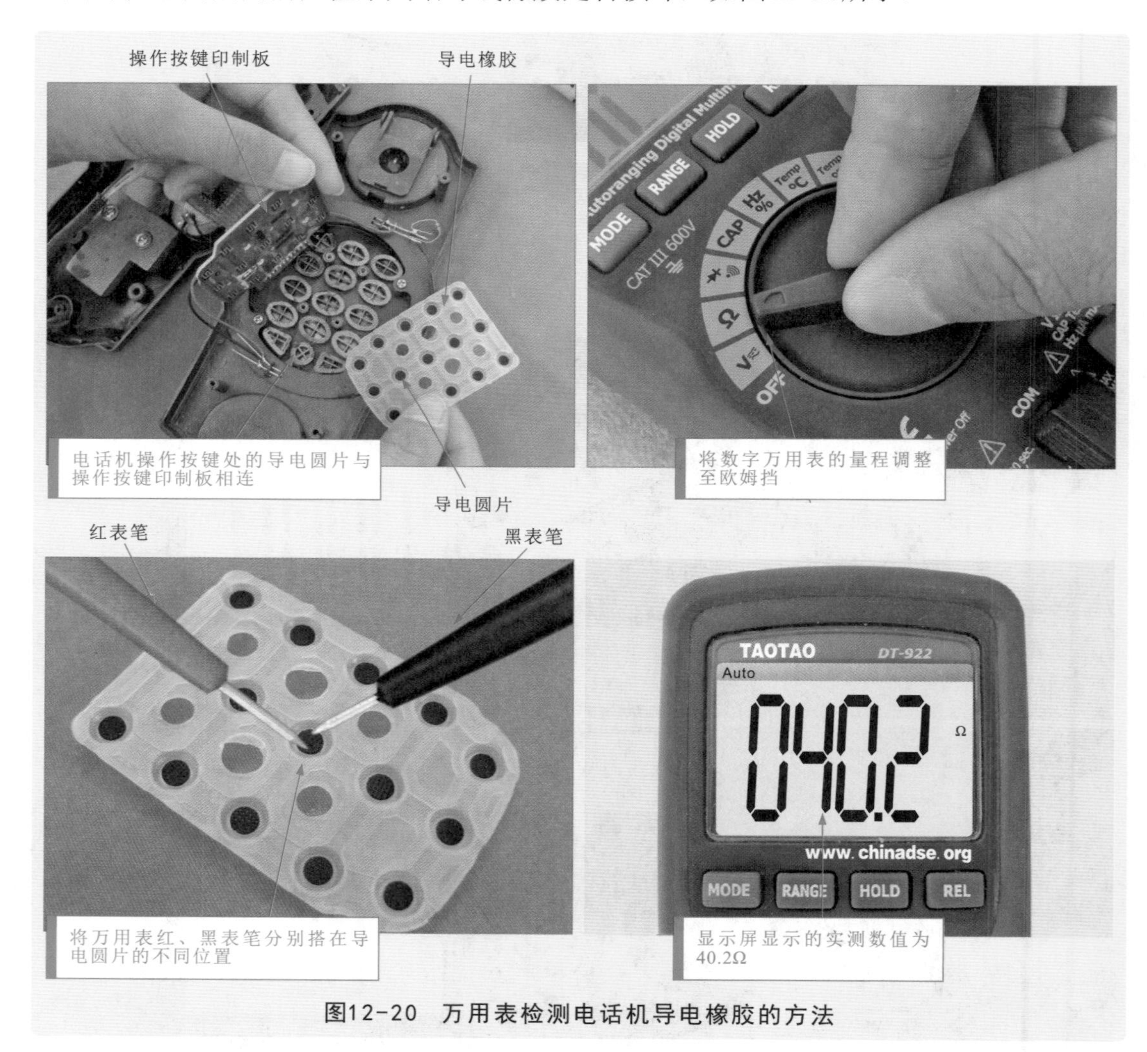

图12-20 万用表检测电话机导电橡胶的方法

补充说明

正常情况下，万用表两表笔搭在导电圆片不同位置时应能检测到一定的小阻值。若检测的电阻值大于200Ω，则说明导电圆片已失效。

12.2.5 万用表检测电话机的极性保护电路

电话机的极性保护电路位于电路板叉簧开关附近，主要用于将电话外线传来的极性不稳定的直流电压转换为极性稳定的直流电压。当极性保护电路损坏时，将会引起电话机不工作的故障。如图12-21所示，极性保护电路由四个整流二极管构成。可使用万用表对其进行检测。

将万用表的量程调整至蜂鸣/二极管测量挡，将万用表的红表笔搭在二极管的正极引脚端，将黑表笔搭在二极管的负极引脚端

检测二极管正向导通电压，显示屏显示的实测数值为0.525V

对调表笔，将万用表的红表笔搭在二极管的负极引脚端，将黑表笔搭在二极管的正极引脚端，检测二极管的反向特性

正常情况下，显示屏显示的实测数值为0L，表示反向截止

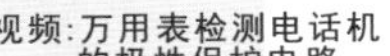
视频:万用表检测电话机的极性保护电路

图12-21 万用表检测电话机极性保护电路的方法

补充说明

检测极性保护电路主要是对电路中的四个二极管进行测量。四个二极管在正向导通时应有固定的电压值，反向电压应为无穷大，否则可判别二极管损坏。

如果采用指针万用表测量正反向阻值，将万用表的量程调整至"×1k"欧姆挡，并进行零欧姆校正，将万用表的黑表笔搭在二极管的正极引脚端，红表笔搭在二极管的负极引脚端，检测二极管的正向阻值。万用表表盘读出的实测数值为4×1kΩ=4kΩ。而反向阻值应为无穷大。

12.2.6 万用表检测电话机的振铃芯片

振铃芯片的作用是当外线电话线传来信号时驱动外接扬声器发声。当振铃芯片出现故障时，会引起电话机来电无振铃的故障。

图12-22所示为待测的振铃芯片（以KA2411为例）。检测前需要确认待测振铃芯片的引脚功能及参考电压。

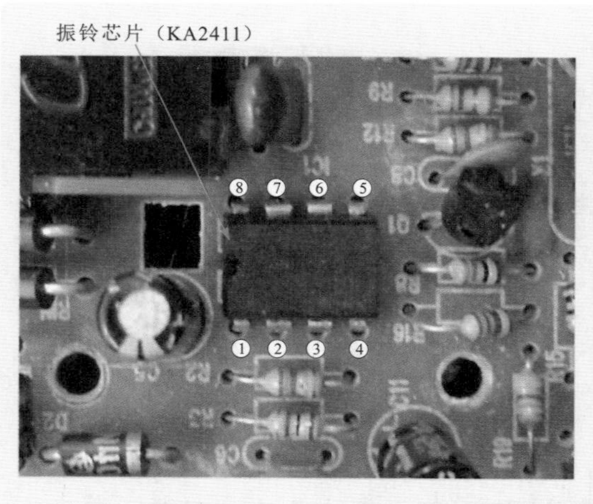

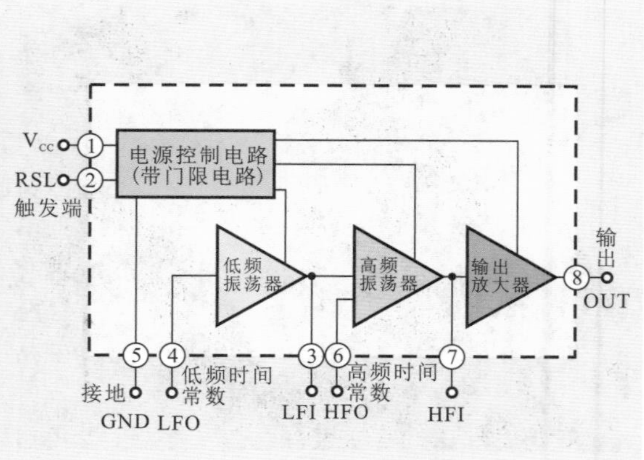

引脚号	参考电压	引脚号	参考电压	引脚号	参考电压	引脚号	参考电压
①	25V	③	3.5V	⑤	0V	⑦	4.5V
②	5V	④	4V	⑥	4.5V	⑧	12V

图12-22 待测的振铃芯片（KA2411）

使用万用表检测时，可检测振铃芯片各引脚电压，将实际检测结果与参考值进行比较，即可判断振铃芯片是否损坏。图12-23所示为万用表检测振铃芯片的方法。

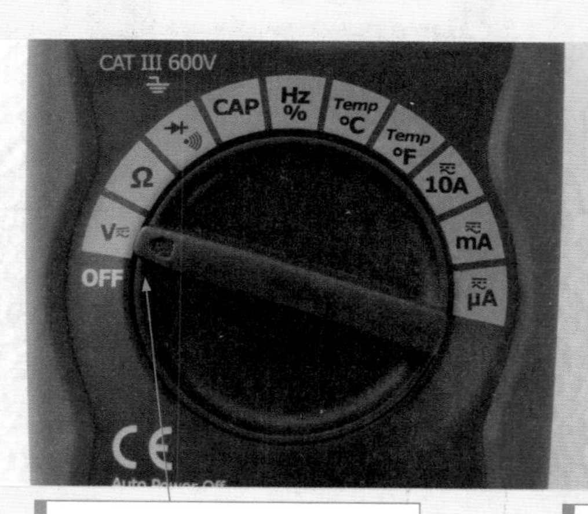

将数字万用表的量程调整至电压测量挡位

用小夹子夹住叉簧开关，使其处于挂机状态，然后拨打该电话号码为其提供振铃信号

图12-23 万用表检测电话机振铃芯片的方法

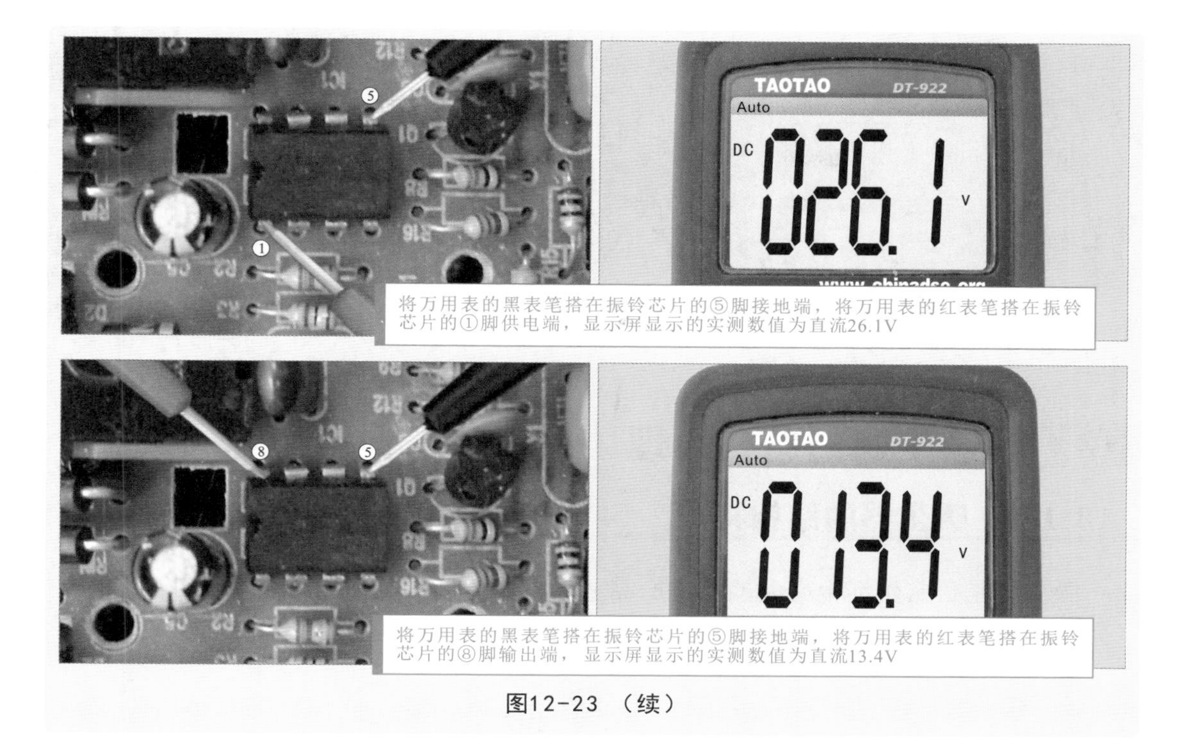

图12-23 （续）

12.2.7 万用表检测电话机的拨号芯片

拨号芯片主要用于拨号控制。当拨号芯片出现故障时，会引起电话机拨号、控制失灵的故障。图12-24所示为万用表检测电话机拨号芯片的方法。

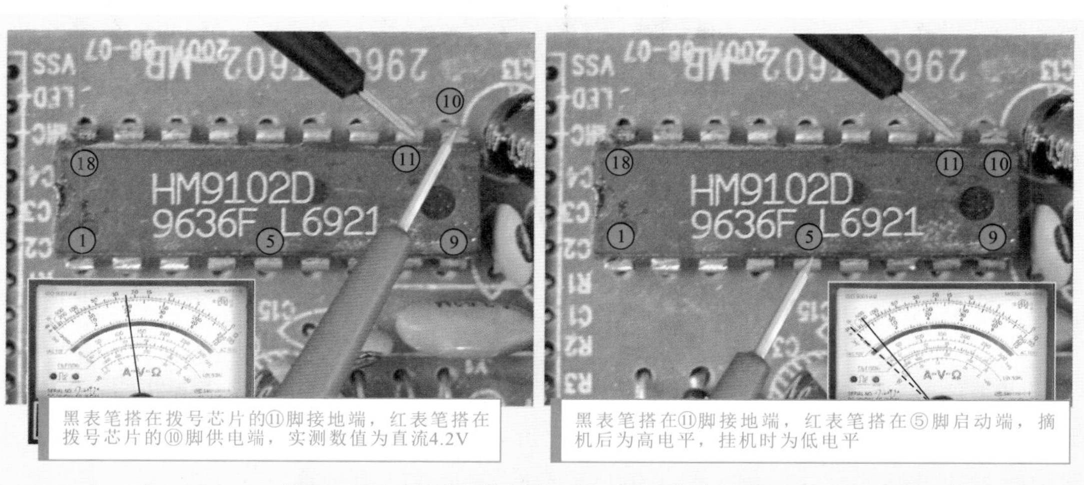

图12-24 万用表检测电话机拨号芯片的方法

补充说明

拨号芯片在正常情况下，其（HM9102D）供电端⑩脚（VDD）的电压为2～5.5V；启动端在挂机时为低电平，摘机时为高电平；此外，拨号芯片⑧、⑨脚为晶振信号端，在正常情况下，用示波器可测得晶振信号波形；若检测脉冲输出端，在电话为忙音状态应有正弦波形，拨号瞬间，波形会变化。

第13章 万用表检测吸尘器

13.1 吸尘器的结构原理

13.1.1 吸尘器的结构特点

吸尘器是日常生活中必备的家电产品之一，是借助吸气作用吸走灰尘或干的污物（如线、纸屑、头发等）的清洁电器。图13-1所示为典型吸尘器的结构组成。

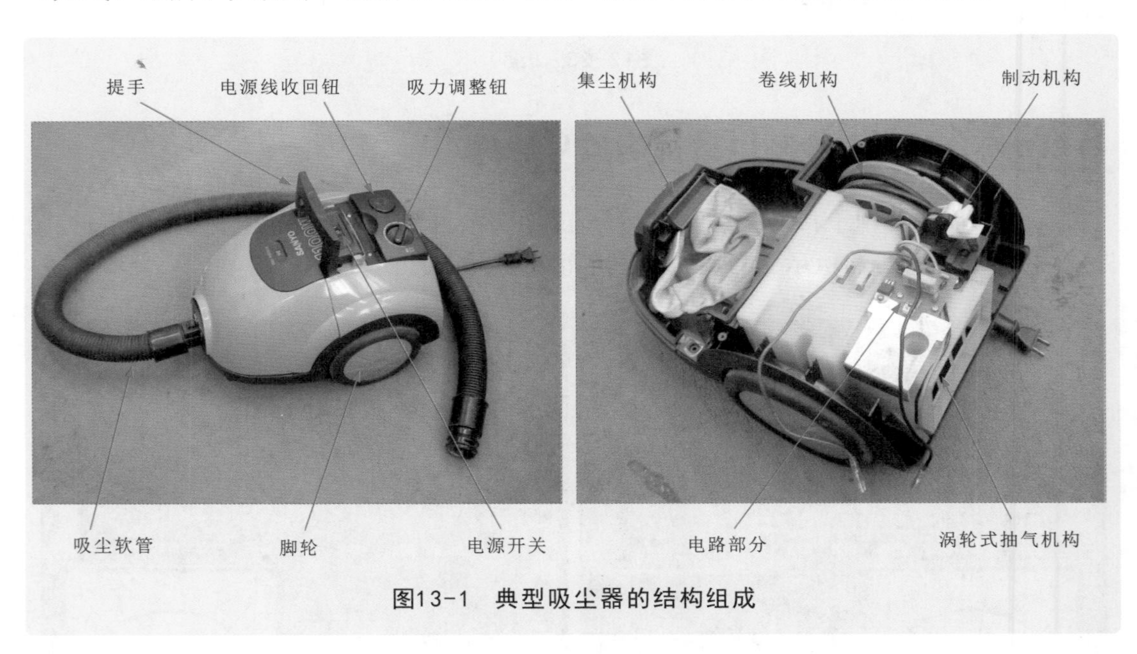

图13-1 典型吸尘器的结构组成

吸尘器外部，主要是由电源线收回钮、吸力调整钮、电源开关、电源线、脚轮、提手、吸尘软管等构成。卸下吸尘器的外壳，即可看到吸尘器的内部结构，其内部主要是由制动机构、卷线机构、集尘机构、涡轮式抽气机、电路部分等构成。

1 制动机构

如图13-2所示，吸尘器的制动机构是用于辅助卷线机构进行卷线工作的设备，该机构主要是由制动轮、制动杠杆、制动弹簧等构成。

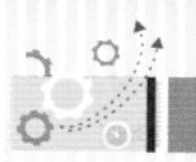

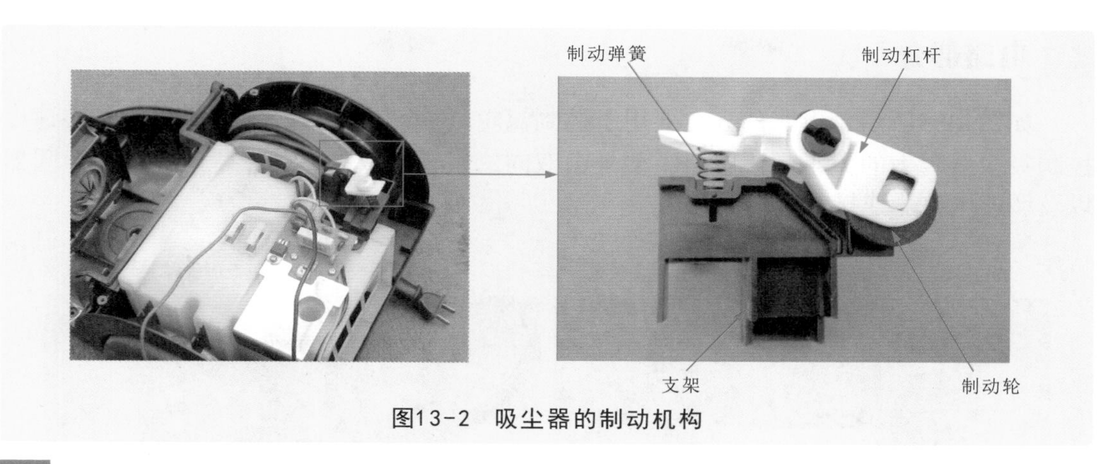

图13-2 吸尘器的制动机构

2 卷线机构

如图13-3所示，卷线机构是用于收藏电源线的设备，可以使吸尘器的外观更为美观，该机构主要由电源触片、摩擦轮、轴杆、护盖、螺旋弹簧、电源线等构成。

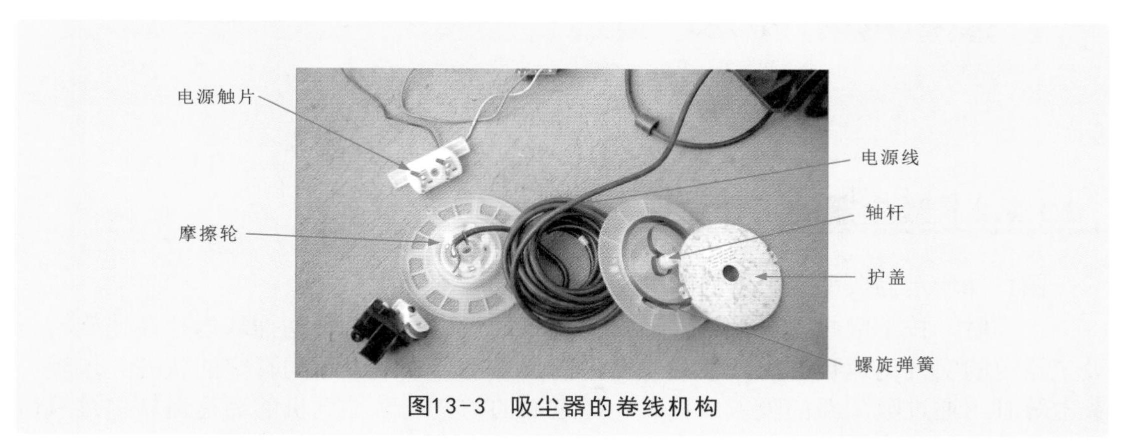

图13-3 吸尘器的卷线机构

3 涡轮式抽气机构

如图13-4所示，涡轮式抽气机构由涡轮抽气机驱动电机和涡轮抽气装置构成。

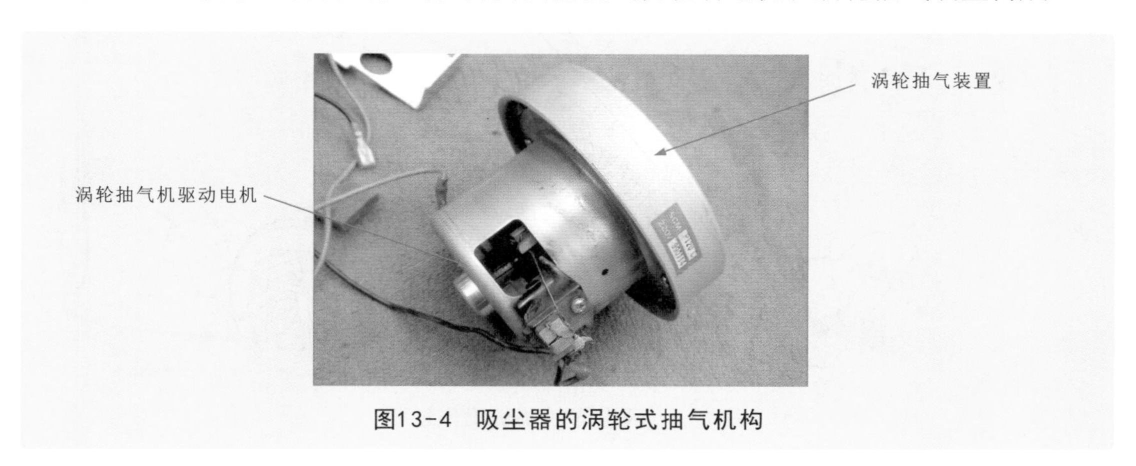

图13-4 吸尘器的涡轮式抽气机构

4 电路部分

如图13-5所示，电路部分主要用于控制涡轮式抽气机运转，调整电机的旋转速度控制吸尘器吸力的大小，该电路主要是由双向二极管、双向晶闸管、电容器、电阻器以及调速电位器连接端等构成。

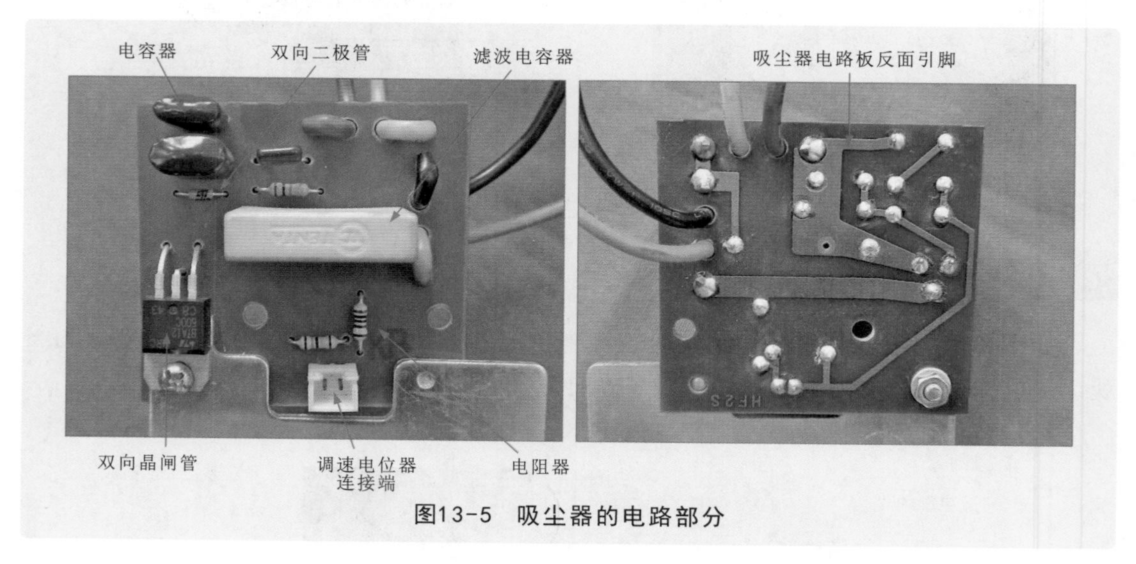

图13-5 吸尘器的电路部分

13.1.2 吸尘器的工作原理

图13-6所示为典型吸尘器的整机工作过程。

工作时，按下吸尘器电源开关后，涡轮式抽气机通电，带动抽气扇片高速旋转。吸尘器内的空气迅速被排出，使吸尘器内的集尘室形成一个瞬间真空的状态。垃圾、灰尘等脏污通过吸尘器的吸入口进入。经过滤的空气随着抽气机的高速运转由排风口排出吸尘器。

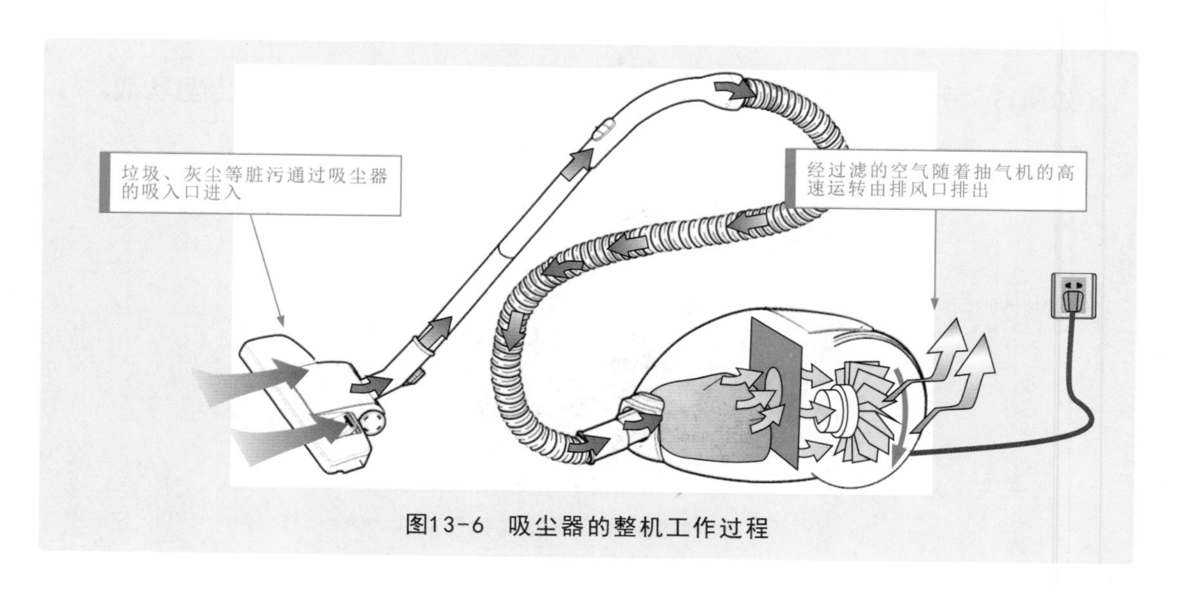

图13-6 吸尘器的整机工作过程

图13-7所示为典型吸尘器的电路控制原理。

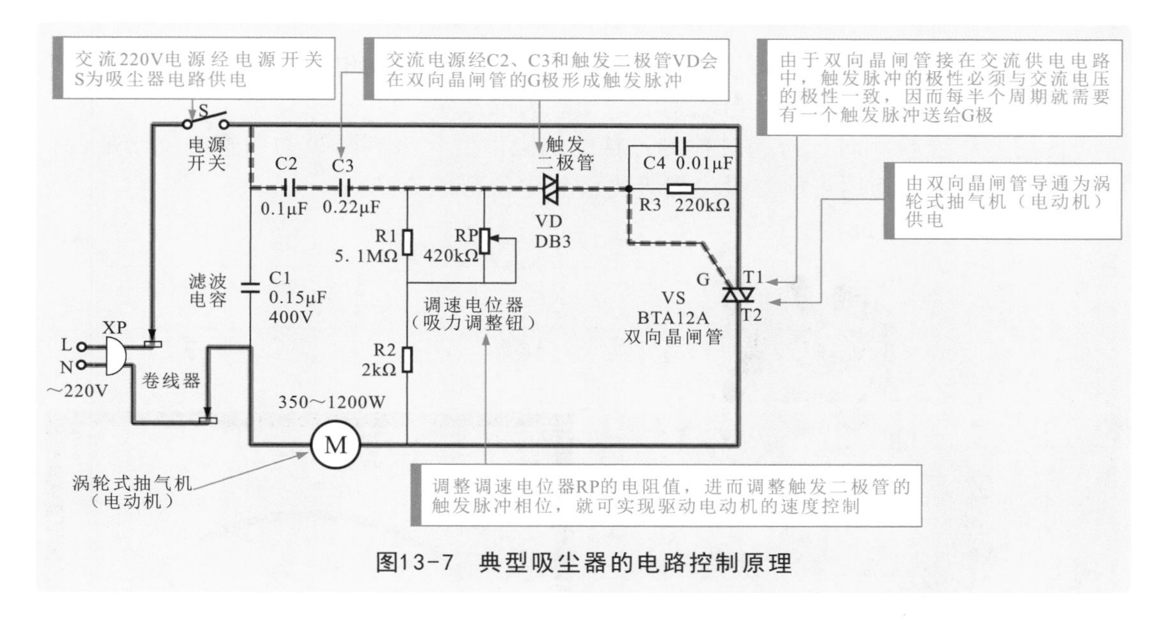

图13-7 典型吸尘器的电路控制原理

13.2 万用表检测吸尘器的应用案例

13.2.1 万用表检测吸尘器的电源开关

电源开关是控制吸尘器工作状态的器件。若电源开关不正常，则会引起吸尘器出现不工作或工作后无法正常停止的故障。

使用万用表检测时，可通过检测电源开关通、断状态下的阻值来判断电源开关是否损坏。图13-8所示为万用表检测吸尘器电源开关的方法。

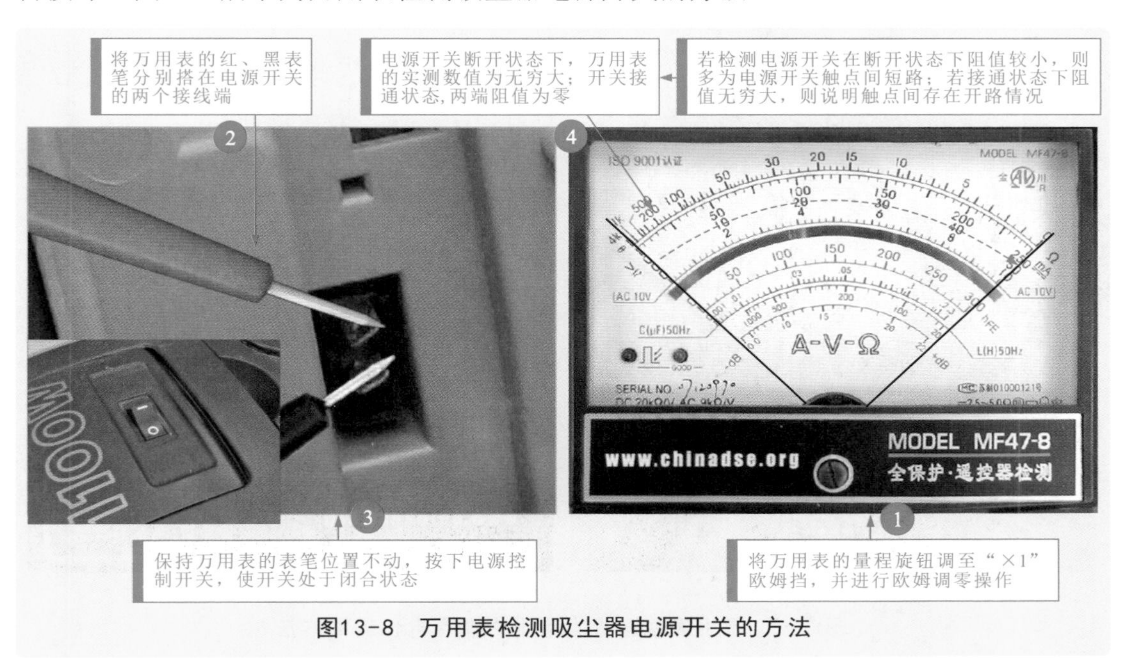

图13-8 万用表检测吸尘器电源开关的方法

13.2.2 万用表检测吸尘器的吸力调整电位器

吸尘器的吸力调整电位器主要用来调整涡轮式抽气驱动电机的风力大小。吸力调整电位器损坏，会引起吸尘器出现无法改变吸力的故障。

使用万用表检测时，可通过检测各挡位的阻值变化来判断吸力调整电位器是否损坏。图13-9所示为万用表检测吸尘器吸力调整电位器的方法。

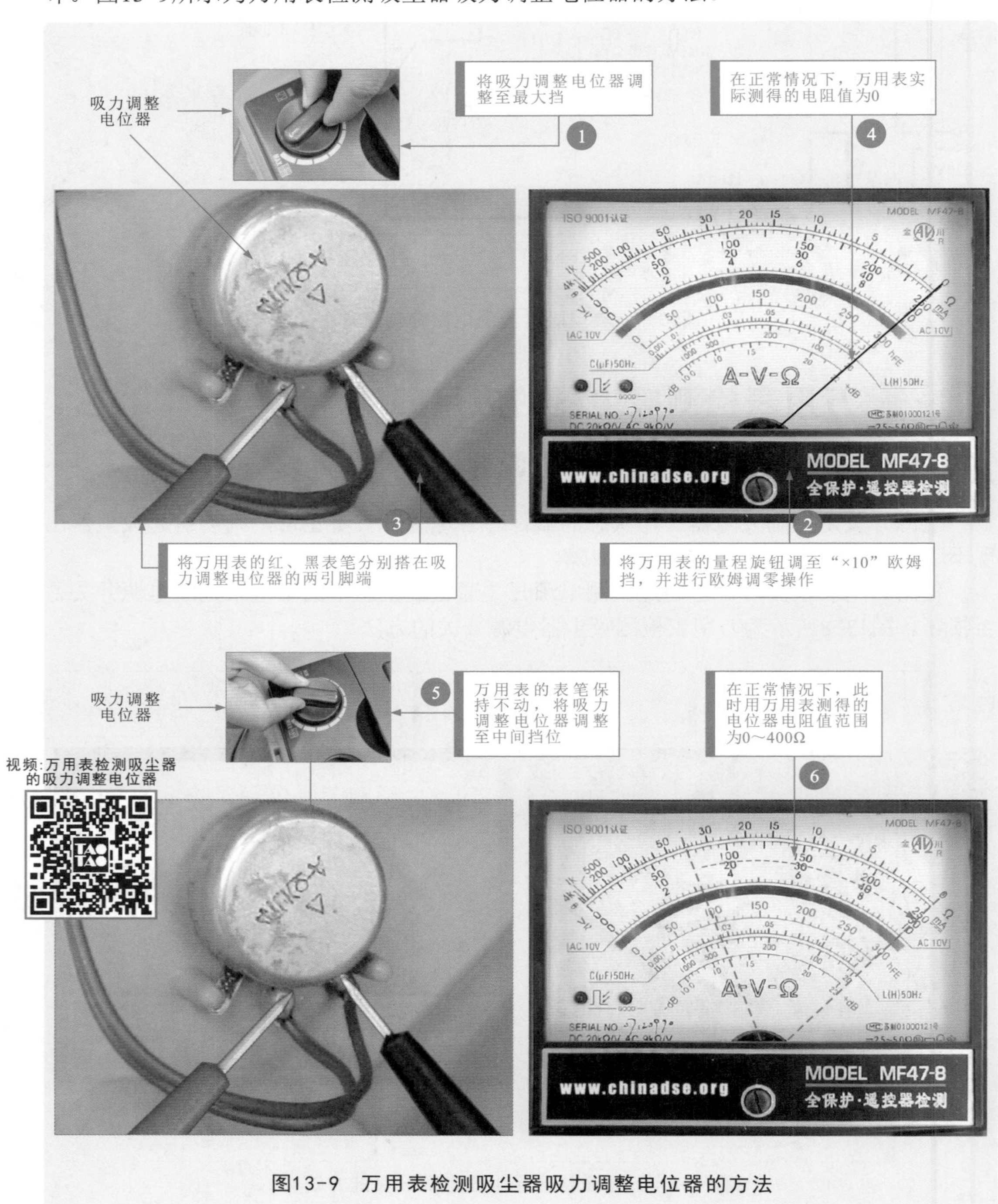

图13-9 万用表检测吸尘器吸力调整电位器的方法

13.2.3 万用表检测吸尘器的涡轮式抽气机

涡轮式抽气机是吸尘器中吸尘工作的重要器件。涡轮式抽气机损坏将引起吸尘器出现吸力减弱或无法吸尘的情况。

使用万用表检测时，可通过检测涡轮式抽气机绕组之间的阻值来判断涡轮式抽气机是否损坏。图13-10所示为用万用表检测吸尘器涡轮式抽气机（电动机）。

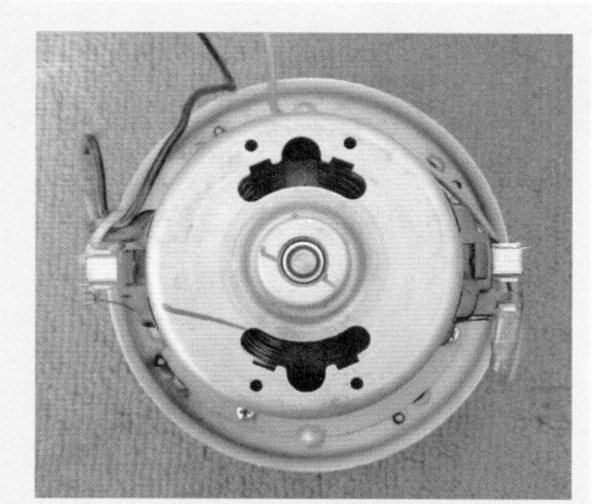

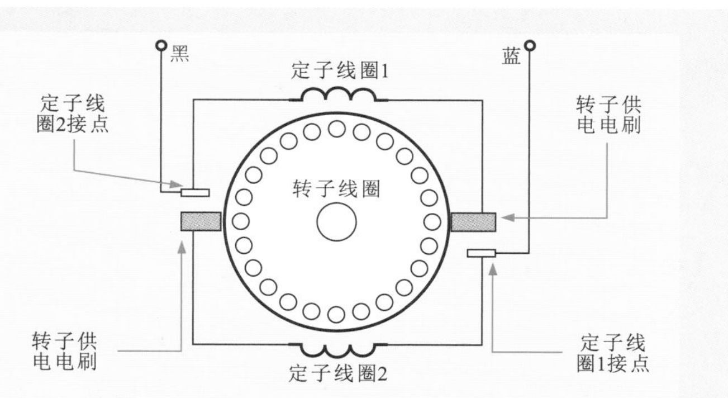

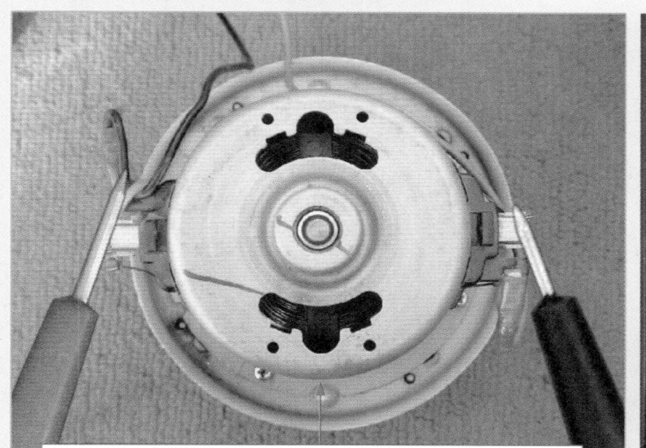

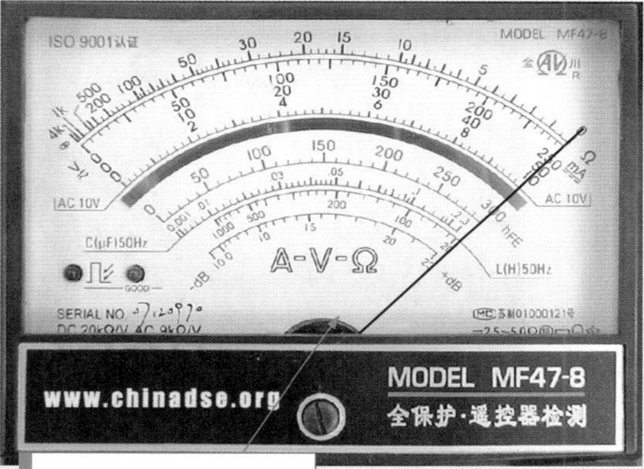

将万用表的红表笔搭在涡轮式抽气机的定子线圈2接点，即检测定子线圈2的阻值，黑表笔搭在涡轮式抽气机的转子供电电刷端

在正常情况下，万用表实际测得的电阻值为0

视频:万用表检测吸尘器的涡轮式抽气机

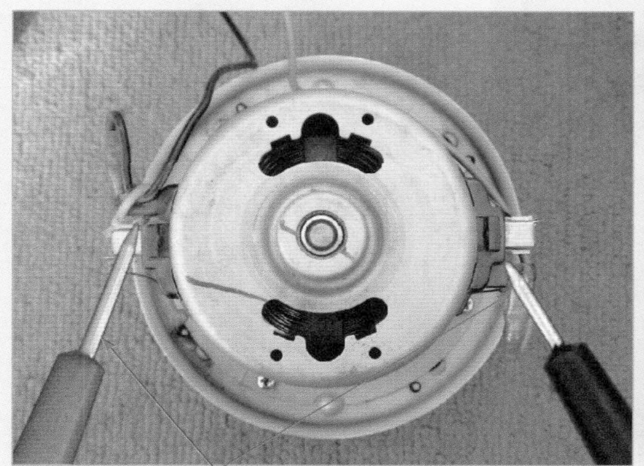

将万用表的黑表笔搭在涡轮式抽气机的定子线圈1接点，红表笔搭在涡轮式抽气机的转子供电电刷端

在正常情况下，涡轮式抽气机两个定子绕组的阻值均为0，若所测阻值为无穷大，则说明涡轮式抽气机损坏

在正常情况下，万用表测得的电阻值为0

图13-10 用万用表检测吸尘器涡轮式抽气机（电动机）

第14章 万用表检测电饭煲

14.1 电饭煲的结构原理

14.1.1 电饭煲的结构特点

电饭煲俗称电饭锅，它可以根据人工操作控制完成烧饭、加热等炊饭功能。图14-1所示为典型电饭煲的结构组成。

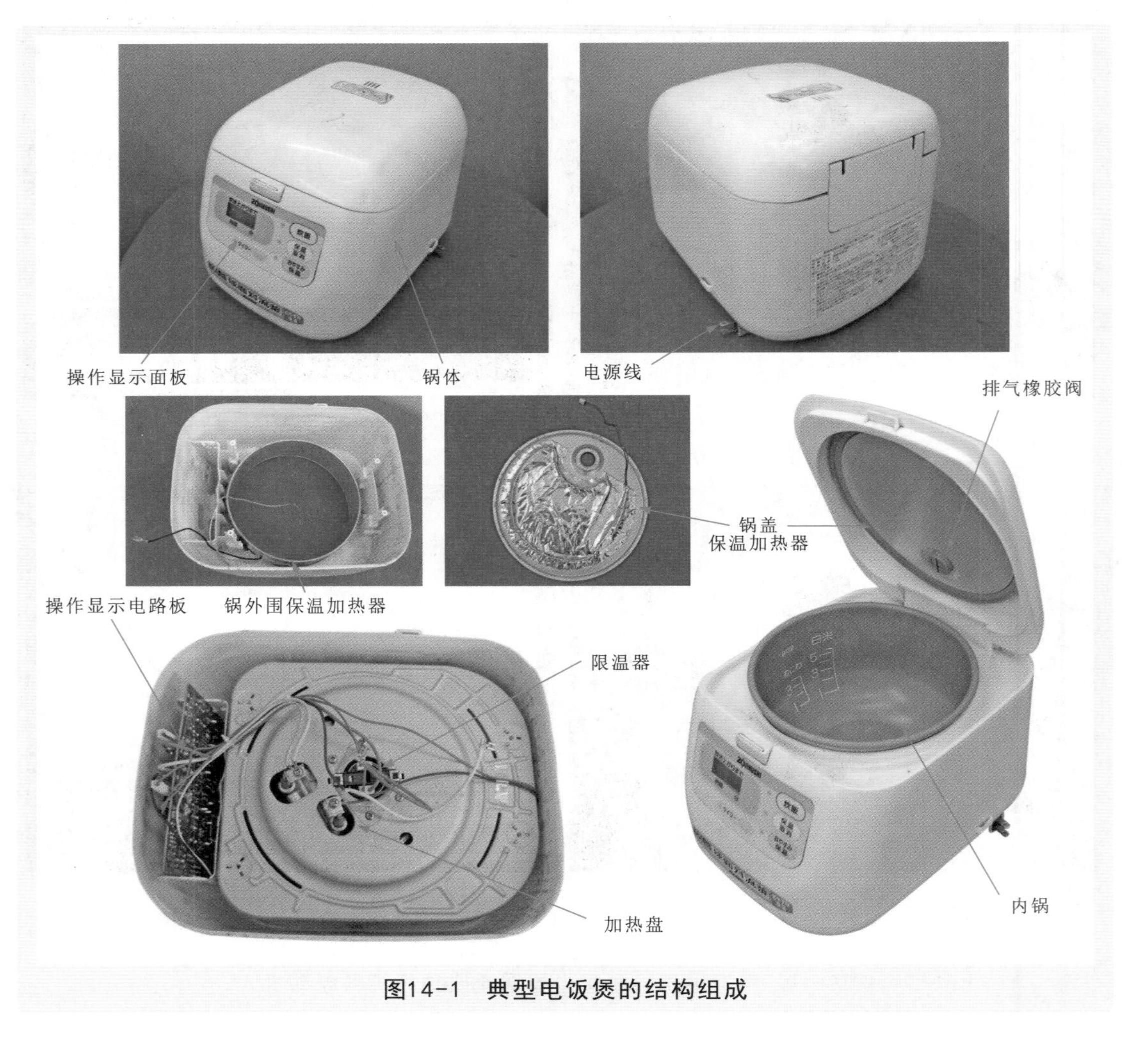

图14-1 典型电饭煲的结构组成

1 加热盘

如图14-2所示，加热盘是电饭煲的主要部件之一，是用来为电饭煲提供热源的部件。供电端位于加热盘的底部，通过连接片与供电导线相连。

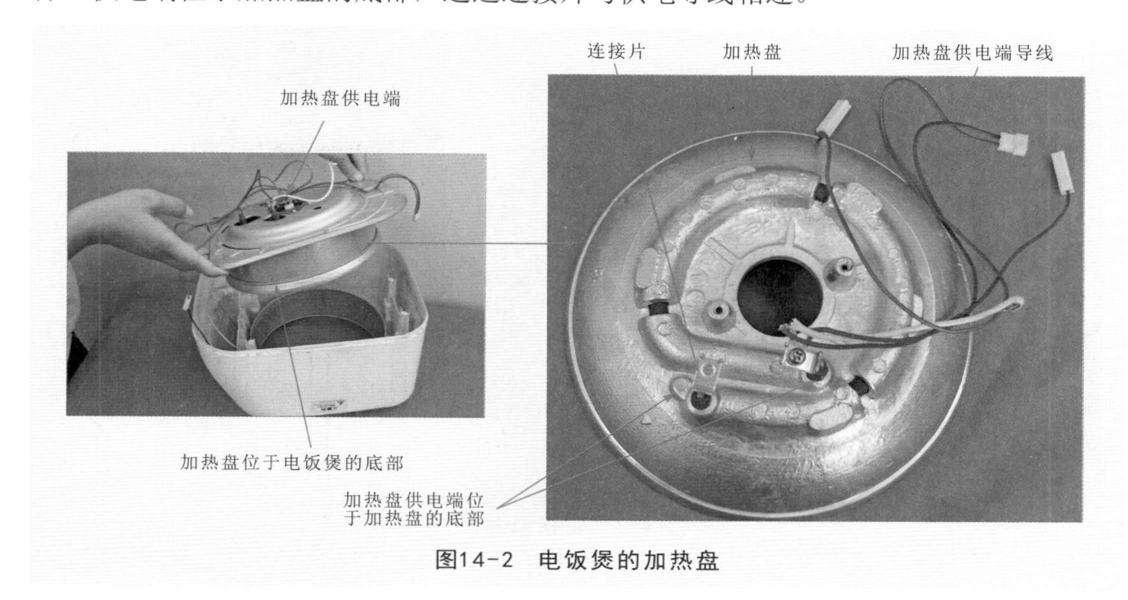

图14-2 电饭煲的加热盘

2 限温器

如图14-3所示，限温器是电饭煲煮饭自动断电装置，用来感应内锅的热量，从而判断锅内食物是否加热成熟。限温器安装在电饭煲的底部的加热盘中心位置，与内锅直接接触。

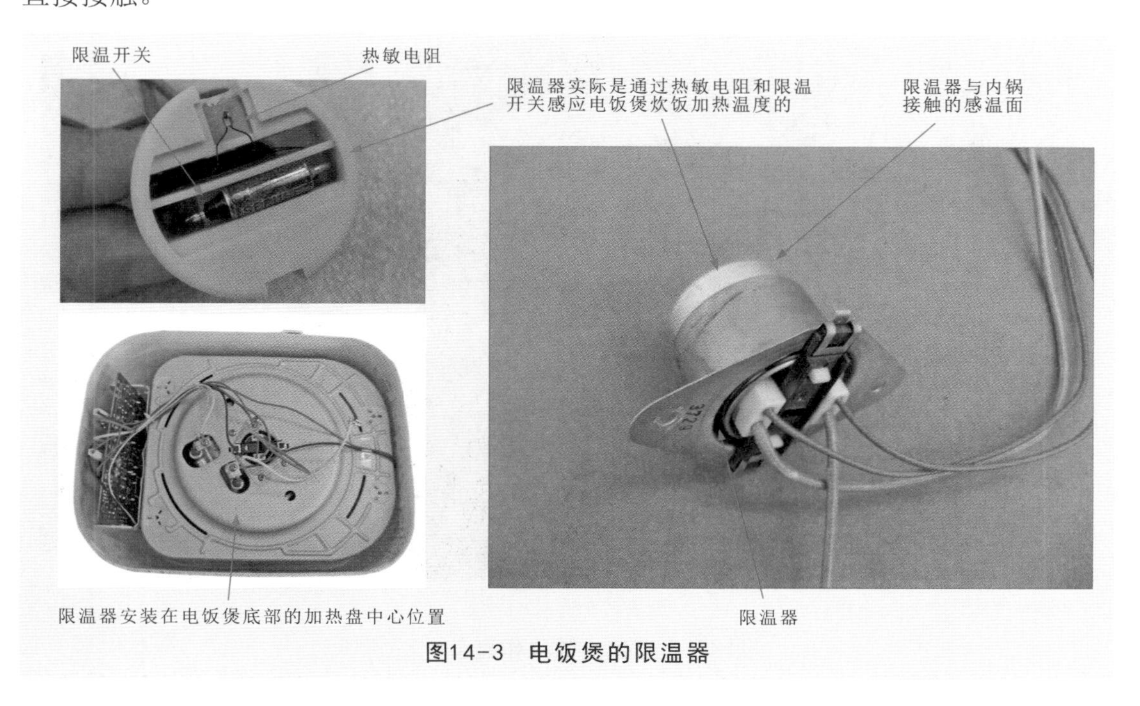

图14-3 电饭煲的限温器

补充说明

在机械式电饭煲中，限温器通常采用磁钢限温器，它是通过炊饭开关的上下运动对其进行控制，如图14-4所示。机械式电饭煲与微电脑式电饭煲的主要区别就是控制方式的不同。

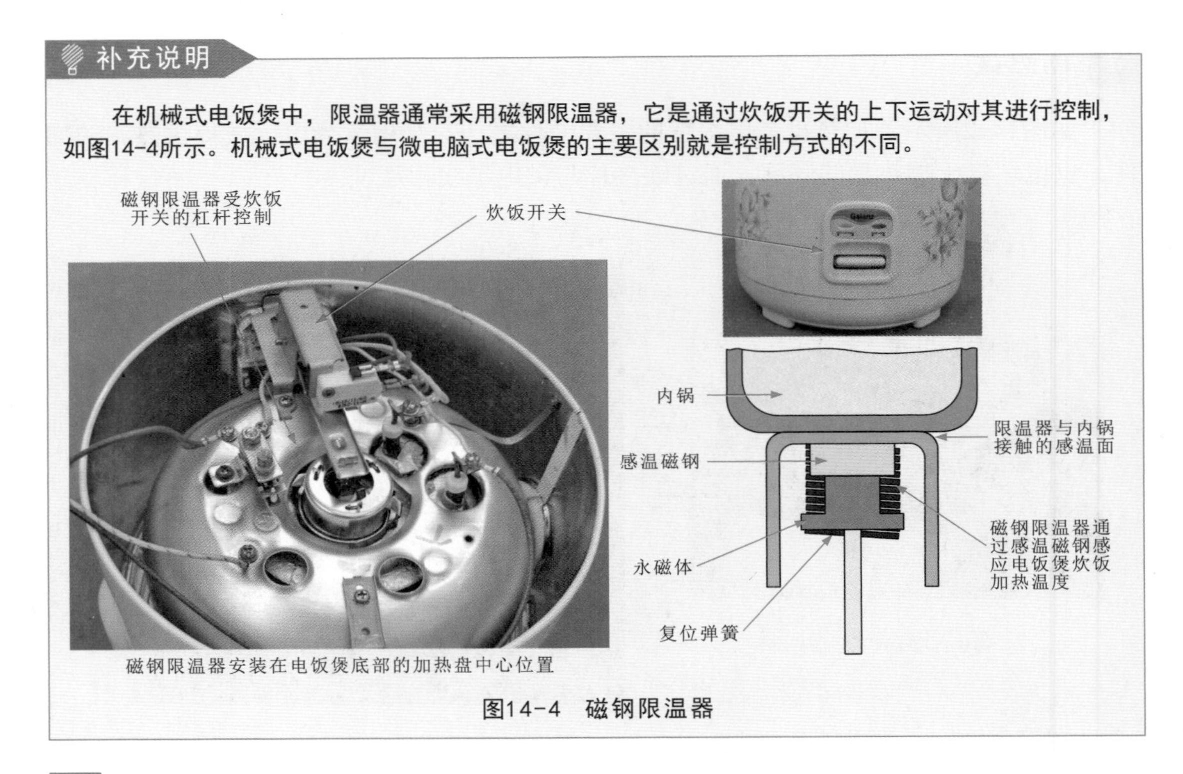

图14-4　磁钢限温器

3 操作显示电路板

如图14-5所示，操作显示电路板位于电饭煲前端的锅体壳内，用户可以根据需要对电饭煲进行控制，并由指示部分显示电饭煲的当前工作状态。

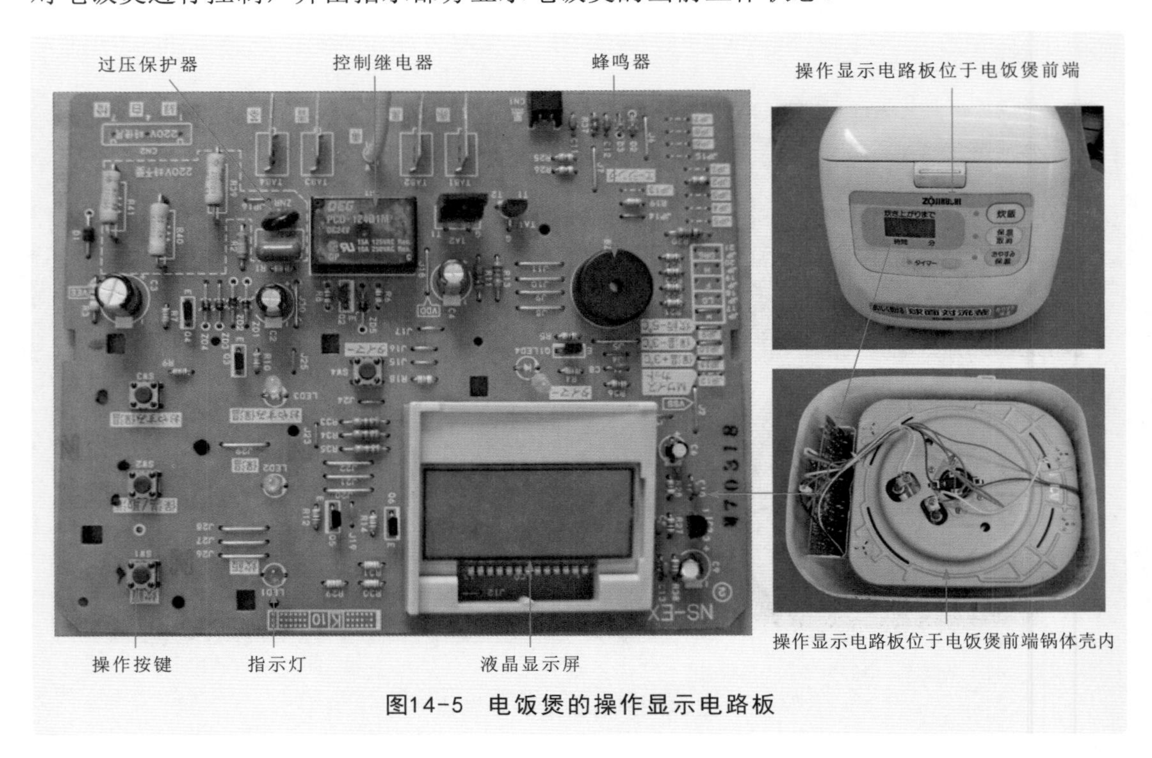

图14-5　电饭煲的操作显示电路板

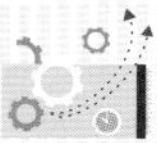

14.1.2 电饭煲的工作原理

1 机械式电饭煲的工作原理

图14-6所示为典型机械式电饭煲的工作过程。

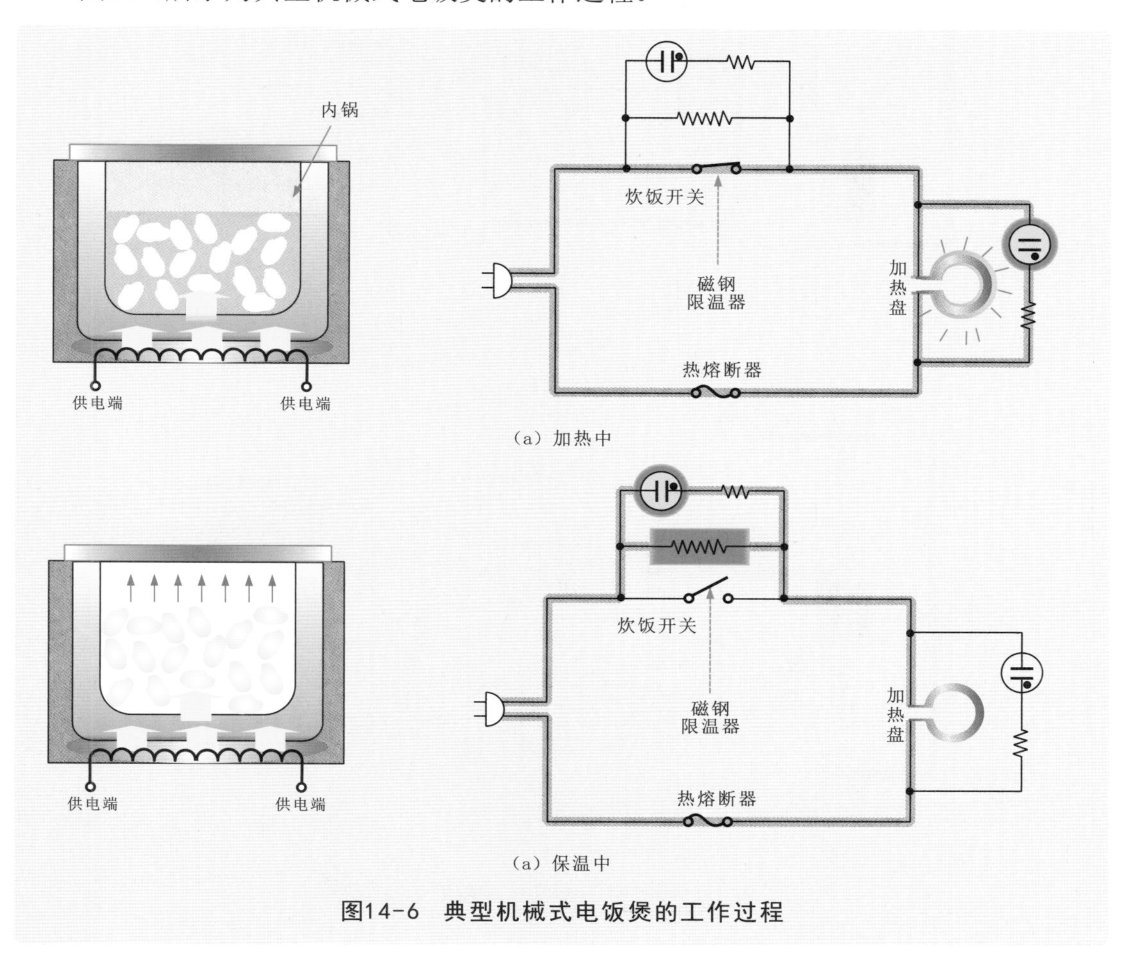

图14-6 典型机械式电饭煲的工作过程

补充说明

电饭煲工作时，交流220V电压经电源开关加到加热盘上。加热盘发热开始在内锅进行炊饭。电饭煲中的加热指示灯亮。

当饭煮好后，电饭煲内便有一定的热量。此时温度会一直停留在沸点，直至水分蒸发后，电饭煲里的温度便会再次上升。当温度上升超过100℃后，磁钢限温器内的感温磁钢失去磁性，释放永磁体。炊饭开关断开。加热指示灯熄灭，加热盘由加热转为保温状态。交流220V电压加到保温加热器上，保温加热器对内锅进行保温。

2 微电脑式电饭煲的工作原理

图14-7所示为典型微电脑式电饭煲的工作过程。

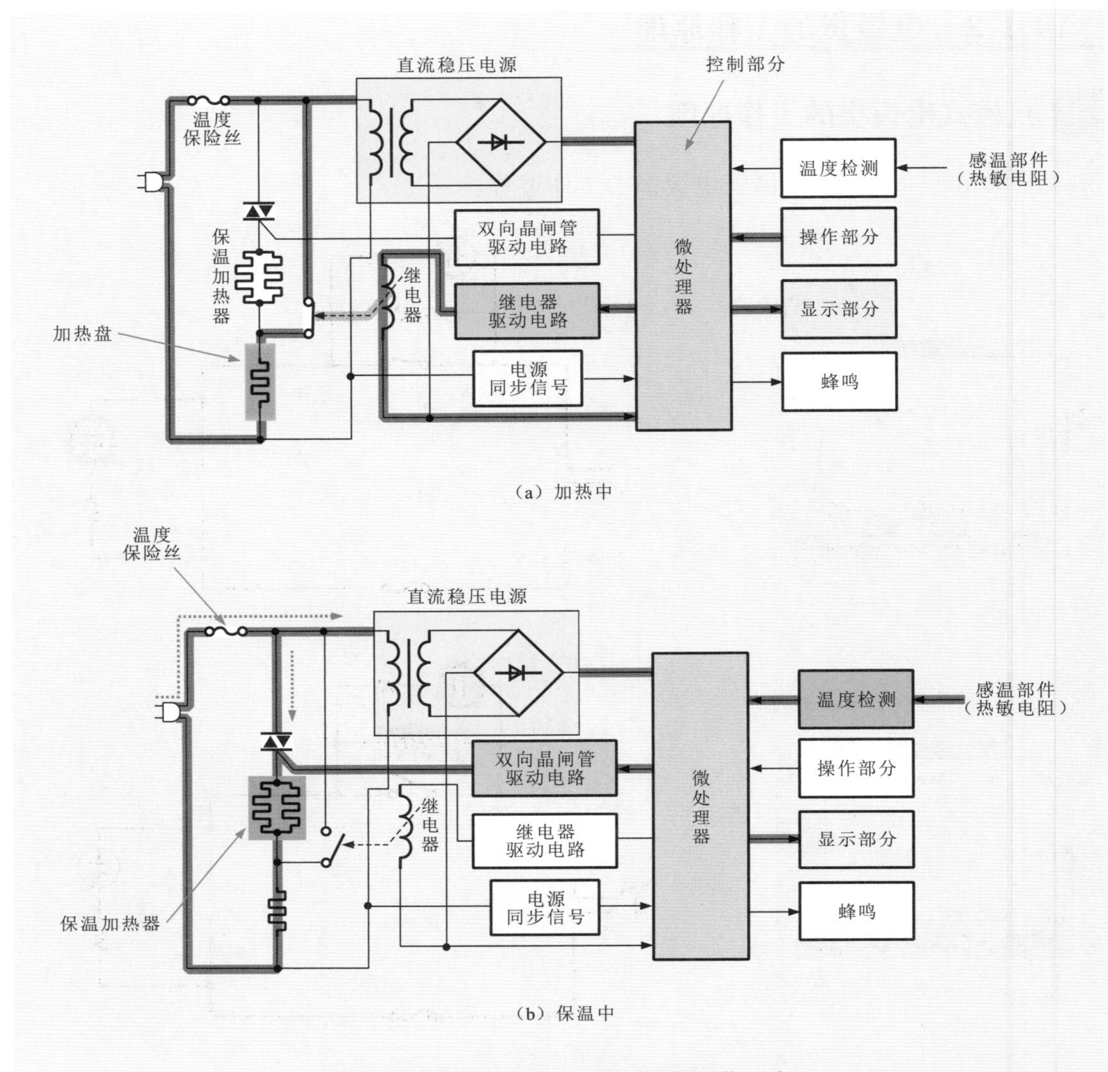

图14-7　典型微电脑式电饭煲的工作过程

补充说明

接通电源，交流220V市电通过直流稳压电源电路降压、整流、滤波和稳压后，为控制电路提供直流电压。用户通过操作按键输入人工指令，并输入到微处理器中。微处理器对继电器驱动电路进行控制使继电器的触点接通。交流220V电压经继电器触点加到加热盘上，加热盘进行炊饭加热。加热盘开始加热时，微处理器将显示信号输入到显示部分，以显示电饭煲当前的工作状态。

加热盘炊饭加热时，锅底限温器中的热敏电阻不断地将温度信息传送给微处理器。当锅内水分大量蒸发，锅底没有水时，其温度会超过100℃，此时微处理器判别饭已熟，此时继电器释放触点，停止加热。微处理器启动双向控硅（晶闸管）驱动电路，驱动晶闸管导通。交流220V市电通过晶闸管将电压加到保温加热器和加热盘上，两者串联。由于保温加热器的功率较小、电阻值较大，加热盘上只有较小的电压，这种情况的发热量较小，只能起保温作用。微处理器输出显示信号，由显示部分显示电饭煲处于保温状态。

14.2 万用表检测电饭煲的应用案例

14.2.1 万用表检测电饭煲的加热盘

加热盘是用来为电饭煲提供热源的部件。若加热盘损坏，多会引起电饭煲不炊饭、炊饭不良等故障。

使用万用表检测时，可通过检测加热盘两端的阻值，来判断加热盘是否损坏。

图14-8所示为万用表检测电饭煲加热盘的方法。

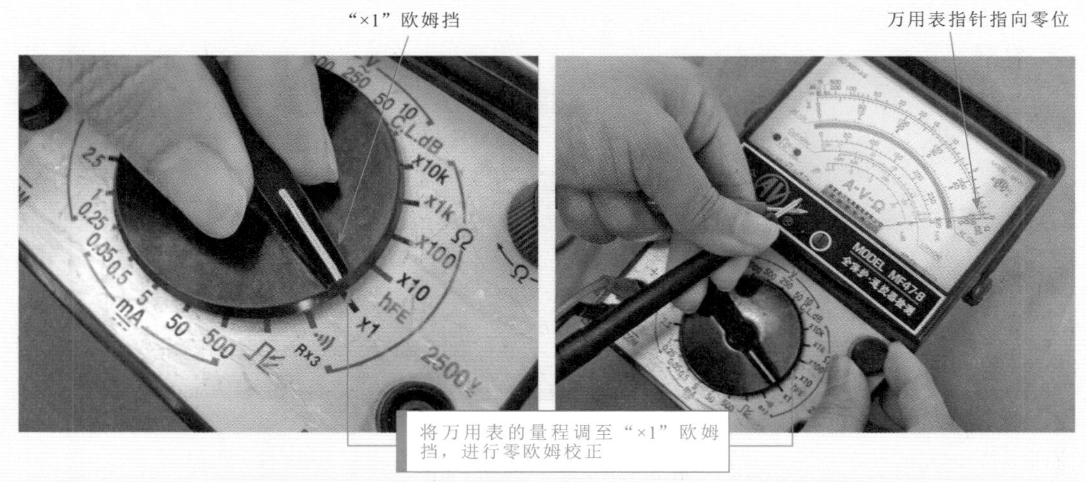

视频:万用表检测电饭煲的加热盘

图14-8 万用表检测电饭煲加热盘的方法

补充说明

若测得的加热盘阻值为无穷大，说明加热盘有开路故障，应更换，排除故障。加热盘本身损坏概率不大，重点应检查接线端子有无开路的情况。

14.2.2 万用表检测电饭煲的限温器

限温器用于检测电饭煲的锅底温度，并将温度信号送入微处理器中，由微处理器根据接收到的温度信号发出停止炊饭的指令，控制电饭煲的工作状态。若限温器损坏，多会引起电饭煲不炊饭、煮不熟饭、一直炊饭等故障。

使用万用表检测时，可通过检测限温器供电引线间（限温开关）和控制引线间（热敏电阻）的阻值来判断限温器是否损坏。

如图14-9所示，首先在常温状态下检测限温器的限温开关。

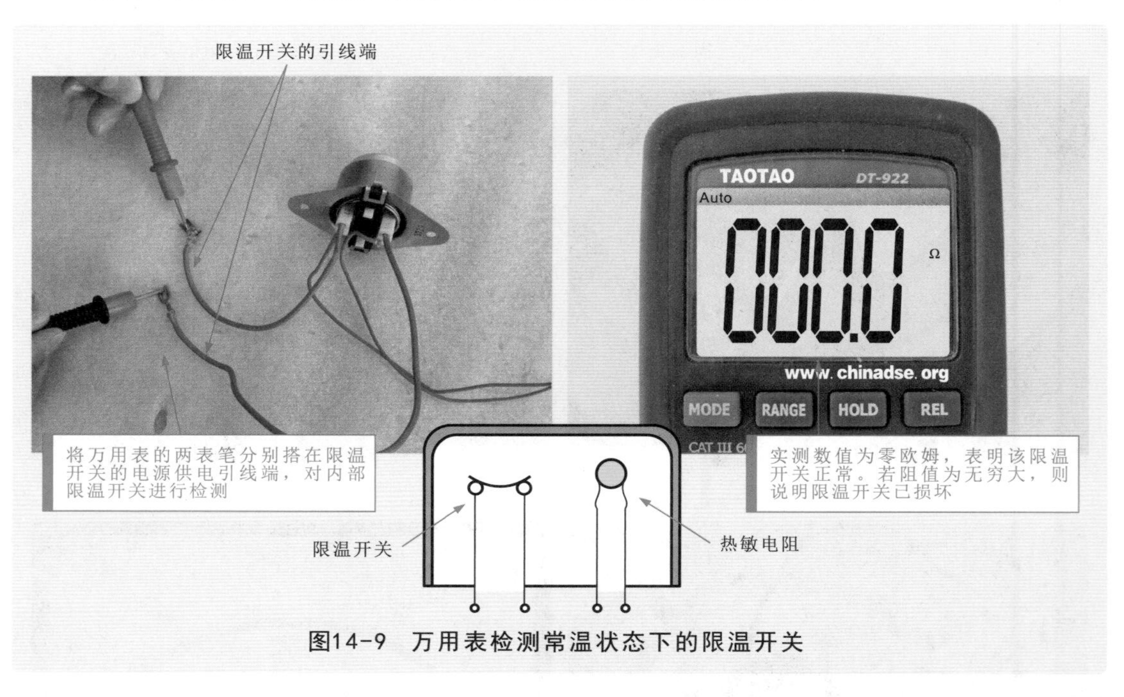

图14-9 万用表检测常温状态下的限温开关

接下来，使用万用表继续检测常温状态下热敏电阻的阻值，如图14-10所示。

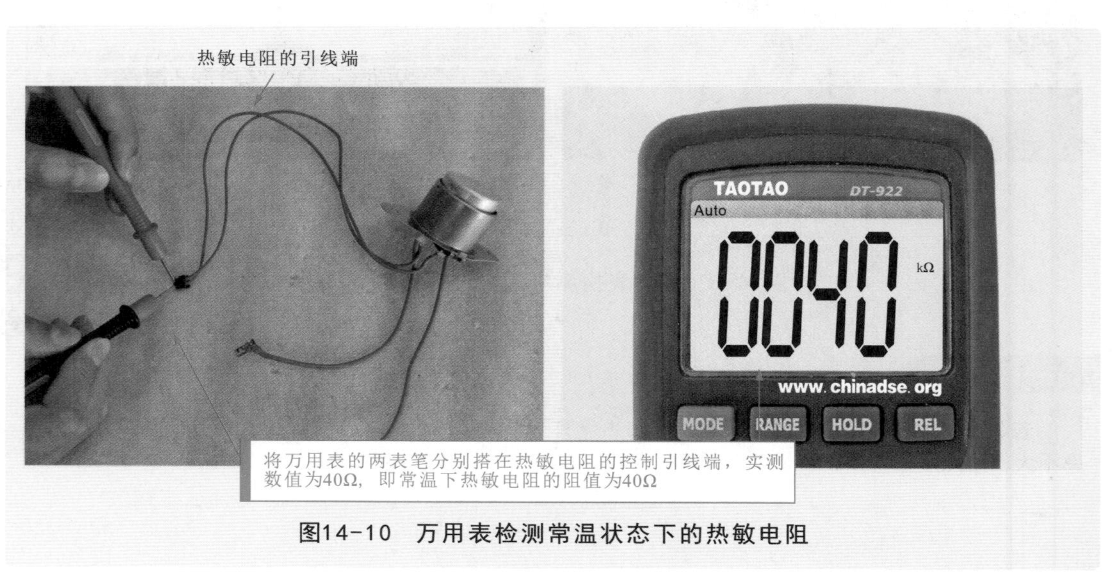

图14-10 万用表检测常温状态下的热敏电阻

常温状态下对限温开关和热敏电阻检测完成后，模拟高温状态分别检测限温器中的限温开关和热敏电阻。图14-11所示为万用表检测高温状态下的限温开关。

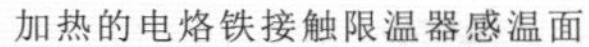

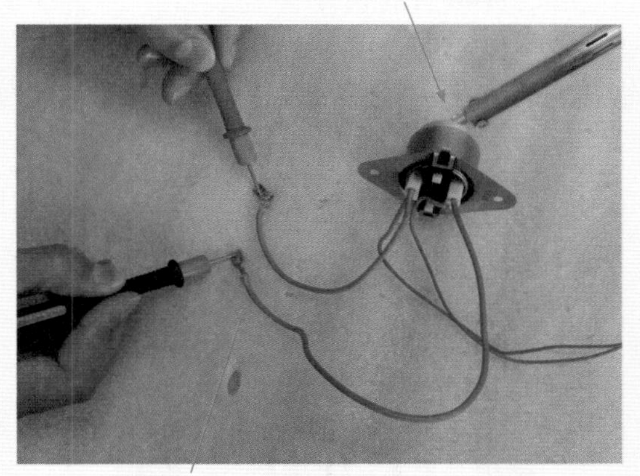

图14-11　万用表检测高温状态下的限温开关

补充说明

将万用表的两表笔再次搭在限温器的电源供电引线端，对内部限温开关进行检测，按动限温器，人为模拟放锅的状态，并将限温器的感温面接触加热的电烙铁，模拟饭熟的状态，实测数值无穷大，即限温开关处于断开状态，正常。若测得的阻值仍为零欧姆，则表明限温开关存在故障。

接下来，同样方法模拟高温环境检测限位器中的热敏电阻。图14-12所示为万用表检测高温状态下的热敏电阻。

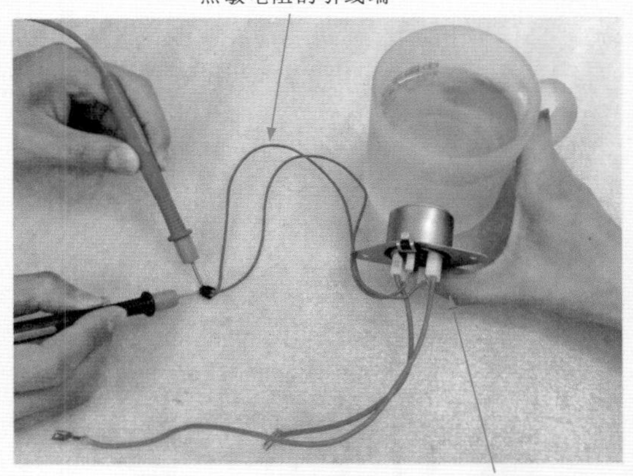

图14-12　万用表检测常温状态下的热敏电阻

补充说明

将万用表的两表笔搭在限温器的热敏电阻两引脚端，按动限温器，人为模拟放锅的状态，并将限温器的感温面接触盛有开水的杯子，模拟饭熟的状态，实测数值逐渐减小。若限温器感温面的温度变化后，热敏电阻的阻值不发生变化，则说明热敏电阻损坏。

14.2.3 万用表检测电饭煲的保温加热器

在电饭煲中，通常会设有两个保温加热器。一个是锅盖保温加热器，另一个是锅外围保温加热器。其中，锅盖保温加热器是电饭煲饭熟后的自动保温装置。若锅盖保温加热器不正常，则电饭煲将出现保温效果差、不保温的故障。使用万用表检测时，可通过检测锅盖保温加热器的阻值来判断锅盖保温加热器是否损坏。图14-13所示为万用表检测锅盖保温加热器的方法。

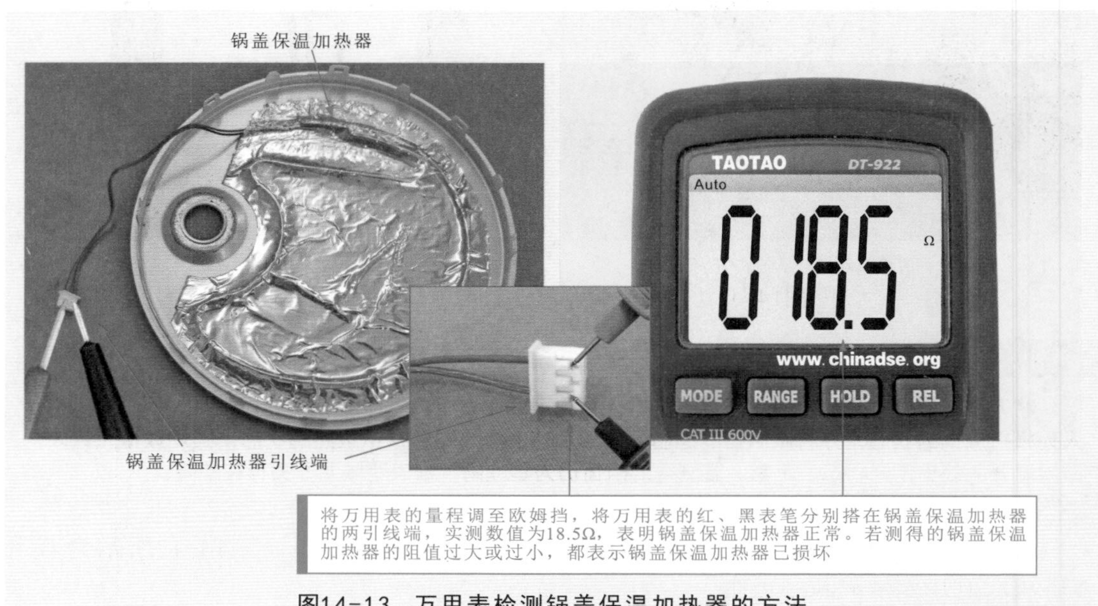

图14-13 万用表检测锅盖保温加热器的方法

锅外围保温加热器用于对锅内的食物保温。当锅外围保温加热器不正常时，电饭煲将出现保温效果差、不保温的故障。使用万用表检测时，可通过检测锅外围保温加热器的阻值来判断锅外围保温加热器是否损坏，如图14-14所示。

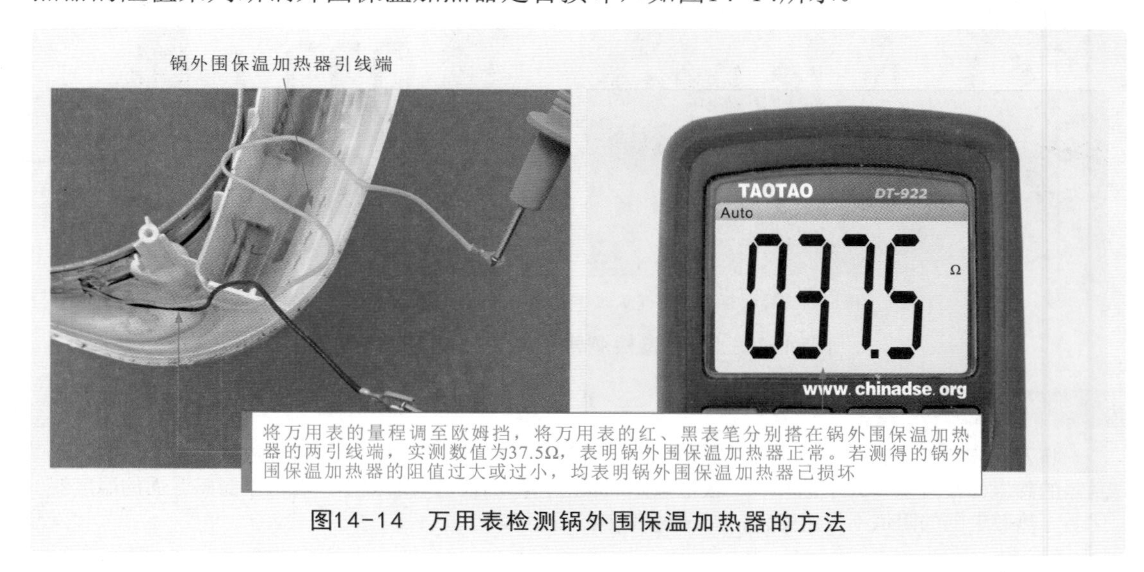

图14-14 万用表检测锅外围保温加热器的方法

14.2.4 万用表检测电饭煲的操作按键

操作面板上的操作按键是人机交互的主要控制元件。操作按键失灵会导致操作功能失常。图14-15所示为万用表检测电饭煲操作按键的方法。

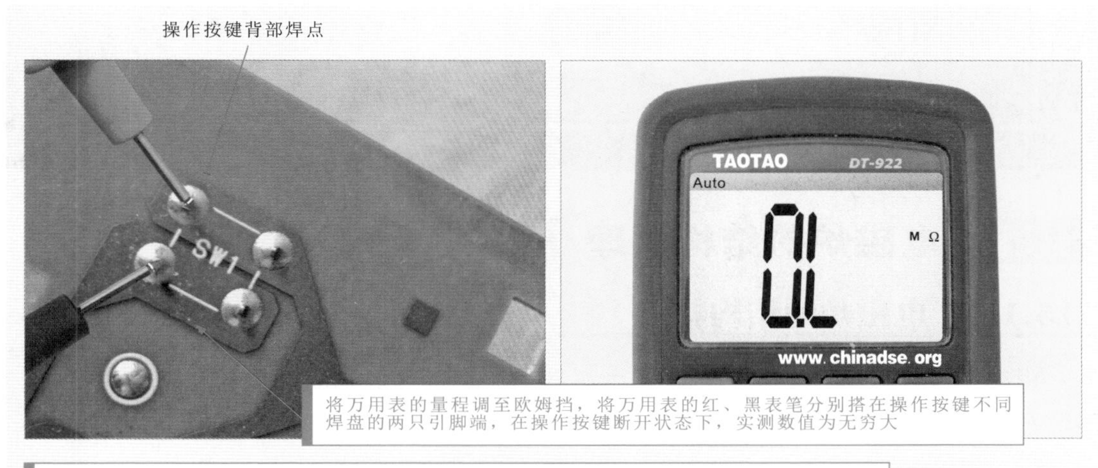

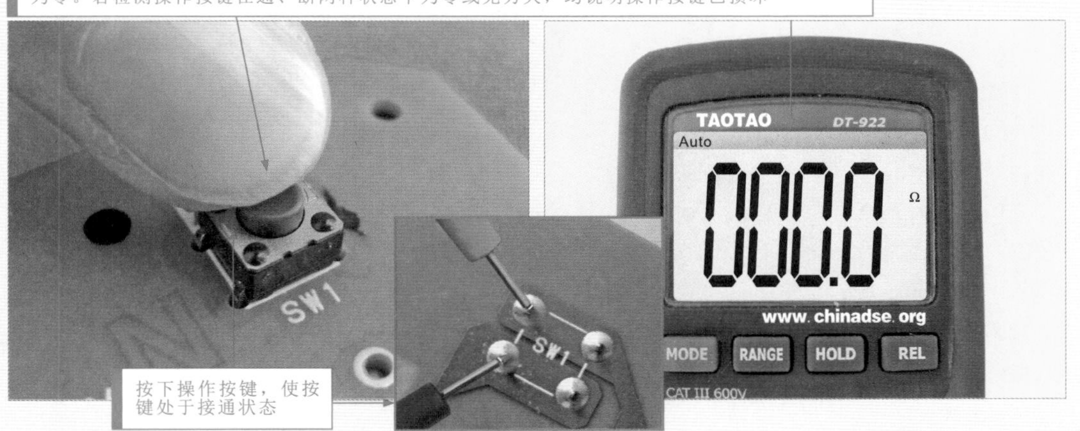

图14-15 万用表检测电饭煲操作按键的方法

补充说明

在机械控制式电饭煲中通常采用微动开关作为加热盘的控制开关。如图14-16所示，使用万用表检测该类开关时，可以使用同样的方法，检测微动开关在接通和断开两种工作状态下引脚间的阻值。

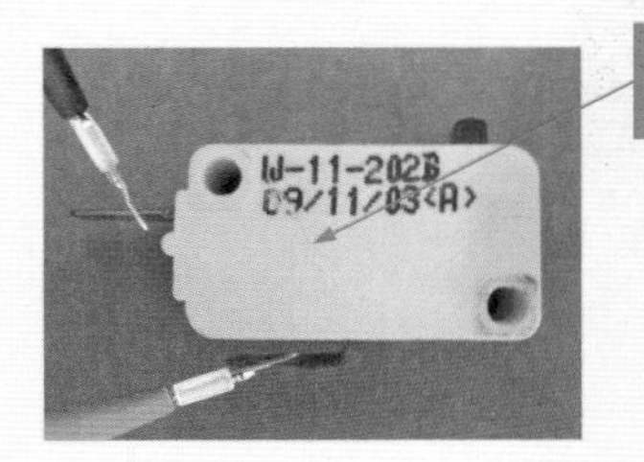

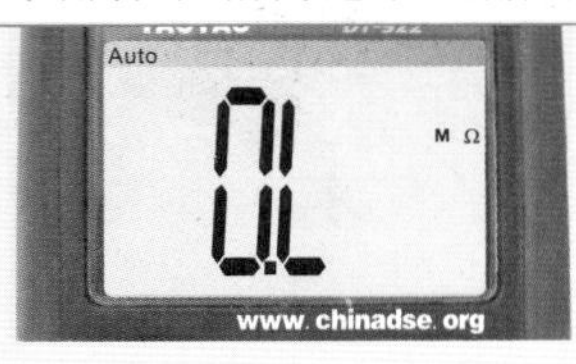

图14-16 万用表检测微动开关的方法

第15章 万用表检测电磁炉

15.1 电磁炉的结构原理

15.1.1 电磁炉的结构特点

电磁炉也称电磁灶，是一种利用电磁感应原理进行加热的电炊具，可以进行煎、炒、蒸、煮等各种烹饪。图15-1所示为典型电磁炉的结构组成。

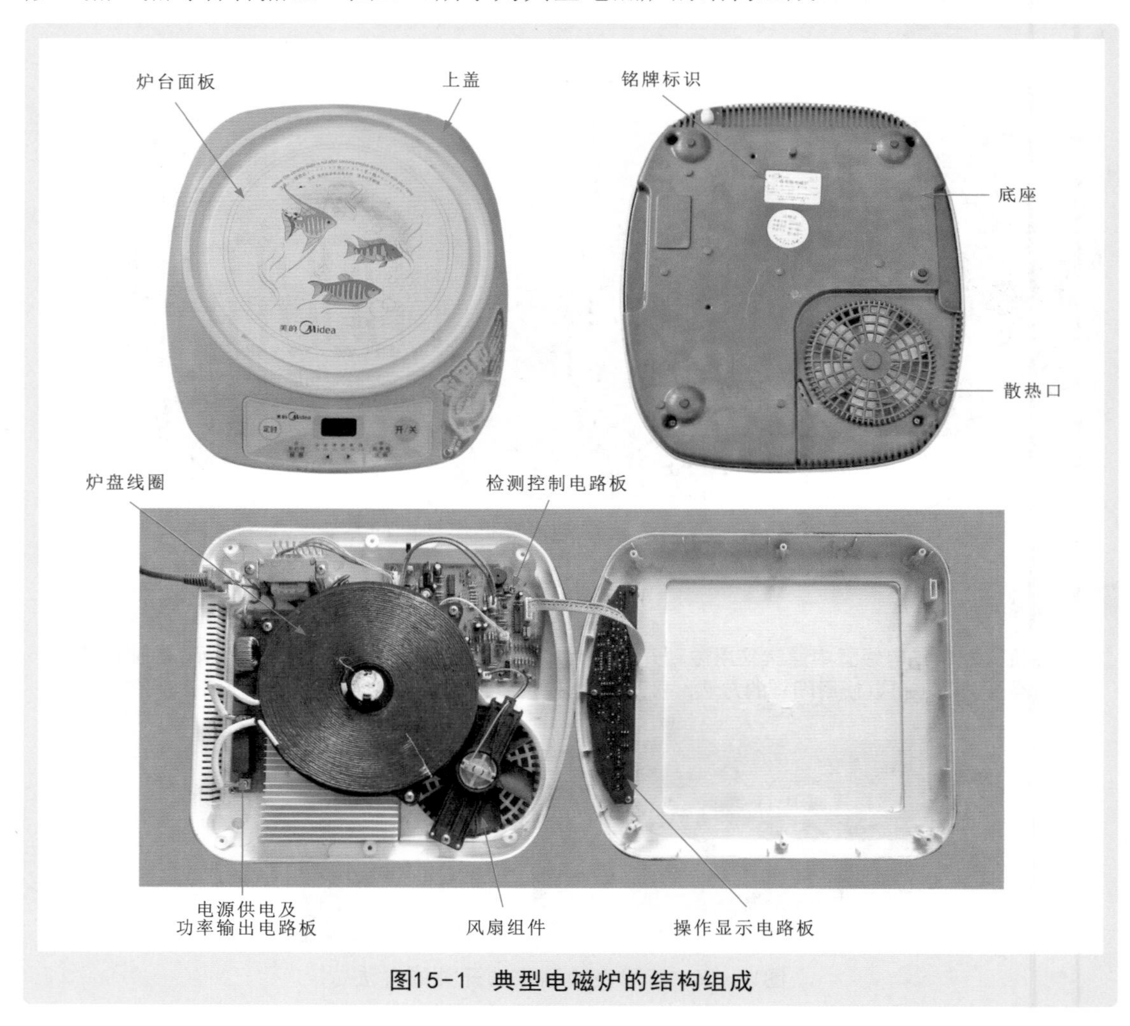

图15-1 典型电磁炉的结构组成

1 炉盘线圈

如图15-2所示，炉盘线圈是电磁炉输出加热功率的唯一元件，它实际上是一个圆盘形线绕电感线圈。

图15-2 电磁炉的炉盘线圈

2 风扇组件

如图15-3所示，电磁炉的风扇组件位于电磁炉底部。工作时风扇旋转，电磁炉内部产生的热量便会在风扇的作用下，由散热口及时排出，从而降低炉内的温度。

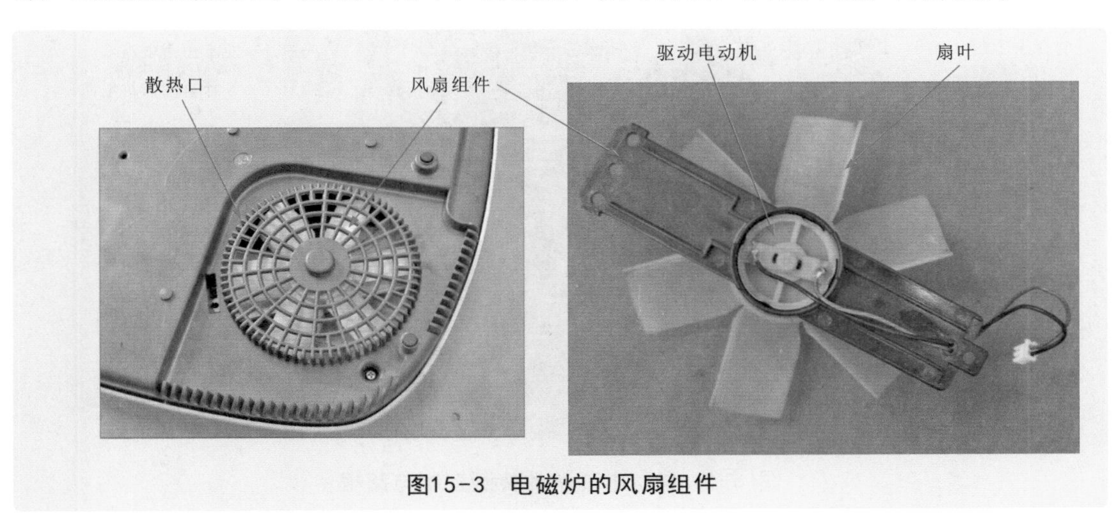

图15-3 电磁炉的风扇组件

3 电源供电及功率输出电路板

图15-4所示为典型电磁炉的电源供电及功率输出电路板。

电源供电及功率输出电路板是将交流220V市电提供的电能直接经高压整流滤波电路生成直流300V电压送入功率输出电路，由IGBT（门控管）、炉盘线圈、谐振电容形成高频高压的脉冲电流，与铁质炊具进行热能转换。

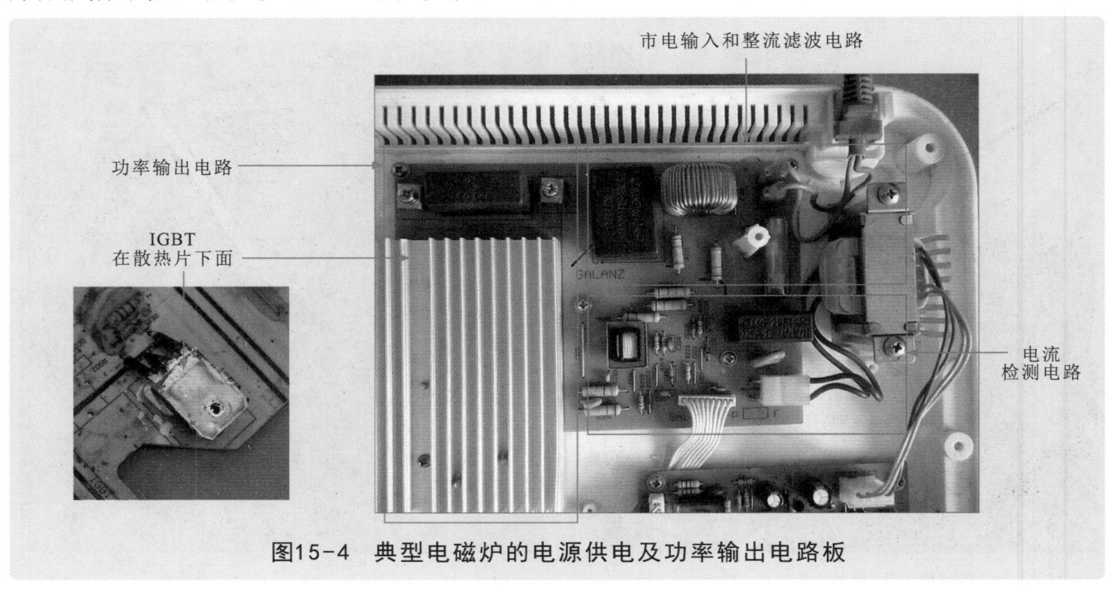

图15-4 典型电磁炉的电源供电及功率输出电路板

4 检测控制电路板

图15-5所示为典型电磁炉的检测控制电路板。检测控制电路板由MCU智能控制电路对同步振荡电路、PWM调制电路、IGBT驱动电路进行控制，使其能够驱动功率输出电路中的IGBT（门控管）。

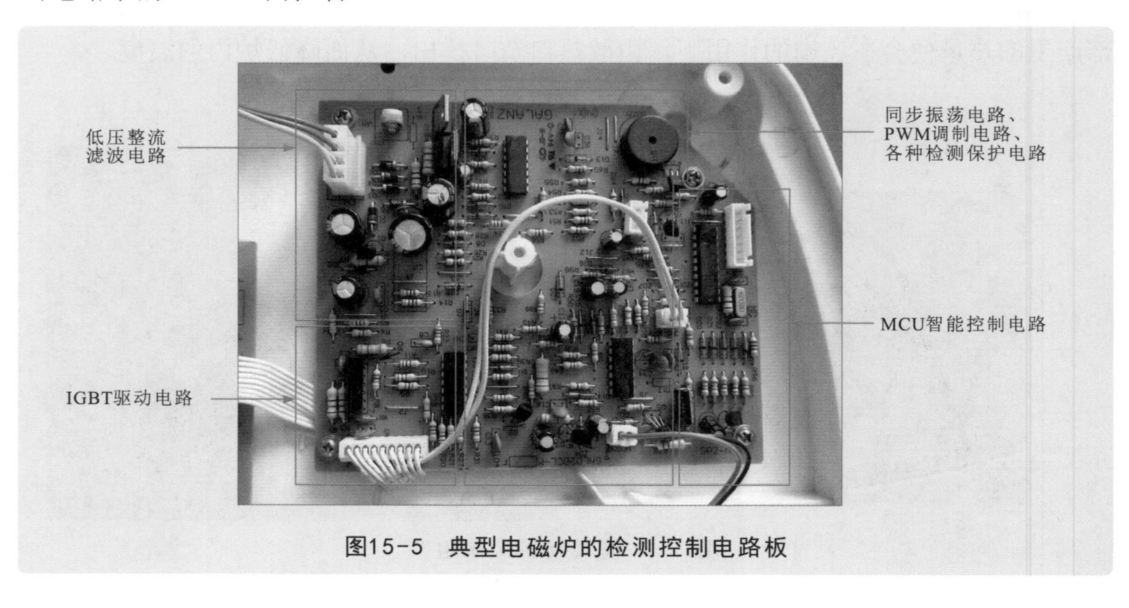

图15-5 典型电磁炉的检测控制电路板

5 操作显示电路板

图15-6所示为典型电磁炉的操作显示电路板。操作显示电路板用于接收人工操作指令并送给MCU智能控制电路，由MCU智能控制电路处理，再输出控制指令，并通过指示灯、显示屏将电磁炉工作状态显示出来。

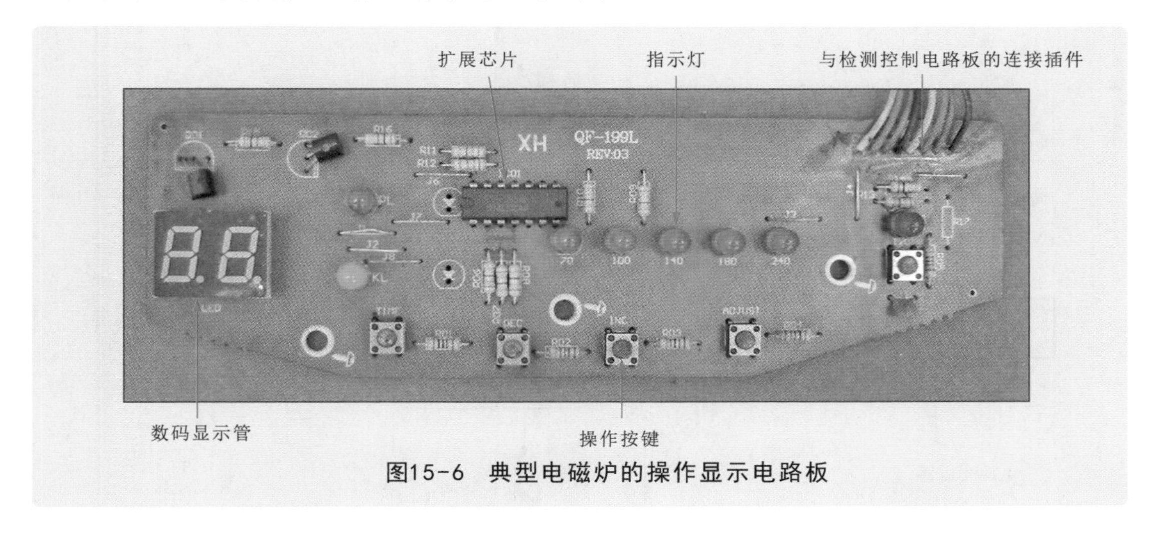

图15-6 典型电磁炉的操作显示电路板

15.1.2 电磁炉的工作原理

图15-7所示为典型电磁炉的加热原理。电磁炉通电后，在内部控制电路、电源和功率输出电路作用下，炉盘线圈中产生电流。

根据电磁感应的原理，炉盘线圈中的电流变化会产生变化的磁力线，从而在周围空间产生磁场，在磁场范围内如有铁磁性的物质，就会在其中产生高频涡流。这些涡流通过灶具本身的阻抗将电能转化为热能，从而实现对食物的加热、炊饭功能。

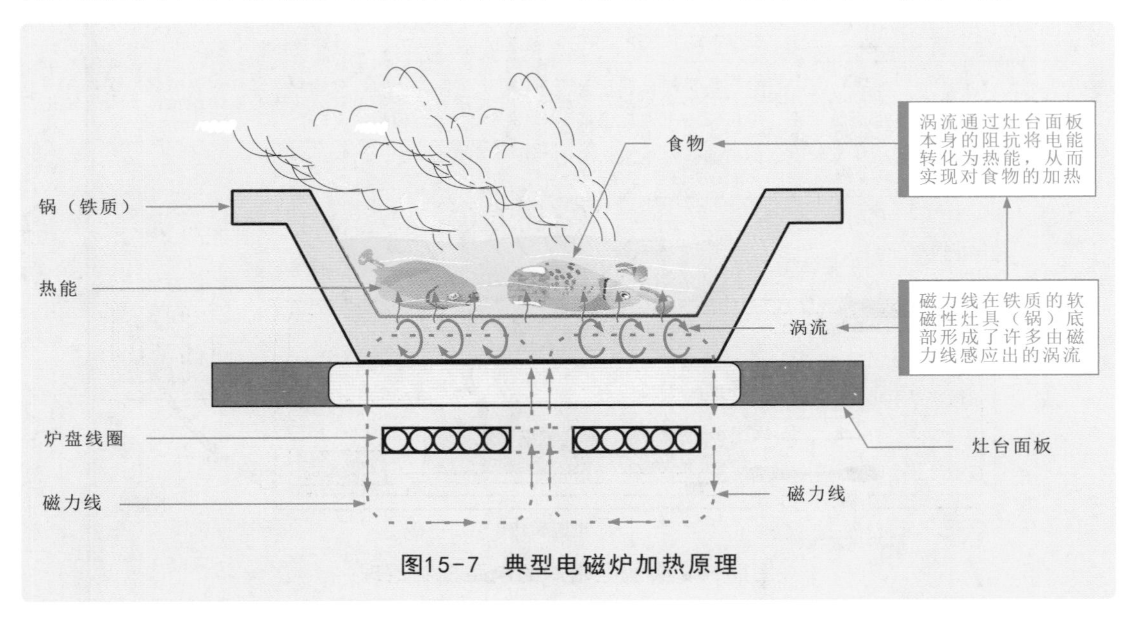

图15-7 典型电磁炉加热原理

图15-8所示为典型电磁炉的电路控制原理。

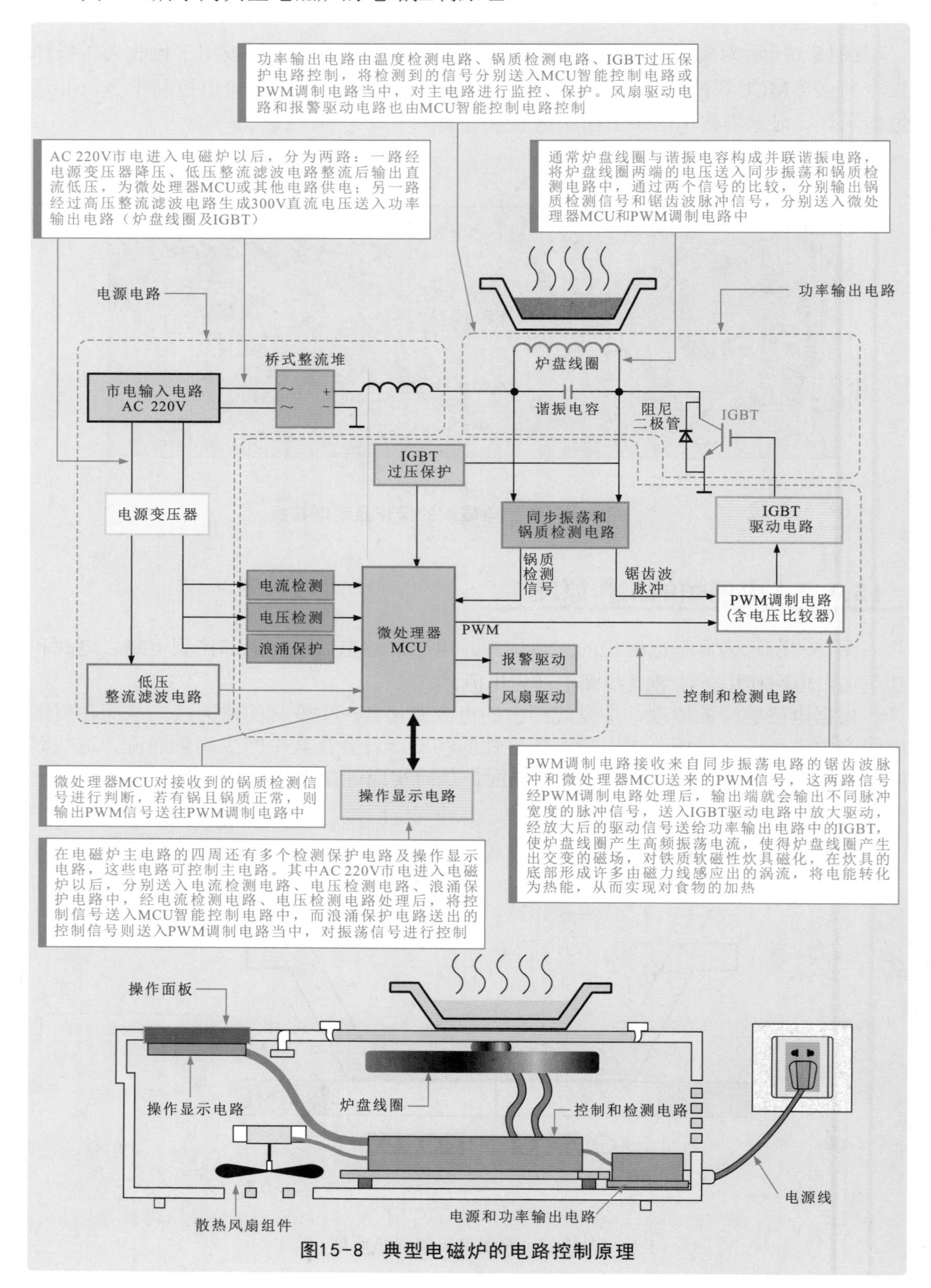

图15-8　典型电磁炉的电路控制原理

15.2 万用表检测电磁炉的应用案例

15.2.1 万用表检测电磁炉的工作电压

使用万用表测量电路关键点电压参数是检修电磁炉以及其他各种电子产品及电气产品最常用、也是最有效的方法之一。

如图15-9所示，交流220V供电电压是电磁炉的工作条件。若电磁炉无交流220V电压输入时，开机运行电磁炉没有任何反应。因此，可使用万用表检测电源及功率输出电路的交流220V电源输入端的电压值。

将万用表的量程调整至电压挡

按下“模式按钮”将万用表调至交流测量模式

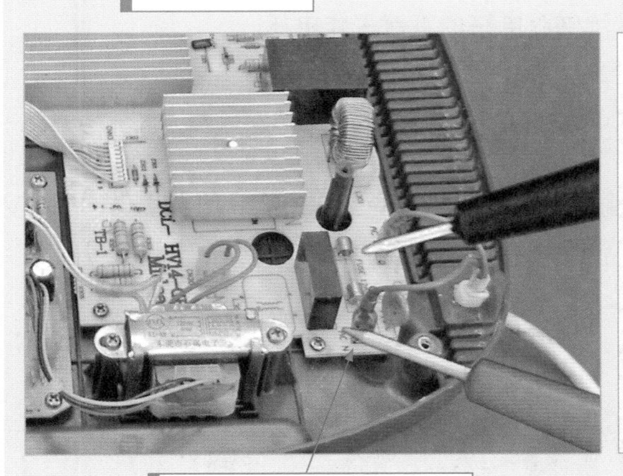

将万用表的两表笔分别搭在交流220V电源输入插座上

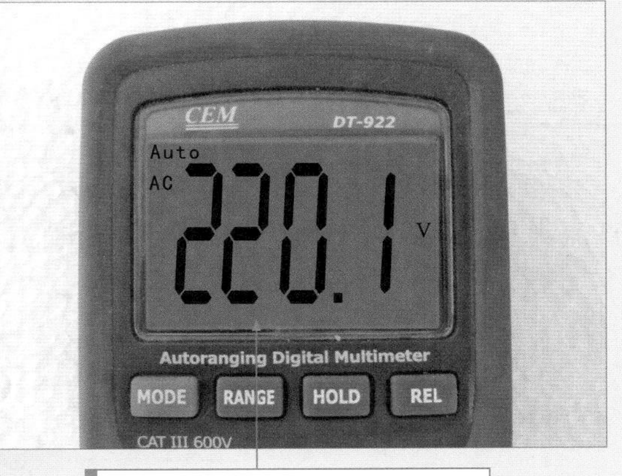

正常工作状态下，万用表表盘读出的实测数值为AC220.1V

图15-9 万用表检测电磁炉的供电电压

补充说明

若实际检测无交流220V电压，则说明电磁炉电源线或供电电源存在异常。值得注意的是，电磁炉电路中很多部位都有可能与交流市电火线相连，对电磁炉进行通电测量时，为了保障人身安全，应使用隔离变压器。交流220V电源经隔离变压器后，再给电磁炉供电。

交流220V电压送入电磁炉电源电路，电源电路会将交流220V电压转换为多路直流电压后输出的电路，以满足电路板上各单元电路及电子器件工作的需要。若某路直流电压输出异常，则会引起电磁炉出现部分功能失常的故障，如风扇不运转、蜂鸣器无报警提示声、操作显示面板无指示等。

因此，在检修电磁炉电路故障时常使用万用表检测电源及功率输出电路的直流电压。如图15-10所示，通过相应直流电压的输出插件端测量即可测得直流电压值。

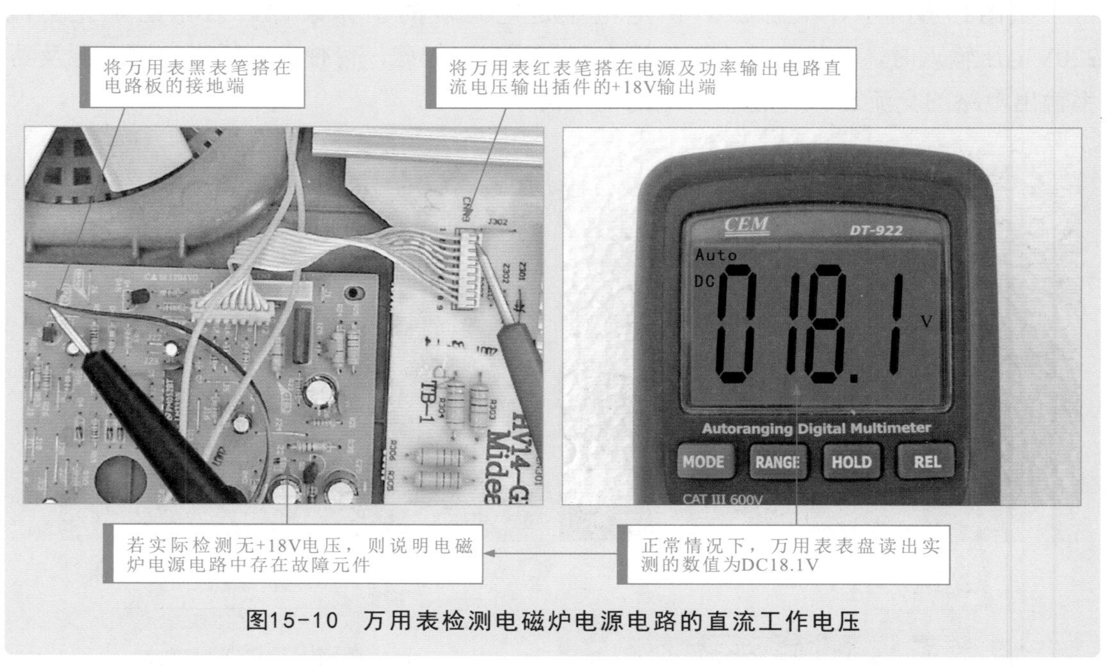

图15-10　万用表检测电磁炉电源电路的直流工作电压

15.2.2 万用表检测电磁炉的桥式整流堆

如图15-11所示，桥式整流堆用于将输入电磁炉中的交流220V电压整流成+300V直流电压，为功率输出电路供电，若桥式整流堆损坏，则会引起电磁炉出现不开机、不加热、开机无反应等故障。

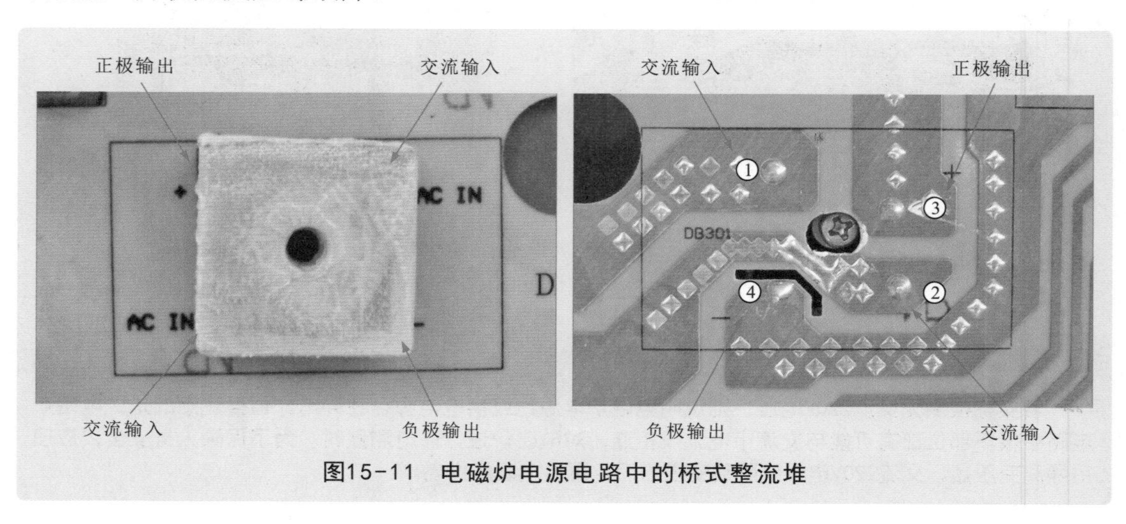

图15-11　电磁炉电源电路中的桥式整流堆

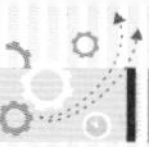

根据电路板的标识识读出桥式整流堆各引脚功能后，使用万用表进行桥式整流堆的输入、输出端的电压检测，以此判断桥式整流堆是否损坏。

图15-12所示为万用表检测电磁炉桥式整流堆的方法。

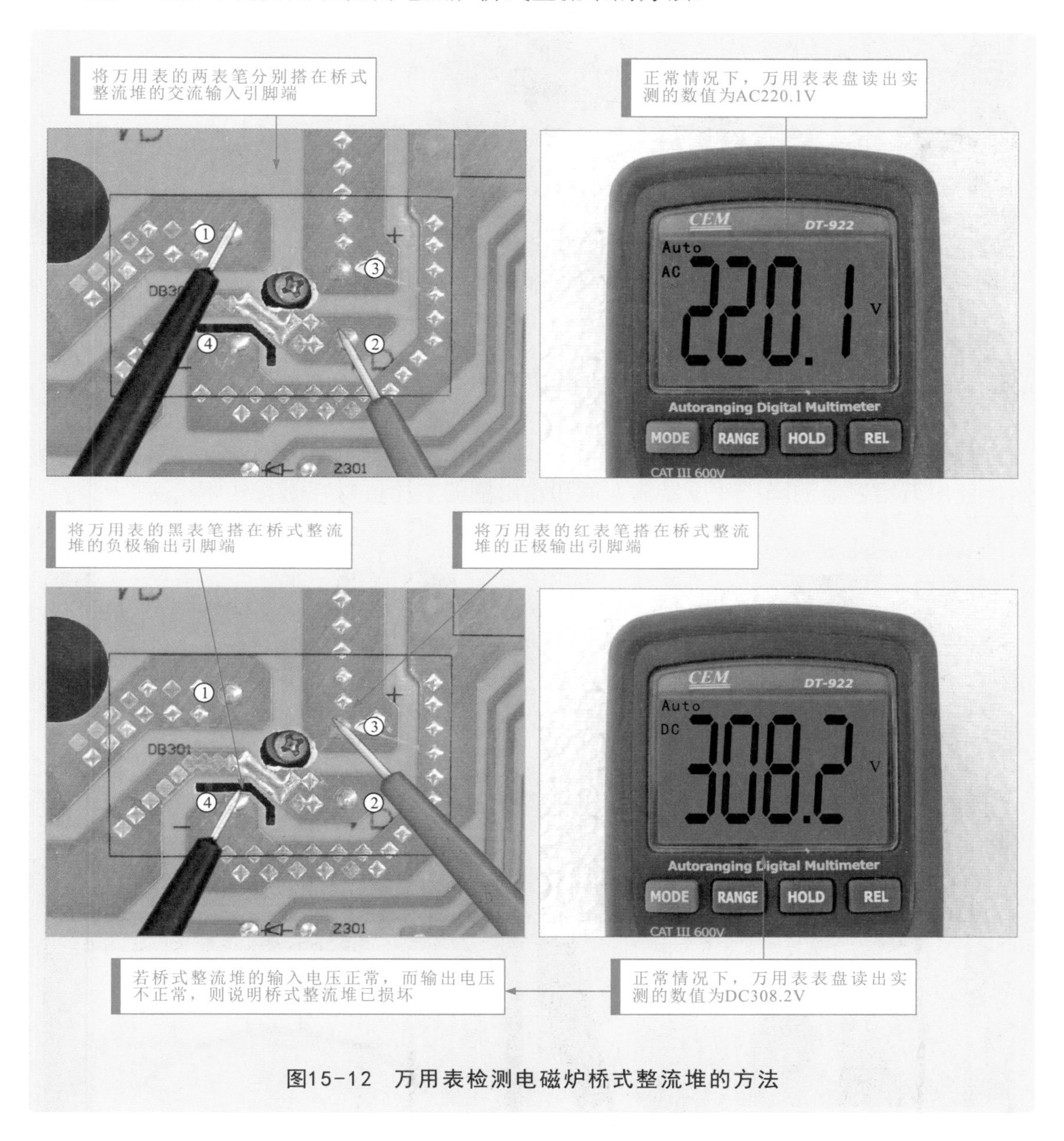

图15-12 万用表检测电磁炉桥式整流堆的方法

15.2.3 万用表检测电磁炉的降压变压器

如图15-13所示，降压变压器是电磁炉中的电压变换元件，主要用于将交流220V电源降压。若降压变压器出现故障，将导致电磁炉不工作或加热不良等现象。

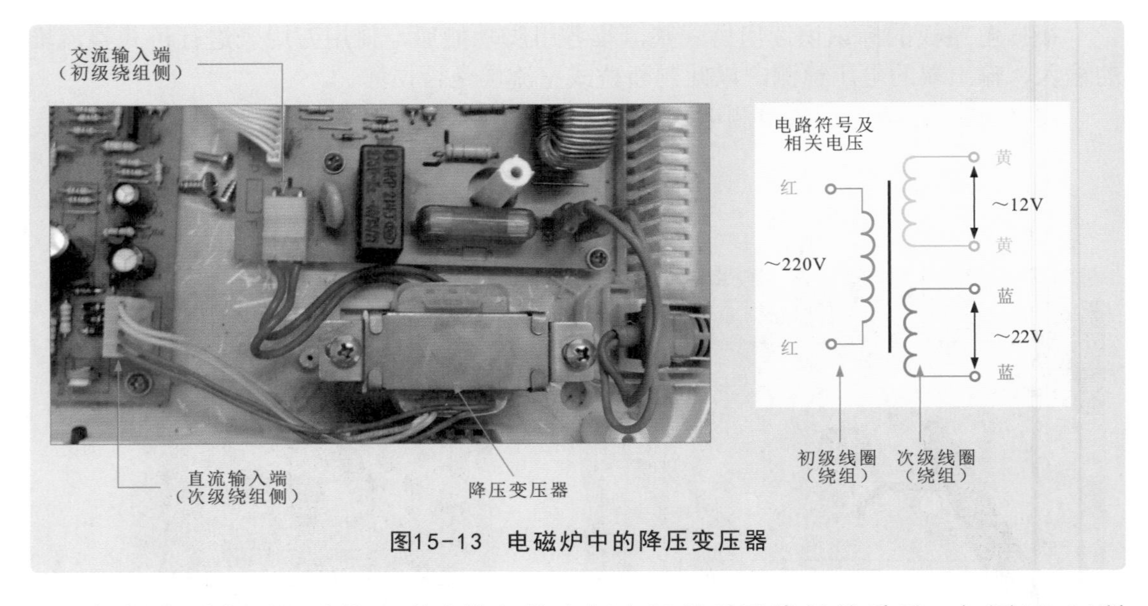

图15-13 电磁炉中的降压变压器

根据降压变压器功能，明确输入输出侧电压关系及绕组关系后，如图15-14所示，使用万用表检测降压变压器输入侧和输出侧的电压值以判断其好坏。

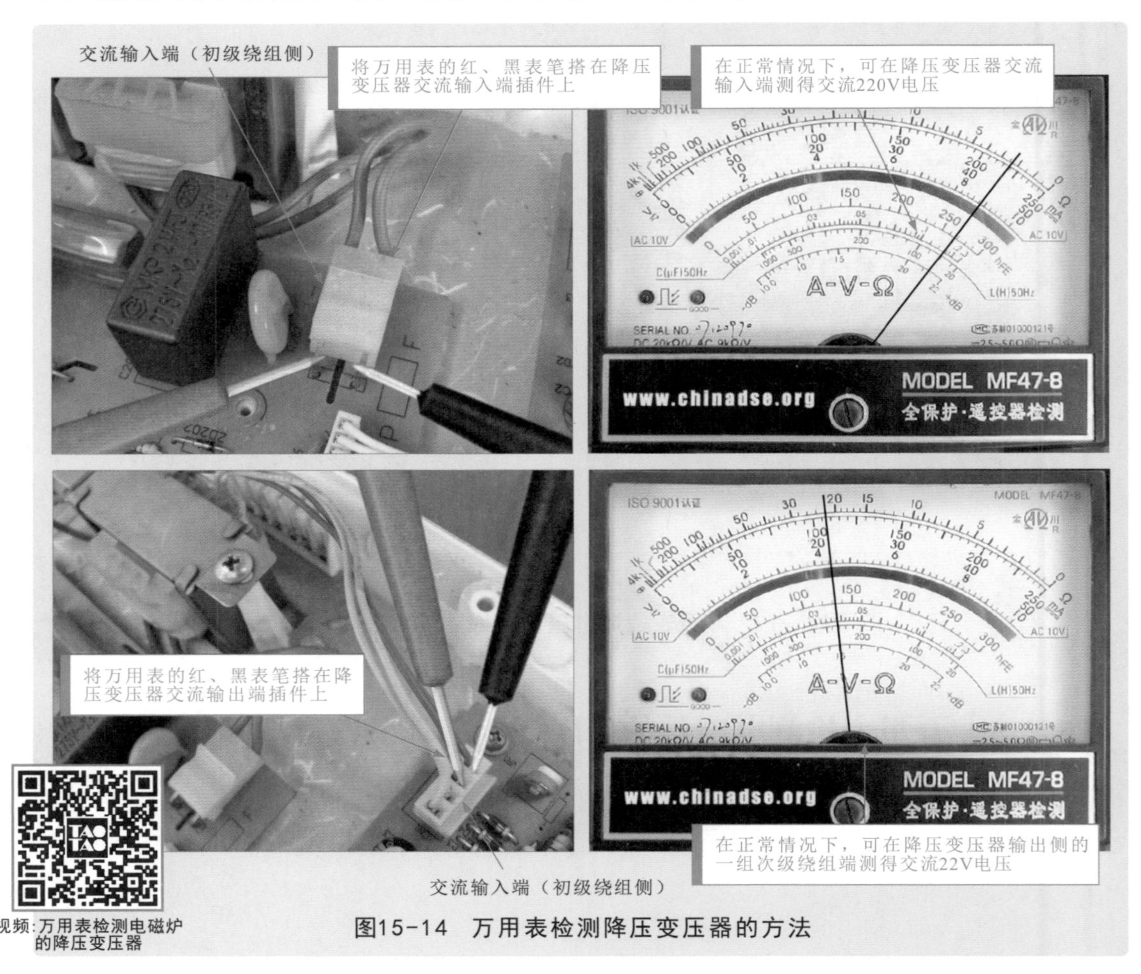

图15-14 万用表检测降压变压器的方法

根据之前降压变压器的绕组关系，除一组次级侧绕组输出16V交流电压外，还有一组次级侧绕组输出12V交流电压。可采用同样的方法在输出插件另两个引脚上测得交流12V电压，否则说明降压变压器不正常。

补充说明

若怀疑降压变压器异常时，也可在断电的状态下，使用万用表检测其初级绕组之间、次级绕组之间及初级绕组和次级绕组之间的电阻值，以判断其好坏。

在正常情况下，其初级绕组、次级绕组应均有一定阻值，初级绕组和次级绕组之间阻值应为无穷大，否则说明降压变压器损坏。

15.2.4 万用表检测电磁炉的炉盘线圈

炉盘线圈是电磁炉中的加热器件。若路盘线圈损坏，将直接导致电磁炉无法加热的故障。使用万用表检测时，可通过检测炉盘线圈两端的阻值判断炉盘线圈是否损坏。图15-15所示为万用表检测电磁炉炉盘线圈的方法。

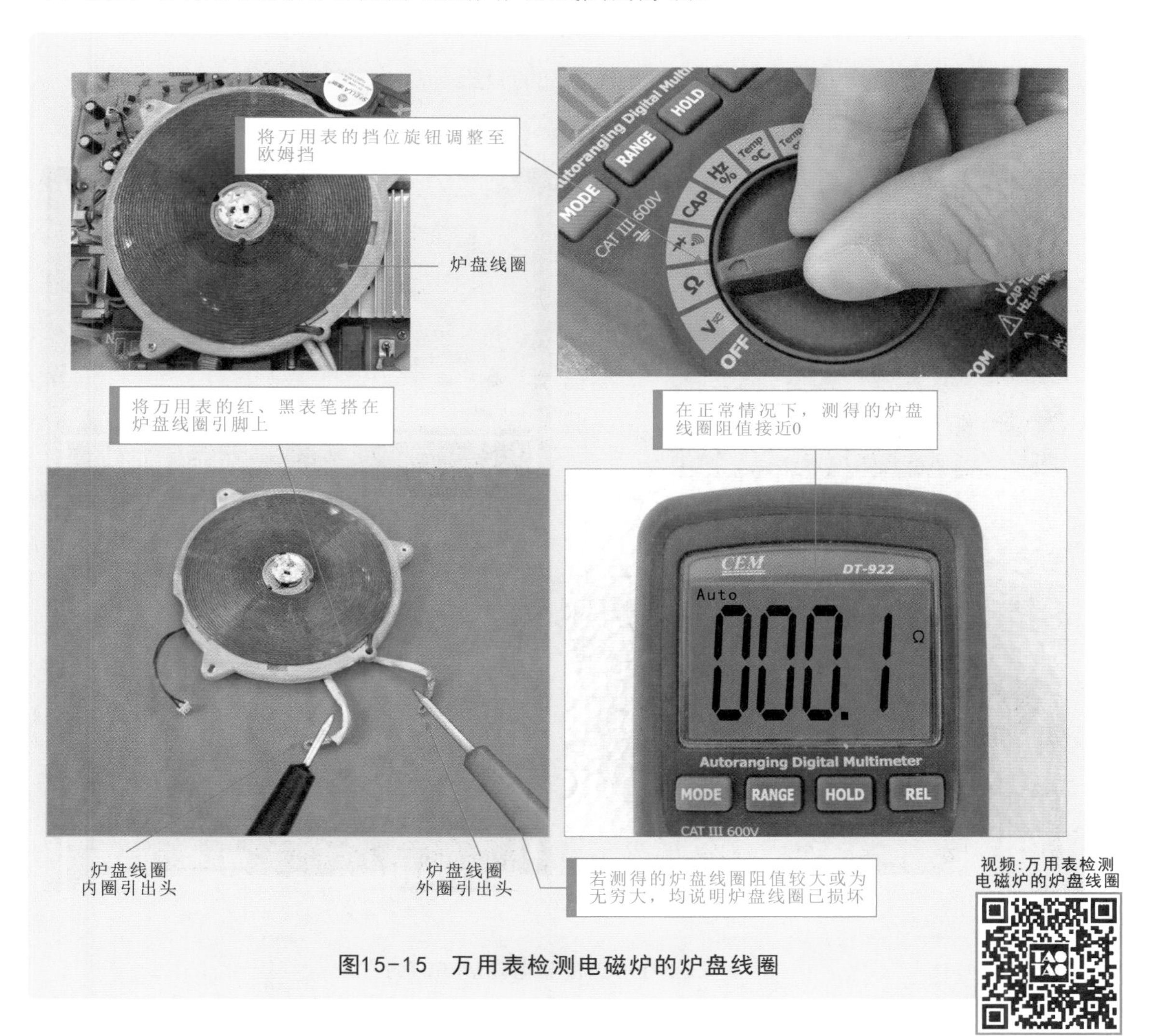

图15-15 万用表检测电磁炉的炉盘线圈

视频:万用表检测电磁炉的炉盘线圈

15.2.5 万用表检测电磁炉的IGBT

如图15-16所示，IGBT用于控制炉盘线圈的电流，即在高频脉冲信号的驱动下使流过炉盘线圈的电流形成高频开关电流，并使炉盘线圈与并联电容形成高压谐振。IGBT是电磁炉中损坏率最高的元件之一。

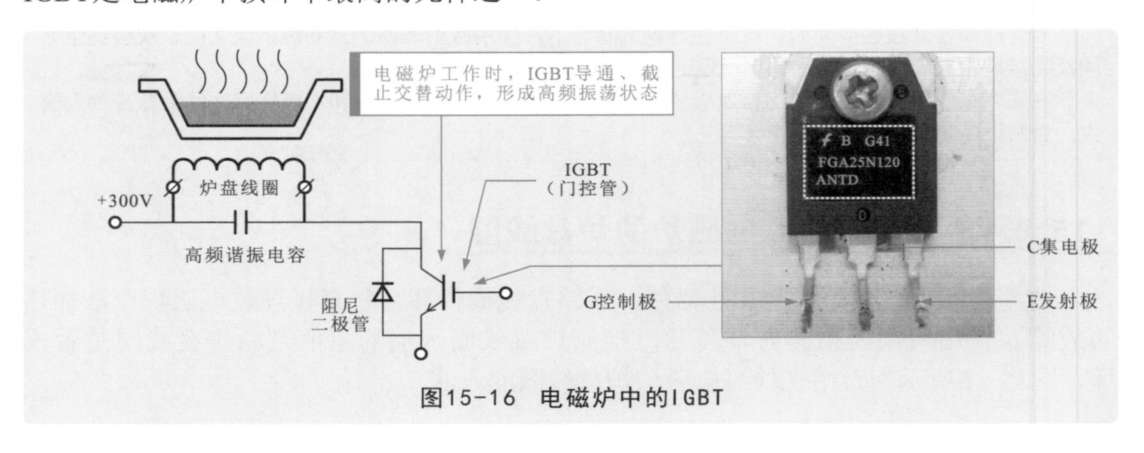

图15-16 电磁炉中的IGBT

图15-17所示为万用表检测电磁炉IGBT的方法。

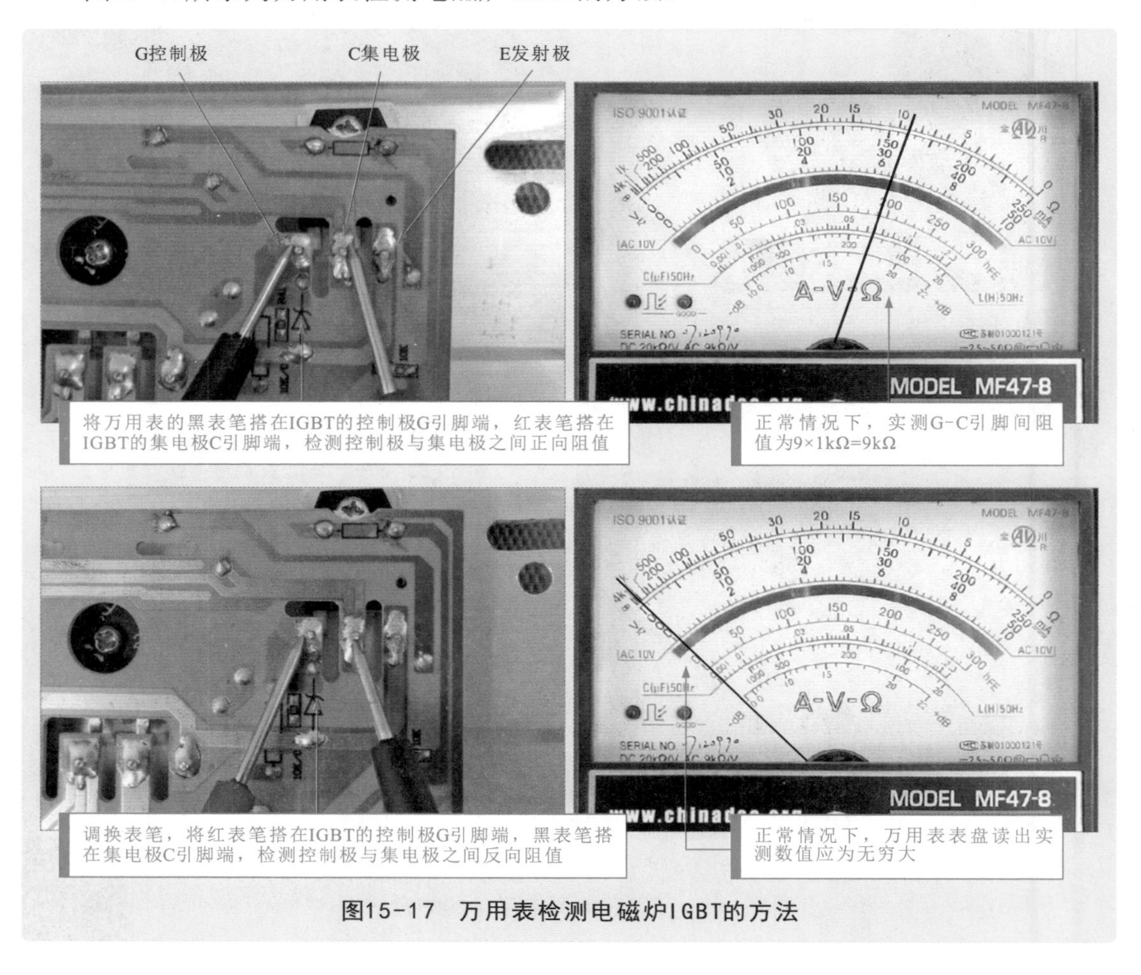

图15-17 万用表检测电磁炉IGBT的方法

补充说明

使用同样的方法检测IGBT控制极G与发射极E之间的正反向阻值。

正常情况下，IGBT在路检测时，控制极与集电极之间正向阻值为9kΩ左右，反向阻值为无穷大；控制极与发射极之间正向阻值为3kΩ、反向阻值为5kΩ左右，若实际检测时，发现检测值与正常值有很大差异，则说明该IGBT损坏。

由于该IGBT内部集成有阻尼二极管，因此检测集电极与发射极之间的阻值受内部阻尼二极管的影响，发射极与集电极之间二极管的正向阻值为3kΩ，反向阻值为无穷大。而单独IGBT集电极与发射极之间的正反向阻值均为无穷大。

15.2.6 万用表检测电磁炉的微处理器

微处理器在检测和控制电路中乃至电磁炉整机中都是非常重要的器件。若微处理器损坏，将直接导致电磁炉不开机、控制失常等故障。

图15-18所示为典型电磁炉中的微处理器。检测前应先根据集成电路的型号明确待测集成电路各引脚的功能。

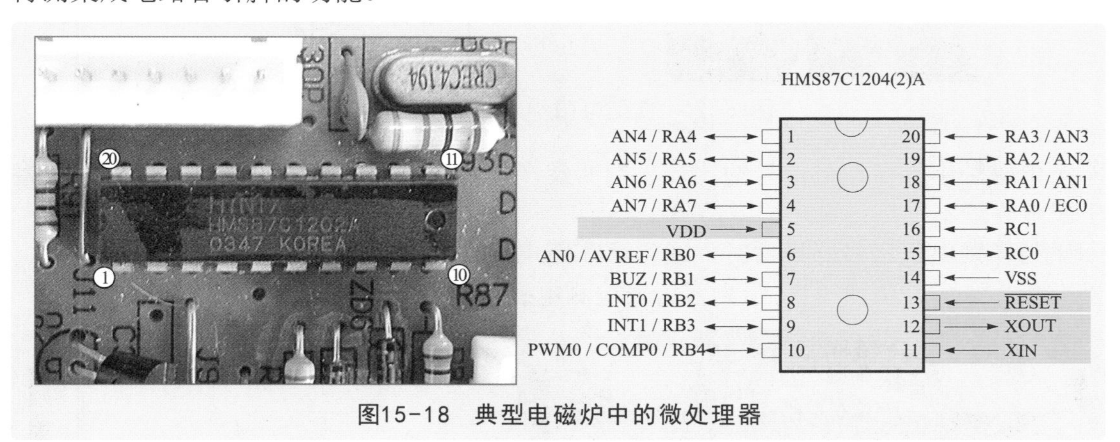

图15-18 典型电磁炉中的微处理器

若怀疑微处理器异常时，可使用万用表检测其基本工作条件，即检测供电电压、复位电压和时钟信号。若在三大工作条件满足的前提下，微处理器不工作，则多为微处理器本身损坏。图15-19所示为万用表检测电磁炉微处理器的方法。

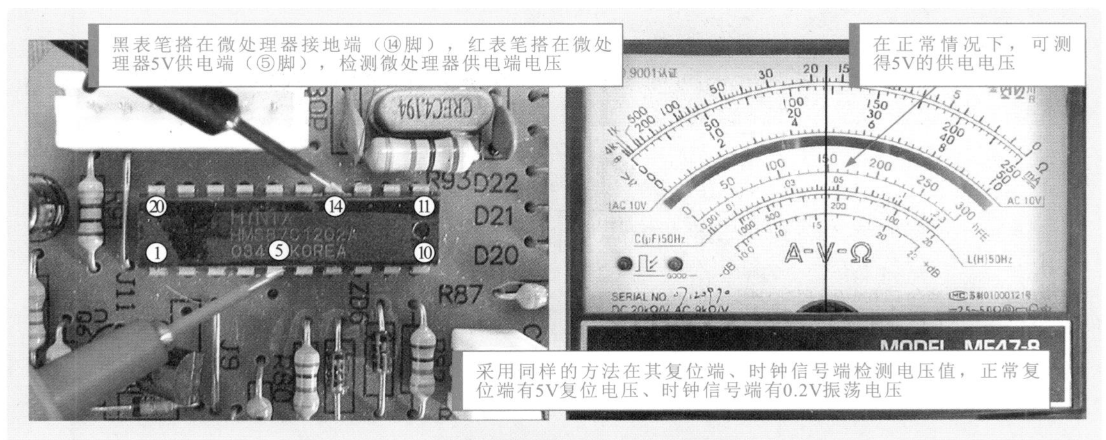

图15-19 万用表检测电磁炉微处理器的方法

15.2.7 万用表检测电磁炉的电压比较器

电压比较器是控制和检测电路中的关键元件之一。

如图15-20所示，在电磁炉中采用较多的是LM339型电压比较器，它是电磁炉炉盘线圈正常工作的基本条件元件。检测前应先根据电压比较器的型号明确其内部结构和引脚功能。

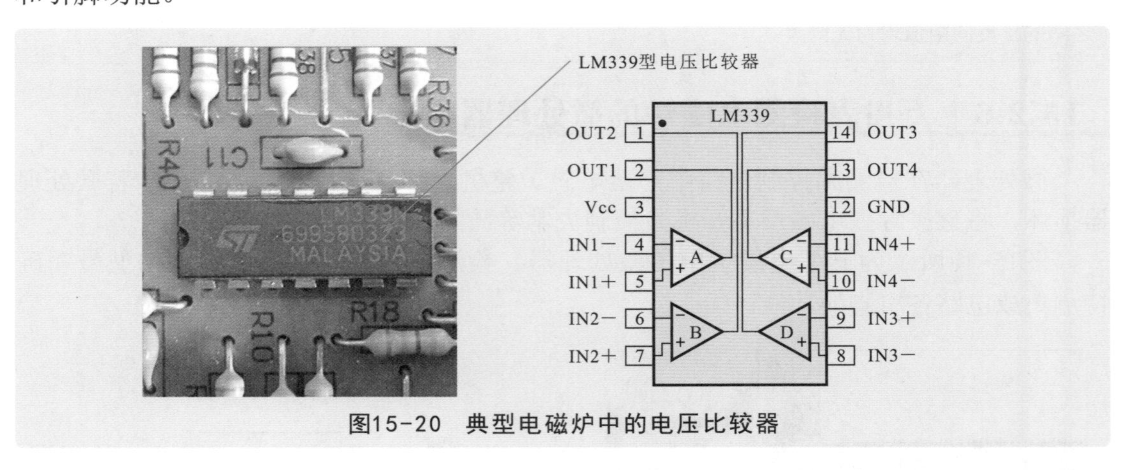

图15-20 典型电磁炉中的电压比较器

电磁炉中许多检测信号的比较、判断及产生都由电压比较器来完成。若异常，将引起电磁炉不加热或加热异常故障。

当怀疑电压比较器异常时，通常可在断电条件下用万用表检测各引脚对地阻值，以判断其好坏。图15-21所示为万用表检测电磁炉中电压比较器的方法。

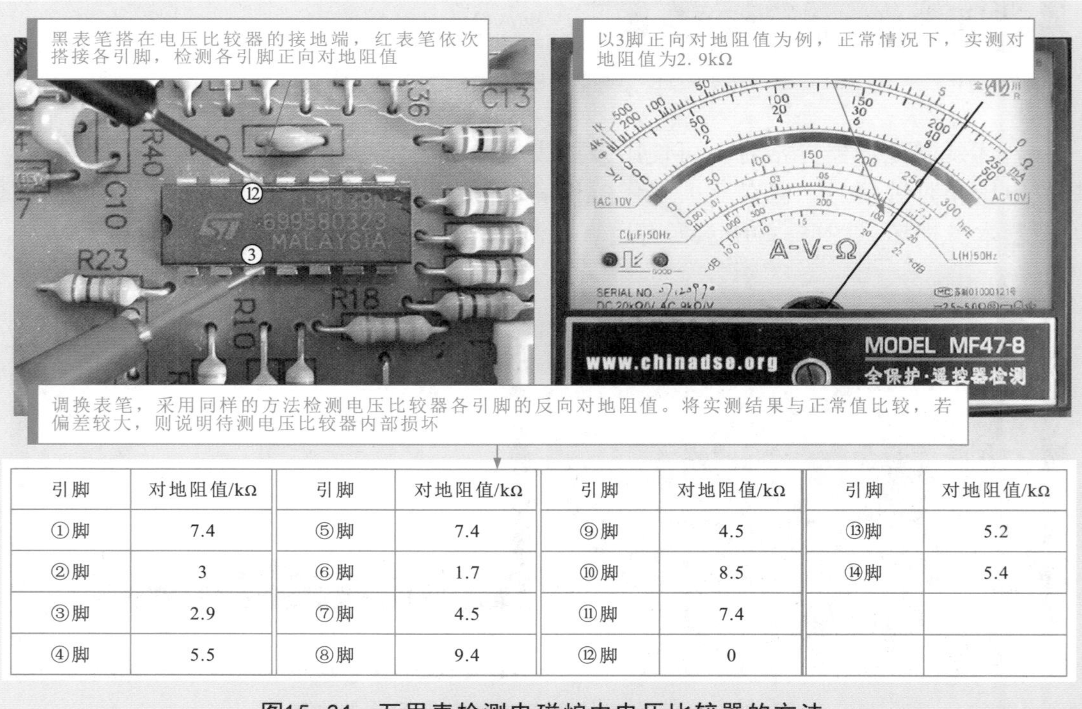

引脚	对地阻值/kΩ	引脚	对地阻值/kΩ	引脚	对地阻值/kΩ	引脚	对地阻值/kΩ
①脚	7.4	⑤脚	7.4	⑨脚	4.5	⑬脚	5.2
②脚	3	⑥脚	1.7	⑩脚	8.5	⑭脚	5.4
③脚	2.9	⑦脚	4.5	⑪脚	7.4		
④脚	5.5	⑧脚	9.4	⑫脚	0		

图15-21 万用表检测电磁炉中电压比较器的方法

第16章 万用表检测微波炉

16.1 微波炉的结构原理

16.1.1 微波炉的结构特点

图16-1所示为典型微波炉的结构特点。可以看到，微波炉主要由微波发射装置、烧烤装置、转盘装置、保护装置、照明和散热装置及控制装置等构成。

图16-1 典型微波炉的结构特点

1 转盘装置

如图16-2所示，微波炉的转盘装置主要由转盘电动机、三角驱动轴、滚圈和托盘构成。该装置在转盘电动机的驱动下，带动食物托盘转动。

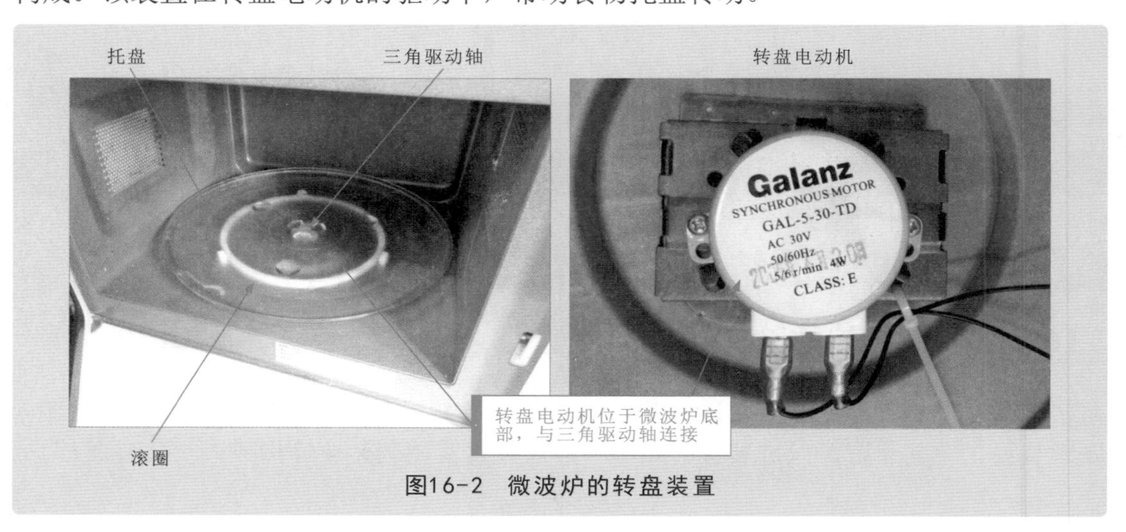

图16-2　微波炉的转盘装置

2 保护装置

如图16-3所示，微波炉中有多个保护装置，包括对电路进行保护的熔断器、过热保护的过热保护开关及防止微波泄漏的门开关组件。

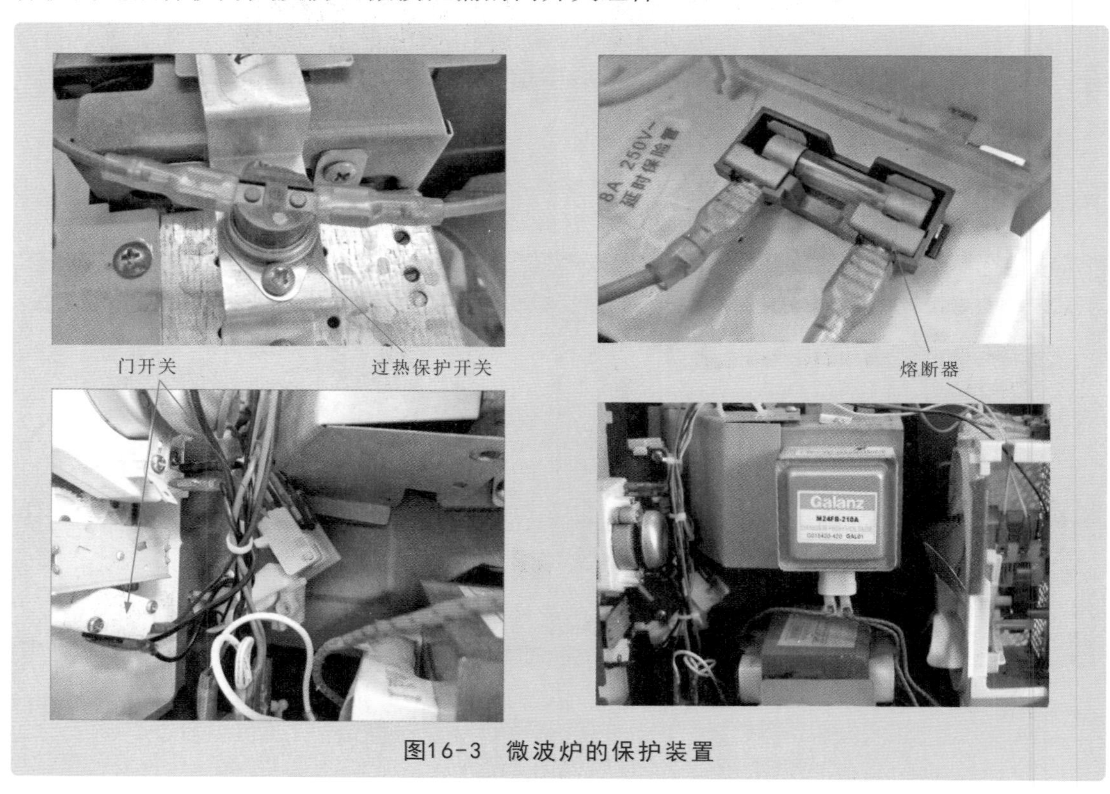

图16-3　微波炉的保护装置

3 照明和散热装置

如图16-4所示，照明装置主要由照明灯构成，用于对炉腔内进行照明。而散热装置主要由散热风扇和风扇电机构成，主要用于加速微波炉内部与外部的空气流通。

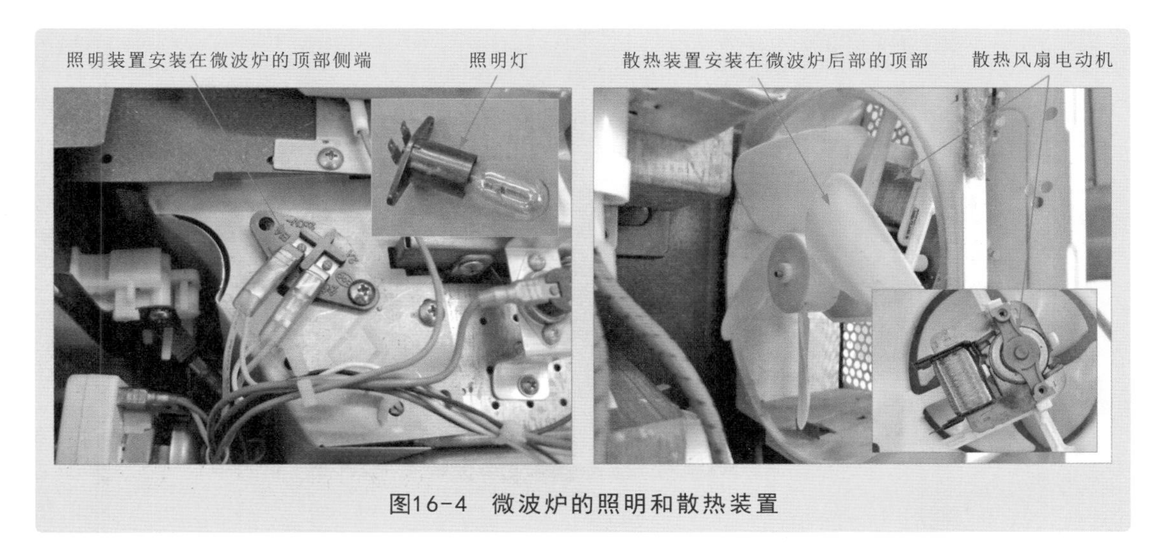

图16-4 微波炉的照明和散热装置

4 微波发射装置

如图16-5所示，微波炉微波发射装置主要由磁控管、高压变压器、高压电容器和高压二极管组成。该装置主要用来向微波炉内发射微波，对食物进行加热。

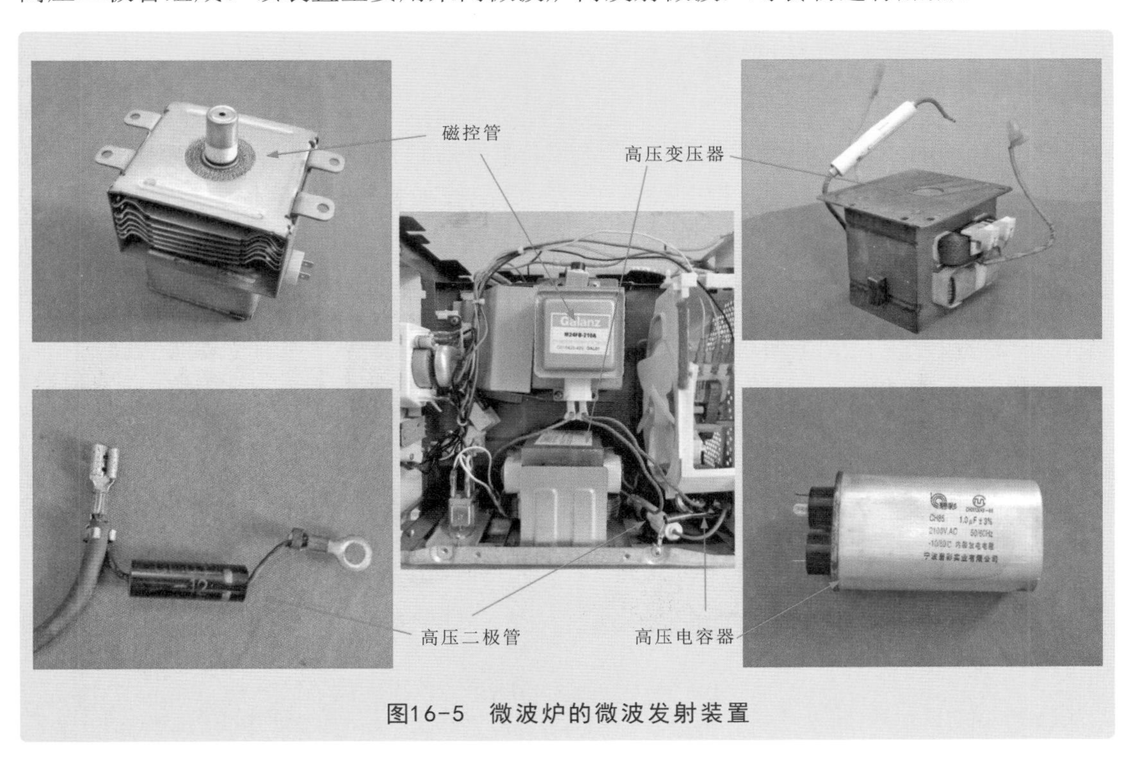

图16-5 微波炉的微波发射装置

5 烧烤装置

如图16-6所示，烧烤装置主要由石英管、石英管支架以及石英管保护盖等构成，它主要利用石英管通电后辐射出的大量热量，来对食物烧烤加热。

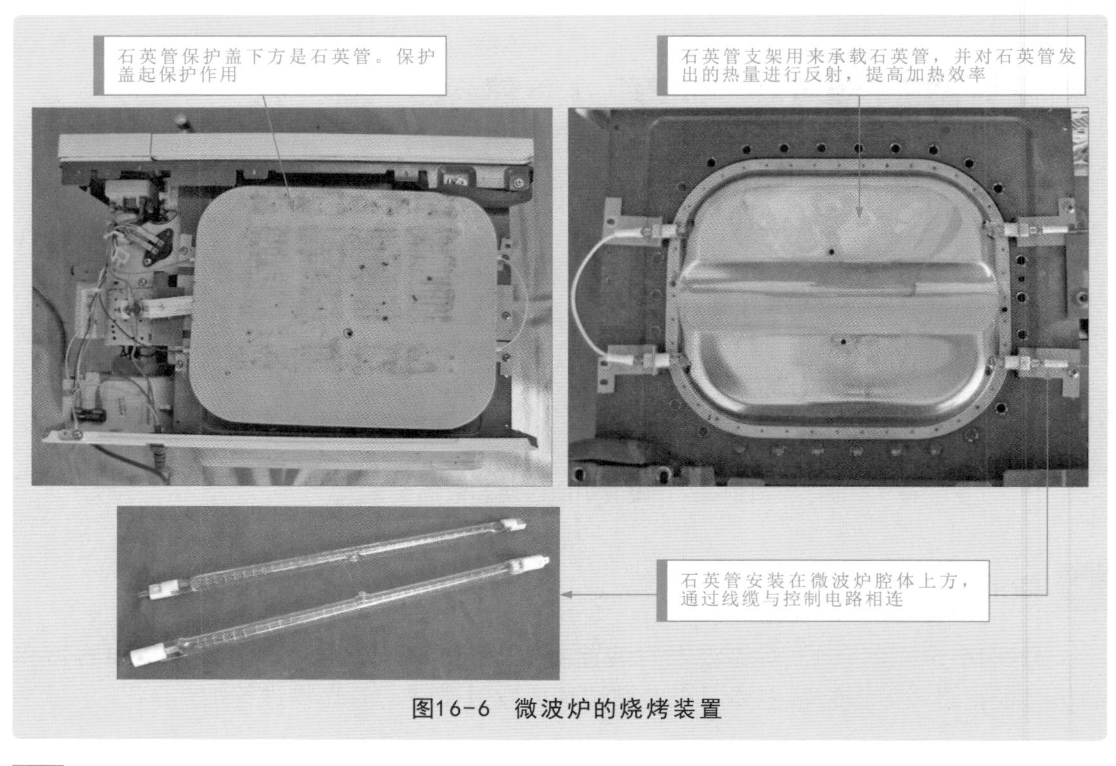

图16-6　微波炉的烧烤装置

6 控制装置

如图16-7所示，控制装置是微波炉整机工作的控制核心，可对微波炉内各部件进行控制。根据控制原理不同，控制装置可分为机械控制装置和电脑控制装置两种。

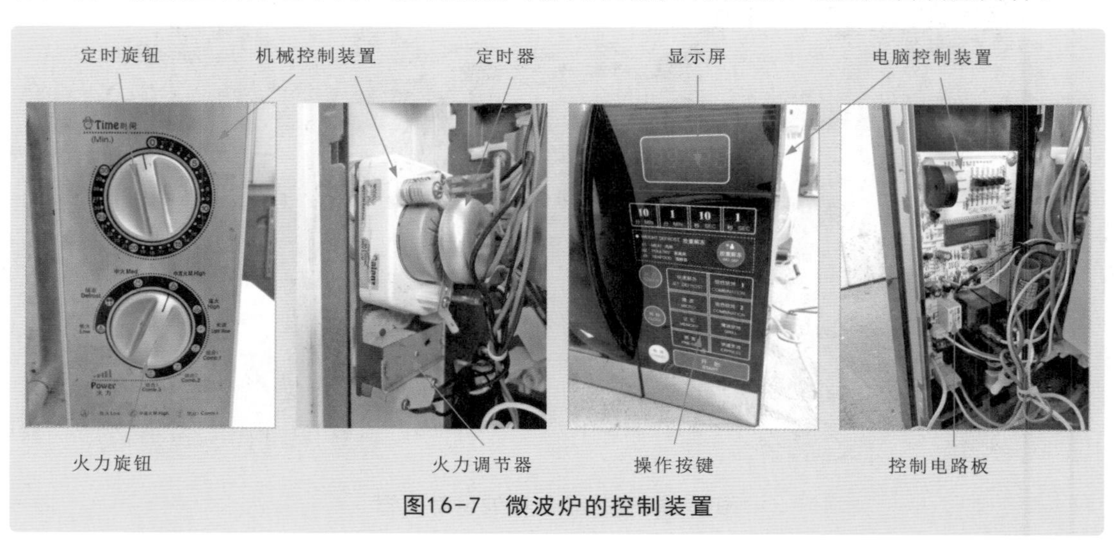

图16-7　微波炉的控制装置

16.1.2 微波炉的工作原理

微波炉通过各单元电路协同工作完成对食物的加热，是一个非常复杂的过程。工作时，由电源供电电路为各单元电路提供工作电压，微处理器通过控制继电器向微波炉内主要部件供电。磁控管产生2450MHz的微波信号为食物加热。

图16-8所示为典型微波炉的加热原理。

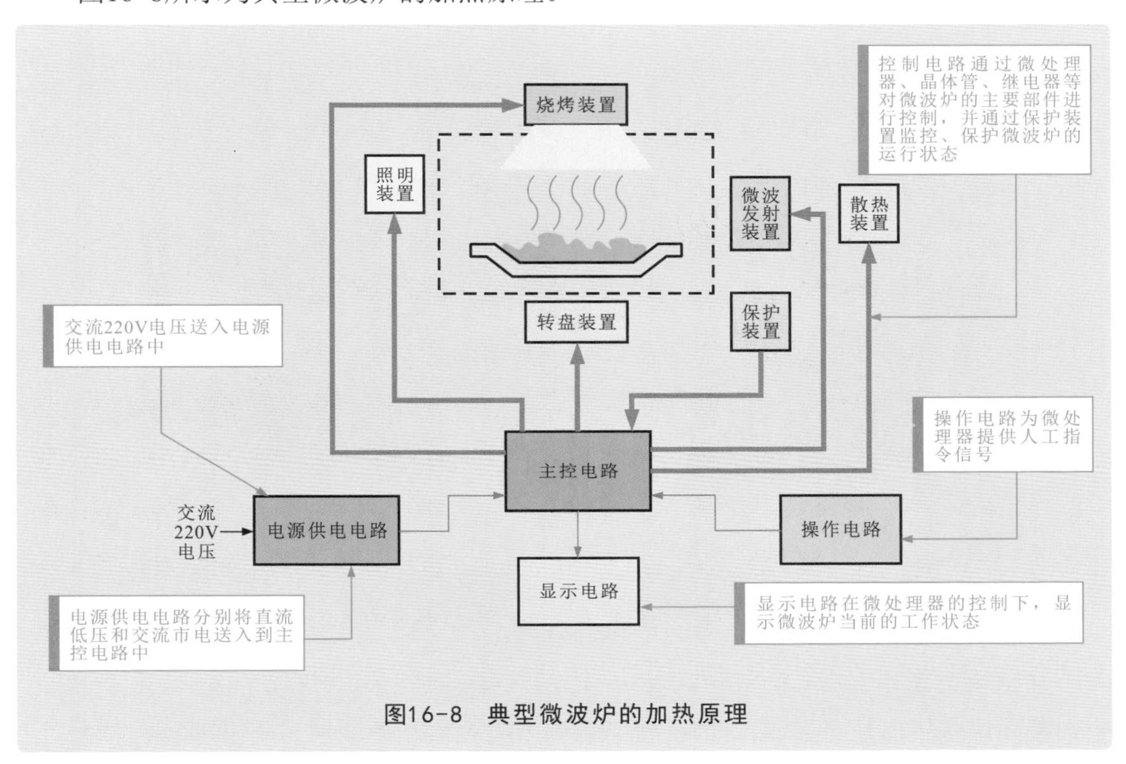

图16-8 典型微波炉的加热原理

补充说明

为了便于理解微波炉的控制过程，通常将微波炉电路划分为3个单元电路模块，即供电电路、控制电路、操作显示电路。单元电路之间相互配合，协同工作，进而控制微波炉中的主要部件。

图16-9所示为典型微波炉的控制框图。

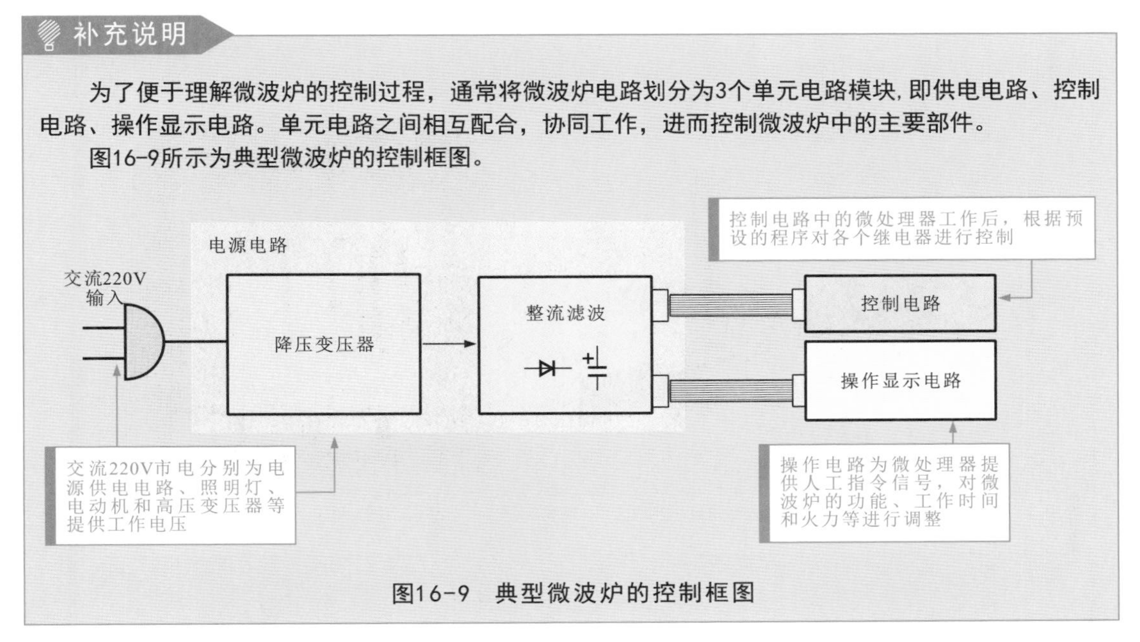

图16-9 典型微波炉的控制框图

16.2 万用表检测微波炉的应用案例

16.2.1 万用表检测微波炉的高压变压器

高压变压器是微波发射装置的辅助器件，也称作高压稳定变压器。在微波炉中主要用来为磁控管提供高压电压和灯丝电压。若高压变压器损坏，将引起微波炉出现不产生微波的故障。如图16-10所示，在检测高压变压器之前要搞清其绕组关系。

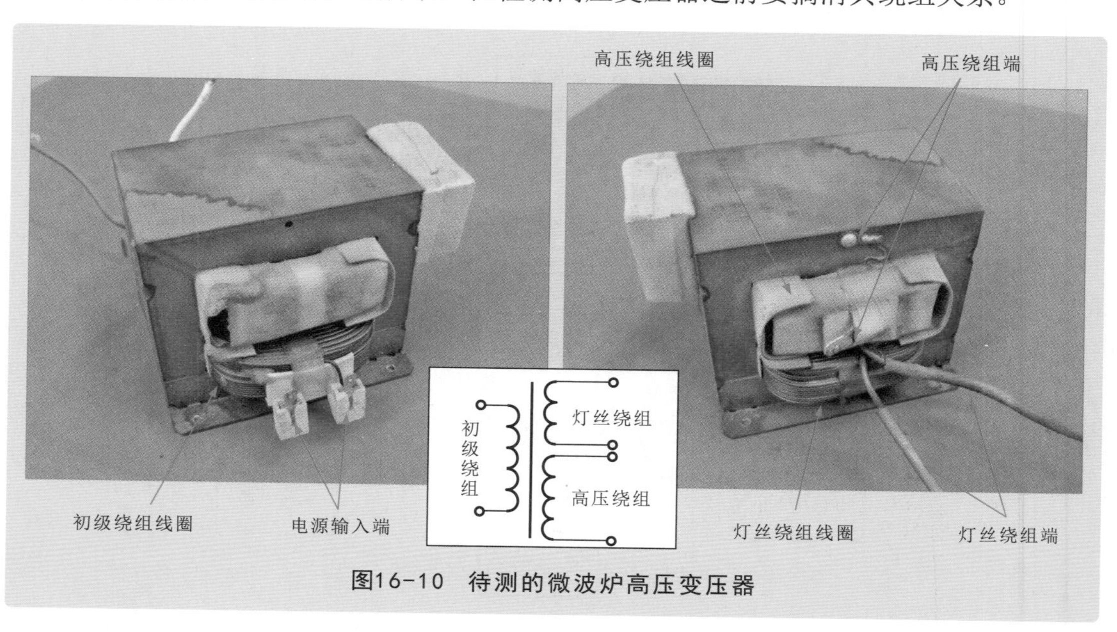

图16-10 待测的微波炉高压变压器

使用万用表检测时，可在断电状态下，通过检测高压变压器各绕组之间的阻值，来判断高压变压器是否损坏。图16-11所示为万用表检测微波炉高压变压器的方法。

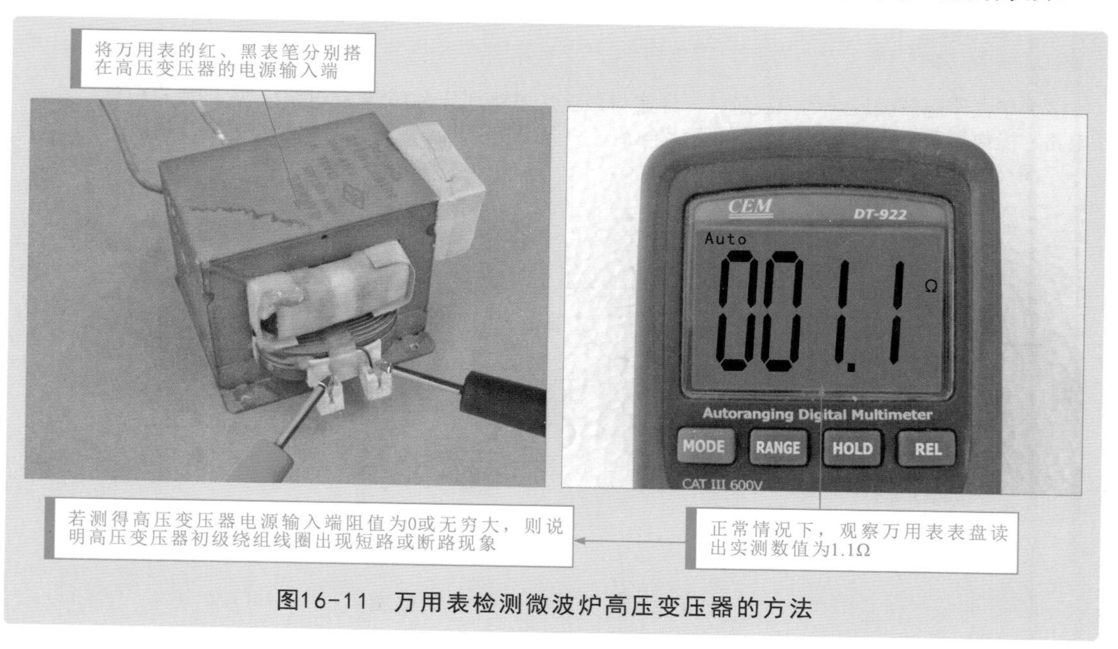

图16-11 万用表检测微波炉高压变压器的方法

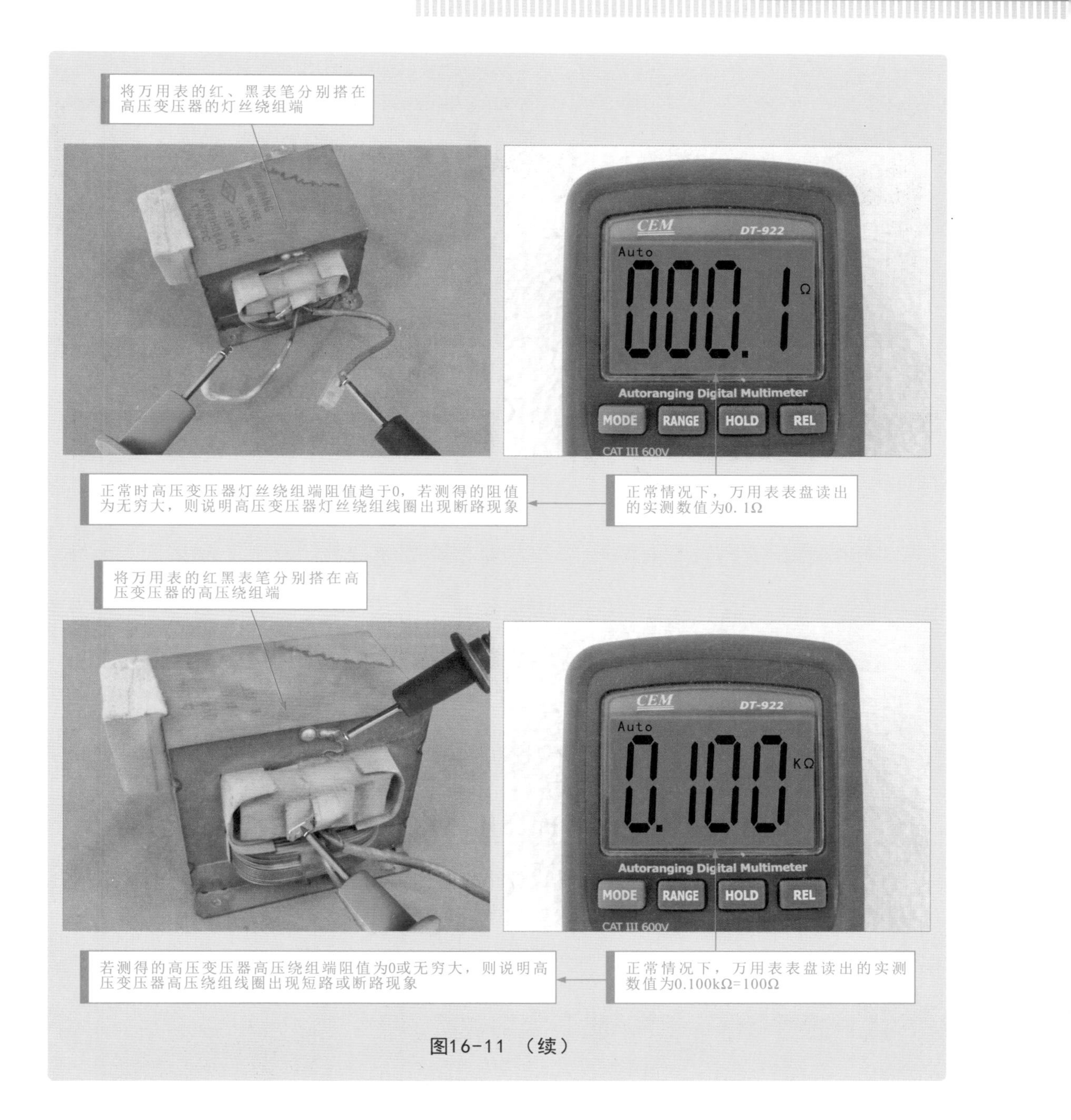

图16-11 （续）

16.2.2 万用表检测微波炉的磁控管

磁控管是微波发射装置的主要器件，它通过微波天线将电能转换成微波能，辐射到炉腔中，对食物进行加热。当磁控管出现故障时，微波炉会出现转盘转动正常，但微波出的食物不热的故障。

使用万用表检测时，可在断电状态下，通过检测磁控管灯丝端的阻值，来判断磁控管是否损坏。图16-12所示为万用表检测微波炉磁控管的方法。

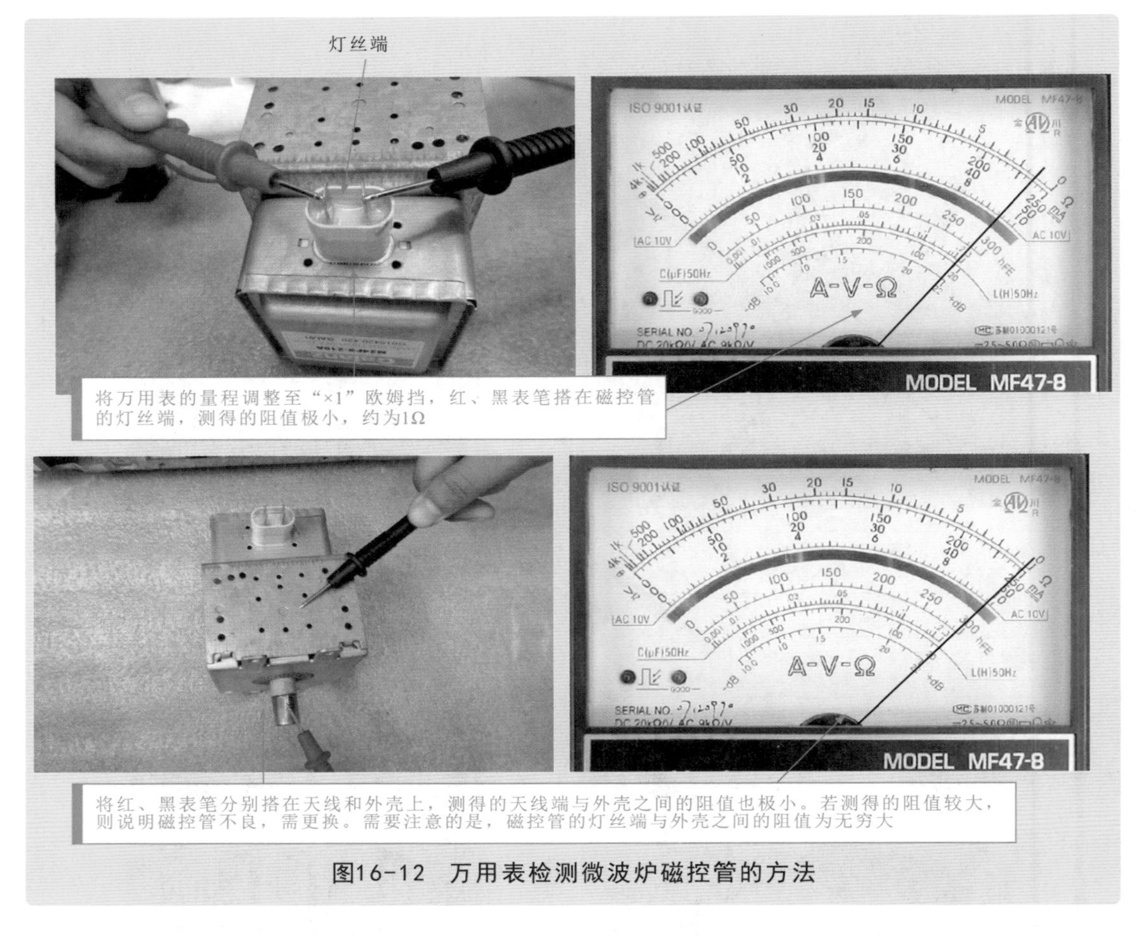

图16-12 万用表检测微波炉磁控管的方法

16.2.3 万用表检测微波炉的高压电容器

高压电容器是微波发射装置的辅助器件。使用万用表检测时，可在断电状态下，检测其电容量。图16-13所示为万用表检测微波炉高压电容器的方法。

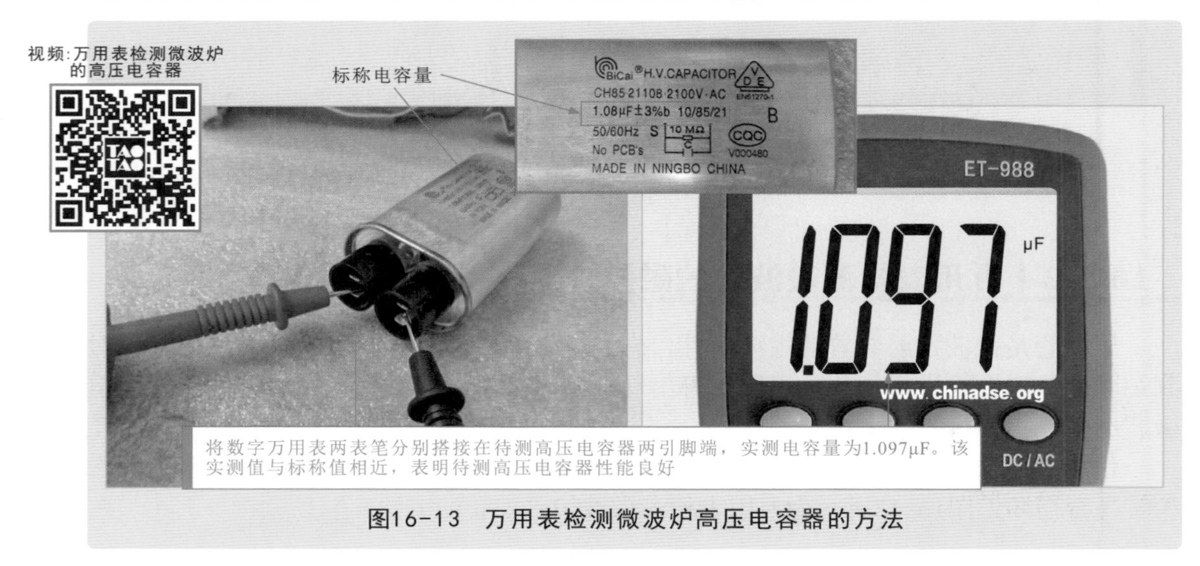

图16-13 万用表检测微波炉高压电容器的方法

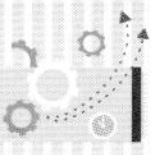

补充说明

除使用数字万用表检测电容量外，还可以使用指针万用表检测高压电容器充、放电性能。具体检测方法如图16-14所示。

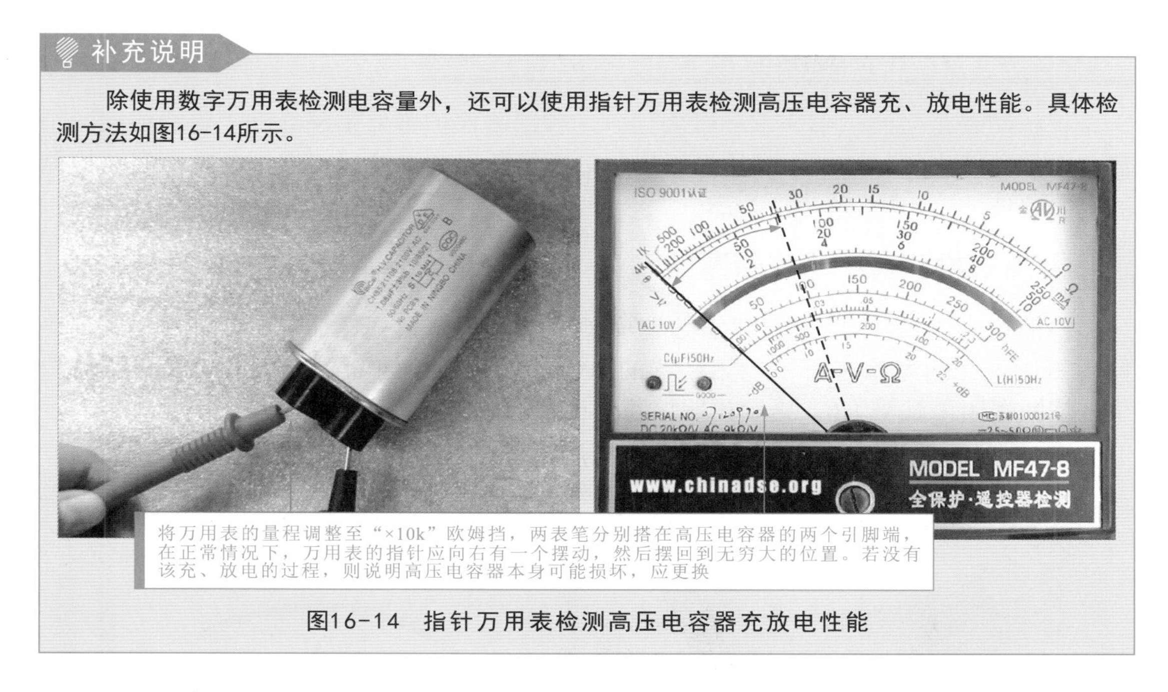

图16-14 指针万用表检测高压电容器充放电性能

16.2.4 万用表检测微波炉的高压二极管

使用万用表检测微波炉的高压二极管，可在断电状态下，检测其正反向耐压值，进而判断高压二极管是否损坏。图16-15所示为万用表检测微波炉高压二极管的方法。

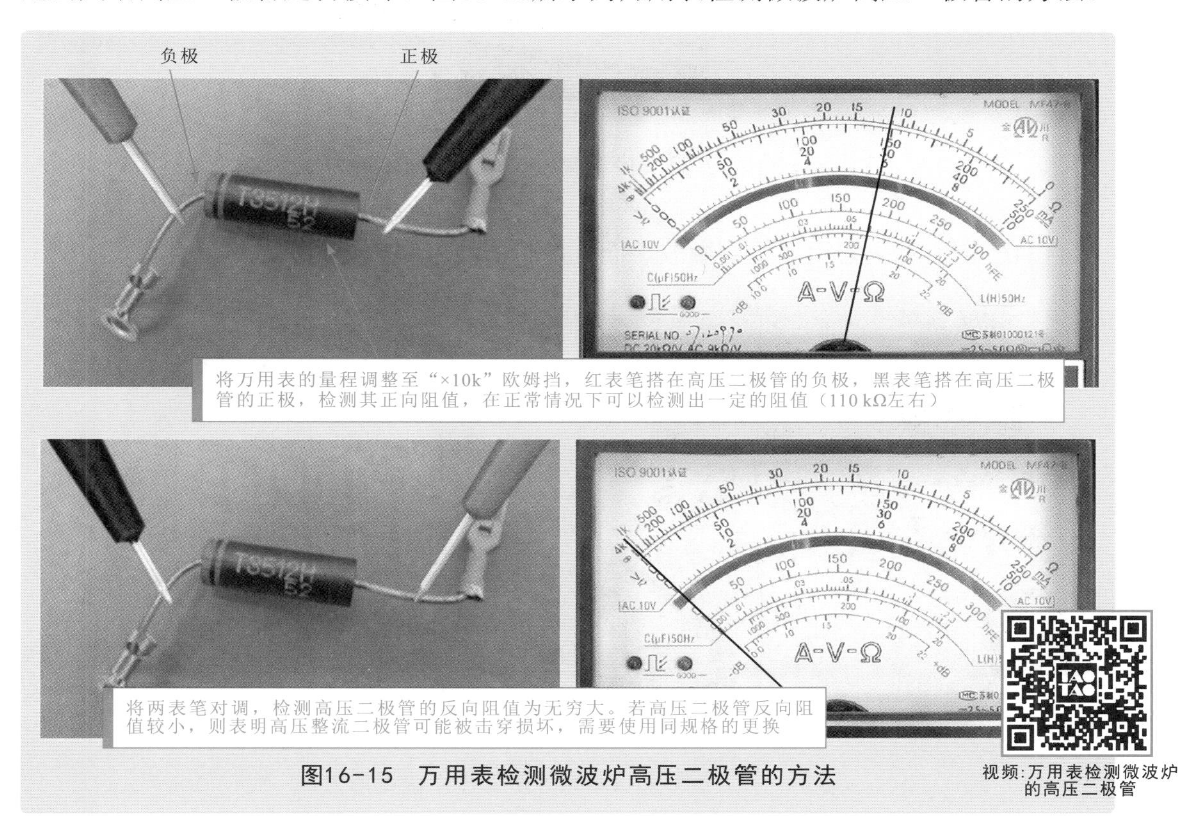

图16-15 万用表检测微波炉高压二极管的方法

16.2.5 万用表检测微波炉的保护装置

保护装置是微波炉中的重要组成部分，若这些保护器件出现异常，将造成微波炉自动保护功能失常。其中，高压熔断器、低压熔断器和温度保护器都是重点需要检测的电气部件。

1 万用表检测高、低压熔断器

检测熔断器时，可首先观察熔断器外观有无明显烧焦损坏情况，若外观正常，可使用万用表在断电状态下检测熔断器的阻值，以判断出熔断器的好坏。在正常情况下，熔断器阻值几乎为0，否则说明熔断器已损坏，应更换。

图16-16所示为万用表检测微波炉高压熔断器的方法。

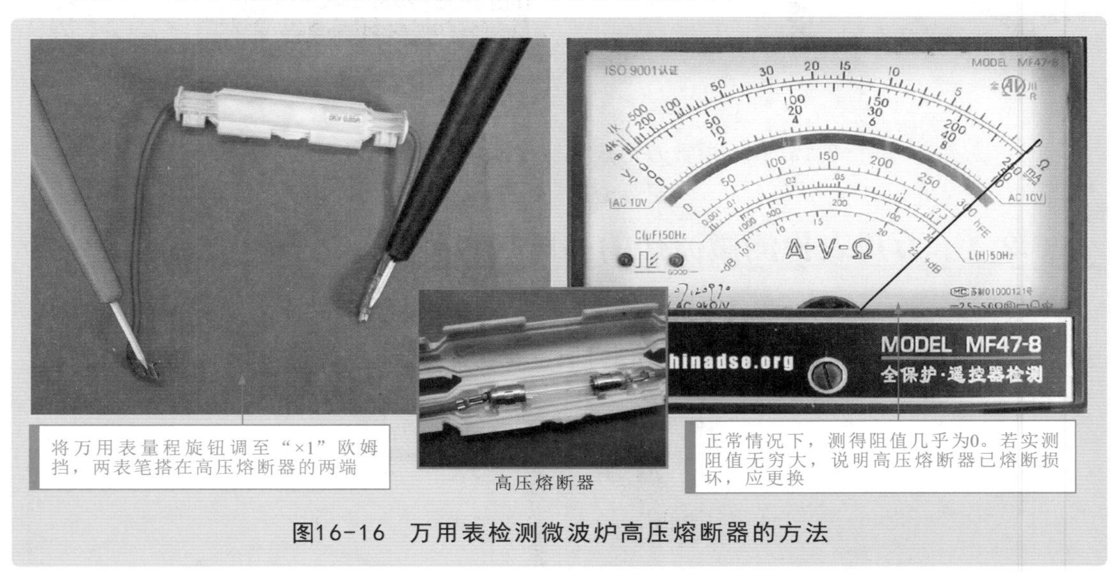

图16-16 万用表检测微波炉高压熔断器的方法

图16-17所示为万用表检测微波炉低压熔断器的方法。

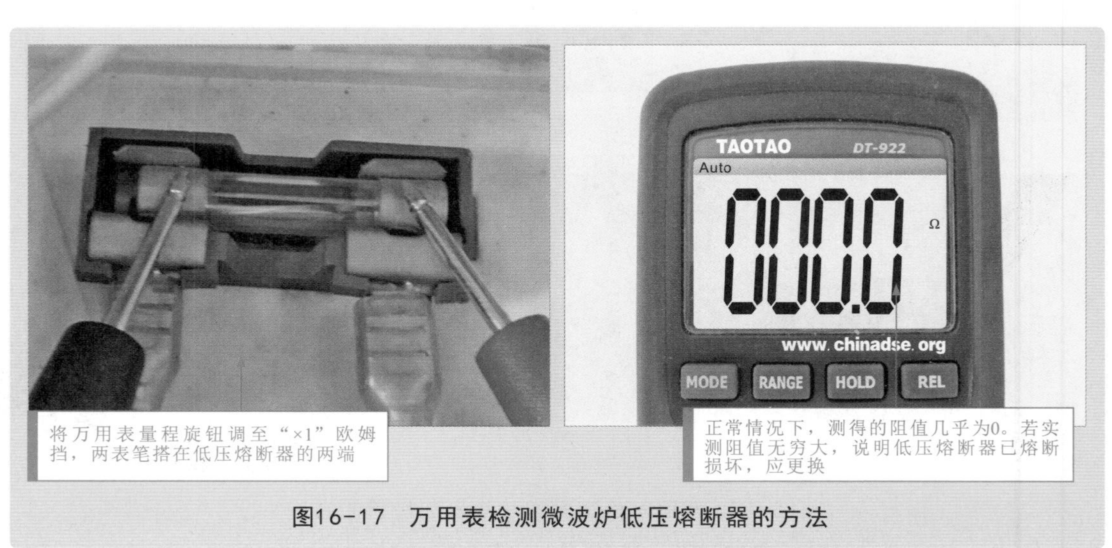

图16-17 万用表检测微波炉低压熔断器的方法

2 万用表检测温度保护器

温度保护器可对磁控管的温度进行检测，当磁控管的温度过高时，便断开电路，使微波炉停机保护。若过热保护开关损坏，常会引起微波炉出现不开机的故障。

检测温度保护器，可在断电状态下，借助万用表检测温度保护器的阻值来判断好坏。首先，如图16-18所示，使用万用表检测常温状态下温度保护器的阻值。

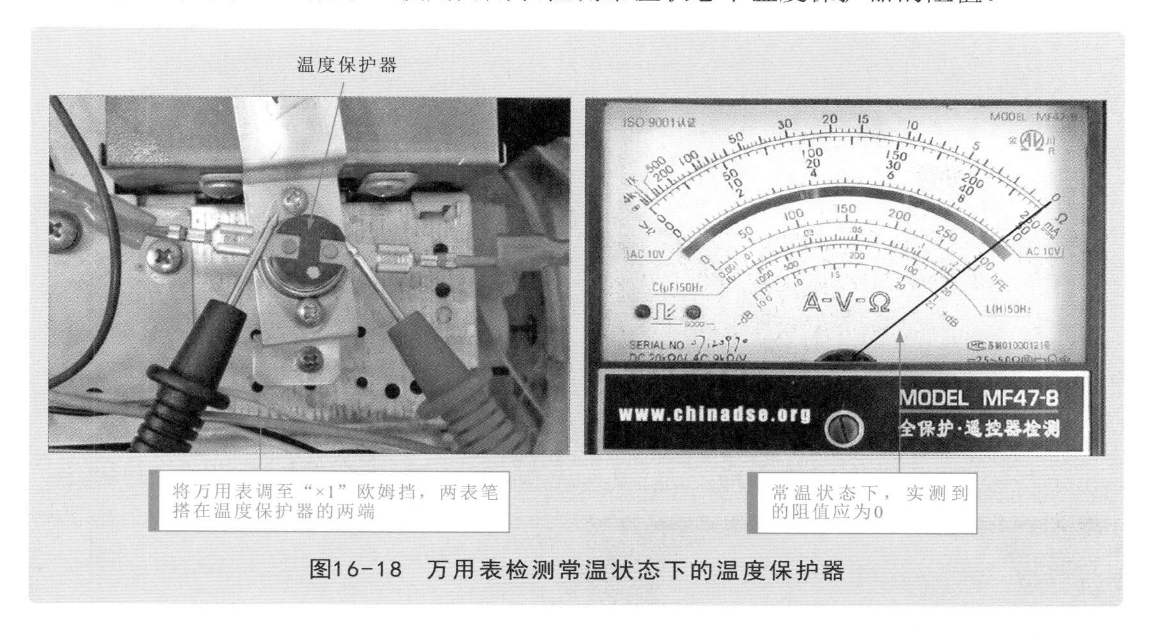

图16-18 万用表检测常温状态下的温度保护器

如图16-19所示，常温检测完毕，接下来将温度保护器卸下，保持万用表表笔依然搭接在温度保护器两引脚端。使用电烙铁加热温度保护器表面，观察阻值变化。

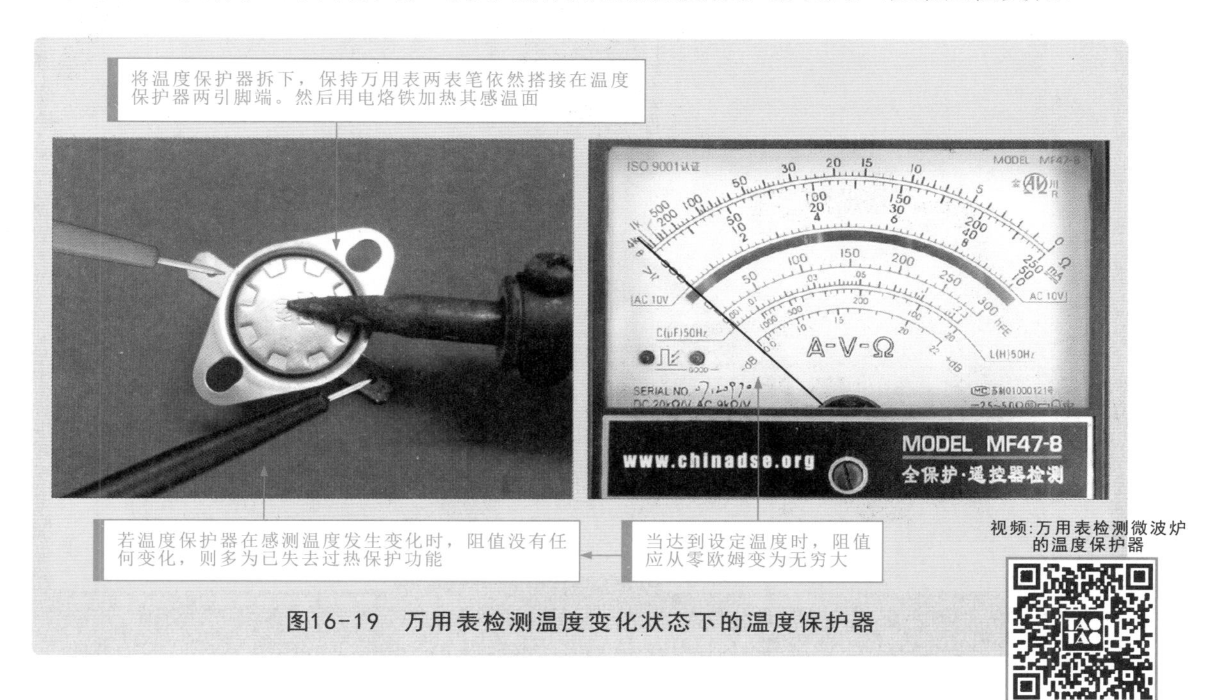

图16-19 万用表检测温度变化状态下的温度保护器

16.2.6 万用表检测微波炉的烧烤装置

微波炉的烧烤功能失常时，可重点对该装置中的石英管（微波炉烧烤组件的核心部件）进行检测。检测石英管时，可借助万用表检测石英管的阻值，从而来判断好坏。

图16-20所示为万用表检测微波炉石英管的方法。

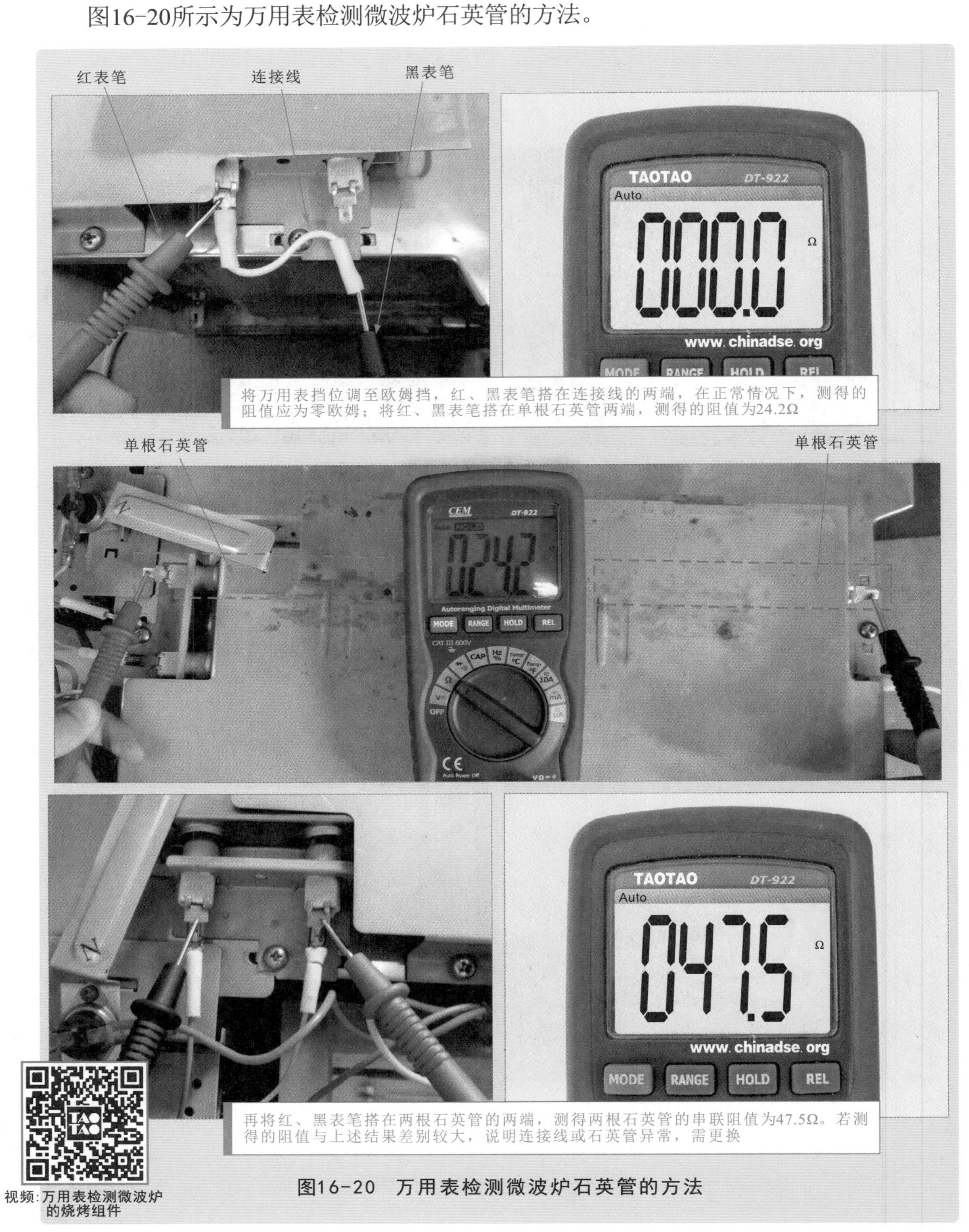

图16-20 万用表检测微波炉石英管的方法

16.2.7 万用表检测微波炉的控制电路

微波炉的工作是在控制电路的控制下完成的。在控制电路中，微处理器是控制核心，实现对各功能部件的控制。检测控制电路，重点应对控制电路中的微处理器、操作按键、继电器等主要元器件进行检测。

1 万用表检测微处理器

使用万用表检测微处理器，主要是对微处理器的供电、复位和信号输出进行检测。因此，在检测前，应先根据待测微处理器的信号标识，了解芯片各引脚功能。

图16-21所示为待测微波炉控制电路的微处理器。

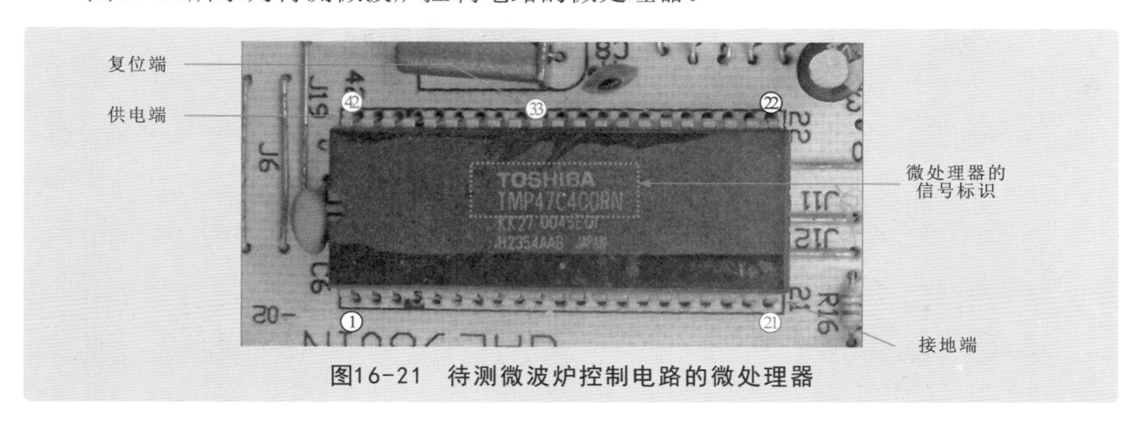

图16-21 待测微波炉控制电路的微处理器

图16-22所示为万用表检测微波炉微处理器的方法。

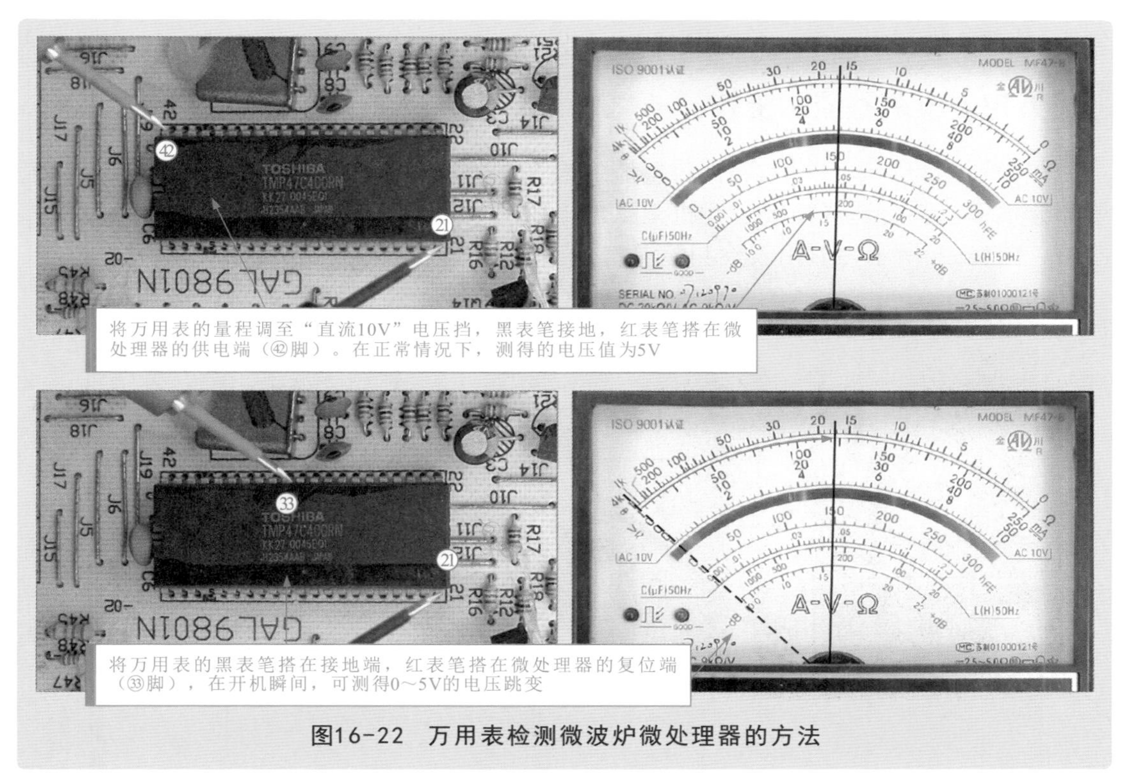

图16-22 万用表检测微波炉微处理器的方法

2 万用表检测操作按键

在微波炉微电脑控制装置中，操作按键损坏经常会引起微波炉控制失灵的故障，检修时，可在断电状态通过万用表检测操作按键的通断情况以判断按键是否损坏。

图16-23所示为万用表检测微波炉操作按键的方法。

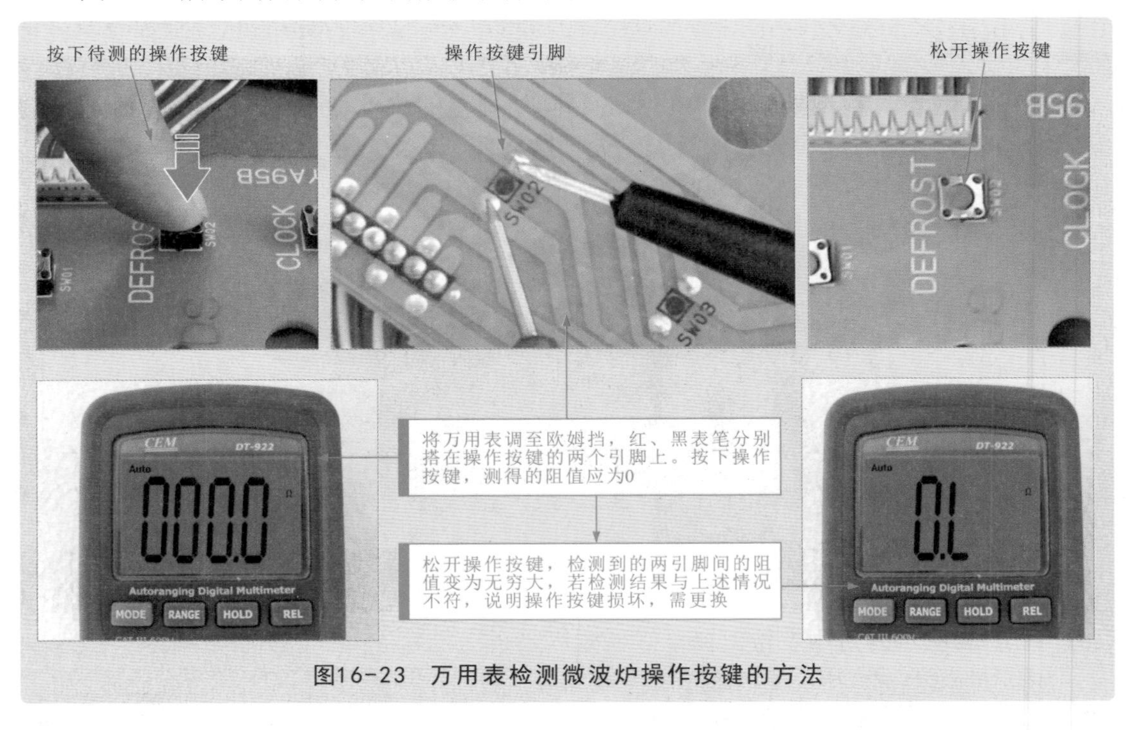

图16-23 万用表检测微波炉操作按键的方法

3 万用表检测整流二极管

在微波炉控制电路中，通常将整流二极管、降压变压器安装在一块电路板上，若该部分损坏，则会造成微波炉整机无工作电压的故障，可借助万用表重点检测这些元器件。图16-24所示为万用表检测整流二极管的方法。

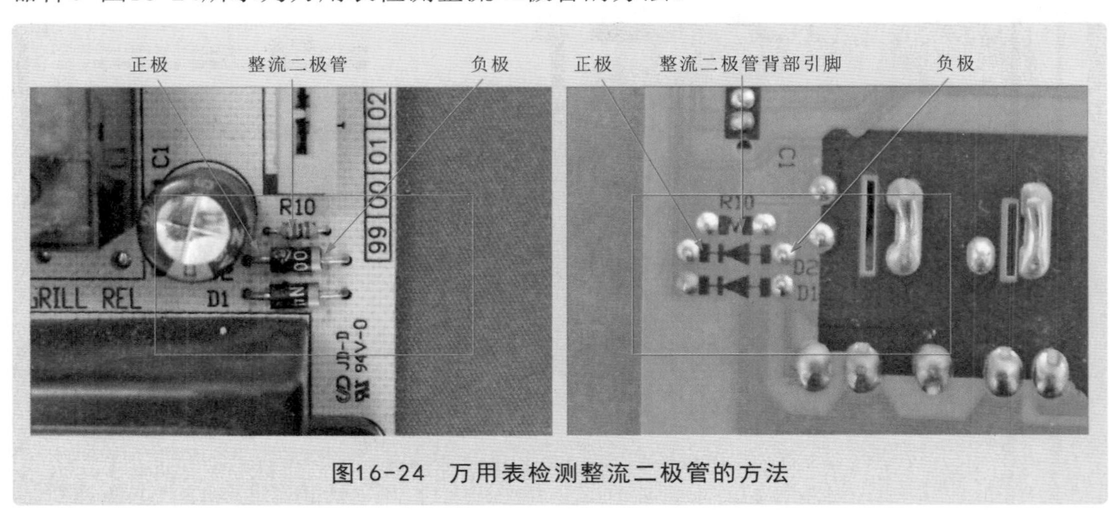

图16-24 万用表检测整流二极管的方法

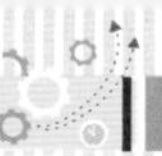

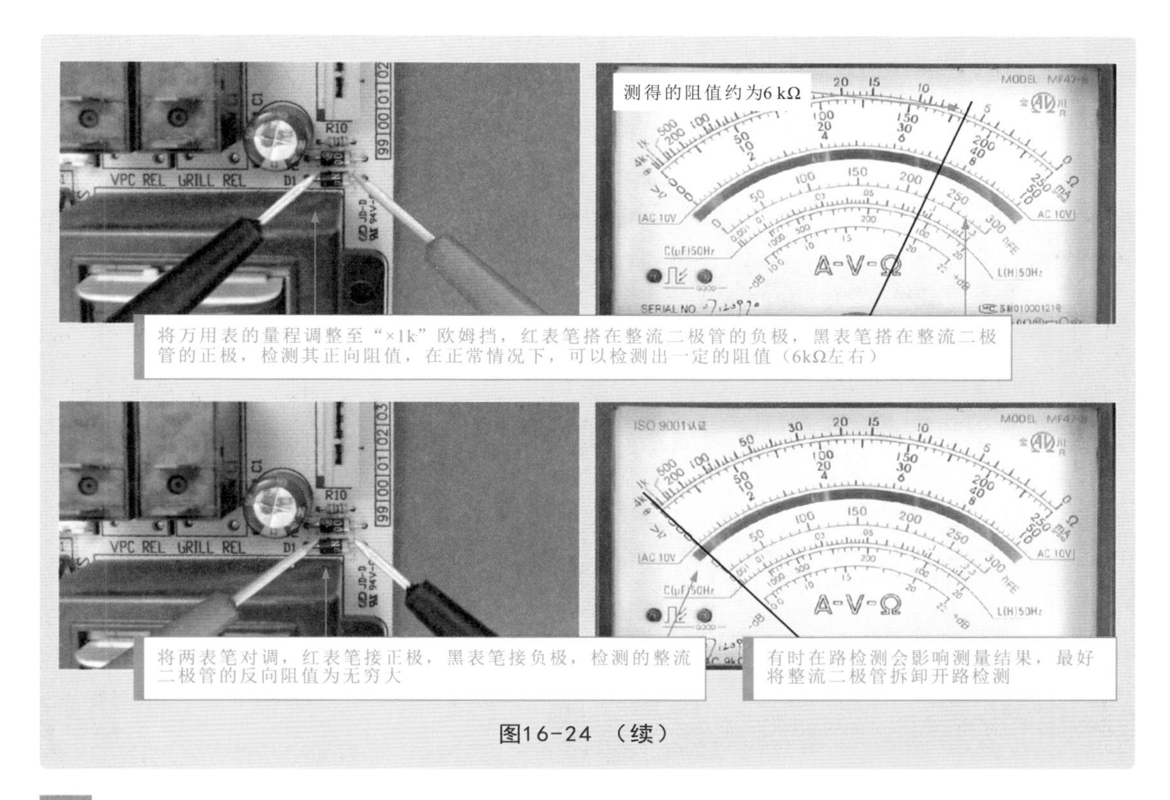

图16-24 （续）

4 万用表检测滤波电容器

图16-25所示为万用表检测滤波电容器的方法。

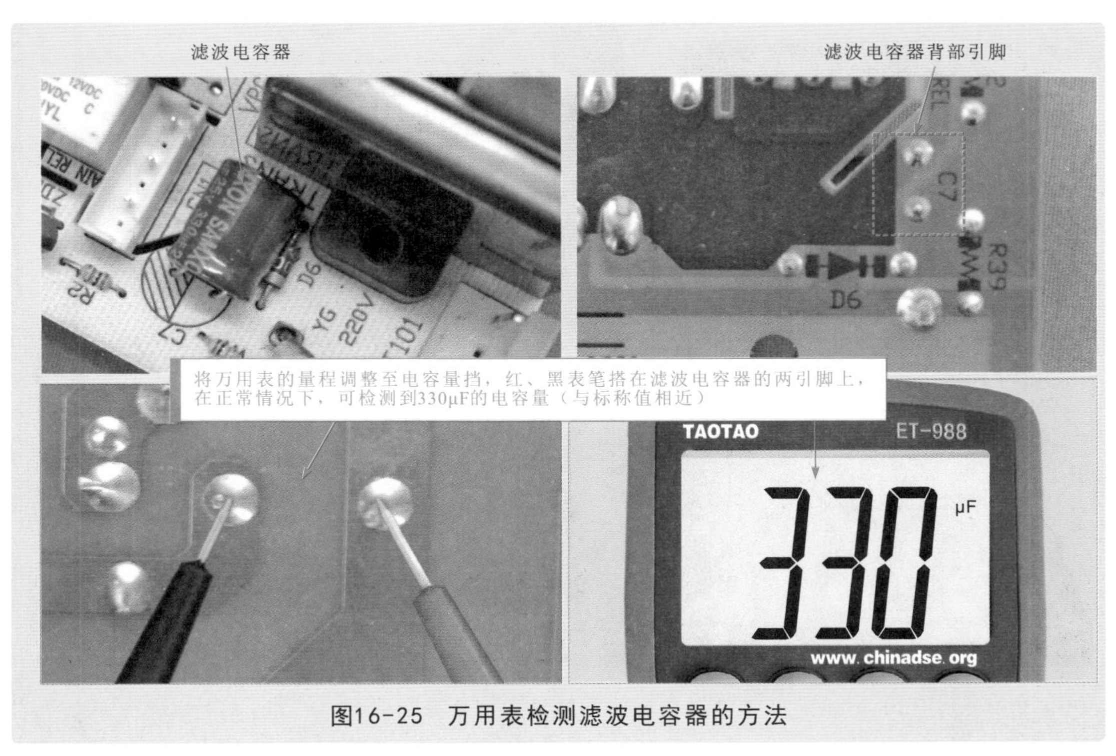

图16-25 万用表检测滤波电容器的方法

5 万用表检测降压变压器

图16-26所示为万用表检测微波炉降压变压器的方法。

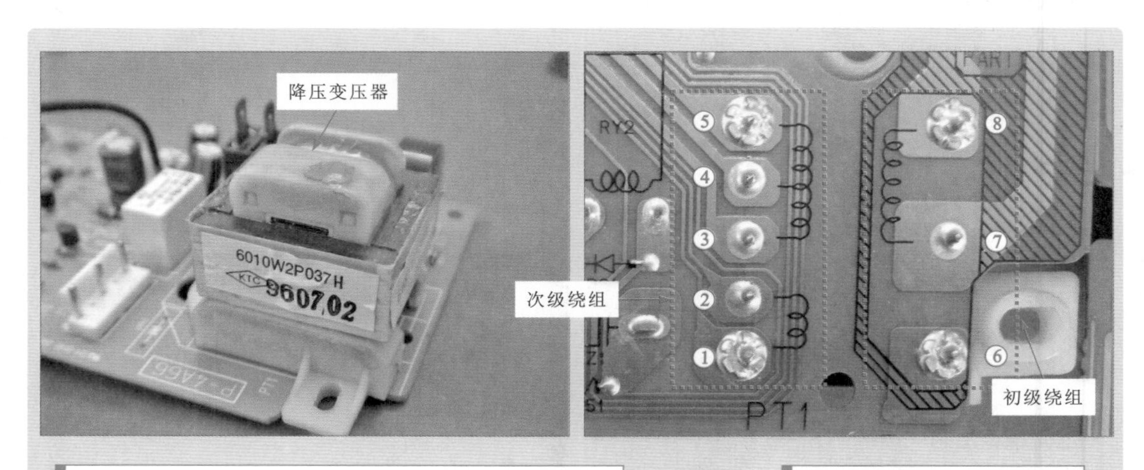

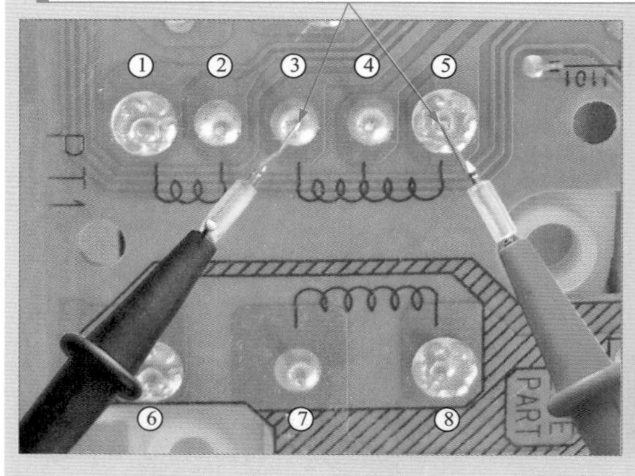

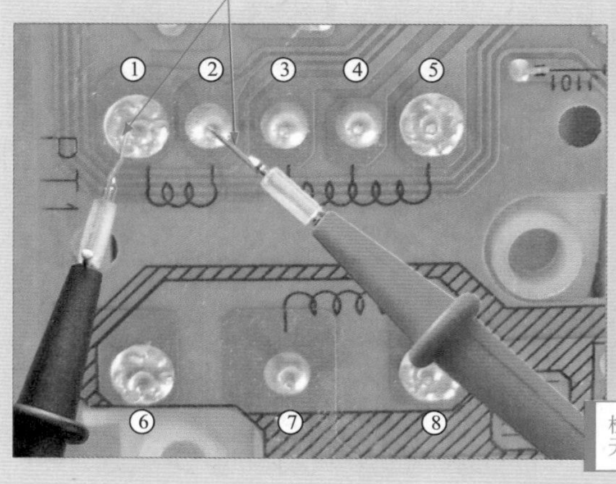

图16-26 万用表检测微波炉降压变压器的方法

6 万用表检测继电器

继电器是控制风扇、转盘电动机和照明灯的关键器件。图16-27所示为万用表检测微波炉继电器的方法。

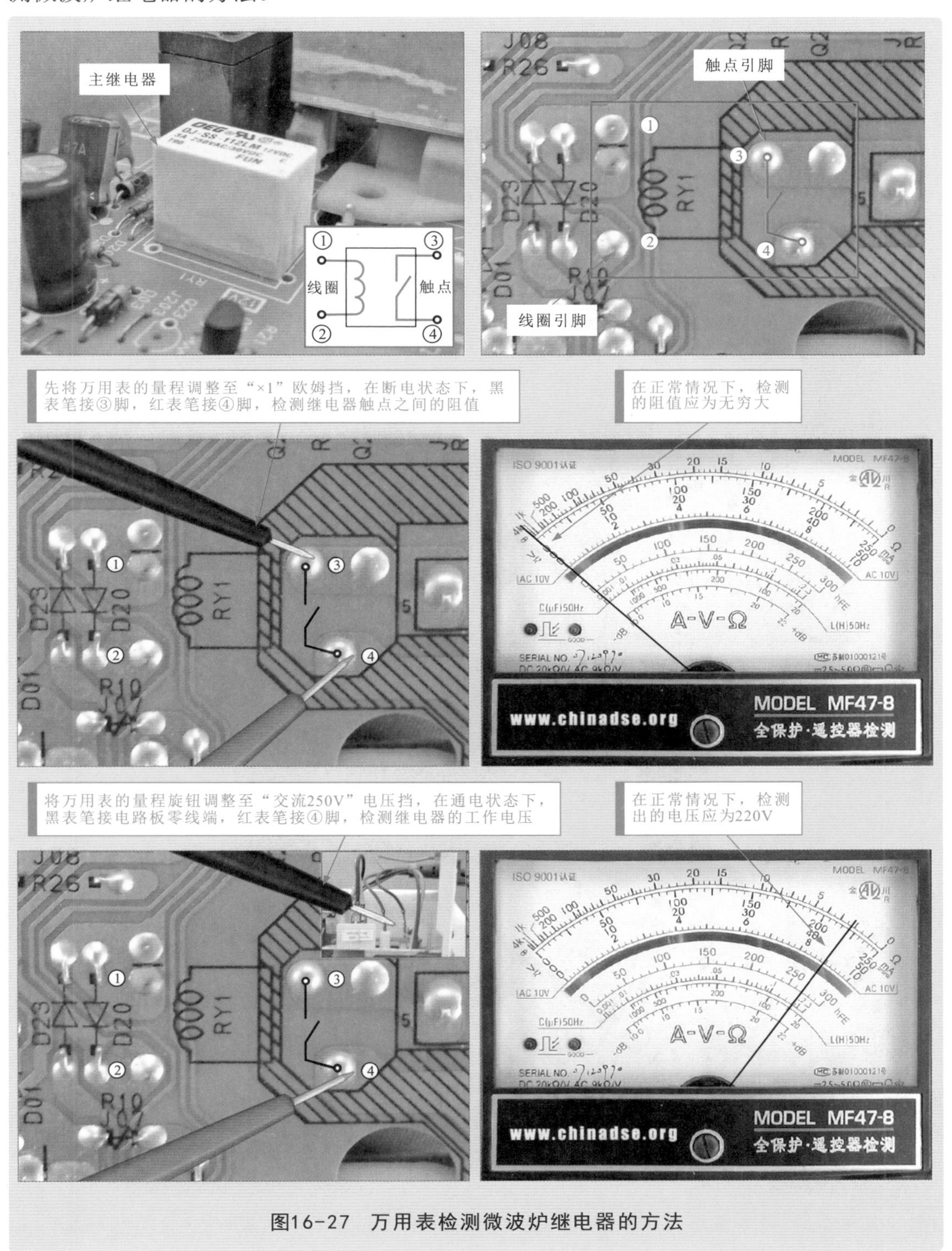

图16-27 万用表检测微波炉继电器的方法

16.2.8 万用表检测微波炉的门开关组件

门开关组件是微波炉保护装置中非常重要的器件之一。若门开关损坏，常会引起微波炉出现不加热的故障。

检测门开关组件时，可在关门和开门两种状态下，借助万用表检测门开关组件的通、断状态以判断门开关组件好坏。图16-28所示为万用表检测微波炉门开关组件的方法。

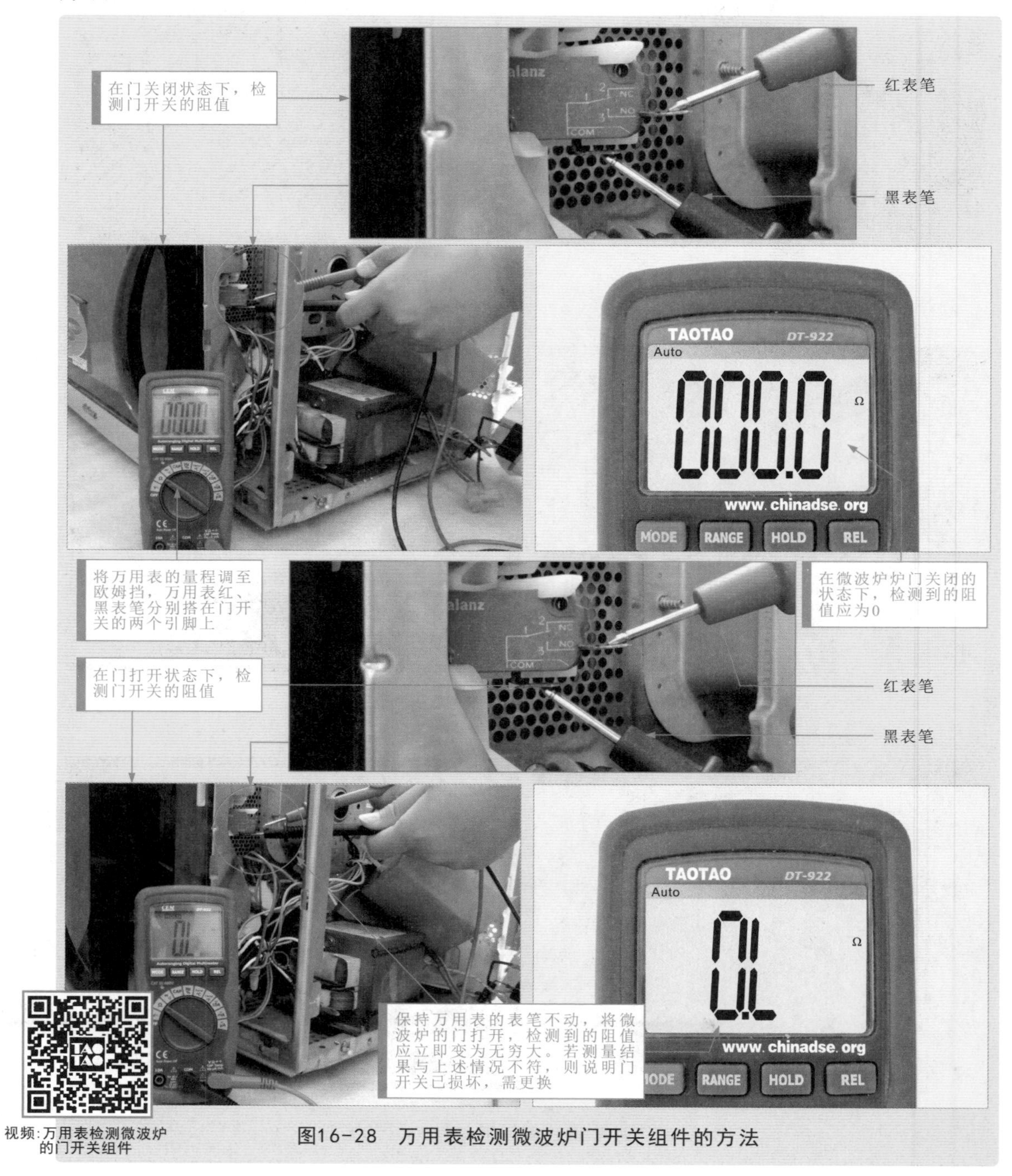

图16-28 万用表检测微波炉门开关组件的方法

第17章

万用表检测洗衣机

17.1 洗衣机的结构原理

17.1.1 洗衣机的结构特点

洗衣机是一种能够清洗衣物的家电产品，是典型的机电一体化设备，通过相应的控制按钮和电路控制电动机的启、停运转，从而带动洗衣机洗涤系统转动，实现洗衣功能。

图17-1所示为典型洗衣机的结构组成。可以看到，洗衣机主要由进水系统、排水系统、洗涤系统、支撑减震系统及控制电路部分构成。

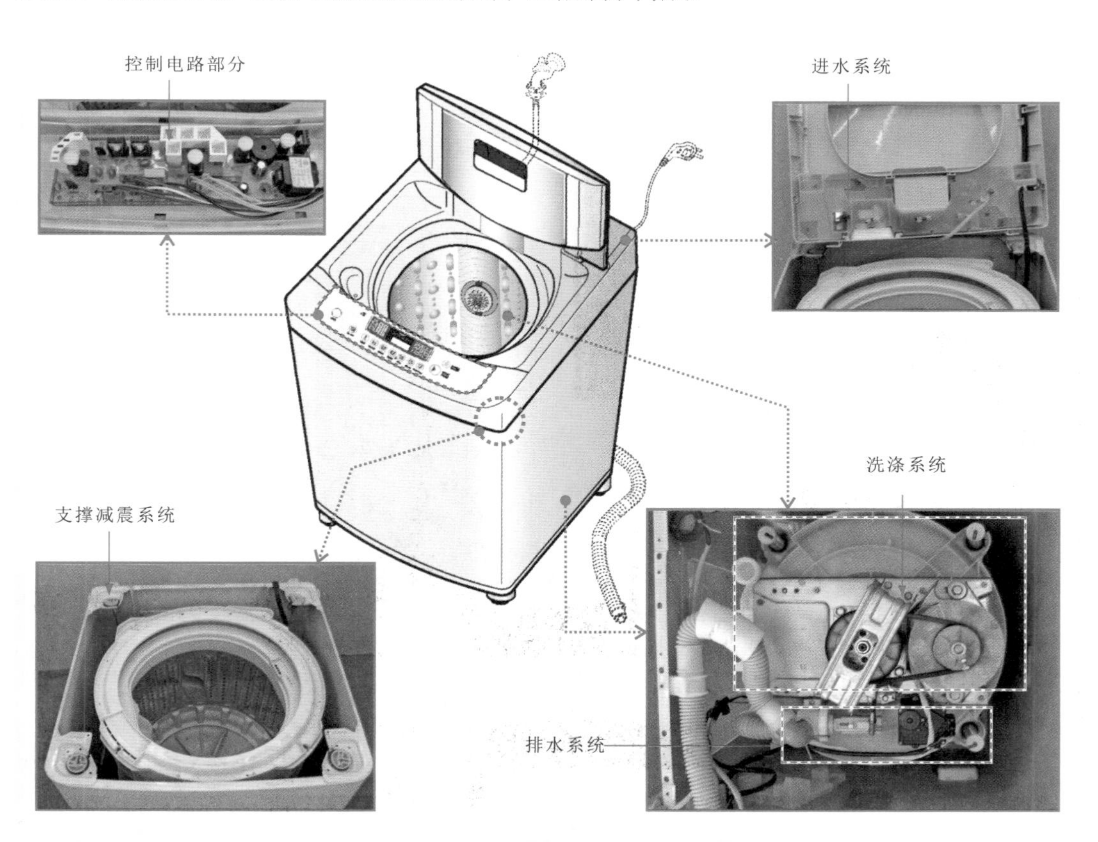

图17-1 典型洗衣机的结构组成

1 进水系统

图17-2所示为典型洗衣机的进水系统。进水系统位于洗衣机围框中，主要由进水电磁阀和水位开关等元件组成。

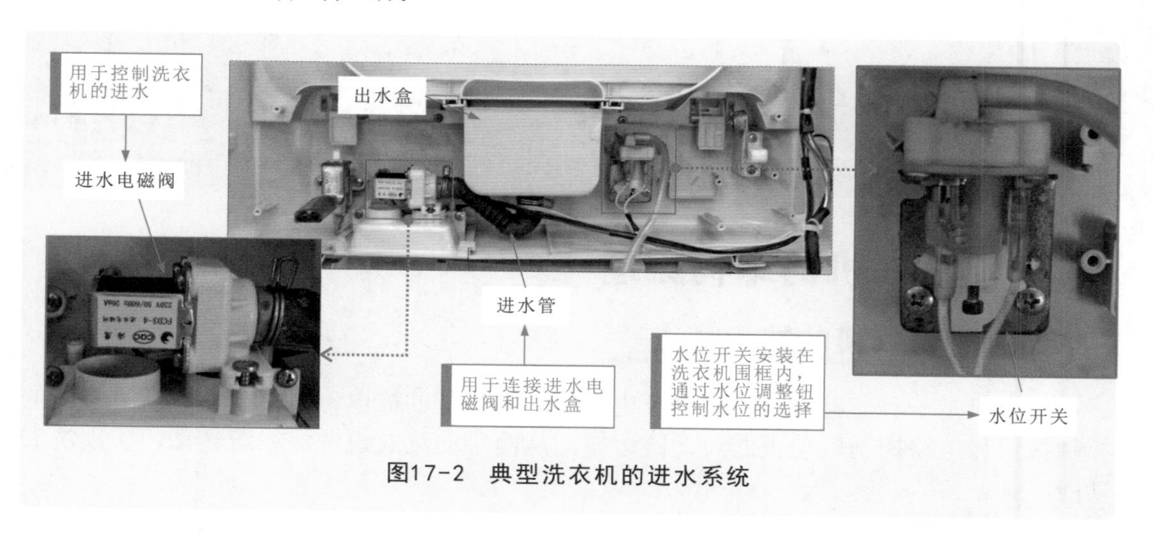

图17-2 典型洗衣机的进水系统

2 洗涤系统

图17-3所示为典型洗衣机的洗涤系统。洗衣机的洗涤系统主要由桶圈、平衡环组件、波轮、脱水桶、盛水桶、洗涤电动机、离合器、皮带和保护支架等组成，通过控制电路使洗涤电动机工作，从而实现对上述组件的机械控制。

图17-3 典型洗衣机的洗涤系统

3 排水系统

图17-4所示为典型洗衣机的排水系统。排水系统主要由排水阀和排水阀牵引器组成。

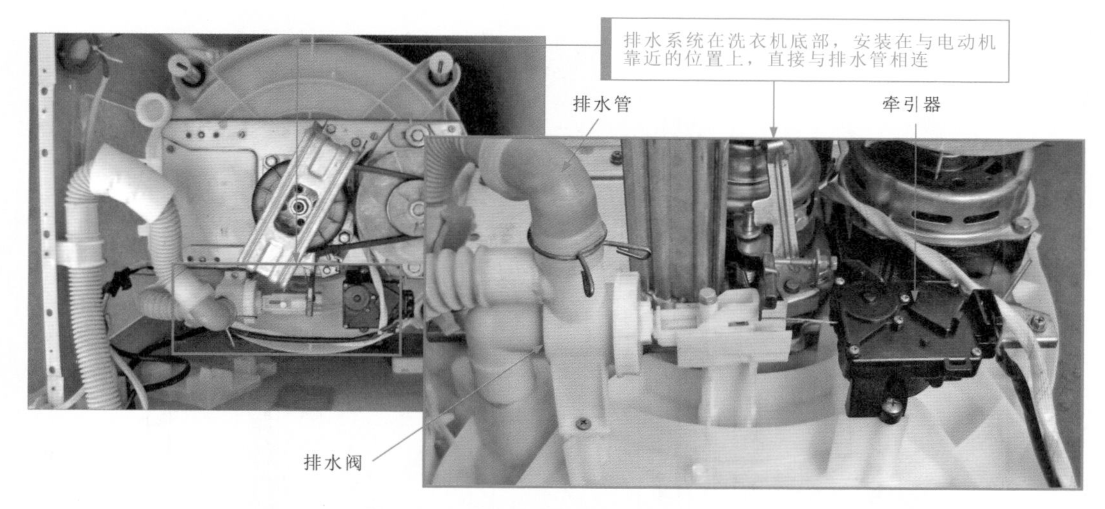

图17-4 典型洗衣机的排水系统

4 控制电路

图17-5所示为典型洗衣机的控制电路。控制电路是洗衣机的控制核心，通过输入的人工指令控制洗衣机的工作状态。该电路主要由各种电子元器件和功能部件构成。

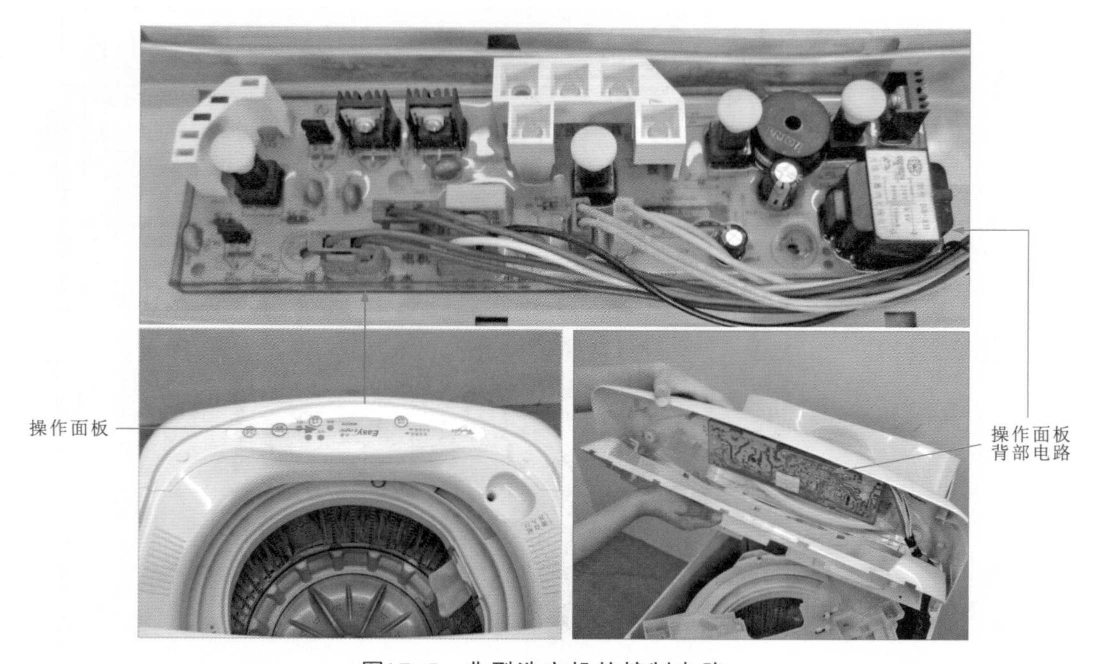

图17-5 典型洗衣机的控制电路

17.1.2 洗衣机的工作原理

图17-6所示为典型波轮洗衣机的工作原理。波轮洗衣机通过波轮转动的洗涤方式，利用水流与洗涤物的摩擦和冲刷作用完成衣物的洗涤。由传动机构带动波轮做正向和反向的旋转。

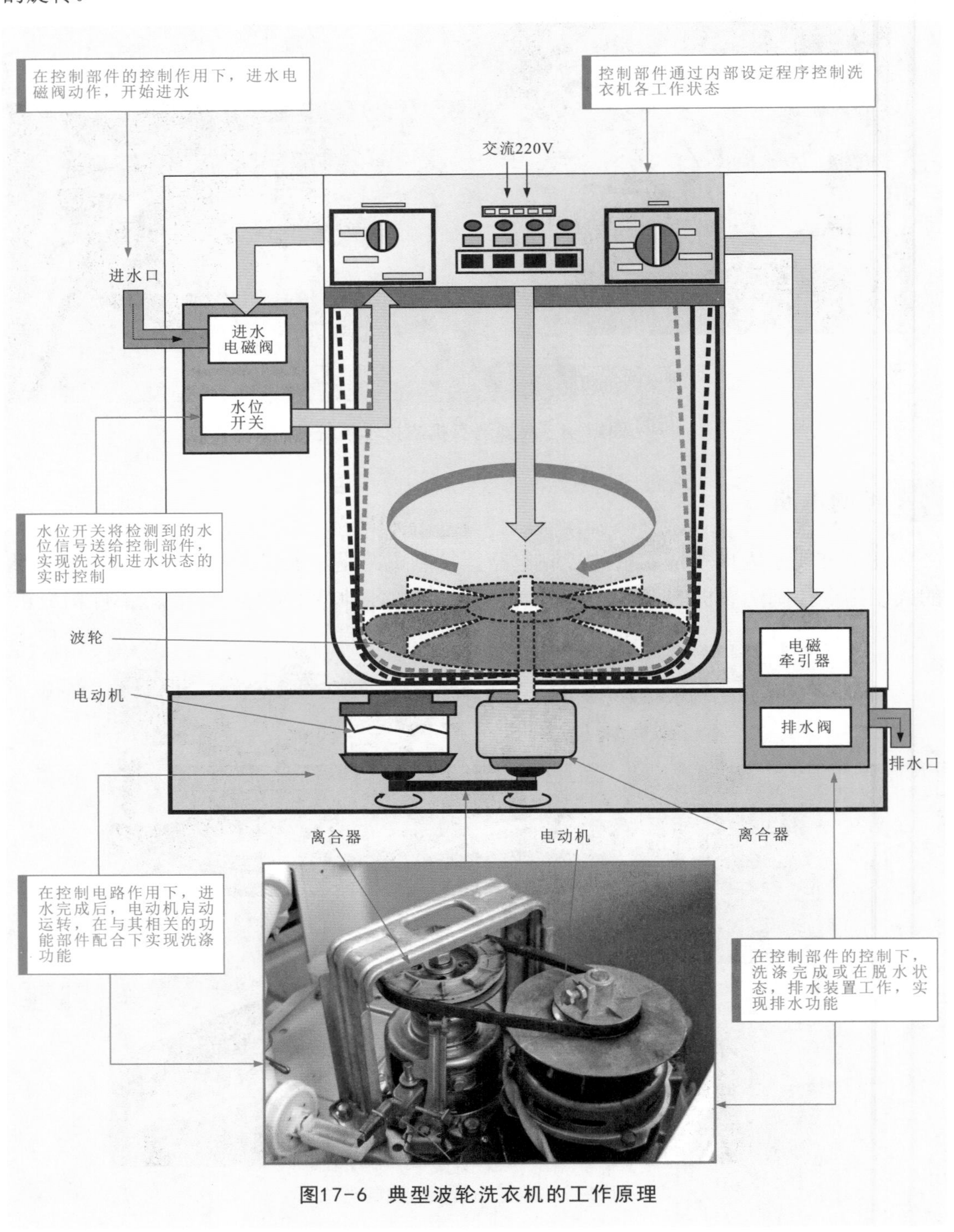

图17-6 典型波轮洗衣机的工作原理

图17-7所示为典型波轮洗衣机的电路控制关系。

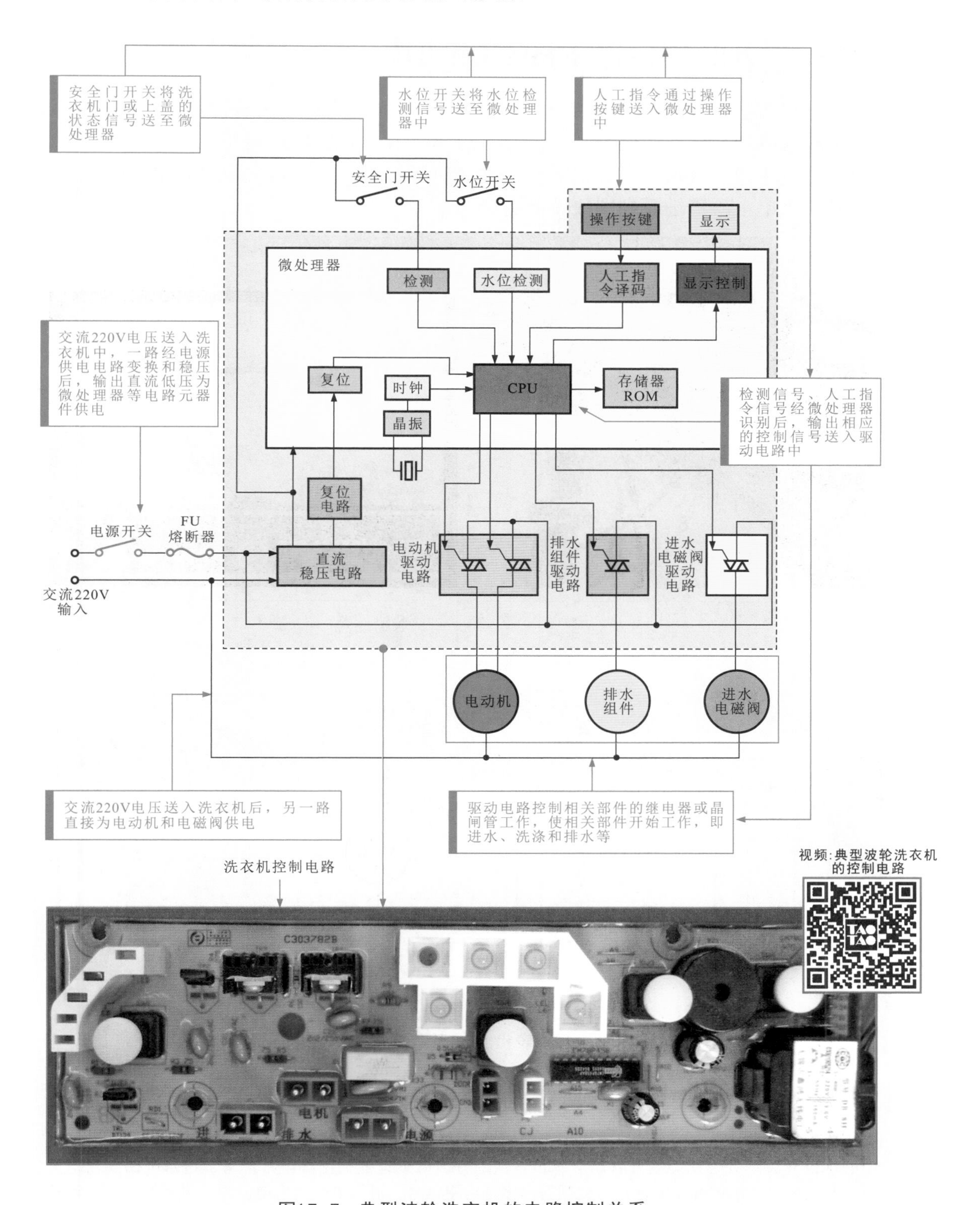

图17-7 典型波轮洗衣机的电路控制关系

17.2 万用表检测洗衣机的应用案例

17.2.1 万用表检测洗衣机的工作电压

通过检测供电电压查找洗衣机故障是常用的检修手段。洗衣机的控制电路板通过连接引线与各功能部件相连。例如，如图17-8所示，交流220V电压通过连接引线经连接接口为进水电磁阀供电。在对进水电磁阀进行检测时，可首先使用万用表检测进水电磁阀的供电电压，进而判别故障范围。

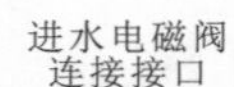

交流输入
接口端

将万用表挡位调整至“交流250V”电压挡，万用表的黑表笔搭在交流输入接口上，红表笔搭在电路板与进水电磁阀连接接口（供电接口）上

正常时，可检测到220V的交流电压。值得注意的是，检测时，最好先将洗衣机连接隔离变压器后再连接市电

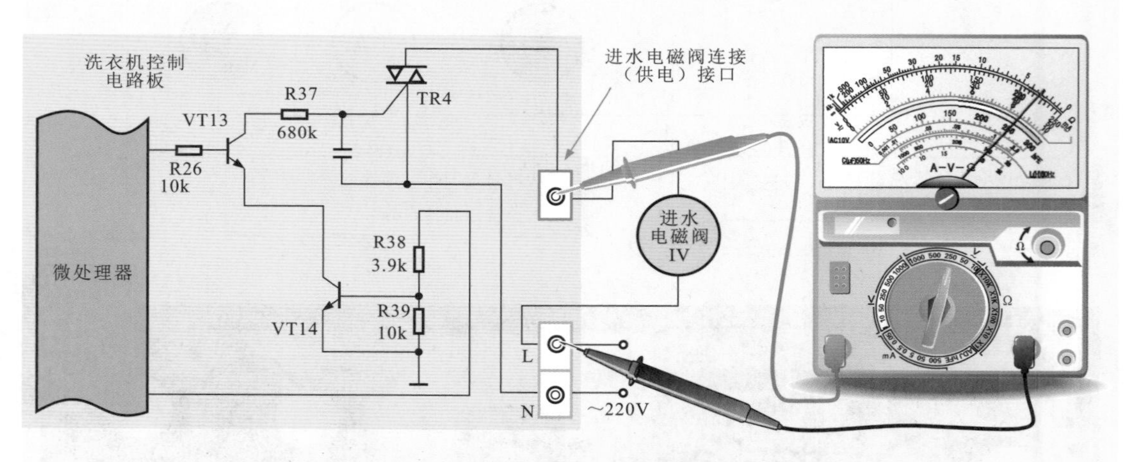

图17-8 万用表检测进水电磁阀的供电电压

补充说明

检测洗衣机进水电磁阀的供电电压，需使洗衣机处于进水状态下时才可进行，因此，要求洗衣机中的水位开关均处于初始断开状态（水位开关断开，微处理器输出高电平信号，进水电磁阀得电工作，开始进水；水位开关闭合，微处理器输出低电平信号，进水电磁阀失电，停止进水），并按动洗衣机控制电路板上的启动按键，为洗衣机创造进水状态条件。

17.2.2 万用表检测洗衣机的进水电磁阀

图17-9所示为典型的进水电磁阀。洗衣机的进水系统都是由进水电磁阀实现进水控制的，进水电磁阀又称为进水阀或注水阀，通过控制进水电磁阀可以实现对洗衣机自动注水和自动停止注水。

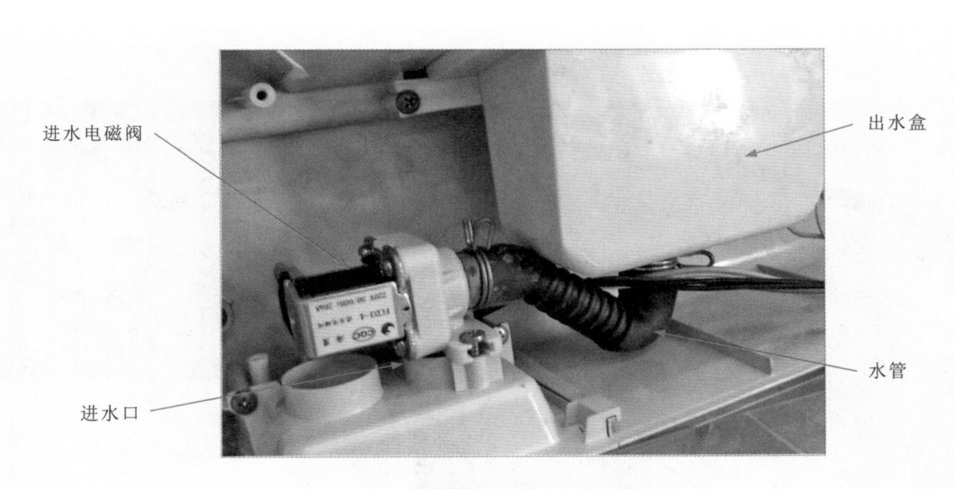

图17-9 洗衣机的进水电磁阀

洗衣机进水电磁阀故障会引起洗衣机出现不进水、进水不止或进水缓慢等情况，在使用万用表检测的过程中，可通过对进水电磁阀内线圈阻值进行检测来判别其好坏。图17-10所示为万用表检测波轮洗衣机进水电磁阀的方法。

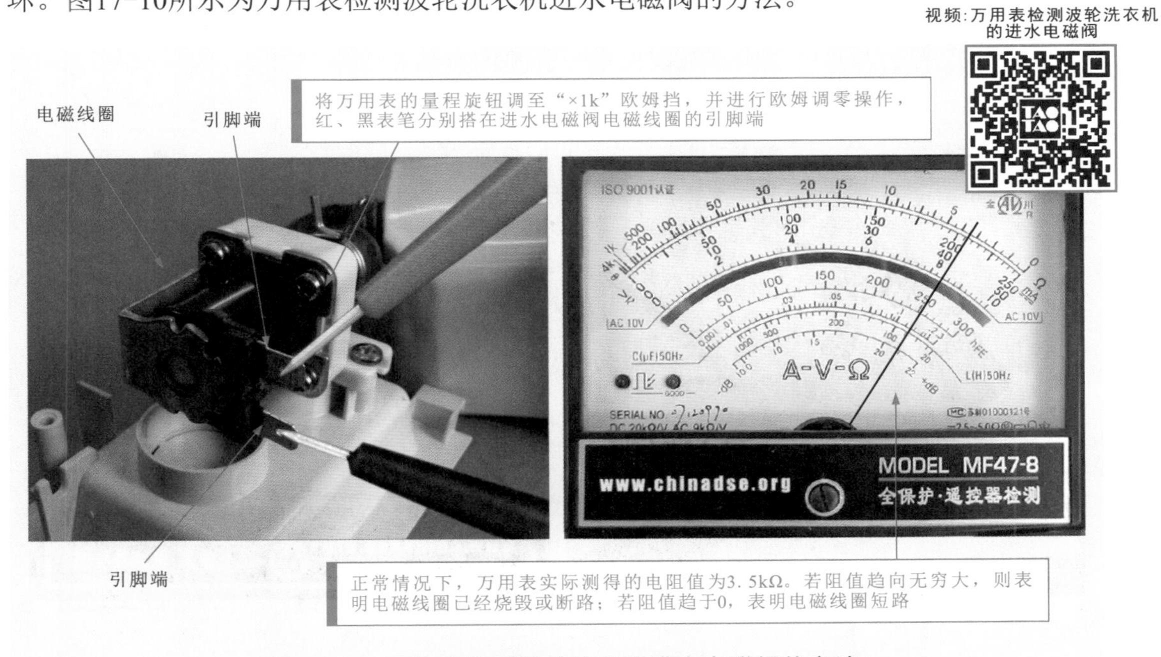

图17-10 万用表检测波轮洗衣机进水电磁阀的方法

17.2.3 万用表检测洗衣机的水位开关

图17-11所示为典型的水位开关。水位开关是检测和控制洗衣机盛水桶水位高低的电器元件，通过与盛水桶的气室构成水压传递系统，从而实现对水位高低的控制。

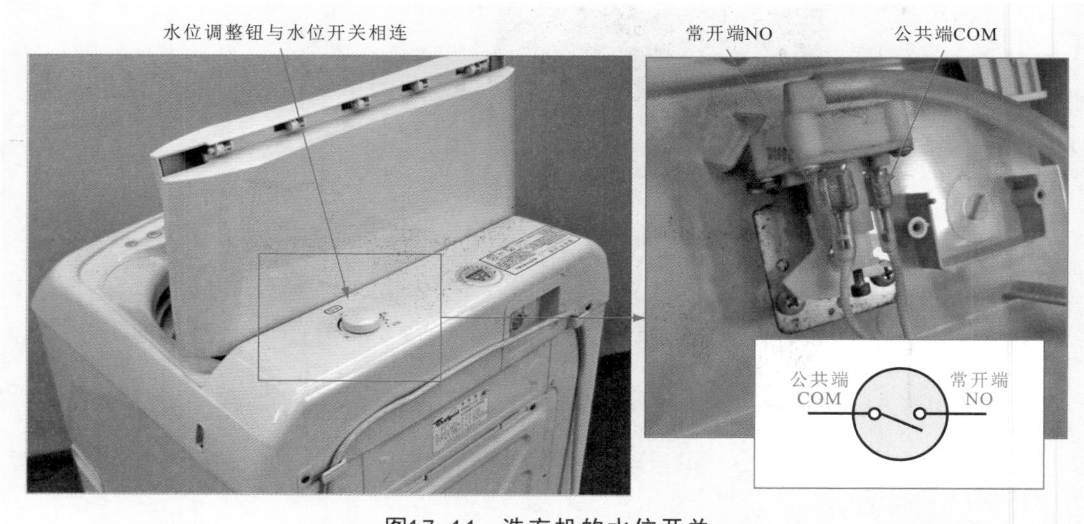

图17-11 洗衣机的水位开关

水位开关失常，对进水电磁阀的控制就会失灵，同样会出现不能自动进水的故障。在使用万用表检测的过程中，可通过对水位开关进行阻值测量进而判别其好坏。

图17-12所示为万用表检测洗衣机水位开关的方法。

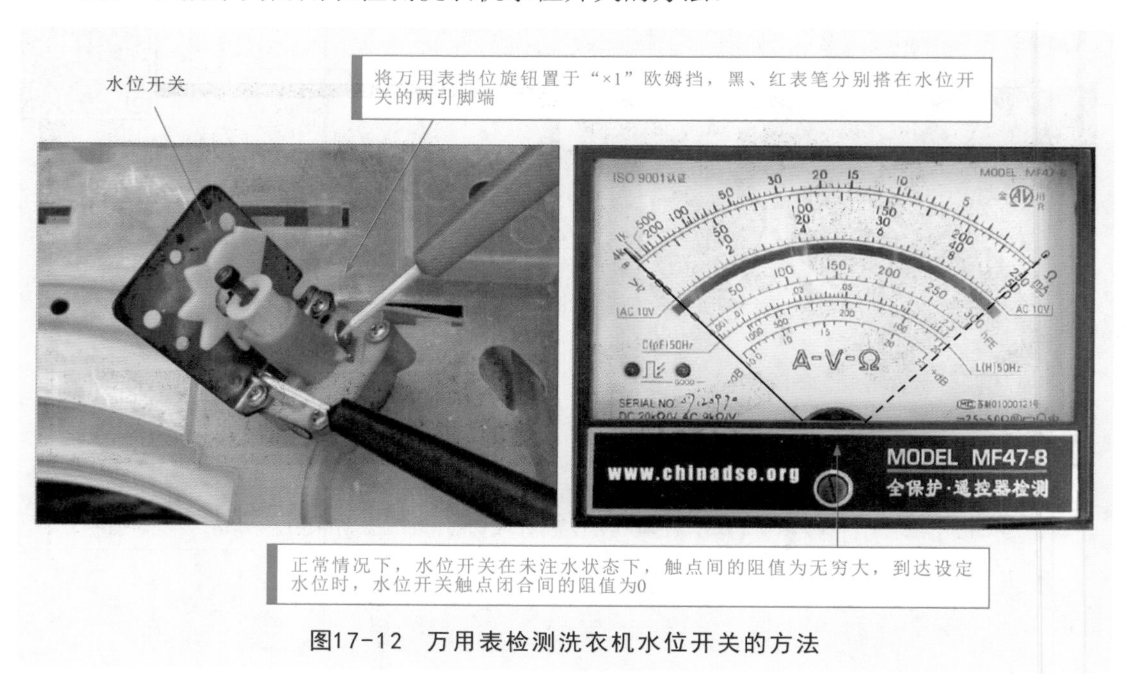

图17-12 万用表检测洗衣机水位开关的方法

17.2.4 万用表检测洗衣机的洗涤电动机

洗衣机中的洗涤电动机一般为单相异步电动机，通常采用电容启动。若洗涤电动机故障会直接导致洗衣机波轮不转的故障。图17-13所示为万用表检测洗衣机洗涤电动机的方法。

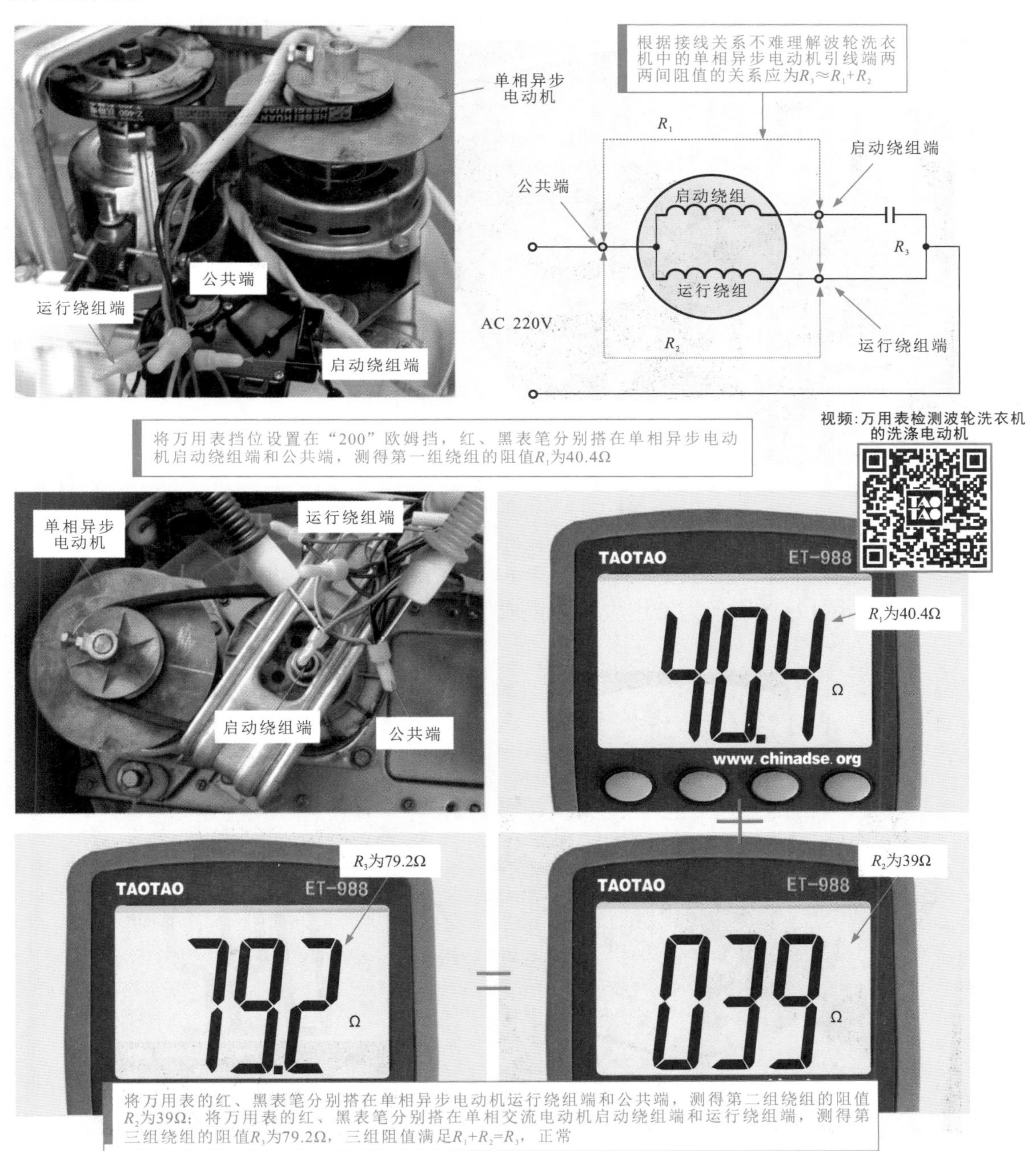

图17-13 万用表检测洗衣机洗涤电动机的方法

17.2.5 万用表检测洗衣机的启动电容器

如图17-14所示，洗衣机中的洗涤电动机通常为单相异步电动机，采用电容器启动。即启动电容器连接在单相异步电动机的启动绕阻端，用于启动单相异步电动机。

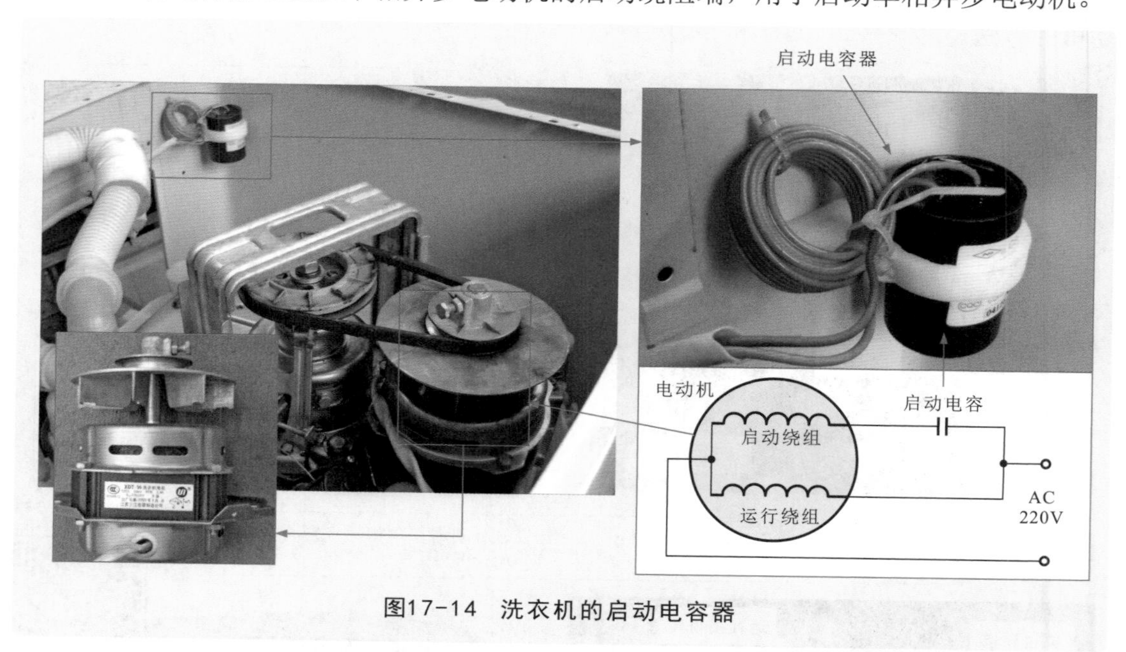

图17-14 洗衣机的启动电容器

启动电容器故障会直接导致洗涤电动机无法工作。对启动电容器的检测可使用万用表进行。图17-15所示为万用表检测洗衣机启动电容器的方法。

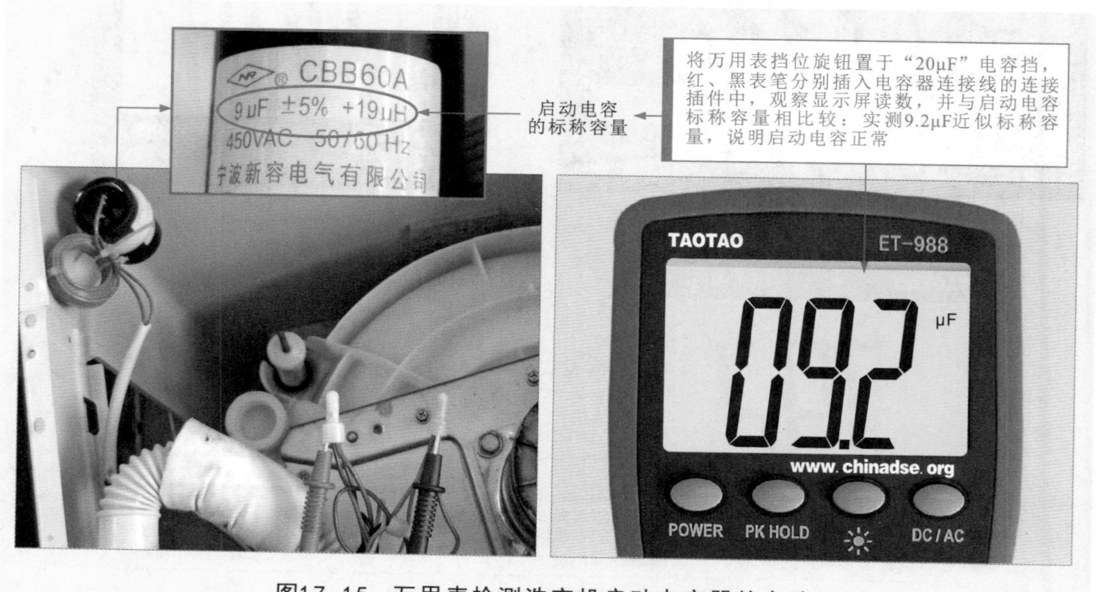

图17-15 万用表检测洗衣机启动电容器的方法

17.2.6 万用表检测洗衣机的安全门开关

如图17-16所示，在波轮洗衣机上盖处设有安全门开关。安全门开关用以控制整机的工作状态。当上盖打开时，安全门开关便会对开，整机停止工作。当上盖盖上时，安全门开关便会回复到闭合状态。

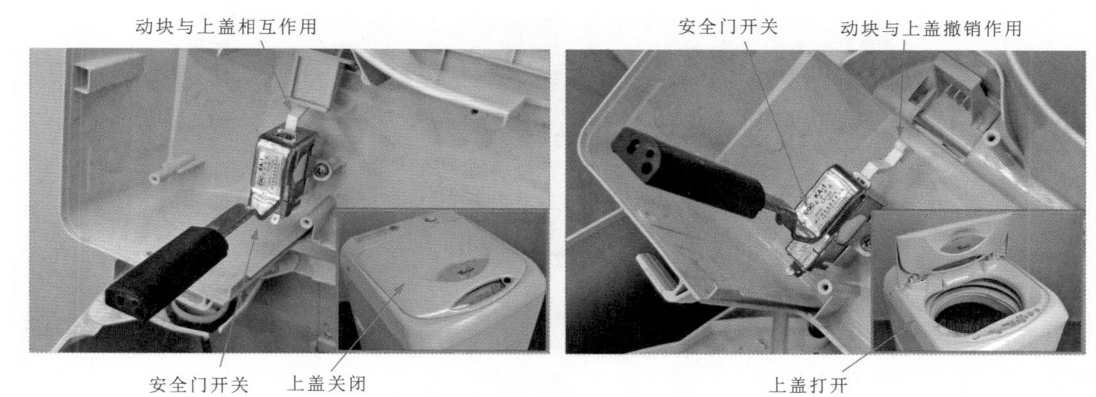

图17-16 洗衣机的安全门开关

图17-17所示为万用表检测洗衣机安全门开关的方法。

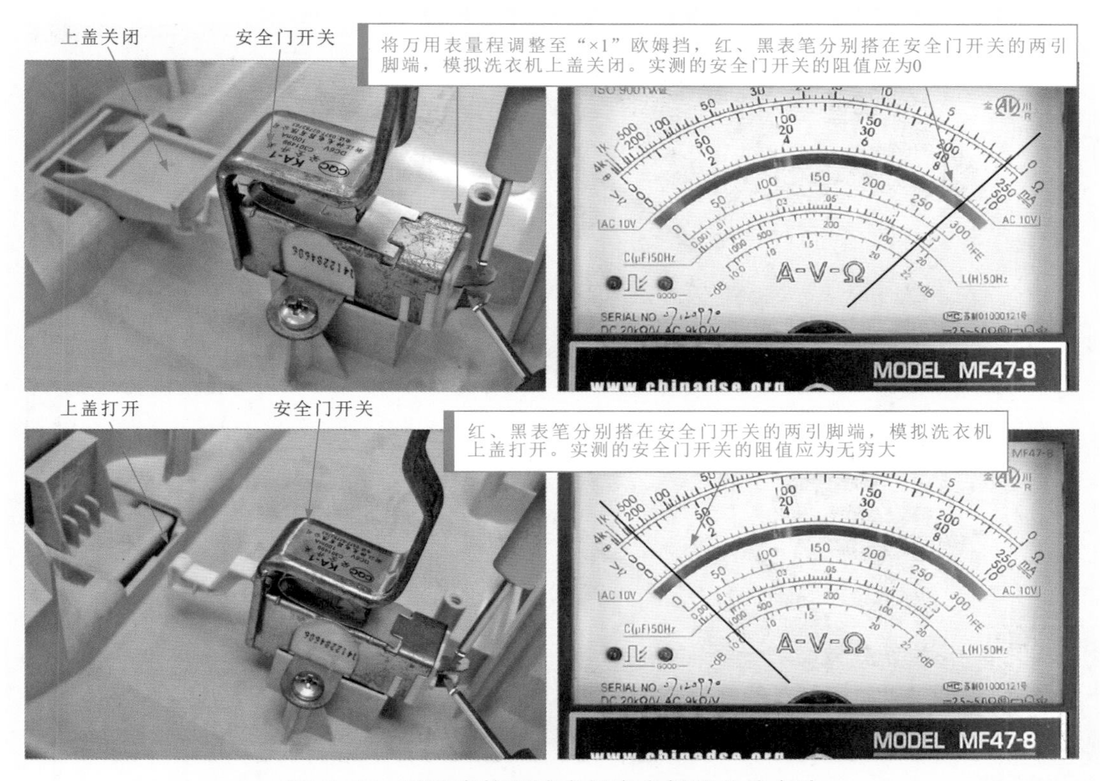

图17-17 万用表检测洗衣机安全门开关的方法

17.2.7 万用表检测洗衣机的排水阀牵引器

洗衣机排水系统主要由排水阀和排水阀牵引器组成。如图17-18所示，排水阀牵引器采用电磁铁牵引器。电磁铁牵引器动作，带动拉杆，使排水阀动作，实现排水。

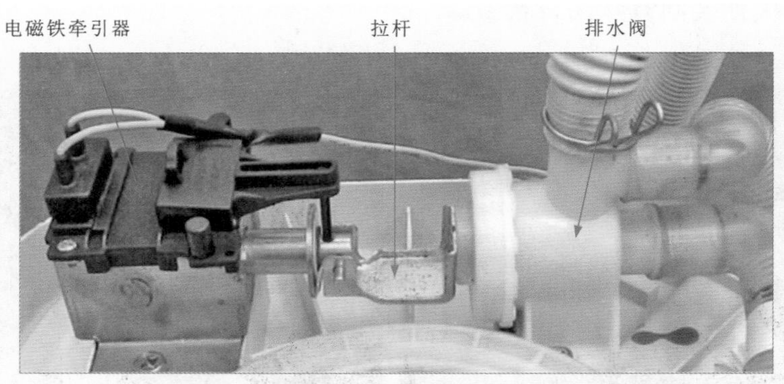

图17-18 洗衣机的排水阀牵引器（电磁铁牵引器）

在对排水阀牵引器（以电磁铁牵引器为例）进行检查时，首先应检测电磁铁牵引器供电电压。图17-19所示为万用表检测洗衣机排水阀牵引器的供电电压。

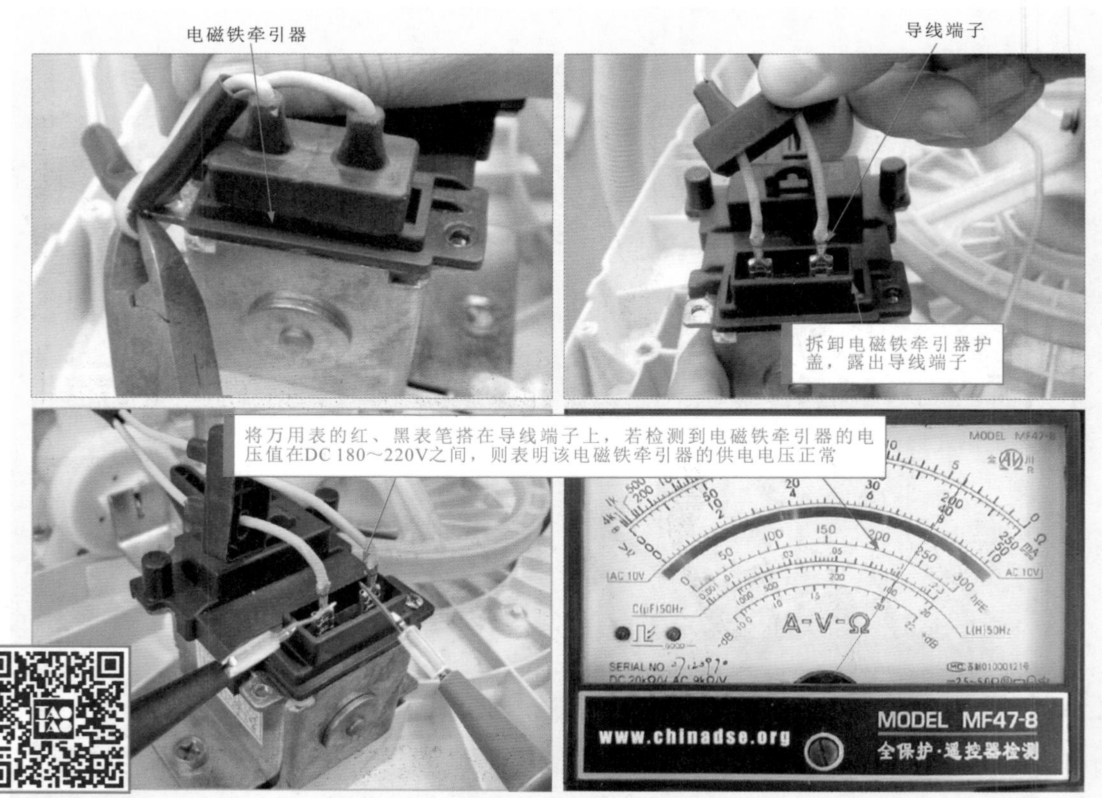

图17-19 万用表检测洗衣机排水阀牵引器的供电电压

如图17-20所示，将电磁铁牵引器拆开后使用万用表对其微动开关和转换触点进行检查。

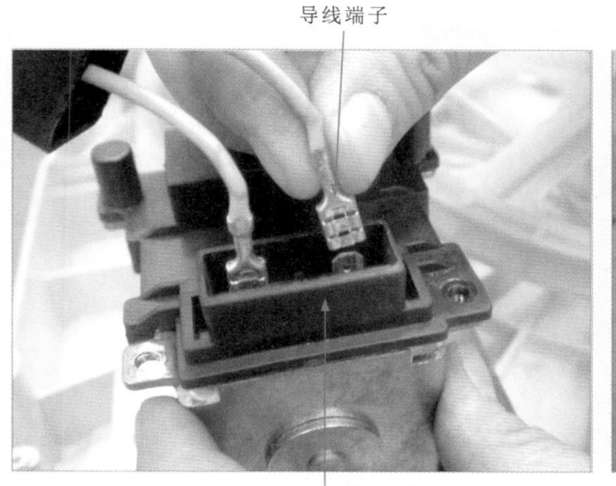

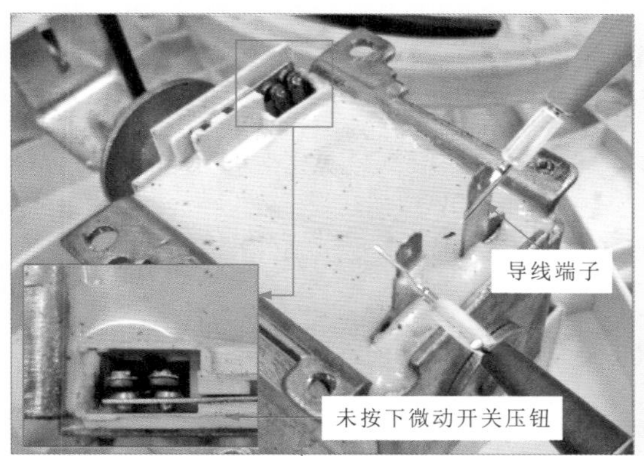

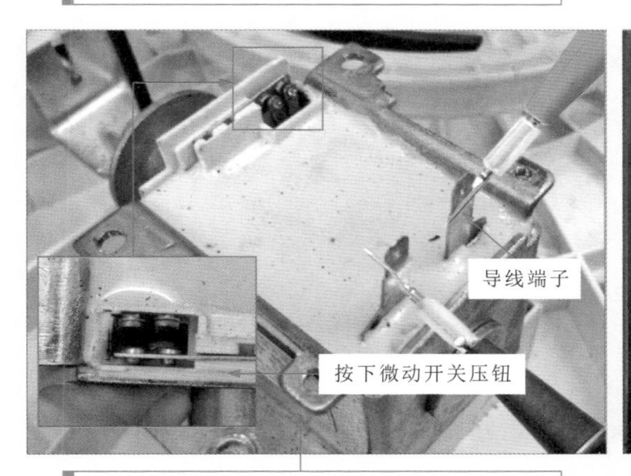

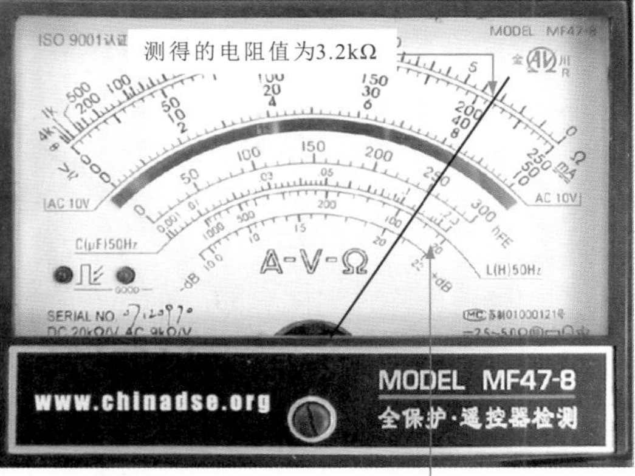

图17-20 万用表检测排水阀牵引器内部微动开关和转换触点